建筑工程施工质量问答

（第二版）

王宗昌　编著

中国建筑工业出版社

图书在版编目（CIP）数据

建筑工程施工质量问答/王宗昌编著.—2版.—北京：中国建筑工业出版社，2006
ISBN 7-112-08338-9

Ⅰ.建...　Ⅱ.王...　Ⅲ.建筑工程—工程施工—工程质量—问答　Ⅳ.TU712-44

中国版本图书馆CIP数据核字（2006）第044796号

建筑工程施工质量问答

（第二版）

王宗昌　编著

*

中国建筑工业出版社出版、发行（北京西郊百万庄）
新　华　书　店　经　销
北京密云红光制版公司制版
北京建筑工业印刷厂印刷

*

开本：850×1168毫米　1/32　印张：14⅞　字数：400千字
2006年7月第二版　2006年7月第四次印刷
印数：11001—14500册　定价：**38.00**元

ISBN 7-112-08338-9
（15002）

本社网址：http://www.cabp.com.cn
网上书店：http://www.china-building.com.cn

本书作者根据40多年工作实践经验，总结了大量的建筑工程施工质量常见通病及解决办法、预防措施。内容包括：建筑砌体工程、建筑材料及模板、混凝土及混凝土施工质量控制、地下工程抗震及防水等、水暖门窗工程等、冬期施工工程质量控制。共涉及88个建筑工程施工过程中容易出现的质量问题。

本书通俗易懂、操作性强。适于建筑工程施工人员、土建质检人员、工程设计人员、质量监督技术人员使用，也可供工程监理人员参考使用。

* * *

责任编辑：尹珺祥　郭　栋
责任设计：董建平
责任校对：张景秋　关　健

第二版前言

《建筑工程施工质量问答》一书于2000年4月出版至今已有6年时间，前后印刷过三次，得到工程技术人员的好评。进入21世纪后，建筑技术发展很快，建设部根据工程建设“验评分离、强化验收、完善手段、过程控制”的16字方针，对建设工程施工验收规范和质量验收评定标准进行了全面修订，逐步形成了系列标准。2002年版建筑工程施工强制性条文对地基基础、混凝土、钢结构、砌体结构、防水、装饰、给排水、电气等工程进行了规定，使强制性标准的权威性、严肃性、可操作性落到实处。为了帮助施工及管理技术人员掌握和了解施工方法、技术管理、通病预防、质量控制、检查验收、监督管理、评定标准的技术概貌，特结合大量工程实践及40多年的现场施工经验总结，对该书仍采取了“问答”形式的大量修改，使其更符合现行规范和标准要求。

建筑工程中影响结构承载力、刚度和耐久性的四大病症是“裂缝、渗漏、沉降、倾斜”，其主要原因是多方面的，但最关键的还是设计、材料使用和施工控制。为了避免和减少对建筑物的耐久性影响，尤其是现在工程结构用量最大、应用最广泛的钢筋混凝土工程，已发展到高性能和高强度，发展到集中搅拌和泵送，为达到方便施工，拌合料中掺入多种高性能的外加剂和矿物掺合料，混凝土结构裂缝的产生更加严重；而许多小型工程施工用的混凝土仍在现场拌制，配料、计量、搅拌过程的随意性较大，混凝土均质性不能保证。另外，大体积混凝土的温控、冬期施工难以克服的环境影响、建筑物的不均匀沉降、砌体工程的温度裂缝、地下工程的渗漏等都是影响建筑物耐久性的主要因素。

鉴于工程施工过程涉及面广、手工作业多、对人员技术素质要求高、地区环境因素影响大，质量问题表现为：质量不稳定、变异性大、隐患多。很难保证对各个分项工程存在的质量缺陷逐一消除，这是施工质量过程控制的关键所在。建筑工程质量必须从设计开始把关，遵照国家现行规范和标准，结合地区特点和大量实践经验，使施工质量采取正常控制后能达到预期目的。由于使用的工程材料品种繁多、质量各异，建设中将数以千计互不联系的各种离散性材料，由施工按标准的工序和工艺方法组合成一个耐久性的合格工程供人们使用，过程中的科学搭配、协调配合是施工技术具体应用的关键所在。

现实工程从设计到施工的全过程中，由于企业管理水平低、技术素质参差不齐，以及熟练程度、责任心等因素，加之建筑行业分工过细，各类规范繁多，现场施工查找不便，给施工带来许多困难。也存在操作过程中以次充好、偷工减料现象，导致质量通病的一再发生，给工程留下一定的质量隐患。

作者经过40多年施工过程中的仔细观察和点滴积累，将发现的质量问题对照规范标准，从中找出符合要求又便于控制质量的具体方法措施写成文字，希望给从事工程设计、施工、监督监理和技术管理同行们一点启发。要坚持从小处、细微处入手，以施工操作为主线，通过在不同类型工程施工中发现问题。许多施工人员对传统的、行之有效的方法不能坚持和发展，对新技术、新材料、新工艺的推广应用不能引起重视。为此，作者把近年来施工过程中工人师傅的操作诀窍、方法，参照规范及个人的总结整理出来，问答从建筑砌体工程、建筑材料、混凝土及混凝土施工、地下及抗震、水暖及门窗、冬期施工工程等6个方面的施工质量控制进行了介绍，同时也参阅了大量技术文献，在此向原作者表示感谢。

在本书出版之际，作者十分感谢建设部原总工程师许溶烈、姚兵和现任建设部总工程师金德钧理事长，是他们的鼓励支持与鞭策才使得写作坚持下来；本书的写作与《混凝土》、《石油工程建设》、《低温建筑技术》、《工业建筑》等期刊编辑部及主编多年的支持是分不开的；还要感谢张有林、李明科总经理及房文站长等领导的支持与鼓励，在此致以深深的敬意！

由于作者40多年工作实践地处边疆，受地域和环境因素的限制，虽经努力写作但仍难免存在一定的不足，希望同行批评指正。

第一版前言

建筑工程质量是建筑设计和施工企业永恒的主题，它贯穿于建筑产品形成的全过程，也是企业生存和发展的基础。在建筑业进入市场后，其产品质量更加引起广泛的重视，建设优质工程项目是建设和使用单位共同追求的目标，为此，相关控制工程质量的规范标准较为完善，已在施工全过程质量控制中应用多年。但是，在建筑产品设计和具体实施过程中，人员素质影响到对现行规范和标准的理解认识，这种差异造成一些工程的先天不足，使结构质量存在隐患，达不到设计要求的安全期和耐久年限。

本书以施工操作过程实际为主，通过在不同类型的工程中，发现一些操作人员对传统的、行之有效的方法不能延续发展；新材料、新工艺和新技术不能认真的推广应用；尤其对现今结构用量大、面广的混凝土工程，多数仍由人工计量配料，操作随意性大不易控制；季节性冻胀土地区的冬期施工，难以克服负温下对质量的影响；建筑成品和半成品选用不当等，造成所建工程不可避免的质量问题，如基础下沉、墙体开裂、梁板裂缝、防水工程渗漏等质量通病不同程度地仍然存在，使结构整体性差，抗震和安全耐久性达不到正常使用功能。所存在的这些问题是一项系统工程，只凭某一方面的努力是远远不够的，任何不符合质量要求的产品都将影响整个建筑质量。为此，从最基础的原材料把关入手，注重操作工序质量的改进和提高，是本书的主要特征。经验是在许多失败教训的基础上总结出来的，对从事技术工作有志于潜心学习 的工程技术人员有所帮助，使之少走弯路，把理论知识应用到工程实践中去解决具体问题。

作者在近40年大量工程技术和质量管理工作的实践中，汲取大量现有施工质量控制的成功经验，认真细心地观察探索，把工人师傅的操作诀窍、方法及自己的体会记录整理出来，从点滴细微处入手，对建筑工程设计与施工、钢筋混凝土工程、施工质量的控制、工业及道路场地工程、门窗工程、给排水工程、工程裂缝及防治、建筑材料及应用、冬期施工工程、工程质量管理与监督等十几个方面，将不同工程中容易出现的质量通病和一些不正确的做法及表现做简要分析，并按照现行标准及规范结合不同地区特点提出预防及改进或提高措施，这些工程质量问题处理可能是肤浅的，但也是在许多失败和教训后才得出的规范性做法，希望对读者有所帮助。

在拙作出版发行时，作者十分感谢建设部总工程师姚兵教授，姚总在百忙之中为本书写了“序”，给作者以极大的精神勉励、支持和关怀；同时对原建设部总工程师、中国土木工程学会理事长许溶烈教授表示衷心的感谢，是许总的鼓励使本书较快问世，作者在此向姚总、许总致以崇高的敬意和最真诚的感谢。作者感谢《石油工程建设》燕一鸣主编、《建筑工人》、《混凝土》、《工业建筑》及《低温建筑技术》主编及编辑部的支持和帮助。

克拉玛依市永升公司张元清、方德鑫总经理为作者提供了工程实践的机会，在此表示感谢。

在近些年的工作实践中，作者得到领导李明科、张有林、杨俊杰、梁永智、高振东以及马勇、王学会、苑乃奎等同志的热情帮助、支持和鼓励，在此一并表示衷心感谢。

由于作者几十年工作环境在边疆地区，建设规模受多种不利因素的影响，实践范围和经验相对有限，书中所提出的问题和解决措施力求完善有针对性，虽经不懈努力，但仍存在不少错误和不足，恳请读者热情帮助和批评指正。

目　录

一、建筑砌体工程

二、建筑材料及模板

三、混凝土及混凝土施工质量控制

四、地下工程、抗震及防水等

五、水暖门窗工程等

六、冬期施工工程质量控制

一、建筑砌体工程

1. 影响砌体质量的主要因素有哪些?

建筑砌体工程是混合结构（包括填充墙）中重要的承重及围护体，也是所有建筑工程必须采用的基本形式。其设计、材料品质、施工质量优劣一直受到各有关方面的关注，尤其是它的整体强度、抗裂性直接影响到工程的质量和安全耐久性。由于砌体的施工存在较大量的人工操作过程，所以砌体结构的质量也在很大程度上取决于人的因素，施工过程对砌体结构的影响直接表现在砌体的强度上，砌体工程的质量很难得到有效控制和规范管理。此外，还有一些工程管理人员对砌体工程规范中的具体要求、规定、控制重点理解不深，学习不够全面，习惯于一些陈旧的经验和过时的做法，都影响着砌体工程整体质量的提高。为此，在总结多年施工成败两方面的基础上，结合《砌体工程施工质量验收规范》(GB 50203—2002)，围绕砌体工程施工质量容易产生的问题及影响因素进行分析，并提出控制砌体施工质量的一些具体措施。

1. 砌块质量对砌体结构的影响

各种砌块和砂浆是组成砌体的两种基本材料，砌体的强度、刚度、整体性及承载力，就需要砌块和砂浆在正确组砌下能满足这一基本要求，按照现行的《砌体结构设计规范》（GB 50003—2001）规定的砌体轴心抗压强度平均值的计算公式：

$$f_m = 0.78 f_1^{0.5}\ (1 + 0.07 f_2)\ k_2$$

式中　f_m——砌体轴心抗压强度平均值（MPa）;

f_1——块体的抗压强度（MPa）;

f_2——砂浆强度（MPa）；

k_2——取值系数，取值范围为：$f_2 < 1\text{MPa}$ 时，$k_2 = 0.6 + 0.4f_2$；其余情况，k_2 均取 1。

如果 f_2 取值一定，则 f_m 与砌块的抗压强度 f_1 的平方根成正比。假设 $f_2 = 50\text{MPa}$，按上述公式，当 $f_1 = 100\text{MPa}$ 时，$f_m = 35\text{MPa}$；当 $f_1 = 20\text{MPa}$ 时，$f_m = 15.7\text{MPa}$；当 $f_1 = 10\text{MPa}$ 时，$f_m = 11.0\text{MPa}$。在这时，砌块强度的利用率（砌体的抗压强度/砌块的抗压强度，即 f_m/f_1）分别为 35%、78%、110%。可见，砌块的强度越高，在砌体内的利用率越低（富余量大）。因此，对低强度等级砌块的使用更需要引起重视，原因是在砌体中利用率高，对砌体的强度更有利。

对于 $f_m = 11.0\text{MPa} > f_1 = 10\text{MPa}$ 的现象，即砌体抗压强度大于砌块的抗压强度，可以理解为砂浆饱满度及强度高，对低强度砌块的横向变形起较大约束作用，在砌体内引起的多种应力增大了砌体整体强度的提高。在使用材料中，当 $f_2 = 15\text{MPa}$、$f_1 = 30\text{MPa}$ 和 10MPa 时，f_m 分别为 8.76MPa 和 5.06MPa，则砌块强度的利用率为：29.2% 和 50.6%；当 $f_2 = 20\text{MPa}$，$f_1 = 30\text{MPa}$ 和 10MPa 时，f_m 分别等于 10.3MPa 和 5.9MPa，这时，砌块强度的利用率为 34.2% 和 59.2%。在正常材料的使用范围内，砌块强度的利用率在 20% ~ 65% 之间变化，随着砌块强度的提高而降低，砌块强度如提高 2 倍，而砌体的强度只提高 1 倍。

值得注意的是，砌块的抗折强度也会对砌体的强度产生一定的影响。一些试验资料表明，抗压强度高而抗折强度较低的砌体与抗压、抗折强度适当的砌体用相同强度的砂浆砌筑，抗折强度适当的砌体强度要高很多。因此，对进场砌块材料的验收，必须查验试验报告中抗折强度的实际值，并按规定抽取样品复查，对砌块抗折强度达不到规范要求值的，不得用于工程中。

2. 砌块组砌方法对砌体质量的影响

《砌体工程施工质量验收规范》对砖和混凝土空心砌块的组

砌方法有明确规定，第 5.3.1 条规定："砖砌体组砌方法应正确，上、下错缝，内外搭砌，砖柱不得采用包心砌法"。第 6.1.8 条规定："小砌块墙体应对孔错缝搭砌，搭接长度不应小于 90mm"。对填充墙砌体，在第 9.3.5 条规定："填充墙砌筑时应错缝搭砌，蒸压加气混凝土砌块搭砌长度应不小于砌块长度的 1/3；轻骨料混凝土小型空心砌块搭接长度不应小于 90mm；竖向通缝不应大于 2 皮"。这些条文是按照不同砌块材料从保证结构整体性和有利于结构的承载力出发，合理科学组砌才能达到设计要求，施工时必须满足这些条件。如果多皮砌块（砖）没有搭接压槎时，砌体会形成彼此不相关的小立柱。当压力（各种应力）均匀分布在这些小立柱上及小立柱柔性很差时，其承载力的总和小于有搭接的砌体，其表面裂缝多于搭接的砌体。问题是事实上荷载并不是分布得很均匀，荷载的偏心作用多，墙体和立柱都有较大的长细比，当没有搭接缝而使砌体分成较独立垂直构件时，纵向的不稳定和变曲是很大的。因此，当砌体中垂直通缝较多、搭砌压槎较少时，砌体的抗压强度、整体性、刚度会有较大幅度的降低。

3. 砂浆强度对砌体强度的影响

上式中，$k_2 < 1$ 表明当砂浆强度很低时，由于其变形大，在砌块中引起较大的横向拉应力，因而会更大地降低砌体的整体强度。在实际应用材料的范围内，当 $f_2 = 20\text{MPa}$ 时，$f_m = 1.87 f_1^{0.5}$；$f_2 = 15\text{MPa}$ 时，$f_m = 1.6 f_1^{0.5}$。由此可见，砂浆强度的提高对砌体抗压强度的利用率，仅通过（$1 + 0.07 f_2$）体现出来，分别为 7%、9.36%和 10.7%。砌体强度的增长速度大大慢于砂浆强度的增长速度，通过提高砂浆强度来大幅度提高砌体抗压强度是经济的。此外，砂浆强度等级越低，对砌体的抗压强度利用率越高，因此，施工时对设计强度偏低的砂浆更需要保证其砌筑质量。

在工程施工中，对砌筑砂浆强度的评定，目前世界各国仍然采用以抽取试块的抗压强度作为评定质量强度的标准。工程施工过程中，由现场施工人员及监理见证取样制作、标准养护到龄期、送样至试验部门的试块抗压强度作为评定依据。对抽取砂浆试块的制作，在相同砂浆、相同制作方法、相同养护条件时，由于试块底模的材料不同（即铁、砖底模），其抗压强度结果会有明显差别。据试验资料介绍：做试块时，分别采用烧结普通砖（含水率约为 2%）表面铺一层薄纸、蒸压灰砂砖和铁底模做试块底模，试块在相同条件下养护 28d 的强度是：100∶74∶50。可见，如果制作烧结普通砖砌体的砂浆试块，用试模直接做试块，其抗压强度只达到正确做试块强度的 50%。造成试块强度出现较大差别的主要原因是，试块强度的高低主要与粘结材料及密实程度相关。作为粘结材料的水泥含量与组成砂浆的混合料，密度大时强度高；反之，则强度低。而砂浆密度的大小与早期底模吸水率的多少（快慢）关系较大，吸水快的底模砂浆密度大，底模吸水慢则砂浆密度小。这些常规做法，一些施工时间短、经验少的施工人员是不大清楚的。为了准确评定施工时砌筑砂浆的真正强度，如实反映工程实际，《砌体工程施工质量验收规范》明确规定，砂浆试块制作时的底模必须采用与工程使用相同的砌块（砖），这是十分重要的规定。

4. 砂浆品种对砌体强度的影响

砂浆根据不同的使用部位和工程需要，按照不同的材料配制。从目前的使用来看可分为：水泥砂浆、混合砂浆和水泥微沫砂浆。由于砂浆的组成材料比例不同，其和易性、保水性和强度也不同，因此，对砌体强度的影响程度也各不相同。

砌块作为主体或是填充墙砌体，其使用的砌筑砂浆多以水泥混合砂浆为主。由于砌体的强度值是由砌筑砂浆的试件抗压强度来确定的，当砂浆的品种不相同时，会对砌体的强度产生一定的影响。《砌体结构设计规范》（GB 50003—2001）规定：当砌体采用水泥砂浆砌筑时，砌体的抗压强度值降低 10%，抗剪强度降低 20%。因此，如果砌体原设计使用水泥混合砂浆，当改用水泥砂浆代替时，为了使砌体能达到原设计强度，要进行强度换算，重新确定砂浆强度等级，依此强度计算配合比。如原设计采用MU10烧结普通砖，砌筑用M7.5混合砂浆，改用水泥砂浆后则重新确定砂浆的强度等级及配合比例。《砌体结构设计规范》中列举了混合砂浆和水泥砂浆改用后的选用表，在应用时砂浆的代替由设计人员确定，施工技术人员不能自行更改。

在工程实际施工过程中，施工图在设计时已确定了砌体采用水泥砂浆或水泥混合砂浆，但也存在未标明采用何种砂浆的情况。由于一些施工技术人员对设计规范知之甚少，对砌筑砂浆的种类、概念分辩不清，误认为只要砂浆强度等级达到设计要求就可以，并不了解砂浆品种的不同会对砌体造成一定的影响，给砌体质量留下潜在的隐患。

微沫剂是目前使用量较多的一种有机塑化剂，在砂浆中具有良好的流动性（和易性），将塑化剂掺入砂浆中搅拌时，在砂粒周围产生众多微小而稳定的气泡，从而起到改善砂浆品质、便于操作的效果。采用塑化剂的砂浆在凝结后会产生较大变形，可能会降低砌体的抗压强度。《砌体结构设计规范》规定，若原设计为水泥混合砂浆的，采用水泥微沫砂浆时，砌体的抗压强度将下降10%。若设计为水泥砂浆时，加入微沫剂后则有利于砌体强度的提高，不存在降低强度的问题。现在建筑市场上出售的砂浆塑化剂种类多、效果各异，在采用时，必须对塑化剂产品性能进行检测，由试验室做砂浆强度试配，在确保质量的前提下用于工程。需要注意的是：水泥混合砂浆与水泥砂浆、水泥微沫剂砂浆试块的标养条件有所区别，水泥混合砂浆试块的标养温度为20±3℃，相对湿度60%～80%；而水泥砂浆和水泥微沫砂浆的标养温度相同，即20±3℃，相对湿度90%以上。

5. 砌块的含水率对砌体强度的影响

砌块及砖在砌筑时表面洒水湿润是必须进行的一道工序，砌块表面的含水率对砌体的粘结质量有较大影响。据试验表明，适当的含水率不仅可以提高砌块与砂浆的粘结力、砌体的抗剪强度，而且可以使砂浆强度保持正常增长，增加砌体的抗压强度。砌块合适的含水率使砂浆在摊铺操作时，有良好的和易性、流动性，有利于控制灰缝厚度和砂浆饱满度，这些对砌体施工质量和达到承受荷载是极有利的。据介绍，干砌块上墙砌筑可能会使砌体强度下降20%左右，这个下降值是正确的，因为干砌块与砂浆几乎不存在粘结，砂浆也不可能继续增长到设计强度值，抹灰后墙面的裂缝也会增加，因此，干砖砌筑对砌体强度的影响极大。砌筑前对砌块的浇水是非常重要的，砌体工程施工规范明确要求提前1～2d浇水，对烧结普通砖、多孔砖的含水率保持在10%～15%；对灰砂砖、粉煤灰砖的含水率控制在8%～12%，这样既能使砖和砂浆较好地成为一体，又可使砂浆有充足的水分进行水化，提高其强度。在施工现场检查含水率的简单方法是：将浇过水的砖打断，断面周围渗入水湿度在10～20mm即合适。另外，像加气混凝土砌块、轻骨料空心砌块等，由于湿润后干燥，有一定的干缩性，容易造成抹灰层裂缝。实践表明，不宜提前浇水，只是在砌筑时将铺砂浆的面洒湿，这样有利于粘结砂浆不过早失水干燥，使砌体的粘结质量不受大的影响。

6. 砂浆使用停置时间对砌体强度的影响

《砌体工程施工质量验收规范》（GB 50203—2002）规定：砂浆应随拌随用，水泥砂浆和水泥混合砂浆应分别在3h和4h内使用完毕；当施工期间最高气温超过30℃时，应分别在拌后2h和3h内使用完毕。但在施工现场会经常发现上一班砌筑未用完的砂浆，在下一班加水拌合后再用；落地灰收集后加水拌合再用，这是十分错误的、必须坚决制止的做法。在砌筑时，砂浆往往提前拌好，随着使用时间的延长水泥水化作用也在进行中，使用中的砂浆也在逐渐失水，流动性大大降低而开始凝结，如果重新加水拌合使用，其强度将大幅度下降。试验结果表明，拌合后的砂浆在停置4～6h后强度会下降20%～30%、10h以后下降50%～

60%、24h 后强度会下降 75%以上；当气温超过 30℃以上时，下降速度更快而幅度更大。而施工规范规定的砂浆在 3～4h 用完，其强度已降低了 20%，反映到砌体强度的影响幅度不是很大。以 MU10 砖、M5 砂浆为例，若砂浆停置 4h 强度下降 20%，M5 砂浆降为 M4，查《砌体结构设计规范》（GB 50003—2001）得知，用 MU10 砖和 M5 砂浆砌筑的砌体的强度为 1.5MPa；用 MU10 砖和 M2.5 砂浆砌筑砌体的强度是 1.3MPa，因砌体强度与砂浆强度的关系成线性，用插入法可求出 M4 砂浆砌体的强度 $f_m = 1.42$MPa，在砂浆强度降低 20%的情况下，砌体强度只降低 5.3%。在砌体强度设计时，一般都留有一定的富余量，但砂浆强度也不能降得太多，造成对砌体质量过大的影响。

水泥砂浆和水泥混合砂浆在材料配合比上有一些差别，施工规范规定：水泥砂浆在 3h 内用完，而水泥混合砂浆在 4h 内用完；当施工气温超过 30℃时，各提前 1h 用完。如果砂浆中掺入缓凝剂时，拌后的使用时间根据实际情况适当延长，但一般情况下，不能超过 6h。

7. 砂浆饱满度对砌体强度的影响

砌块缝中砂浆的平整、密实、均匀饱满能显著影响砌体的强度，事实上砌体内水平灰缝的厚度和密度是极不均匀的，每块砖几乎是无规律地承受着自上而下不同的荷载作用，这些荷载在砌体内部除引到压应力外，还引到拉应力、剪应力和弯曲，压应力和剪应力对墙体更容易造成损坏。在施工中，尽量减少因材料使用不当和施工方法措施不到位造成的砌体质量，这就需要把好砌块进场和检验；同时，培训砌筑人员，确保水平灰缝的砂浆饱满度达到要求。当砌体内水平灰缝的砂浆饱满度能达到 73%时，砌体强度可以符合结构设计规范值；当饱满度达到 80%时，比规范值提高约 10%。因此，砌体施工规范要求的水平灰缝的砂浆饱满度不得低于 80%是较合适的。在砌筑施工过程中，要求达到水平灰缝饱满度 80%有时是较难的，是受许多方面影响的。

首先，与砂浆的可操作性（和易性）有关，和易性好，易于摊铺到位，厚度易控制，与砌块之间的粘结性也好。其次，和砌块的含水率有关，假如架上是干砖，由于吸收砂浆中的水分极快，使砂浆呈干燥状态，砖块的饱满度和砂浆的强度不能继续增长，砌体的强度极不稳定。其三，与操作人员的技术素质和手法有一定关系，从 20 世纪 80 年代初，建设部门和制定的施工规范一直提倡“三一砌筑法”，即一铲灰、一块砖、一揉挤的砌筑方法，这是砌体施工最能保证质量的砌筑手法。其中，一揉挤更能保证砖立缝和水平灰缝的砂浆饱满度，大大提高砌体工程的施工质量。其四，气温的影响。在正常温度下砌筑施工，摊铺砂浆长度 500mm 时，砌两块砖砂浆的和易性能保证砌块的饱满度，而气温一旦超过 30℃时，条铺砂浆就无法保证砂浆饱满度，如继续砌筑，质量就无法达到了。以上几点是砌体工程中监理人员控制的重点，在工程施工时，加大抽查跟踪力度，严格控制，使砌体工程质量达到设计要求。

竖向灰缝占的比例较小，约占通过砖和竖向灰缝的砌体水平截面的 80%左右，竖向灰缝砂浆饱满的砌体强度和空缝砌体之间的差别也在 8%左右，因此，砖和竖向灰缝间的粘结力不会明显影响砌体强度，因这种粘结力对砌体横向变形产生的阻力和对砌体横向搭接的影响是极小的，但砖之间的竖向灰缝对砌体的抗剪强度和防止墙体裂缝渗漏会起很关键的作用。有资料表明，当竖向灰缝内砂浆很少或不饱满时，其砌体抗剪强度将降低 45%，因此，《砌体工程施工质量验收规范》规定：竖向灰缝不得出现透明缝、瞎缝和假缝。

8. 砂浆厚度对砌体强度的影响

砌体的水平灰缝厚度对砌体的抗压强度产生较大的影响，据资料介绍，砌体水平灰缝厚度对砌体抗压强度的影响系数为：

$$\psi = 1.4/(1+0.04t) \quad \text{（实心砖砌体）}$$

$$\psi = 2.0/(1+0.1t) \quad \text{（多孔砖砌体）}$$

式中　ψ——强度影响系数；

t——水平灰缝厚度（mm）。

根据上式，对于多孔砖砌体的结果：当 $t=10$mm 时，$\psi=1.00$；当 $t=12$mm 时，$\psi=0.91$，下降 9%；当 $t=20$mm 时，$\psi=0.67$，下降 33%。

当砌块的灰缝厚度增加时，要控制砂浆层尽量摊铺地比较均匀，减少砌体内的压力不均衡，尤其是用了外形存在明显变形不规范的砖，使砌体保持较均匀的受载状态；同时，由于水平灰缝厚度的增加，对砂浆层的压缩也在增加，相应加大了砌体截面内的拉应力，对砌体抗压强度带来十分不利的影响。通过浅要分析比较，从而得出砌体灰缝厚度在 10～15mm 时，在同样条件下厚度 15mm 砌体的抗压强度，与厚度 10mm 砌体的抗压强度相比，降低了 20%，相当于两个砂浆强度等级，其影响是相当明显的。对此《砌体工程施工质量验收规范》（GB 50203—2002）规定，对砖和混凝土空心砌块的水平灰缝厚度和竖向灰缝宽度宜为 10mm，但不应大于 12mm，也不应小于 8mm。施工过程中，在满足规范的前提下，尽量控制灰缝厚度是很必要的，这样有利于提高砌体的整体抗压强度。

2. 建筑砌块结构在设计和施工中应重视哪些问题？

国内许多城市限制黏土砖在建筑工程中的使用，混凝土砌块已成为政府推广取代黏土砖的新型环保节能墙体材料之一，与黏土砖相比，混凝土砌块具有以下特点：①不占用耕地，减少对环境的污染；②综合造价经济；③结构自重轻，整体性好；④施工速度快；⑤保温、隔热、隔声及防潮性好；⑥使用面积大，外形较好等。

混凝土砌块的使用在国外已有过百年的历史，至今已成为较广泛应用的完整结构体系—配筋混凝土砌块结构体系。而在国内的使用仅有近 40 年的时间。由于混凝土砌块与黏土砖是两种完

.的主
头，砌
验收规范
达到完全
即可。但在
数较差，一
砂浆的干缝。
，而且关系到结
，对保温、隔声、
满，容易在竖缝上
外墙，雨水可直接沿
形的砌块是国内生产
高，在进行围护结构设
减系数。但由于砌块的强
强度不能起（决定）重要作
制）影响的，目前除北方地区少
少采用。第二种砌块外形的端部边
，中部凹进 5mm，这种外形竖缝在砌
块的砂浆饱满度易控制，抗裂性、抗渗漏

性也好，但其强度指标设计时需乘以 0.8 的折减系数，这种外形砌块现在仍在国内广泛采用。第三种砌块外形是在第二种外形基础上改进而成的，其端部边缘的外形构造为竖向边肋宽 55mm，其间有深 5mm、宽 15mm 的竖向凹槽，端面中间部分凹进 15mm，这种外形要求竖缝砂浆铺垫在宽 55mm 的边肋上，使砌块端部中央能形成宽 80mm 的竖向减压空腔。只要砌筑砂浆的配合比匹配，边肋 55mm 宽的竖向灰缝是容易达到饱满度的，能杜绝渗水通道的存在，即使在灰缝处产生微小裂缝，导致外部水渗入时，因竖向空腔产生的减压作用，渗入的水也只会沿着腔壁向下排出而不会渗入室内。由于减压腔的存在，使墙体隔声、隔热和保温性能有所提高。第三种外形砌块现在国内外使用十分广泛，是多层和高层建筑结构围护体的较好块形。

2. 水平灰缝砂浆饱满度控制

现行的施工规范对砌体水平灰缝的砂浆饱满度要求不尽一致，各地区对砌块水平灰缝的饱满度解释也不一。虽然不同规范和不同地区都要求砌块的水平灰缝砂浆饱满度不低于 80%～95%，但有些地区却要求水平灰缝总面积中包括横肋部分，如使用最早的端部为平面的第一种块形砌块；北京地区对水平灰缝饱满度的要求系指有效灰缝的饱满度，这是由于该地区推荐采用的砌块是第三种外形砌块，由于这种砌块的端面留有灰缝厚度的控制槽，砌筑时，上下皮块面的横肋相互错位不直接接触，即使在横肋上铺浆不起作用。国外砌块砌筑时，水平灰缝的砂浆铺设是按设计要求进行的，多数砌筑时，砂浆铺在砌块的侧壁上，只在下列情况下砌块的横肋才要求铺设砂浆：①需要灌孔的孔洞横肋，防止芯柱混凝土浇灌质量不好；②基础顶部第一皮砌块的横肋；③壁柱和独立柱的横肋等。在国内现行的砌体结构设计规范中，基础、独立柱和壁柱的孔洞内混凝土必须浇灌密实，同国外是基本一致的。但国外建筑砌块要求横肋铺浆的部位是为满足构造的要求，而国内砌块的横肋铺浆是为了提高砌体的整体强度需要。现实中，国内外将混凝土抗压强度作为检验和衡量砌体的一个重要特征指标。对于多层建筑即使不考虑芯柱的加强作用，砌体本身的强度一般情况下可以抵抗墙体的压应力。例如，一栋7层高开间为5.5m的砌体建筑，假如楼层和屋面的荷载均为6.2kN/m，墙体的自重为2.6kN/m，层高为3.2m，则底层墙体的荷载为269kN/m，其压应力为1.42MPa，与目前国内执行的砌体规范要求的强度值有较大差别，即使考虑诸多不利因素及偏心影响，对于强度为MU10的混凝土砌块和M10的砌筑砂浆砌筑的砌体，在无构造芯柱混凝土加强作用的影响时，其砌体自身的强度也能满足使用需求。如果采用配筋砌体计算，砂浆的强度对于砌体强度的影响并不明显，其主要作用是保证砌体结构的整体性及砌体自身所具备的多种所需功能。

3. 砌筑砂浆的控制

现在国内砌筑工程所需的砂浆几乎是在工程的施工现场拌制的，对于采用石灰混合砂浆因石灰膏自身含水率近50%，计量精度会出现较大差异。特性属于气硬性材料，不参与水化反应，从而导致砂浆收缩变形量大、抗裂性差易渗漏，是建筑外墙产生渗漏通病的薄弱环节。由于采购的原材料在现场堆放，其均匀性也存在一定差异，材料的不均匀和计量配置的不准确性，不可避免地造成质量的不均匀、对环境的污染和浪费。对于砌体工程，由于砌块本身有干缩湿胀的基本特性，实践及设计都要求在砌块使用前，除了不浇水外还必须严格控制其砌块的含水率，并要求砌块的制作养护时间不少于28d才可使用，因此，对于砌筑砂浆的稠度及和易性有严格的规定。为了有效地达到控制目的，许多地区及大型建筑企业试验机构都提供了专用砂浆的配合比及相应标准，但在众多参考配合比中，都会要求采用由其试验确定的外加剂。在涉及具体工程施工时，往往存在由于配制砂浆不能做到计量准确，而且多种原材料的质量也难达到试验室试配时的标准，因此即使掺入规定的外加剂，砂浆的质量也难达到标准的要求，质量很难得到可靠的保证。现阶段即使是砌块建筑最早应用的美国，砌筑混合砂浆也是由水泥、砂、石灰膏加水拌合而成。不掺入任何外加剂，仅依据石灰膏的含量将砂浆分为两种类型，即M型和S型，其石灰膏含量较少的M型主要用于基础和实心砌块，一般认为M型的砂浆强度要比S型的砂浆高，而S型的砂浆和易性较M型的要好。但美国1997年版的UBC规范不认为两种砂浆的强度有明显差异，S型砂浆既可用于承重墙，也可用于非承重墙，使用时不需按强度来选择砂浆的种类。值得注意的是，美国砌筑砂浆采用的是商品砂浆，砂浆生产是自动化设备线，不仅使配制砂浆的效率很高，降低原材料消耗，减少环境污染，而且达到计量准确，保证砂浆配料均匀和质量稳定相一致。

目前，以商品化生产的干混砂浆在国外的应用十分广泛，其品种多样，有砌筑专用砂浆、外墙面抹灰砂浆、墙面和地面砖专用砂浆、地坪抹灰砂浆等。现阶段，国内尚无较大型专业干粉料生产厂家，仅有极少数小型企业干粉料生产商，例如福星斯达集团公司等生产商，虽然规模及产量较小，但却能保证工程质量。因此，在大量围护砌体施工中，为确保砌体质量应借鉴国外成熟经验，优先发展干粉料的专业生产加工厂，使建筑工程用量较大的各类砂浆的配合比计量精确，达到质量可靠的目的。

4. 建筑缝的控制

缝的控制在砌体建筑工程中极其重要。控制缝是为防止温度变化和砌块干缩变形在墙体的适当位置设置的垂直通缝，该缝与墙体的灰缝要求一致，缝内最后选择用柔性材料密封，作用是避免墙体不规则的裂缝，人为预控可能出现的裂缝。小型混凝土砌块与传统的黏土砖结构相比，对裂缝的产生更加敏感，这是由于：首先，混凝土砌体的抗剪强度较低，只有砖砌体的50%左右，如190mm厚砌块墙的抗剪强度只有240mm厚砖墙的40%；其次，砌体结构的墙体较薄，灰缝的结合面小，竖缝较宽，砂浆饱满度较差，容易产生应力集中，引起沿灰缝出现的裂缝，同时，混凝土砌块的干缩性较黏土砖要大；第三，更重要的是砌块对环境温度更加敏感。因此，必须根据建筑材料的特性，在墙体的适宜部位留置控制缝，在设置时对部位应考虑的是：在墙体高度突然变化处留设竖向温度控制缝；在墙体厚度突然变化处留设竖向温度控制缝；在两墙相交或转角墙允许接缝的中部留设竖向温度控制缝；在门窗洞口的一侧或两侧留设竖向温度控制缝。竖向温度控制缝的留置对3层以下的建筑，应沿房屋墙体的全高留设；对大于3层的建筑，可仅在建筑物的1~2层和顶层墙体的上述位置留设；温度控制缝在屋盖处可不贯通，但在该部位宜做成假缝，以控制可预见的开裂；温度控制缝应作成隐式，与墙体的灰缝相一致，其缝宽在12mm，缝内填充柔性密封材料。

实践表明，温度控制缝虽然能有效地避免和减少墙体的不规则开裂，但也给装修带来一定的难度，正常的装饰抹灰层会沿着墙体留设的竖向缝出现开裂，影响墙体的外观整体效果。对砌体建筑工程而言，出现裂缝是不可避免的，墙体产生的裂缝宽度多大是无害的，这是比较复杂难以界定的质量问题。该处涉及墙体裂缝的宽度限值，是一个宏观的限值标准，也就是目观可直接看到的裂缝。目前，尚未对外部构件（墙体）发生危险裂缝的宽度作出限制标准，砌体结构尚无对裂缝的宽度限值标准。但对钢筋混凝土结构工程出现裂缝的宽度限值，在结构设计和施工规范中都有具体规定，混凝土结构工程裂缝宽度限值主要是考虑到结构的耐久性年限，因裂缝的宽度会影响到环境污染对钢筋的腐蚀。习惯认为，当裂缝宽度<0.2mm时，外部构件（墙体）是不会产生腐蚀、出现危险的。但广大居民对裂缝的认同考虑到外观的观感问题。对于钢筋混凝土结构，当裂缝宽度>0.3mm时，在外观感觉上是不易接受的，这种缝宽也应适用于配筋砌体工程。对于大量无筋砌体，应比配筋砌体的裂缝宽度略放宽一些。由于人们对居室习惯的影响，多数室内装饰还采用墙面的抹灰，因而对墙面的裂缝比较敏感。对于砌块建筑，应有针对性地向用户介绍裂缝产生的原因和对结构的影响，消除使用者对砌体结构出现裂缝的盲从心理；更重要的是积极开发研制新型墙体的表面装饰材料，替代传统的墙面抹灰湿作业施工，避免居民直接接触到墙体的结构部位。

5. 结构工程设计控制

由于混凝土小型砌块与传统的黏土砖是两种材质和砌体性能有较大差别的墙体材料，因而在进行结构设计时，不可将两种性能不同的围护材料作简单的代换。采用砌体结构时，目前常用的有两种结构形式：即约束配筋砌块结构和均匀配筋砌块结构形式。而均匀配筋砌块结构主要用于高层建筑和强震地区的建筑工程，现今只有几幢作为试点的高层建筑采用，而相应的规范已正式实施。虽然有了可依据的建筑规范，但设计施工应用很少，缺乏成熟经验。约束配筋砌块结构是指仅在砌块墙体的局部位置配置构造筋，如规定的墙转角、丁字接头、十字接头和墙体的较大洞口边缘设置的竖向和水平钢筋，并在这些部位设置拉结网片筋。这样处理类似于砖混结构，设计方法和计算理论也是参考砖混结构体系。在砌体结构设计时，只是将原砖混结构的构造柱改变为混凝土芯柱，并在门窗洞口的边缘增设了芯柱。最后，根据各地区的常规构造要求及地震烈度，在适当位置增设芯柱数量，满足各项具体需要，将砖混结构转变为砌体结构。

构造筋仅是构造上的需要，无明确的配筋率要求，但现行的设计规范要求这些部位的竖向筋应采用 $\phi12$，构造筋的主要作用是使芯柱部位的砌块墙体变为受约束墙体构件，增强墙体整体性，达到在水平地震作用下有较大的延性变形能力，大震时裂而不倒。约束砌体一般用于多层砌块建筑，我国建筑抗震设计规范和混凝土小型空心砌块建筑规程要求，一般情况下，在 6～8 度地震区的建筑层数为 7～5 层，当采用加强构造措施后，可在规定层数增加一层，即允许层数为 8～6 层。从目前国内情解到，多层住宅房屋在居住建筑中数量最大，约占住宅

80%以上。而多层砌块建筑结构只需强度等级中偏低的建筑材料：即 < MU10、190mm 厚砌块， < M10 的砌筑砂浆和 C20 混凝土芯柱，墙体的平均构造柱率 < 25%。在造价上同多层黏土砖结构相比，具有较大的综合优势，因而很容易被开发商和使用者所接受，这种结构已成为目前应用最广泛的结构形式。但任何材料的使用都有两重性，在广泛采用的同时，也出现了较多的"渗、裂、漏"等质量问题，人们有理由对这种简单的结构设计形式产生怀疑。只是更多的构造条件被强制性应用，但砌块的优势也受到限制。如一些地区为防止建筑顶层砌体的开裂，要求顶层墙体的砌筑砂浆强度等级不低于 M10；顶层所有墙体必须采用 C20 轻集料混凝土浇灌密实，墙体预留构造柱间距 < 500mm，承重墙与外墙空洞必须用不低于 C15 轻集料混凝土浇灌密实；砌块的水平灰缝砂浆饱满度达到 95% 以上，其横肋必须满铺浆等要求。其总的指导思想是，通过加大砌体结构自身的刚度来提高砌体的抗剪强度，以构造措施来替代结构计算所需的某些不足。如果造成无筋砌体比配筋砌体的用钢量还大，建筑物的综合造价比配筋砌体要高。目前，国内大部分多层砌体建筑在设计时，新增加的构造配筋在结构计算时都未考虑芯柱所起的增强效率，只将芯柱的设置作为一种提高结构整体刚度的措施，造成不必要的浪费。

均匀配筋的砌块结构即习惯称为配筋砌体，这种砌体和钢筋混凝土剪力墙相同，对水平和竖向配筋有最小含钢量的要求，在受力模式上也类似于混凝土剪力墙的结构，是利用配筋剪力墙来承受结构的竖向和水平作用力，是结构的承重和抗侧力主体构件。配筋砌体的芯柱率一般小于 45%。由于均匀配筋砌体的强度较高，延性好，与钢筋混凝土剪力墙的性能很相似，可用于大开间和高层建筑结构体。国内外对配筋砌体的性能研究认为适用范围同钢筋混凝土，可建一定高度既经济又安全的建筑结构。在配筋砌体中存有众多的竖向灰缝，类似在钢筋混凝土剪力墙中设置的多条竖向缝，增加了结构的变形适应能力，因而是一种刚柔并存的抗震建筑结构体。

6. 简要小结

砌体建筑结构的设计和施工在国外已有上百年的时间，这里重点探讨国内建筑砌块在设计和施工措施与国外成熟结构体系存在的不足和原因。对于多层和高层砌块建筑，为解决墙体的常见质量问题，应针对国情采取加强构造措施，例如加大水平配筋率，增强门窗洞口的刚度；对大于6m开间的墙体，采用均匀配筋率，防止楼板端部嵌固弯矩引起墙体的弯曲破坏或产生沿水平方向开裂；并提出多层砌块建筑设计时，也应按配筋砌体计算，在保证结构安全的前提下降低成本，选择合适的砌块形式和操作方法，提高施工速度和建筑质量，保证结构的安全使用和耐久性。

3. 建筑砌体的裂缝原因及控制质量措施有哪些?

砌块建筑的裂缝是比较普遍的常见质量问题，既有地基不均匀沉降、温差及干缩因素，也有材料质量差、设计构造措施不当、施工控制不到位、缺乏经验等。据统计，这些裂缝占全部裂缝的90%以上。其中，裂缝最多的是干缩和温差两种裂缝，及由温差和干缩共同作用产生的裂缝。以下就砌块工程裂缝产生形成的原因及控制措施，在结合施工实践的基础上，结合现行的砌体工程施工规范，提出有效的预防控制措施。

1. 裂缝的分类及特性

(1) 干缩形成的裂缝　加气混凝土砌块、轻质气泡混凝土砌块、混凝土空心砌块，不能洒水过多，只是将砌筑砂浆面洒湿利于粘结，随着砌体含水量的降低而会产生较大的干缩变形。烧结普通砖及其制品，其干缩变形量较小，且变形完成比较快，只要不是使用新出窑的砖，一般很少考虑砌体自身由于干缩变形引起的应力变形。

加气混凝土砌块等砌块的干缩率为0.3mm/m，相当于30℃时的变形量，可见干缩变形量是很明显的。而轻骨料砌体的干缩变形更大，干缩变形的特征是早期发展很快。砌块出窑后停置28d，只能完成50%的变形量，在砌筑后几年的时间才会逐渐停止干缩不变形。其特性是当遇湿后仍会出现膨胀，但干缩变形量有所减小，约为第一次的80%。这类干缩变形引起的裂缝在建筑砌体上分布广，数量多，影响程度也较大。例如：在砌体的内外纵墙中间对称分布的倒八字裂缝；在建筑底层窗台两侧出现的斜向或竖缝；在顶层圈梁下出现的水平和水平包角裂缝；在较大墙面上出现的下层多、上层少的竖向裂缝。另外，不同材料和构件的差异也会导致墙体产生裂缝，如楼板错层、高低跨连接处的裂缝、框架填充墙、柱间墙是因不同材料的差异而产生变形的等。

（2）温差引起的裂缝　环境中的温度在一天中会不断变化，这种变化引起材料的热胀冷缩。在约束条件下，温度变形产生的应力超过砌体的抵抗力时，则出现温差应力裂缝。常见的裂缝多出现在屋顶层两端的墙体上，如门窗洞口边的正八字斜裂缝、平屋顶下或顶圈梁下沿砌块缝处的裂缝、女儿墙及包角的水平裂缝。导致房屋顶层产生裂缝较下层多的原因，主要是房屋顶层的温度比下层墙体的温度高得多，且屋面是混凝土结构而墙体是砌体材料，两种材料的线膨胀系数不同，混凝土的膨胀量是砌体的10倍以上，在顶板与墙体间的变形产生很大的拉应力和剪应力，其应力的特征是墙体中间小而两端大，下部小而上部大。上下部位的温度不同是造成墙体开裂的主要原因，实践表明，温差裂缝经过一个冬季和夏季后会逐渐减轻、稳定，不会再继续发展，但裂缝的宽度随着气温的升降有所变化。

（3）干缩温差共同作用及其他裂缝　对于烧结普通砖块材砌体，常见的是温差裂缝，而对加气混凝土砌块材料的砌体，也存在温度和干缩共同作用时产生的裂缝。其出现在建筑物墙体上分布的裂缝是属于这两种裂缝的共同作用，也会因为条件不同产生裂缝的状况不尽相同，但裂缝的性质、后果较单一原因产生的更严重。另外，设计考虑欠妥或疏忽，对防范措施无针对性、材料质量较差、施工经验少、无控制措施、违反施工规范和设计意图、砂浆强度达不到与砌块相匹配、缺少操作经验，也是造成墙体裂缝的主要原因。例如，施工过程中对各种混凝土砌块、灰砂砖等新型墙体材料没有针对其特性，选择合宜的砂浆和砌筑方法，仍然沿用传统的砌筑黏土砖的砂浆和砌筑方法来保证砌体质量，不能有效预防墙体开裂，故产生裂缝是不可避免的。

2. 砌块墙体裂缝的预防

无论是主体墙还是填充墙体，所用砌块均属于脆性材料，而砌体的裂缝降低了其整体质量，建筑物抗震性和耐久性都受到大的影响。国家加大了对墙体保温节能的开发力度，对墙体裂缝的控制更严。建筑物的裂缝成为用户评价结构安全最直观的首要标准。加强对新型砌体材料的抗裂性防治，是关系到保温节能墙体材料能否顺利推广的大事。

事实上建筑物的裂缝是不可避免的，关键是应对裂缝的宽度有一个限值来控制。对混凝土结构而言，全世界许多国家对裂缝的宽度限制在 0.2mm 以内，即肉眼看不到的宽度，是一个宏观的控制。这是考虑到钢筋混凝土结构的裂缝宽度，是防止液体及气体的浸入对钢筋造成腐蚀，影响建筑物的耐久性。但对砌体结构的裂缝宽度目前尚无限制的规定，据介绍当裂缝宽度 < 0.2mm 时，对外部墙体的耐久性不会造成影响。

多年来，人们在不断寻求控制结构体裂缝的方法，并根据裂缝的性质及存在的因素采取多种控制方法及预防措施，从防裂缝的理念上提出防、放、抗相结合的构想，已成功地在工程中得到应用，一些具体措施被引入到现行的砌体规范中，只能收到部分效果，总体看来，结构裂缝仍然比较严重，其原因及预防措施要注意以下几个方面：

（1）设计必须重视防裂构造措施，目前的工程设计人员只重视结构的强度而忽视抗裂的构造措施。多年来由于建筑工程多属公有，包括住宅也不属于个人所有，人们对砌体结构的各种裂缝习以为常，设计者一般以为不论何种砌体结构都较简单，在对强度作必要的计算后，针对构造措施一般按常用的标准构造图集选择砌体材料，很少参照施工规范提出防裂的具体要求。更没有对常用措施的可行性进行调查研究，总结出适合地区特点的构造抗裂。因为裂缝的出现较早，但危险是隐蔽潜在的，当出现质量问题人们首先想到的是施工单位，而很少考虑到设计构造问题。

（2）砌体结构设计规范对抗裂构造要求的问题。原砌体设计规范（GBJ 3—88）的抗裂构造措施有两条：一条是，对钢筋混凝土屋盖的温度变化和砌体的干缩变形引起的墙体开裂，采取设置保温层或隔热层；采用有檩屋盖或瓦屋盖；控制烧结砖或砌块从出厂到砌筑时间防止淋雨；未考虑到各地区存在的差异、气候环境影响、温度湿度的较大差别和适应性；另一条是，防止房屋在正常使用条件下，由温差和墙体干缩引起的墙体竖向裂缝，应在墙体中设置伸缩缝，从规范中设置的温度伸缩缝的最大间距看，主要取决于屋盖的类别和有无保温层。可以看出，与砌体的种类、材料、收缩等性能无直接关系。设置伸缩缝的作用主要是防止因建筑物体量过长，防止在结构中出现竖向裂缝，事实上并不能防止由于钢筋混凝土屋盖的温度变形和砌体的干缩变形引起的墙体开裂。

砌体设计规范所采用的抗裂措施，如温度区段限制主要是针对干缩变形小、块体小的黏土砖砌体，而对干缩变形大、块体尺寸大于黏土砖的混凝土空心砌块的砌体，是不适用的。因为混凝土砌块的干缩率为 0.2～0.4mm/m，无配筋砌体的温度区段不能超过 10m，对配筋砌体也不能超过 30m。在这方面国外的应用经验比较成熟，一是在较长的墙上设置变形缝，这种控制缝和国内的伸缩缝不同，不是在双墙而是在单墙上设置的缝。该缝的构造既能允许建筑物墙体的伸缩变形，又可隔声挡风防雨，当需要承受平面外水平力时，由设置的附加钢筋承担。这种控制缝的间距比我国砌体规范的伸缩缝区段要小，如欧洲一些国家规范对黏土砖的长度为 10～15m，对混凝土砌块一般为 6m；美国混凝土协会规定：无筋砌体的最大控制缝间距为 12～18m、配筋砌体控制缝间距不超过 30m。二是在砌体中根据材料的性能配置所需的抗裂钢筋，从 0.03%～0.2%不等，或将砌体设计成配筋砌体，如美国规定，配筋砌体的最小含钢量为 0.07%，使砌体能抗裂又具一定的延性。对于在砌体结构中配置钢筋（含钢率）的数量和效果，是关注的具体问题，涉及造价和结构真正的强度性能问题。

（3）施工砌筑质量控制，由于建筑砌体的施工存在大量的人工操作过程，砌体结构的质量在很大程度上取决于人的因素，施工过程对砌体质量的影响直接表现在砌体的强度上。《砌体工程施工质量验收规范》（GB 50203—2002）中，对各种砌体材料的施工质量控制都有具体规定。对此，砌块灰缝中的砂浆饱满度的影响较大，对裂缝的产生最直接。由于砌体内水平灰缝砂浆的厚度和密度不均匀，每块砖几乎无规律地承受自上而下的荷载作用，这些荷载在砖内除引起压应力外，还引起弯曲和剪应力，压应力和剪应力容易使砌体破坏。当水平灰缝的砂浆饱满度为 73%时，砌体强度可以符合设计规范值；当大于 80%时，高于上述定值约 10%，现行施工规范对水平灰缝砂浆饱满度不低于 80%是合适的。竖向灰缝约占通过砖和竖向灰缝砌体水平截面的 8%，在竖向灰缝饱满时砌体强度和空隙之间的差别不会超过 8%，因此，砖同竖缝间的粘结力不能显著影响砌体强度，因这种粘结力对砌体横向变形的影响是极小的。但砖之间的竖缝对砌体的抗剪防渗作用很大，只要能达到饱满度 60%以上即可。砂浆强度对砌体的抗裂十分重要，强度高砌体整体性好，抗震、抗压、抗剪、抗裂性及耐久性好；反之，砂浆强度低，对砌体的整体强度影响明显，规范对此有明确的规定。

（4）防止墙体开裂的构造措施：①防止混凝土屋盖温度变化与砌体干缩变形引起的顶部墙体开裂，宜采取的措施是：应在屋顶上设置保温层或隔热层；并在适当的部位设置控制缝（伸缩缝），其缝的间距＜30m、缝宽 20mm 内填油膏嵌缝；当现浇混凝

土挑檐的长度 > 12m 时，宜设置分隔缝，缝宽应在 25mm 左右，油膏嵌缝；设置伸缩缝的间距除满足设计规范外，在适当部位设置控制缝很有必要。②预防墙体干缩引起的裂缝应采取的措施是：设置竖向控制缝，控制缝的设置应在墙体高度变化处、墙的厚度变化处、在门窗洞口边设置控制缝、在墙的转角等处设置。对 3 层以下的房屋，应按墙体的全高设置；对大于 3 层的建筑，仅在底层和顶层墙体相应位置设置；控制缝在楼层和屋盖不贯穿，但在该处做成假缝，预防该处开裂。控制缝宜做成隐蔽形，与墙体的灰缝一致，缝宽不大于 15mm，缝内塞紧弹性材料，外部密封处理。③控制缝的间距一般墙体为 7 ~ 8m，有洞墙体小于 6cm；在墙体转角处的缝距墙角不大于 4m。④灰缝内设置拉结钢筋，在洞口上下两层灰缝内伸入洞口外侧拉结筋长度不小于 600mm；在墙体顶层距屋盖的 3 层灰缝内设置拉结筋，应在砌体内通长设置，当采用搭接时，其搭接长度 > 300mm；灰缝内钢筋应锚入转角处墙中不小于 300mm、有拉结筋的灰缝厚度 12mm、300mm 以上墙体埋设 3 根，一般墙体为 2 根；当设计有要求时，应在灰缝中设置钢筋网片，网片的筋间距不大于 200mm；设置灰缝钢筋的建筑控制缝的间距不应超过 30m。⑤砌体中设置钢筋混凝土带，混凝土配筋带一般设置在墙体的顶部、窗台下部、屋盖处；配筋带的间距不大于 2.4m，不小于 0.8m；配筋直径对 190mm 厚墙采用 2ϕ12，对 240mm 以上厚墙应不小于 3ϕ14 筋；混凝土配筋现浇带要通长设置，当确实需要搭接时，搭接长度为 45d 或 600mm；配筋在墙转角处锚固长度不小于 35d 或 500mm；当配筋现浇混凝土带仅用于控制墙体裂缝时，在伸缩缝处断开，当设计有细部构造要求时按设计施工；当地震设防裂度 > 7 度时，配筋带的截面为 190mm × 200mm，配筋不少于 4ϕ10；设置配筋带的建筑物长度控制缝（伸缩缝）的间距不宜大于 30m。同时，也可根据现场的具体实际、基础布置形式、地震设防裂度综合采用防裂措施，确保建筑砌体结构的整体耐久性，达到设计规定的使用寿命。

4. 如何正确设置建筑物的变形缝?

建筑工程中由于多种原因的影响及构造需要，设置了多种形式的缝，一般称为变形缝，包括伸缩缝、沉降缝和防震缝（简称建筑三缝），三缝的目的是为了防止或减轻建筑物受到不同的外界影响而产生变形，致使建筑物开裂乃至破坏而设置的。

由于各类建筑物均处在自然环境中，受不同季节气候变化的影响，就是一日之中温差也很大。建筑物的各部分除基础埋在地下受环境温度影响极小外，地面以上部位因热胀冷缩产生伸缩变形和内力。尤其目前整体现浇的钢筋混凝土框架结构及屋盖受温度影响更大。钢筋的伸缩变形和混凝土相差很大，又是现浇大面积整体无任何可伸缩的空隙，于是沿主筋布置方向伸出又缩回，如此反复循环，使上部墙体开裂，伸缩值随建筑物的长度增加而增大。所以，控制建筑物的长度是有效防止伸缩变形而免遭破坏的最好措施。设置伸缩缝也就是“无形”地把长建筑物变成短建筑体。

建筑物屹立于地基之上，地基软硬不均匀，建筑物本身高低也不一样，各部分的重量也相差较大。高、重部分基础沉降量大、低、轻部分的沉降量小，因而会产生从基础到全高的变形、开裂和损坏。采取把一栋建筑按所处地基的软硬之间分开，高而重的部分和轻而低的部分用一条缝贯通基础直至屋顶，把整个建筑物从结构中分开为二，但外观上不易看出，这样化整为零。至于沉与不沉彼此互不影响，沉而无害，这就是所谓的沉降缝。地震时，地面运动产生的纵波和横波使建筑物上下振动、左右摇晃，建筑抗震考虑设置的水平方向地震力为主要方面。由于建筑物各部位的刚度是不同的，高度也不同质量也不同 ，在地震力作用下它们的振幅也不同的，体型高、质量大的部分摇晃幅度大，而低小、质量轻的部分晃荡的小，于是在两者之间产生裂缝而导致破坏。如果把不同质量、不同体型的各部分分开保持一定距离，不同振幅的晃动互不干扰，设置的这种缝即为防震缝。

建筑工程中的三缝如何设置，首先应根据国家现行的规范标准，结合工程和地区设防等级要求，考虑在符合各种要求下设缝，做到一缝多用的功能。在工程设缝的应用实践中发现，在已设置的几种变形缝中，缝内渗漏的现象比较普遍，究其原因有些是构造做法不合理，材料选用不当；有的是施工质量低劣，控制不到位。在此结合工程施工实际和调研，分析变形缝在设计构造及施工存在的实际问题，提出具体改进措施。

1. 外墙面的变形缝设置

外墙面设置的变形缝主要考虑其防水问题。但有些工程对设置外墙变形缝未进行构造处理，单纯靠布置雨水管遮挡缝隙，致使雨水流入缝内，使墙面产生向内渗漏水。有的缝仅用通长满涂沥青的木板条或木丝板填入缝口内，或在变形缝的中部用沥青油麻丝塞填，其两端再嵌以木板或木丝板，由于木板没有弹性，经挤压后产生变形，失去了随变形缝伸缩的作用。另外，由于其材料自身防水性能差，用不了多久会自行脱落、腐烂或损坏。有些在缝口处加金属调整片如镀锌薄钢板、铝板，但金属片与面粉刷层的连接处即使加钉钢丝网片，时间长了也会脱落。使用效果较好的是采用橡胶条或塑料条嵌缝，面层用油膏与外墙面相同。构造缝处理简单防水效果也好，立面观感也较好（见图 4-1）。对于防水要求较高的建筑缝，则在橡胶条外边再嵌以弹性聚氨基甲酸酯嵌缝膏或硅树脂嵌缝膏嵌缝（见图 4-2）。较宽的变形缝，如在抗震缝中，里层固定铜板调整片，外边再用胶粘结铝板罩面，以缩小外墙面上缝的宽度，外墙粉刷层可在铝板上刷需要颜色，如色泽相近也可不刷，用银白色，保持立面的统一美观，这种做法较原来在金属片表面上再钉钢丝网抹灰做法坚固耐久，其构造见图 4-3。

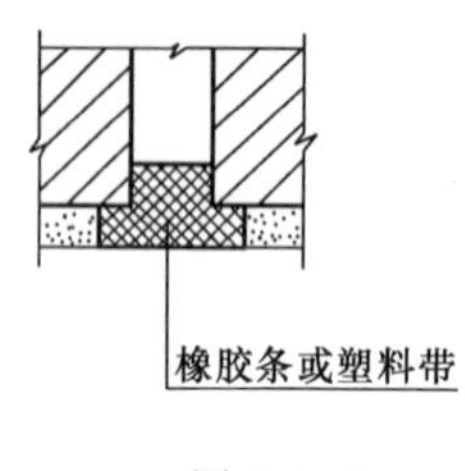

图 4-1

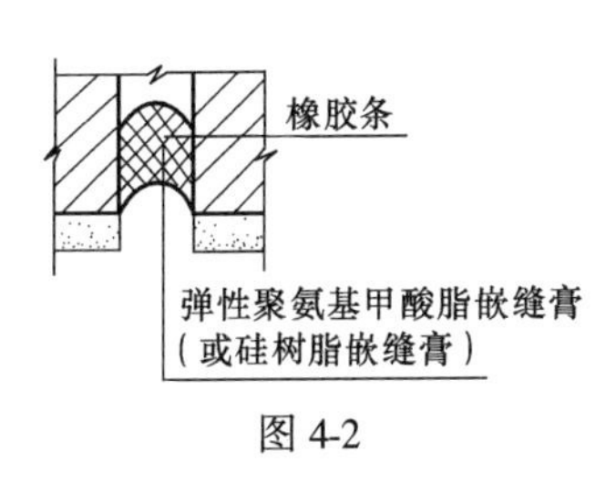

图 4-2

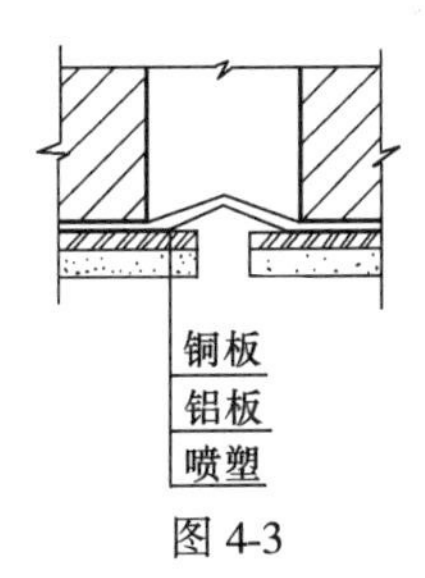

图 4-3

2. 内墙面的变形缝设置

内墙面不直接同雨水接触，不会受到直接浸蚀的危害，所以盖缝材料除金属板外也可采用木板。但从使用情况来看，使用金属板很少会发生问题，而采用了木盖缝材料，有些因封闭不严，在墙体变形时缝两侧容易造成抹灰层开裂、剥落挤撞损坏。有些因为木材质量不好或固定方法不对，如错误地将木板两侧均固定在墙体上，变形时被拉裂或翘曲变形；有的因贴墙一面的防腐不好而腐烂；有的板面凸出墙面过多或线条繁琐，影响到室内的装饰效果。这些都应在构造细部的设计中进行改进。例如图 4-4 与图 4-5 的做法比较，图 4-4 做法就比图 4-5 有所改进，木板线角要简单。盖缝的做法还要考虑地震时的影响，如有的工程用木门窗框盖在缝上，地震时木框出现变形，影响使用效果。

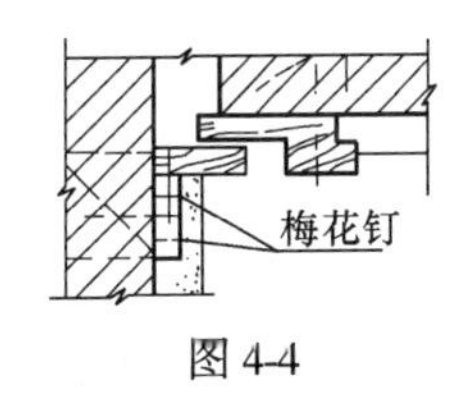

图 4-4

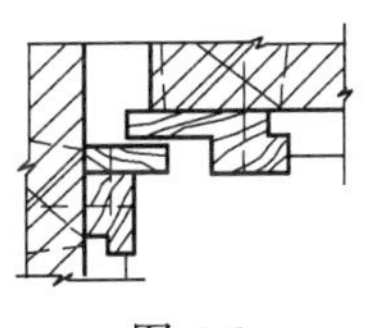
图 4-5

3. 楼地面变形缝的设置

设置在楼地面的变形缝一般的做法是：用沥青油麻绳填缝，盖缝材料有填沥青玛瑞脂的、有的盖板材包括钢板、铝板、预制板、硬质塑料板或橡胶板等。从使用效果分析，变形后的板面缝处一般不整齐，有的盖板与楼地面材料之间的缝隙没有处理抹平，垃圾、积尘、挤碰损伤，应嵌以填缝材料，如橡胶、泡膜塑料、玛琋脂等。有的与楼地面材料不协调，有的金属盖板表面不防滑、不安全，都需要在设计时加以改进。如采用铝片或铜片加固槽口，内嵌橡皮避免在面层留缝，不易变形和损坏，这样效果较好。

4. 屋面变形缝的设置

现在刚性防水屋面多采用变形缝处高出屋面的处理做法利于排水，但效果也不是很可靠，也有一些出现渗漏水情况。出现渗漏的原因有两个，一个是高出屋面的部分采取在钢筋混凝土平板上砌砖，两种材料的结合处砂浆不饱满，不密实时形成渗水通道；另一个是对于顶部预制盖板纵向接槎处的防水措施未到位而产生渗漏。由于上述构造上的不足，在刚性防水屋面，应将钢筋混凝土板沿变形缝的端部泛起，高出屋面顶部150mm，在顶部预制钢筋混凝土盖板纵向接槎处，在板底干铺二层SBS油毡，板缝间填嵌缝油膏；也可先铺钉一层镀锌薄钢板，然后再盖上混凝土预制盖板。上人屋面有的变形缝的顶部与屋面面层一样平，变形缝的防水可采用铝板或镀锌薄钢板，U形缝内填沥青玛琋脂或麻丝处理，其面层应干铺SBS油毡，板底平铺SBS油毡两层，利于板的伸缩变形，大样见图4-6、图4-7。

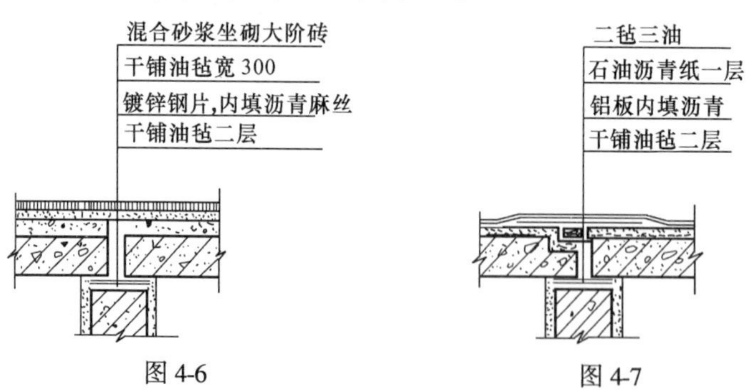

图4-6

图4-7

如果屋面板是预制板，无论采取刚性防水还是柔性防水做法，其变形缝处的边缝都必须采用柔性防水做法。有的设计虽然在边缝处铺设 C20 细石混凝土一层，并配置构造筋加强，但因屋面挠度、干缩及温差多因素的作用，往往会使刚性防水层失去作用，雨水沿裂缝渗入，引起钢筋锈蚀。即使在变形缝处嵌入专用嵌缝膏，经过两个冬夏的变形也会逐渐老化脱落，如改用改性沥青柔性防水，铺设两道 SBS 油毡防水，效果明显好。做法见图 4-8。油毡面层最好在表面有防老化保护，常采用的绿豆砂容易起包，被雨水冲掉或风刮走，保护油毡抗老化的施工质量极为关键。

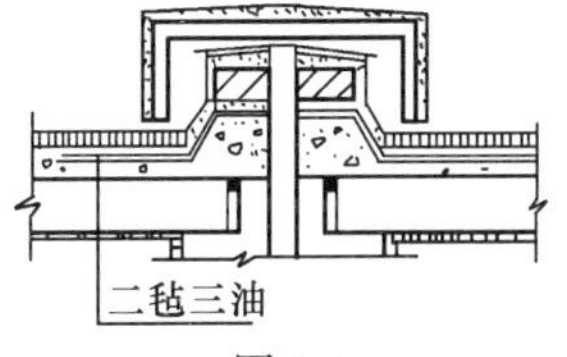

图 4-8

室外受环境气温的影响较大，屋顶盖的收缩常会引起屋檐口附近外墙面或女儿墙与屋面连接处的开裂。以前有的做法是在挑出的屋面板与外墙顶之间干铺油毡或其他减少摩擦的隔离处理，也有在屋面四角增加放射配筋，多数在板内增加竖向筋锚入墙内连结，但也没有能够解决顶部墙面的开裂。现在有些设计构造已在屋面板与外墙或女儿墙之间预留缝的办法，避免屋面板与外墙或女儿墙的外侧面接触，减少或防止外墙面被拉裂，构造还需改进，做法见图 4-9、图 4-10、图 4-11。

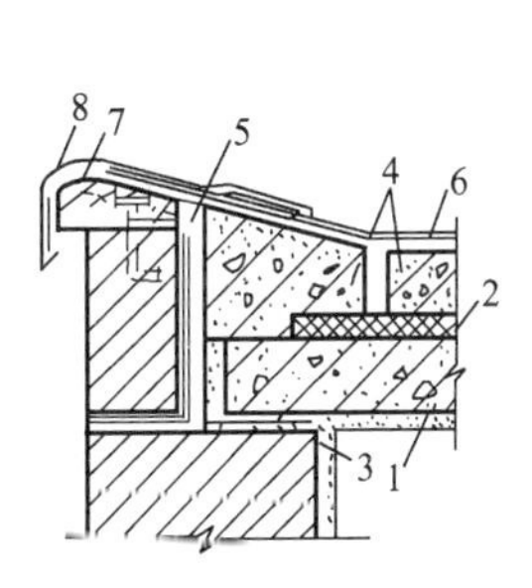

图 4-9

1 屋面板；2 绝缘板；3 粘贴一层屋面料；4 钢筋混凝土覆盖；5 留缝；6 粘贴二层屋面料；7 木枋锚固于墙内；8 镀锌薄钢板泛水

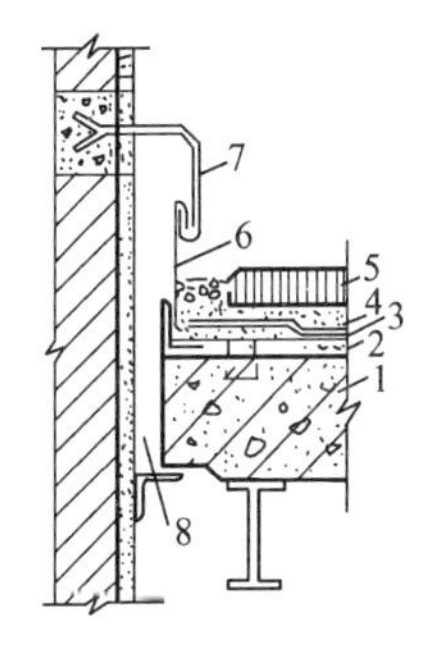

图 4-10

1 屋面板；2 水泥砂浆；3 粘贴三层屋面料；4 砂垫层；5 预制块；6 铜板；7 铜卡子；8 留缝（若需隔热可用绝缘的地毡填缝）

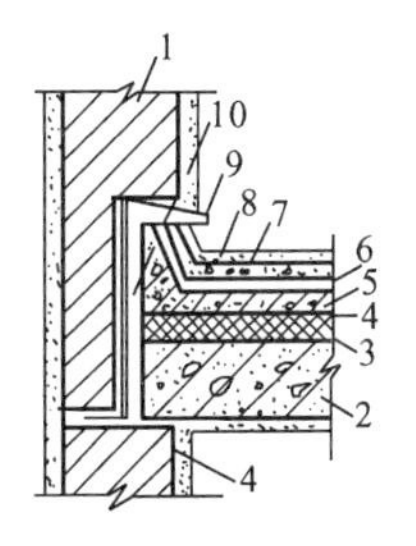

图 4-11

1 女儿墙；2 屋面板；3 绝缘板；4 粘贴一层屋面料；5 钢筋混凝土找坡；6 粘贴二层屋面料；7 混凝土覆盖层；8 水泥砂浆；9 镀锌薄钢；板；10 留缝

5. 地下建筑变形缝设置

地下建筑由于温度较地面变化小且又多潮湿或浸在水中的特点，处在地下建筑物的变形缝的材料和施工工艺程序与地面是有一些区别的。例如：在地下采用镀锌薄钢板作调整片，时间一久便腐蚀穿孔渗水，所以防水要求高一些时，要采用紫铜片；在地下库房内墙采用油毡防水时，与地面相比，其施工的难度要大得多。所以，在

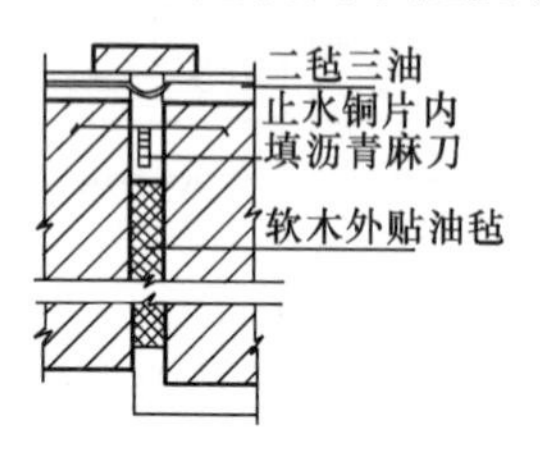

图 4-12

浇筑变形缝两侧的混凝土墙体时，可采取将模板满涂柏油防腐，再包一层油毡处理。有些为了解决防震需要，用木板直接在施工时嵌入缝中的做法改为贴软木外再贴油毡，防震效果比较有利，见图4-12。为了隔离地下水的渗入，在地下建筑变形缝中目前广泛采用内埋式柔性止水带，施工必须注意在浇筑止水带处时，保证止水带在缝中的位置不偏移且平直牢固，国内做法是用固定钢筋套。在国外有的是用钢卡子将其固定在结构的钢筋上，比较稳定。图4-13表示在左右两部分混凝土内安装橡胶止水带的施工程序，包括有缝和无缝的两种情况。另外，还应根据地下水的情况来选用止水带的宽度型号，如某地下商场地下水位很高，但采购进场的止水带较窄（<250mm)，与混凝土固定不牢固，缝口有渗水现象，这就埋下渗漏隐患。当地下水有一定压力时，缝接楂处最好采取多层次的刚性和柔性材料并用的方法治理，做法见图4-14。在缝内先嵌一道防水层，缝口凿毛扩大，先将止水带用建

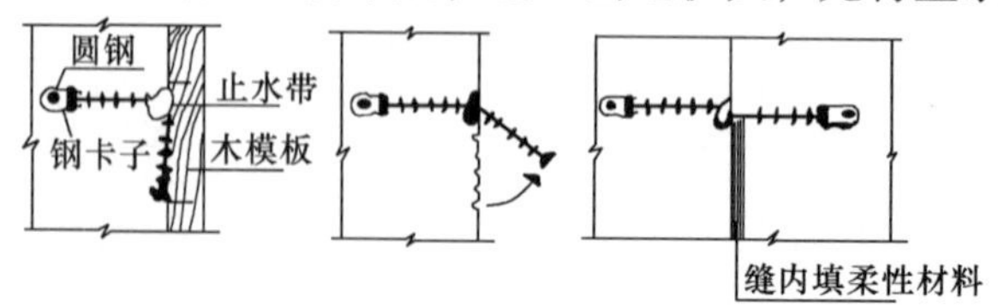

图 4-13

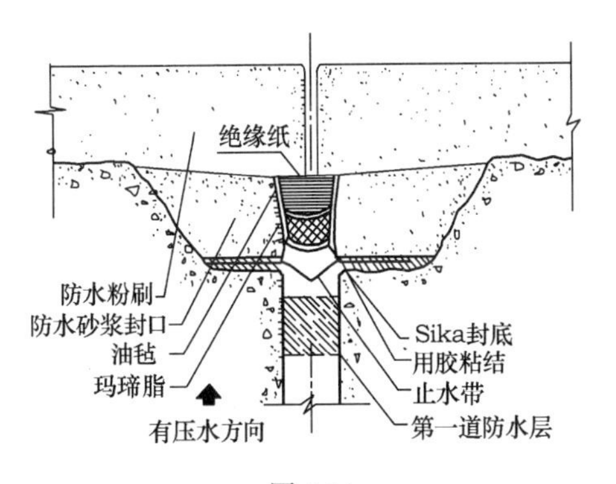

图 4-14

筑胶粘结，再用防水砂浆封口，中间嵌入玛琋脂，面上封绝缘纸，最后在外面做防水处理。

6. 对滑动接头的设置

在地面建筑中，有的工程采用滑动接头的办法代替设置变形缝。其设置方法有两种，一是采用平板滑动接头，如图 4-15 所示，在两块钢板之间填入润滑剂，以减少其摩擦阻力。但实践表明，当润滑剂日久失效后钢板产生锈蚀，滑动面之间产生更大的摩擦力，有的在伸缩时甚至会将构件拉裂。其二是采用滚轴接头(也可用圆钢代替滚轴)，效果较滑动接头要好，如图 4-16 所示。但采用滑动接头的方式，比设置变形缝的刚度和强度要小得多，采用何种方式应根据工程需要选择。

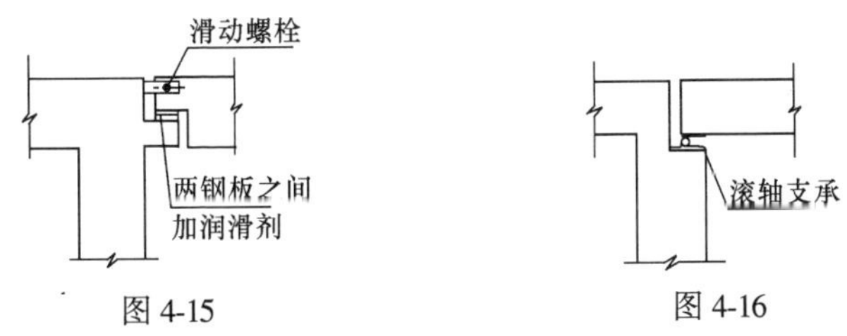

图 4-15　　图 4-16

7. 几种缝的设置要求

对于大量的建筑工程变形缝的设计构造（表 4-1），国内外都有一些不能很好解决的问题，它的构造设计受当地气候环境的影响较大，同时，也受到建筑材料及施工条件的制约，需要设计结合不同结构形式和建筑艺术的统一要求，进一步加以提高和完善。

变形缝的构造要求 **表4-1**

名称	变形原因	变形情况	设置目的	竖向缝长	缝宽(mm)	三缝统一
伸缩缝	温度	水平伸缩	将长建筑物变短	基础面至屋面	20~30	不代替沉降缝
沉降缝	地基	垂直沉降	地上下化整为零	基础底至屋面	60~120	可代替伸缩缝和防震缝
防震缝	地震	左右摇晃	长建筑分为单体	基础面至屋面	50~60	可代替伸缩缝

5. 砌块建筑影响节能效果的因素有哪些?

目前，各类砌块已被广泛地应用于房屋的围护结构体，砌块作为替代烧结普通砖的许多优点已被使用者所认可，作为一种墙体材料更多的用于节能，人们对砌块的保温性能要求越来越高。通过对一些砌块保温性能的检测发现，砌块的生产厂家对砌块的保温性能及保温原理了解很少，盲目生产一些保温性能不能满足节能要求的产品，造成不必要的损失和浪费；还有一些厂家对非节能砌块做了个别改进，但因缺乏对热工性能的了解而达不到保温的效果。现就建筑市场上砌块存在的问题探讨分析，为砌块的改进提供借鉴。

现在建筑使用的砌块在节能中存在的主要问题是：砌块孔型设计布置的不合理，没有达到良好的保温效果；砌块的砌筑灰缝成为热桥，大幅度削弱了保温性能；材料配合比例，炉渣多而陶粒过少。

1. 砌块孔型考虑保温效果

（1）砌块的热传导

传热形式分为三种：即热传导、对流与辐射。目前建筑上用的砌块有单排孔和多排孔。多排孔的保温效果明显高于单排孔，其主要原因是：

1）单排孔浪费有限的空间，没有充分利用空气间层热阻。砌块中热的传导垂直于空气间层，在冬季一般空气间层的热阻值可见表 5-1。

空气间层热阻值（$m^2 \cdot K$）/W **表 5-1**

间层厚度（mm）	5	10	20	30	40	50	60 以上
空气间层热流							
垂直空气间层	0.10	0.14	0.16	0.17	0.18	0.18	0.18

空气间层超过 40mm 时，热阻值并不随着空气间层的加大而增大。这是由于随着空气间层的加大，热传导减弱，但空气的对流加剧。因此，砌块中的大孔热阻值并不增大。例如一纯陶粒砌块（骨料全部用页岩陶粒材料），材料密度为 660kg/m^3，导热系数为 0.22W/（m·K），主块型为 640mm × 320mm × 190mm，为单排孔，热阻只有 0.65（$m^2 \cdot K$）/W；而砌块主块型为 390mm × 290mm × 190mm，为三排孔，热阻为 0.81（$m^2 \cdot K$）/W，单排孔墙比三排孔墙厚 30mm，但热阻即低 0.16（$m^2 \cdot K$）/W，可见单排孔的砌块对保温是非常不利的。若将大孔分割为三排小孔，孔间距为 40mm，孔部分的热阻由 0.18（$m^2 \cdot K$）/W 变为 0.54（$m^2 \cdot K$）/W，这样化整为零，加大热阻。目前，在西北地区的砌块大部分的是单排孔。

2）增加孔排减少热辐射。热辐射是处于一定温度下的物质所发射的热量，和传导与对流不同，辐射换热不需要有物质媒介，一个表面所能发射的最大能量流密度由斯蒂芬-波尔兹曼定律给出，其公式：

$$q = \varepsilon \cdot \sigma T_s^4$$

式中 T_s——物体表面的绝对温度；

σ——斯蒂芬-波尔兹曼常数，5.67×10^{-8}W/（$m^2 \cdot K^4$）；

ε——表面的发射率，其值为 0 ~ 1。

增加砌块孔的排数，热辐射在肋间进行，肋的材质及表面形状相同，从室内向外。肋的表面温度逐渐降低，即 T_s 变小，从而热辐射减弱。

（2）多排孔的孔径排列

为减少热桥的产生，按图 5-1 和图 5-2 的孔型尺寸排列是比较合理的。

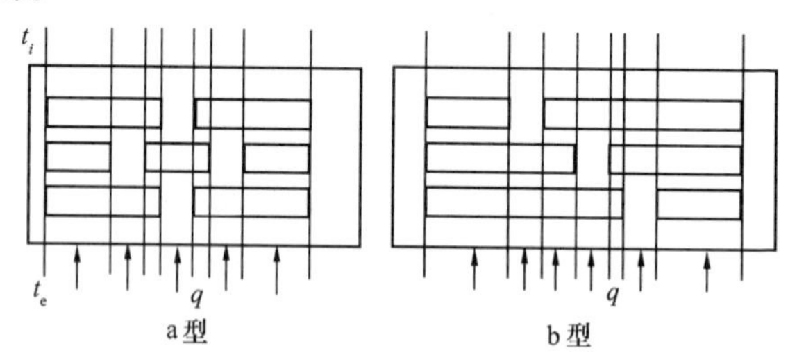

图 5-1　孔型设计比较合理的砌块

注：$t_i > t_e$，t_i—室内温度；t_e—室外温度；q—热流

干燥空气在 -20℃时导热系数为 0.0226W/（m·K）。而密度为 660kg/m³ 的页岩陶粒混凝土的导热系数为 0.22W/（m·K），密度为 1100kg/m³ 的页岩陶粒混凝土的导热系数为 0.50W/（m·K），为干燥空气的 10 倍以上。所以，对砌块孔的排列尽量避免通肋，使孔交错排列，以孔隔断肋，加长热的传导路途，避免形成热桥。如图 5-1 所示，砌块的外型为 390mm × 240mm × 190mm，孔的排列之所以合理，是因为在每个区域中都有孔将肋隔断，不会有热桥现象出现。图5-2 是与图 5-1 搭配使用的砌块，块型为 390mm × 120mm × 190mm，与图 5-1 主块交错砌筑。图5-2砌块的孔将主块的孔边肋遮挡，以避免形成热桥效应。

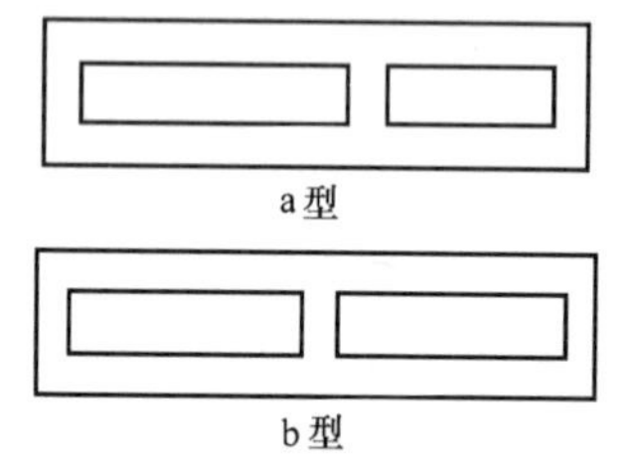

图 5-2　辅助砌块

2. 填充保温材料提高热效益

简单的三排孔的陶粒混凝土砌块，已不能满足北方一些地区

节能建筑的要求，为增加砌块的热阻值，可以采取在孔内塞填导热系数低的材料，如苯板材料。但一定要保证塞填的材料在长期使用过程中始终保持干燥的状态；否则，保温效果将大大降低。如膨胀珍珠岩材料容易吸水，珍珠岩保温砂浆干燥状态下保温效果非常好，但在具体施工时，向砌块孔内倒入的膨胀珍珠岩保温砂浆内的水分不易蒸发，含水率长时间贮存在砌块内，保温效果达不到设计效果。因此，在选择填充材料时，最重要的是控制好材料吸水率，采用低吸水材料，对保温效果有利。

3. 控制砌筑灰缝的质量

工程实践及检查发现，很多砌块的保温性能生产厂家也进行了努力提高，如三排孔的砌块在孔内注满填充材料是可以的。但却忽视了砌筑缝的保温性，普通的砌筑砂浆会形成热桥，破坏了砌块墙体的整体保温效果。例如三排孔的砌块，在孔内塞填苯板，如按普通方法砌筑，其保温性能难以达到保温要求，要避免灰缝不形成热桥，其施工控制措施是：

（1）采用保温砂浆砌筑。技术要求上可用导热系数在 0.06～0.11W/（m·K）的保温砂浆砌筑砌块，但这种保温砂浆砌筑的墙体强度与刚度如何，目前很少有试验应用资料，只局限于理论方面。例如图 5-1 的 a 型砌块孔内塞填苯板材料，用保温砂浆砌筑，用热流板测热阻，砌块处热阻值为 1.84（m^2·K）/W，砌筑缝处热阻值为 1.27（m^2·K）/W。非保温砂浆砌筑缝处热阻值只 0.67（m^2·K）/W。

（2）用双排砌块砌墙，中间交错夹芯。目前建筑施工中行之有效的方法，块型为 390mm×240mm×190mm 与 390mm×120mm×190mm 的砌块，用 40mm 厚的苯板夹在两种块型之间，上下左右堵住砌筑缝，隔断热的传导，砌成 410mm 厚的承重墙体。由于夹芯墙容易产生裂缝，为避免裂缝对墙体耐久性的影响，增加墙体的刚度，双皮砌筑，相邻两行交错砌筑，效果较好。

（3）相邻砌筑孔相连结，孔内插入苯板隔断热桥。如图 5-3

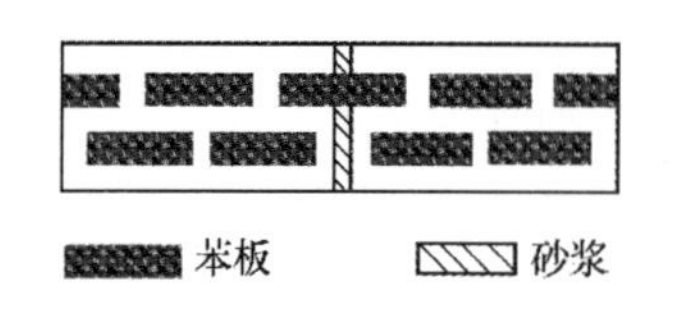

图 5-3　苯板隔断砌筑热桥

所示，苯板同砌块高度相同，所插入的苯板每层高出砌块 20mm，插入到上层砌块中，这样相邻两块砌块的砌筑缝，层与层间的砌筑缝都被苯板挡住，避免热桥在缝处产生。

(4) 砌块四周都有可靠连接。砌块上下左右有凹槽与凸起缝，凹槽部分与凸起处都有保温材料，砌筑时凹槽与凸起处互相匹配，用保温材料将砌筑缝挡住，起到保温效果，这种外型砌块的优势在于，生产砌块时将保温材料与砌块的复合已处理好，减少现场的砌筑工序，而且保温性能有保证。

建筑保温节能国家已提出了方针政策，尤其北方地区的建筑节能任重而道远。要达到理想的保温效果，就要从建筑砌块的原材料、块型、孔洞排列、砌筑砂浆、砌筑技术和填充材料选择上下功夫，理想的保温墙是一次完成，再不用二次做保温墙体。

6. 建筑民居砖装饰文化特性如何体现?

我国传统民居的建筑装饰材料，最常用的是木、砖、石三大类。而木结构的建筑体系决定了以木作装修首先以结构、围护及分隔空间的突用功能为主，尤其用大木作的梁架等结构构件，其装饰功能基本处于从属位置，只在构件的表面和非受力部位得到表现。同样，用石作的台基、柱基、栏杆等构件，作为建筑结构和空间组成的一个部分，也存在同木结构相似的情况。

砖的装饰功能同木、石材不同，在结构上中国木结构体系的完善限制了砖技术的应用和发展，而在“墙倒屋不塌”的木结构中砖墙一般只起围护作用，很少负担结构荷载。在空间上，中国传统建筑要求“隔而不断”，流通与防护兼备、封闭性较强的砖构件也无法同木装饰的作用相比。因此，砖装饰从结构和空间中被释放出来，有着更强的可塑性表现出来，主要从文化内涵层面上分析其特性。

由于中国地域较大，虽然传统文化几千年来一直相传，不同的区域之间仍存在具有各自特色的文化差异，尤其是在交通相对闭塞、流通不便的时代，更是“十里不同风、百里不同俗”。地理上习惯划分的南方（长江流域以南）、北方（黄河流域以北）两个区域之间，不仅有着自然环境的区别，更具有历史变革、风俗习惯和思想文化的不同特征，反映在信息文化功能突出的砖装饰文化上，产生种种有趣的差别。

1. 独到的装饰创意

砖材与石块相比，其质地较软、易于雕刻，又比木材耐腐蚀，适宜于多种气候环境的影响，因此多用于建筑室外的部分。但砖材烧制时容易产生变形，没有石材致密持久；加工制作需要修理，上样刻样、打坯晾晒、磨光，步骤繁多，没有木材制品易于加工。因此，民居中应用砖作装饰，一般都是在重要部位的显眼处。

（1）象征等级观念标志

古代中国封建专制下，等级是建筑装饰所表达的信息文化中极其重要的一个方面。而“门第”一词充分证明了大门的等级地位。传统民居多为四合院布置，所有厅房都朝向院内开门，只有大门向外开启，是整个住宅最突出的外表形象；由于官式建筑的等级程式和商贾炫耀富有心态需要，大门的形象还是居住者社会身份、经济地位最明显的表示，砖装饰也就首先运用在住宅大门上。大门的砖装饰一般用在最突出的位置——墀头上端，由戗檐、垫花和博缝头组成。北方四合院中常见的如意门，还增加了包括砖挂落、冰盘檐和栏板望柱的门楣装饰。由于砖的防潮性能较好，雕刻工艺不存在褪色问题，炎热多雨的南方地区多使用砖饰门楼，在大门上方做长条形横幅门楣，中心设框匾额题字，上设砖雕斗拱和坡顶屋檐脊饰。

（2）引导视线效应

北方民居中的影壁地位与大门同等重要，砖装饰精巧的表面首先吸引了人们日常进出时的视线，遮挡了大门内外杂乱的环境视线。因其本身多用砖材砌筑，也是采用砖装饰的重要部位。多在壁中部及四角做平雕或浅浮雕花纹，中心部分常设置砖匾，题刻随意，多为祝福吉祥等语。除影壁外，四合院中还有一些观看墙面，如垂花门两侧、街门两侧（如倒座房的后檐墙）等，多采用砖贴面和线脚等平面装饰，既可表明其作为住宅分界的地位，又不过于引人注目，影响装饰效果表现手法的重点。南方民居因没有天井，较少采用影壁，时常直接在天井墙面或外墙上进行装饰。

走廊心墙是房屋外廊和（金）柱大门两侧的墙面，虽然面积不大，但在该处用砖装饰，使其成为人们在外廊中行走时首先关注的部位，具有很强的导向作用。由于此处不是对外表现的主体，装饰选择比影壁轻快灵活，即使北方官式住宅中也有风雅的题词。南方民居则有在大门廊心雕刻诗句的，不属于常见的装饰题材，但仍具有书香气息。

（3）外轮廓处理

砖的耐久性较木材高得多，又比石材质地轻，是屋脊、檐口主要的装饰用材。而屋顶是中国单体建筑三大构成中最触目的部位，其上部的砖装饰与其他构件共同构成了建筑的天际轮廓线，由于砖雕形态丰富，使得建筑外观更加精致优美，具有突出的表现想像力。

北方居民以清水屋脊为多，有正脊的屋面在屋脊两端做砖雕鸱尾，其下安装平面的花盘子砖雕。无正脊的屋脊则在两侧做垂脊，脊端头的楣下面也做花盘子砖雕装饰檐头。南方民居由于常设突出屋面的防火墙（马头墙），一般不做专门的屋面砖雕，改为在山墙的博缝、垂带和墙尖部位进行装饰。

2. 风格多样，工艺精巧

从应用手法上说，北方民居由于本身空间的封闭、体型厚重，装饰也侧重浑然一体的效果，砖的装饰中浮雕、平雕、模印花纹等平面表现手法很多。而南方民居则空间开敞、布局灵活，装饰相应地注重轻盈、通透，以圆雕等立体手法为主，连平面墙体上也往往附加透雕。如民居中应用最广泛的硬山墙墀头装饰，北方一般只在戗檐方砖和拨檐砖的平面部分做浮雕图案，而岭南民居中则分为戗檐、墀头、墀尾三层，每层均有透雕的复杂图像。从图的构思上，北方民居的装饰注重抽象的图案，尤其在面积较小的砖块上表现时，画面的安排只求总体疏密均衡，而不注重真实的比例关系。而南方则有大量立体写真的砖雕，工艺精细、风格细腻、典雅。画面透视多的达4层，近景层次分明，人物眉眼俱全，亭台楼阁形象栩栩如生。

3. 题材广泛，富有特征

自明清以来中国的首都都是北方，封建专制等级制度森严，并产生了高度成熟、严密的官式住宅规范，尤其北京作为统治中心，对建筑的等级限制更为严格。但这一区域的发展相对滞后，民风封闭保守，下层民俗文化影响较大。因此，北方民居砖装饰的题材以经过程式化变异的抽象花草和几何图案为主，主题多表现富贵愿望。砖饰的文字以吉祥含义居多，与南方地区同等级的民居相比，表现儒家文人品格的内容少且不占据重要部位。

而南方地区远离政治中心，各种限制相对较少。反映在砖装饰题材中，以象征清高的“松竹梅”古器物居多，尤其具有故事情节、人物、雕刻等，与北京地区正好相反。砖匾题字多为文雅隽永词组，江浙一带门楼字牌多出自名人之手，增添了砖饰文化内涵和审美观。

4. 突出地域文化特征

“任何文化现象的历史演变总有地域上的表现相伴，任意区域的文化面貌又总是特定历史过程的产物”。即使在相同的传统文化影响下，区域本身独特的历史经历和风俗习惯，也常会在当地文化中产生某种与众不同的影响。表现在当地民居的砖装饰上，也就出现了个性鲜明的独特形式。

例如泉州地区民居的显著特点是使用带有浮雕图案，当地称为“胭脂红”的红色砖材进行墙体装饰贴面，成为建筑的整体色调。这样大面积高色度的砖装饰面，为传统民居中所仅有。因为在中国历史上受等级礼教的约束，民居用色都以未加修饰的材料本色彩为主；砖材呈现的也是自身原有的色彩，原来砖基本属于灰色调。民居极少使用彩绘，即便个别使用正色之一的红色，也仅用于门窗等木质构件作为局部点缀用，而绝不会用面积比重大的砖装饰来表现。泉州民居这种违背传统文化的砖装饰用色彩，其原因即在于当地海上通商历史的影响所致。

又如晋中南、陕北地区的窑洞民居中，按当地风水有“北为上”的习俗，宅院进深要求前低后高，正房高度必须高于邻宅。而当地屋面多为平屋顶，基于经济要求又不能增高屋架，因此常在屋面边缘设置砖砌风水壁。不仅赋与了吉祥内涵，还使得天际轮廓线整齐、美观，装饰效果明显。北方民居同南方民居存在着地域气候环境因素的诸多影响，也存在生活方式和条件的制约，但“风水”却是中国的传统文化，各个地区民俗都有趋吉避凶的愿望，其具体实施方法仅见于当地，这就是区域的独特风俗流传所致。

7. 建筑墙体混凝土裂缝原因是什么？其质量如何控制？

建筑墙体混凝土裂缝是最常见的质量问题，也是长期以来工程技术人员特别关注的技术难题。裂缝的出现首先影响了外观质量，给使用者心理的感觉是不安全的；其次是从承载力考虑，早期裂缝的发展会降低结构的承载能力，影响耐久性和安全性；另外，由于裂缝的扩展对建筑物的防水、抗渗、钢筋锈蚀危害极大，缩短安全使用寿命。

造成混凝土裂缝的原因是多方面复杂的，多数认为是由于墙体混凝土发生体积收缩变化时受到约束应力，或由荷载作用引起，在混凝土内出现过大的拉应力或拉应变，裂缝的出现不仅有损结构外观而且也反映了墙体在设计、施工、材料、监理上的不到位，还反映出墙体的结构存在较严重的质量缺陷，或材料选择使用达不到要求，使结构存在严重的质量隐患。造成墙体混凝土出现裂缝的主要原因是：塑性收缩、沉降、热缩、干燥收缩、冻融、钢筋锈蚀、结构荷载、硫酸盐、碱-集料反应裂缝等。对建筑墙体混凝土的裂缝，一般应分为混凝土的塑性和凝结后两个阶段。

1. 建筑墙体混凝土塑性阶段裂缝

(1) 墙体混凝土塑性收缩裂缝

1) 产生干、收缩裂缝的一般原因

新拌混凝土在凝结过程中因表面水分蒸发（早期失水过快）而引起的干缩裂缝，常反映在浇筑后混凝土墙体结构的外露表面。当新浇筑墙体混凝土表面水分蒸发过快，高于混凝土内部向外的泌水速度时，表面就会干燥收缩，这种收缩受到表面下部混凝土的约束，于是在表面出现塑性开裂。塑性裂缝是在混凝土浇筑后 1～3h 内不断出现和扩展，裂缝量不断增加，宽度、长度增大，一般持续至混凝土的终凝时停止。常发生在钢筋、埋件、洞口周围，在混凝土截面厚度突变处（板肋交接处、梁板交接处），裂缝形状宽但浅，呈棱形，缝宽 0.3～1mm，深度可以达到主筋表面，这种开裂多数为无害裂缝。

2) 造成裂缝的主要因素

①环境气候干燥的影响：环境空气中的相对湿度越低，混凝土固体质点间的毛细孔隙水形成的液面曲率半径减小，形成的拉力增大，塑性收缩量增加。如果空气中湿度达 100%，则不会受到影响；②水泥用量和细度的影响：加大水泥用量和水泥磨细度，则毛细孔隙的平均直径变小，液面的最小曲率半径也减小，导致最大拉力增加，于是塑性收缩增大；③矿物掺合料和外加剂

的影响：在拌合料中加入矿粉及粉煤灰掺合料，使粉体总量增大，也会加大塑性的开裂；不同的外加剂品种和掺量对降低混凝土的收缩作用是不同的，使用减水剂降低用水量，能减少塑性开裂；掺入缓凝剂，增加凝结时间，增加塑性收缩；④用水量的影响：加大用水量通常是稠度降低，浆体更稀，其抵抗收缩能力变弱，最终的塑性收缩量增大；但用水量太小，随着水化的进行，混凝土内部会产生自真空现象，增加混凝土的自收缩率对抗裂性不利；⑤温度及风速影响：施工时现场的温度越高收缩率越大，温差越大，越容易产生裂缝；风速越快，塑性收缩越大；⑥混凝土的振捣影响：在任何情况下混凝土的振捣必须密实，一个振点时间不少于15s，在柱、梁、墙板的截面变化处应分层浇筑，在浇筑后的1.5h混凝尚未终凝前，应进行二次振捣，以排除因振后粗骨料自然沉降，出现水平钢筋下部的水分和空隙，改善拌合料的重新组合，加强同钢筋的握裹力，消除已产生裂缝的愈合。

3）防止塑性干缩裂缝的措施

①模板充分湿润，预防入模后外露，表面失水过快，用塑料薄膜及时覆盖或喷水养护；②高温施工通过措施降低拌合料和入模温度，遮挡防止阳光直射和降低风速；③搅拌时间不宜过长，一般为90s，缩短从搅拌到浇筑的时间，浇筑到压抹覆盖的时间；④根据混凝土的浇筑厚度，控制振捣时间，特别防止漏振和过振，出现这种情况对混凝土的质量影响是严重的。

如果塑性裂缝出现在墙体混凝土施工的终凝前抹面，可以通过抹压这一工序消除这些裂缝。此外，拌合料中加入引气剂使含气量保持在3%左右，可以有效地减少塑性收缩裂缝的产生。如果掺了氯化钙作为早强剂，则加剧混凝土的塑性开裂。在实际工程中，墙体的塑性干缩裂缝又常常与塑性沉降裂缝相互制约，有时还相互交错在一块。在正常的环境气候下，出现塑性裂缝主要是原材料及施工过程控制不利的结果。

（2）建筑混凝土塑性沉降裂缝

1）产生沉降裂缝的原因

在原材料配合比中，粗细骨料的连续粒径、水泥浆体及砂率、水的组分比重不同，会出现重组分沉降情况，轻组分上浮重骨料下沉，即沉降与泌水出现。新拌混凝土的内部沉降会造成塑性沉降裂缝。沉降裂缝可出现在初始振捣一直到表面抹压之后，此时的混凝土仍处于未硬化的塑性阶段，当不断下沉粗骨料遇到水平钢筋或对拉螺杆、预埋件、侧模的摩擦阻力时，下沉受到阻挡，与周围混凝土产生沉降差，其结果是墙体混凝土顶部表面处出现塑性沉降裂缝。另外，如果墙体与梁、板、柱同时浇筑，由于这些构件的厚度不同，有不同的沉降量，从这些构件的交界面处出现沉降差及沉降裂缝。拌合料的坍落度越大，沉降开裂的现象也越严重。在接近结构表面的水平钢筋上部最容易形成沉降裂缝，并随钢筋直径的加大和保护层厚度的不标准而裂缝加重，在施工现场会经常发现这种沉降裂缝。如果混凝土保护层太薄，塑性沉降裂缝会出现很长，甚至整根钢筋上表面出现开裂。

2）预防沉降裂缝产生的措施

在满足可操作性的前提下，混凝土配合比的坍落度尽量降低，保证适宜的稠度、和易性及保水性；在浇筑墙体与柱、梁、板相互连接不同厚度的结构时，如果不能在高度差处设置施工缝，则应该分层浇筑，间隔30min，待下层沉降趋于稳定再浇上层，但振动棒必须插入下层混凝土＞100mm，这样可预防结构在连接部位产生沉降裂缝；控制保护层厚度是防止有害物质侵蚀钢筋、保证建筑结构耐久性的构造措施；认真振捣，一个振点的振捣时间＜30s，防止漏振，即出现麻面、狗洞；过振则混凝土不均匀，粗骨料下沉，表面砂浆层更甚者胀坏模板，造成质量事故；同时，在配合比试配时，为提高混凝土的抗裂性，必须掺入掺合料及外加剂，如引气剂则可有效地减少裂缝的产生。

（3）混凝土其他原因产生沉降裂缝的预防

墙体混凝土其他原因造成的塑性开裂包括：底模的松动及变形、支架下沉、钢筋和预埋件移位、混凝土自身收缩及高部位混凝土下滑所造成塑性沉降开裂，属于施工方面的原因。模板支撑下未夯实，也未垫通长木板，浇水使支撑下沉、振捣不到位、用振动棒摊铺料、振动钢筋和模板，也会造成塑性沉降、开裂。

2. 混凝土凝结硬化后产生的开裂

（1）墙体混凝土自身收缩裂缝

1）裂缝的一般原因

水泥在水化过程中因失水得不到补充引起收缩。水泥水化后固相体积增加，但水泥-水体的绝对体积减小，在已硬化的水泥浆体中，未水化的水泥颗粒继续水化是产生自身收缩的主要原因。水化使空隙尺寸减小并吸收水分，如无水分补充就会引起毛细水负压，使硬化产物变压产生体积变化，即称为自身体积收缩。其自身收缩是与湿度交换、温度变化无连带关系的宏观收缩，由于墙体大面是竖向，养护困难，一部分裂缝在松开模板后即出现，也有拆模后几天内出现的，随后由于养护不及时裂缝扩展甚至贯穿墙体成为有害裂缝。对于低水灰比混凝土，目前采用较多的高性能混凝土，自身体积收缩比普通混凝土要大。

2）预防自身体积收缩措施

重视和加强早期的养护，必须措施到位责任到人，压抹后表面初凝立即供水，模板内衬塑料或可透水性模板，混凝土终凝后松开模板从上部浇水在竖面补水；平面可蓄水养护，也可用轻质多孔集料养护，总之，养护优劣对强度及防止开裂十分重要；在混凝土中掺入矿粉或粉煤灰，细度采用Ⅰ级最好，掺量＜30%为宜；掺入外加剂如膨胀剂，用以补偿由于体积自收缩而产生的内部开裂；减水剂和加气剂都对混凝土自身体积收缩有利；同时，增加构造筋，配筋率＞0.5%，采用小直径间距＜150mm的双向配筋，能提高墙体混凝土极限拉伸和收缩应力。

（2）墙体混凝土的干燥收缩裂缝控制

1）干缩裂缝的一般原因

由于浇筑后混凝土内粗骨料浆体会随含水量而改变，导致混凝土干燥时产生收缩，受湿时膨胀。墙体混凝土干燥时，首先失去的是较大孔径的毛细孔隙中的自由水，这几乎不会引起固相浆体体积的变化，只有很小孔径毛细孔隙水和凝胶体内的吸附水与胶体的层间孔隙水减少时，才会引起一定的收缩。

2）干缩裂缝的影响因素

①水泥成分：水泥新标准过多地强调了水泥的早期强度，导致水泥含碱量的增加，细度越来越细，C_3S 的含量越来越高，这些因素使水泥的抗裂性越来越差；②骨料形状和用量：骨料的弹性模量越高减少收缩的作用越明显，吸水率较大的骨料所配制的混凝土有较大的干缩量，也能有效地降低水泥浆体的收缩，骨料含量越高干燥收缩值就越小；③用水量、水泥用量和水灰比：用水量增大会造成骨料体积减少而加大混凝土的干缩值，水泥用量大的墙体混凝土则有较大的干缩值；④外加剂：氯化钙作为速凝剂时，会加大混凝土的收缩裂缝；⑤自然条件：风速越大，环境越干燥，混凝土的干燥收缩裂缝也越大。

3）混凝土干燥收缩的质量控制

配制低收缩量的普通水泥，加大粗骨料的允许粒径和含量，骨料的连续级配要合适，减少水泥用量和用水量；减缓混凝土的干燥收缩速度，延缓混凝土表层水分的尽快流失，补充水分保湿；设计增设构造筋，在容易产生裂缝的部位布置分布筋抵消变形，即使开裂也不会使裂缝形成有害缝；利用可补偿混凝土来降低裂缝的产生或减少开裂数量，增强混凝土自身的抗裂能力。

（3）混凝土的温度缝控制

1）温差裂缝的一般原因

墙体混凝土浇筑后，早期受温度变化主要是水化热和环境因素造成的。温度的变化造成墙体混凝土内应力过大引起的开裂，发生在混凝土凝结的最初阶段，这时的混凝土水化热处于较高温度下。对于厚度超过 80cm 的墙体混凝土，应按大体积混凝土的要求进行施工过程的控制，当混凝土内外温差 >25℃时，会出现温差梯度而开裂。

2）防止混凝土温差裂缝的措施

尽量减少混凝土因水化热和环境温度引起的温度变化幅度，尤其要降低混凝土的最高升温，以减轻外约束条件下的温度应力；尽可能减少墙体混凝土的内外温差，减少内约束下的温度应力。水化热引起的温差通常发生在大体积混凝土内，而环境温度引起的温差则对所有结构都会受影响；控制混凝土的降温速度，特别是突然降温；在混凝土原材料的的选择上，采用热膨胀系数偏低和抗拉变形能力强的混凝土。

3）预防墙体混凝土温度变形开裂的措施

防止混凝土早期因温度收缩裂缝的有效措施是进行温度应力分析和现场温度监控，有针对性地采取预防。降低水化热及释放速度，减少水泥用量是首要的；同时，用低水化热水泥，掺入矿粉或粉煤灰外掺料降低水化热；降低入模和浇筑温度，控制原材料投料温度，减少拌合料在运输中的升温，入模温度要均匀，气温高时停止浇筑，并选择在太阳落山后再施工，振捣后及时覆盖；散热速度不能过快，防止混凝土表面温度急剧下降；设置伸缩缝，配构造筋，用微膨胀混凝土及后浇带施工；由于墙体是竖向薄壁结构，拆模时间不能少于 5d，以减少过早接触温度而产生干缩裂缝。为及早补充水分，在浇筑后 24h 松开对拉螺杆，从墙顶部淋水，连续养护至拆模，拆模后重新覆盖养护。

（4）混凝土墙体的钢筋锈蚀及腐蚀裂缝

1）造成钢筋锈蚀及腐蚀的原因

钢筋锈蚀裂缝是由于钢筋锈蚀后体积膨胀引起的，裂缝的方向与钢筋平行并沿钢筋长度扩展，严重时混凝土的保护层剥落；另一原因是如果混凝土中含有两种不同金属时，如同形成一个电池，使其中一种金属快速腐蚀，发生膨胀，导致混凝土墙体开裂。

混凝土墙体的腐蚀裂缝是由于混凝土受碱-集料反应或受硫酸盐、镁盐等化学物质浸蚀使体积膨胀引起的裂缝。这类裂缝多呈现为龟裂状，缝密较深，个别会出现块状崩裂情况。另外，对早期热养护的预制混凝土墙板、高强度水泥配制的现浇墙体，在

1～3年内水泥水化的钙矾石才能生成，这种延缓的钙矾石也会使墙体开裂。墙体混凝土的腐蚀也可能由物理原因造成，如墙体在潮湿环境下反复遭受冻融循环破坏，逐渐冻融酥松开裂。含游离氧化钙太多的低标准水泥，在硬化后的混凝土遇水发生体积膨胀也会使混凝土开裂。正常的混凝土呈碱性，在高含碱环境中的金属表面会形成一层氧化保护膜，如墙体中混凝土出现碳化，则混凝土中碱性降低，钢筋表面的钝化膜会破坏，钢筋即开始腐蚀，逐渐破坏。

因荷载体积收缩原因发生在钢筋横截面的横向裂缝，一般不会导致钢筋连续腐蚀，这是由于横向裂缝处钢筋接触面非常小，因锈蚀或其他原因在钢筋与混凝土之间形成的纵向裂缝的危害较大，纵向裂缝的存在为有害气体、水分或氯离子的浸入提供了条件，锈蚀和裂缝会继续发展下去。

2）腐蚀裂缝的预防措施

对结构墙体薄壁竖向混凝土来说，防止钢筋锈蚀和混凝土腐蚀的最有效措施是提高混凝土的密实度、抗渗性、加大钢筋保护层厚度和掺入钢筋阻锈剂。密实的混凝土抗渗性能肯定好，有害物质不易侵入，降低混凝土的腐蚀速度，而且碳化速度也非常慢。保护层较厚时，可能会造成混凝土表面裂缝宽度的增大，但能较好地防止钢筋锈蚀，延长有害介质的浸蚀时间；同样，阻锈剂也会有效地阻止介质对钢筋的锈蚀。

（5）荷载等作用引起的混凝土裂缝

建筑物投用后增加了大量外加荷载，外荷载会引起结构因沉降不匀引起的混凝土裂缝。这种裂缝容易辨清，比如弯曲受拉裂缝发生在墙体受弯构件时最大弯矩截面附近，弯曲受拉裂缝是横向裂缝，一般不进行处理；如果裂缝较大，就必须找出真正原因，要不涉及强度问题可简单处理。当裂缝宽度＞0.4mm时，横跨裂缝的钢筋很可能达到屈服。与横向弯曲受拉裂缝相比，墙体出现的斜向裂缝是性质比较严重的。墙体产生剪力或扭转引起的斜向裂缝一般是不能允许的，出现斜向裂缝要分析原因并采取适当的补强措施加固处理。

由荷载引起的结构裂缝有时出现在墙体局部应力集中的位置，如门窗洞口、预留口上下角的斜向裂缝，墙体截面突变处的裂缝。这些裂缝的产生往往与混凝土的塑性沉降与干燥收缩有关。墙体如果出现平行与压力方向的裂缝，有时会同时有少量的剥落掉皮，往往反映出墙体混凝土已临近受压破坏，应立即采取加固补强措施，这种现象有时也会出现在墙体端部的不均匀承载处。

因地基不均匀沉降或独立支座沉降不均匀造成的墙体裂缝，这类裂缝在施工时一般不引起注意，而一旦发现则后果极其严重。目前开发商大量进行住宅建设，地基建在砂砾层、湿陷性土层、回填土及吹填土层上，墙体结构难免会产生不均匀下沉，只要认真把好各工序质量关，沉降裂缝的产生机率还是比较小的。

3. 裂缝的处理措施

当裂缝出现以后的分析诊断工作中，应综合具体工程的施工工艺、地理气候环境、材料条件等方面分析，寻求引发裂缝的各种原因，根据裂缝的危害程度采取有针对性的补救措施。

1）表面浅裂缝（纹），应将裂缝周围的混凝土表面扒毛，或沿裂缝方向凿成深度 < 20mm 的槽，宽度 < 100mm 的 V 形槽，清理干净并浇水充分湿润，无明水后刷 1:0.5 素水泥浆一道；然后，用 1:2 水泥砂浆分层填嵌，抹平压光。为确保水泥砂浆与混凝土有良好的结合，抹压后的表面认真覆盖，防止早期失水干燥，对薄层混凝土的保湿养护，存在不到位和重视不够的现象。

2）当裂缝宽度在 0.3mm 以下时，采用环氧树脂压力灌浆处理。

3）当裂缝宽度在 0.3mm 以上时，可采用水泥压力灌浆补缝。对结构强度造成耐久性能和安全的裂缝，要会同设计共同研究处理方案，采取加固、补强措施达到安全要求。

4. 简要小结

建筑混凝土墙体的裂缝从施工角度讲，主要是原材料选择不当、配合比未优化、施工质量控制不到位的综合反映，裂缝的出现表明墙体混凝土在强度、抗渗性能存在问题；为提高混凝土抗裂性能，在确定混凝土配合比时，减少水泥用量，掺入掺合料、外加剂；同时，降低水灰比，选择级配良好原骨料，控制好施工工序过程，并加强后期养护。

防止混凝土早期失水，减少塑性沉降裂缝，关键在于控制混凝土表面水分的蒸发；混凝土硬化过程的开裂主要由温度引起，而干燥收缩加剧裂缝的发展，早期对混凝土的保湿保温极为重要；预防混凝土硬化过程中的开裂，降低温度应力是最主要的。而墙体混凝土出现裂缝是受多种因素影响的产物，裂缝的产生不是单一、有序的，但必须分析原因区别对待，在总结裂缝的基础上提出控制措施。

8. 建筑混凝土砌块的应用及质量问题有哪些？

加气混凝土砌块已替代黏土砖而成为围护结构的主要用材，发展前景广阔。加气混凝土砌块是以水泥、石灰、石膏、粉煤灰或砂为主材，以铝粉为发气剂，经蒸压养护等工艺制成的轻质多孔型砖，重量轻，保温性好，有一定的抗压强度并且可加工，可广泛用于工业及民用建筑，作为承重或非承重的结构保温材料，对废物利用、节约耕地具有深远意义。加气混凝土砌块也存在砌筑及外装饰的多发病，下面就加气混凝土砌块的应用及质量问题加以分析。

1. 加气混凝土砌块的特征

目前生产的加气混凝土砌块有两种：一种是以河砂为主要原材料的砂型砂块；另一种是利用发电厂的废料—粉煤灰为主要原

材料而加工的高压蒸养粉煤灰砌块。河砂资源广泛，不占耕地，而粉煤灰又是发电厂的废料，充分利用还可减少堆放占用土地，消除对环境的污染。

（1）重量轻、强度高

加气混凝土砌块本身的质量密度只有5.5kN/m³，砌成墙体加上灰缝，其质量密度也在6kN/m³左右，与普通实心黏土砖的质量18kN/m³相比，单位体积材料质量轻60%以上，对减少结构自重极其有利。作为轻型砌块，两种不同原材料生产的砌块抗压强度在4～5MPa之间，一般可满足围护及承重需要。

（2）保温隔热性能好

加气混凝土砌块的导热系数为0.17～0.20W/（m·K），寒冷地区采用300mm厚墙体足可达到保温隔热的要求，而普通黏土砖则需720mm厚才可达到设计要求。

（3）防火隔声性能好

200mm厚的加气混凝土墙的防火性能指标，可达到建筑防火墙要求；同时，隔声性能也好，只需外围护墙体厚300mm、分户墙厚200mm，即可满足内外墙隔声的要求。

（4）易加工，可施工性好

加气混凝土砌块较黏土砖比较，更容易加工，如可锯、刨、钉及钻眼，方便了门窗固定、暖气片挂吊、明线及暗线、管道敷设及埋设、改造、移位等。

2. 加气混凝土砌块抹灰层的空鼓开裂分析

加气混凝土砌块在工程中应用的质量问题，以装修抹灰的空鼓开裂为主，只有对易发病症进行分析，才能采取相应的防范措施。

（1）砌块病理分析

加气砌块系多孔隙轻质材料组成，其孔隙之间互不连通，海绵状的空隙结构类似瓶子结构，小口大肚。表面浇水时，水分不易进入空隙内，因此，在砌块表面与抹灰层打底的表面形成干湿分明的“交界面”。抹灰底层的水泥在进行水化时，很容易与基层脱开；同时，加气混凝土砌块的表面比粘土砖表面光滑得多，使抹灰层粘结不牢固，空鼓由此而产生。

（2）外墙大面积抹灰空鼓，一个很重要的原因是没能严格按操作程序施工。如抹灰用水泥宜采用低强度水泥，如 32.5 级，绝不允许使用高强度水泥。但有些工程却用 42.5 级水泥抹灰；对抹灰用砂浆的搅拌时间要长，以不少于 6min 为宜，但有时却拌合时间太短即用。应该采用重量比时，却用体积比简化，降低了砂浆的质量。

（3）容易发生长裂缝

如在混凝土构造柱、门窗过梁及不同砌块交接处，出现抹灰面层的通长裂缝。这是由于使用材料不同、工艺措施不当、浇水不够而产生。

（4）会出现泛碱现象

由于一年中气温变化大，采用较深颜色涂料会泛碱，这是加气砌块同黏土砖相似的现象，所以，在涂料选用、涂刷温度及内部干燥程度方面应加以考虑。

3. 砌块易空鼓的解决方法

（1）设计应明确提出要求，在打底灰前对基层浇水三次以上，每遍浇水的时间间隔在 20min 以内，当第三次浇水后砌块表面似干非干时，即刻甩拉毛，试验吃水的深度及粘结情况，如达到湿度要求，即进行打底抹灰。

（2）由于水泥的线膨胀系数较大（每延长米达 1mm 的伸缩值），为避免水泥砂浆表面粘结不牢而造成脱皮，应按水泥重量的 10%掺加粉煤细灰，经验表明，对提高砂浆的粘结和易性较好。

（3）对于钢筋混凝土柱与砌块之间通长裂缝，因不同质材料线性膨胀系数不同，在应力薄弱处抹灰层必然引起开裂。应在打底前，在两种材料缝隙处贴宽度 15cm 的玻璃布，用加胶水泥胶浆粘贴，耐碱性玻璃布效果更佳。

（4）涂料的龟裂是由于刷涂料时条件不具备和基层处理不当造成，同时还会发生墙面较大的泛碱现象。一般外墙涂料适用于涂刷时温度大于5℃，基层干燥时间在1个月以上。因加气砌块干燥较慢，砌筑及抹灰完成后干燥时间必须在2个月以上，再进行外涂刷。涂刷前，由生产厂家指导刮腻子，待彻底干燥、干透、表面纹裂再刮腻子，就不会发生涂料表面的龟裂和泛碱现象。根据实际需要，加气砌块外涂料宜选择弹性涂料，能保证不出现裂纹，因弹性涂料层不会随基层纹裂而开裂。

（5）应处理好外墙的分格间距，砌块上抹灰面积以12～15m^2为宜。竖缝与水平缝之间的长度以6m为限，由于加气砌块外墙窗台下易出现倒“八”字缝，窗台下竖缝间距应在3m以内，窗台板下300mm处的灰缝中铺设2ϕ8通长筋。

（6）钢筋混凝土结构外露容易出现冷桥部位，应尽量采用外保温措施。外留一定厚度包加气砌块，最薄不小于60mm，防止在外表面出现两种不同材料的接缝。

（7）由于加气砌块墙面不但外开裂、室内抹灰层也存在空鼓开裂问题（但较室外环境下要轻），因此，要尽量避免“湿作业”而采用“干作业”。如室内进行装修，可直接在砌块表面粘贴或固定饰面板，再在饰面上涂刷或喷涂，减少抹灰工序。

（8）目前加气砌块的模数也不尽合理，如外形尺寸常用500mm×240mm×600mm（长×宽×高），未考虑竖向灰缝厚度15mm和水平灰缝厚度10mm，给施工排砌带来较大难度。如经设计改进，将长度减去15mm、高度减去10mm加工制作，砌体灰缝厚度更合理，且符合砌体质量验收规范关于灰缝控制厚度的要求。

4. 加气砌块应用存在的一些问题

加气混凝土砌块由于制作加工设备和工艺的限制，大量推广使用尚存在一些具体问题，建筑行政部门需从长计议，逐步发展应用。

设计和生产单位应共同研究，解决加气砌块品种单一、容易出现抹灰层开裂等“多发病”问题。从生产产品成型工序中处理砌块表面，使其易粘结牢固，并且外壳不光滑。

产品质量标准修订应适当，产品外形误差应不影响灰缝的厚度。国外同类产品要求误差±1mm，而我国是±5mm，生产中还会超过这一数值，这将对找平造成较大难度，过厚的抹灰层也是空鼓开裂的主要原因之一。

9. 施工项目质量问题及处理程序如何进行?

大量工程实践表明，影响工程质量的因素很多，在施工过程中有些容易被疏忽，将会引起系统性的质量后果，产生严重的质量事故。对此，必须采取有效预防措施，对常见的质量问题事前进行预防控制，对出现的质量事故认真分析处理。

1. 施工项目质量问题特点

(1) 复杂性：施工项目质量问题复杂性主要体现在引发质量问题的因素复杂，增加了对质量问题的分析、判断和处理程序的复杂。如建筑物的塌陷问题，可能是地质勘察不认真、地基承载力与持力层不符；也可能是处理措施不当、地基不均匀沉降；或是施工偷减工料质量低劣、或使用材料及半成品不合格等原因造成。由此可见，即使同一性质的质量问题，其引起原因也截然不同。所以，在处理质量问题时必须深入调查分析，针对质量问题特征进行。

(2) 严重性：施工项目产生质量问题，轻者，影响工程的顺利进行，延误工期，增加处理费用；重者，给工程造成缺陷或隐患，成为危房；更严重的引起建筑物倒塌，造成人们生命和财产的重大损失。

(3) 可变性：许多工程质量问题会随时间的变化而变化。例钢筋混凝土结构出现的裂缝，随着环境湿度、温度的变化而变化，或随荷载大小和持续时间而变化；建筑物的倾斜会随着附加弯矩的增加和地基的沉降而变化。所以，在分析处理工程质量问题时，要特别重视质量问题的可变性，及时采取可靠措施，避免质量事故进一步恶化。

（4）多发性：工程项目中有些属于常见病和多发病，经常见到且难治理而成为质量通病。如屋面、卫生间渗水、抹灰层空鼓开裂、地面起砂、排水管堵塞、预制构件裂缝、窗向内渗水等。因此，要吸取多发性质量事故教训，认真总结，避免事故一次次出现。

2. 施工项目质量问题分析

工程质量问题的表现形式是多样性的，如建筑结构的错位、倾斜、变形、开裂、倒塌、渗水、强度低、刚度差、截面尺寸超标等。查其真正原因，可归纳出以下一些方面：

（1）未按基建程序办

工程项目不进行可行性论证，不调研分析就定方案；没有搞清水文地质仓促开工；无证设计、草图施工、随意修改设计，不按图施工；工程不验收、不试车，盲目使用，造成质量隐患。

（2）地质勘察未进行

没有认真进行地质勘察提供可靠的地质资料；地质勘察时，钻孔间距过大，没能全面反映地下情况，当基岩地下起伏变化较大，软土层厚度变化也大；地质勘察钻孔深度不够，没有查清地下软土层、孔洞、滑坡等构造；地质勘察报告不细、不准等，都会造成对基础处理的失误，造成地基不均匀沉降、失稳，使结构及墙体开裂以至破坏。

（3）未处理好基础

对软弱土、冲填土、杂填土、膨胀土、湿陷性黄土及溶洞、岩石地基未认真处理或措施不当，都是导致质量问题的原因。必须根据不同地质及所建工程特点，按照现行规范对地基及上部结构相结合处理，从工程的各个环节综合考虑处治。

(4) 设计计算问题

计算重视不够，考虑欠妥，结构构造布置不合理，计算简图不正确，荷载取值过小，内力分配不均，沉降缝位置不当，悬挑结构未进行抗倾覆验算等，都是造成质量隐患的潜在因素。

(5) 建筑材料及成品不合格

进场钢筋力学性能不符合标准，水泥安定性不合格，存放时间长，受潮结块，粗细骨料级配不合理，有害杂质超标，混凝土配合比水灰比不当，外掺合料质量不稳定，外加剂适应性差，拌合的混凝土强度低，和易性、保水性差，浇筑混凝土振捣不到位，过振或漏振，使混凝土强度低、出现蜂窝麻面孔洞、露筋及胀模、构件截面尺寸超标、支承锚固长度不够、钢筋少放或错位、板面开裂等等，必然会引发事故。

(6) 施工质量控制

在许多质量问题中，首先考虑到的是施工原因，事实上由于施工质量控制不到位的因素是最多的。

① 施工仓促，未熟悉施工图即放线开工，图纸未会审、未经设计、监理同意擅自修改设计；② 未看清图纸要求，把铰接作成刚接，将简支梁做成连续梁，抗裂结构用圆钢代替螺纹钢筋，致使结构产生严重开裂；挡土墙未按图设滤水层、排水孔、土压力增大而倒塌；③未按现行施工规范施工，如现浇混凝土结构不按规定的位置留置施工缝；不按规定时间拆除模板；砌体不按组砌方式和匹配砂浆；留直槎和构造柱处不埋设拉结筋；在砌块及 < 600mm 的窗间墙留脚手架眼；预留洞口下不支设模板等；④不按操作规程施工，如插入式振动棒振捣混凝土时，不按间距插振、快插慢拔上下抽振，混凝土摊铺过厚未分层浇筑；砌体不压槎包心砌筑、上下直缝、未按“三一”法砌筑等；⑤人员素质低，胡干蛮干，如安装过梁主筋朝上；将悬臂梁、雨篷的受拉筋绑扎在受压区；结构件吊点随意选择，不了解吊装受力状态；现浇板浇后立即堆放构件及材料等，都将给结构和安全造成不良后果；⑥管理不规范、紊乱，施工组织设计方案不周到，工序顺序

排列有误；组织措施、技术交底、操作方法不规范；未实行三检制和工序交接验收等，是导致质量问题的根本原因。

3. 质量问题处理方法及程序

（1）施工项目质量问题处理目的

主要目的是：正确分析妥善处理质量问题是创造正常的施工环境；保证建筑物和构筑物的安全，减少损失；总结教训，预防事故再发生；掌握结构实际受力状态，为正确设计计算提供技术依据。

（2）质量问题分析处理程序

发生质量事故及时组织调查处理。调查目的是确定事故性质及范围、影响程度，通过调查为事故的处理提供依据，力求全面、准确、客观、公正，将调查结果写成报告，其主要内容包括：

①工程概况，重点介绍与事故相关的工程情况；②事故情况，发生时间、性质、现状及发展变化；③是否需要采取临时应急防护措施；④事故调查中的资料、数据；⑤事故原因的初步判断；⑥事故涉及人员和直接责任者的情况等。

对事故原因分析要建立在调查的基础上，避免情况不清，主观推断事故原因。对于发生原因错综复杂，往往涉及勘察、设计、施工、材料、管理方面问题的，只有对调查的数据、资料详细分析，才能找出真正原因。事故的处理建立在原因清楚的基础上，不致再产生严重后果时，可继续观察、分析，不急于求成；避免造成同一事故多次处理的不良后果。对质量事故的处理要求是：安全可靠，不留隐患，满足结构功能和使用要求，技术可行，经济合理，方便施工。在处理事故过程中，加大对质量的检查力度；对每一个质量事故，无论是否需要处理，都要在分析的基础上做出明确结论。

（3）质量问题处理鉴定

对质量问题的处理是否达到预期目的，是否留下隐患，需要通过组织验收做出结论。质量事故处理的验收要按验收规范规定进行，必要时还通过实测实量、荷载试验、取样试压、仪表测试等手段获得第一手资料。这样，才能有效地对质量事故做出切合实际的结论。

事故处理结论的内容主要是：

①事故已排除，可以正常施工；②隐患已消除，结构安全性能可靠；③经修补处理后完全满足使用要求；④基本满足使用要求，但附有限制条件，如限制荷载、限制使用条件等；⑤对耐久性影响的结论；⑥对建筑外观影响的结论；⑦对事故责任者的结论等。

施工项目质量问题处理后，必须提交完整的事故处理报告，内容包括：事故调查的原始资料，测试数据，事故原因分析，论证，处理事故依据；事故处理方案、方法、措施；检查验收记录；不需处理的论证；处理结论等，形成一套齐全的存档资料。

10. 建筑墙体裂缝产生的原因及防治方法有哪些?

任何类型的房屋如果在砌体结构中出现了裂缝，就预示着该建筑物某部位产生的内应力已超过它所能承受的抗拉、抗剪极限强度，其建筑物的强度、刚度和稳定性将受到不同程度的削弱和破坏。引起裂缝的原因多种多样，但影响最大的仍是地基不均匀沉降和温差应力。轻则影响外观和正常使用效果，重则会造成危房及倒塌事故。所以，应找准裂缝的病源，采取不同的方法治埋。

1. 地基沉降不均匀引起的墙体裂缝

《建筑地基基础设计规范》(GB 50007) 中允许砖混结构有沉降差，但实际上地基的不均匀沉降和地基土层的均匀性、地基土的压缩性及荷载的差异有关。虽然规范要求设计时控制沉降差，但因重视不够和设计经验的原因，仍会引起墙体不同部位出现裂缝。

（1）裂缝的产生

地基土层分布不均匀，土质差别大，处理不当；地下水位上升，上下水管道破裂，长期渗漏，影响地基承载力；基础埋深不够，遇季节性冻胀影响；相邻基础未考虑地基受力叠加部分，建筑立面错层，平面变化引起荷载的不均匀；建筑体长高比较大，且纵墙刚度较弱时，因土质应力分散作用，建筑中部地基应力最大，两端应力逐渐减小；对地基处理不符合规范的约束条件，如筏形基础横向和纵向悬挑墙外的长度，规范要求不超出 1.50m，但也有挑出达 2.0m 的长度，改变地基受力状态的不良后果；使用不当，如在基础附近挖坑、地表水进入基础浸泡、基础不及时回填、长期外露；建成后任意改动设计用途等。

（2）对裂缝采取的对策

分析判断找准地基及基础发生问题的部位，有选择性地进行加固补强。其方法多采取挤密桩加固、换土垫层法、强夯法、扩大基础底面积加固以及采用石灰浆、旋喷桩、托底加固等。一般情况下，地基如遇古河道、古井、沟坑，应进行局部处理，保证同周围地基有相同的强度和压缩性，这是在基础和上部结构整体性较好时采取的方法。若沉降分布的曲线成凸形时，在沉降小的部位纵墙顶部砌体内加设钢筋带。如底层有较大窗洞口，在窗台下布设 3～4 根 ϕ8 钢筋，能有效防止纵墙顶部和首层大窗口的竖向裂缝不出现，但钢筋层的水泥砂浆强度不应低于 M10；否则，效果不明显。

（3）裂缝表现特征

1）裂缝向沉降较大方向倾斜。如平面矩形、长高比大于3:1的砖混结构建筑，当地基均匀、荷载分布也均匀时，多数情况下中间沉降量较两端要大，沿门窗洞口和纵墙上出现约 45°正“八”字的斜裂缝；反之，在纵墙上出现倒“八”字斜裂缝，如图 10-1 所示。

2）在沉降单元窗间墙上因较大水平剪力会出现上下部位的水平裂缝。而垂直裂缝是因窗间墙下基础沉降量大于窗台下基础的沉降量所造成的，如图10-2所示。

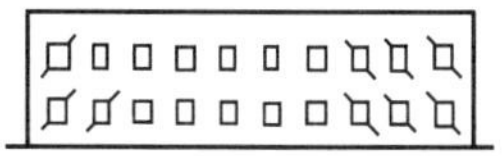

图10-1　沉降出现斜裂缝

3）相邻高低房屋因沉降量差及高层房屋地基下的应力叠加会影响到低层房屋邻近处，如被影响房屋的刚度不足时，表现为墙体开裂；当刚度较大时，表现为倾斜。立面高低差较大并连为一体的建筑，因地基沉降量差使低层墙体向靠近高层部分出现局部倾斜，造成纵墙局部出现斜裂缝，如图10-3所示。

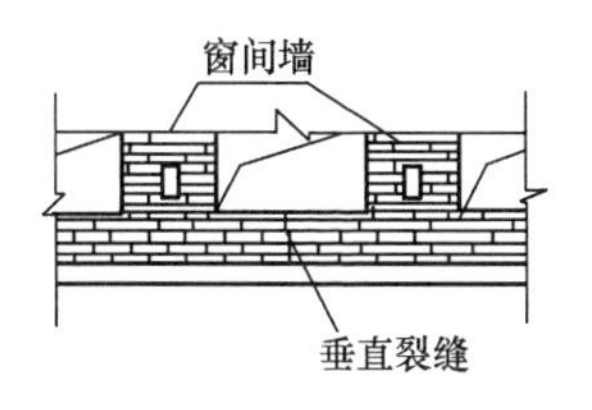

图10-2　窗台下的垂直裂缝

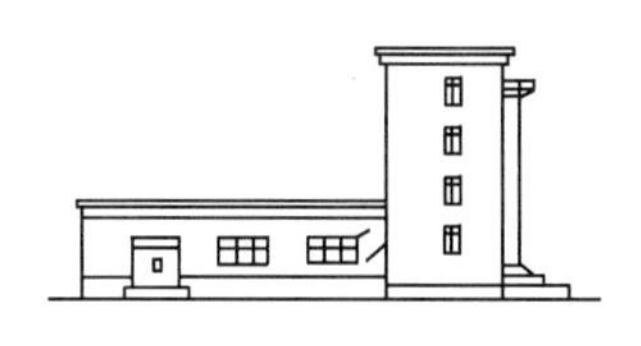

图10-3　局部倾斜裂缝

4）建筑平面布置复杂，在纵横单元交接处因基础交替密集，促使地基中应力重叠而形成局部沉降中心。造成的危害是：如“山”字形布置的房屋，在纵横单元相交处的两侧墙体上产生裂缝，见图10-4；“工”字形房屋，在两翼单元呈正“八”字形裂缝，中间单元则呈倒“八”字裂缝，见图10-5。

5）外山墙对称倒“八”字裂缝，是因墙两下角沉降量较中部大而使墙体裂缝上宽下窄，且缝下部墙体外胀；外墙水平裂缝，是外墙基础靠室内一端与靠室外一端沉降不均匀，使墙体向室外倾斜而产生外墙水平裂缝，如图10-6所示。

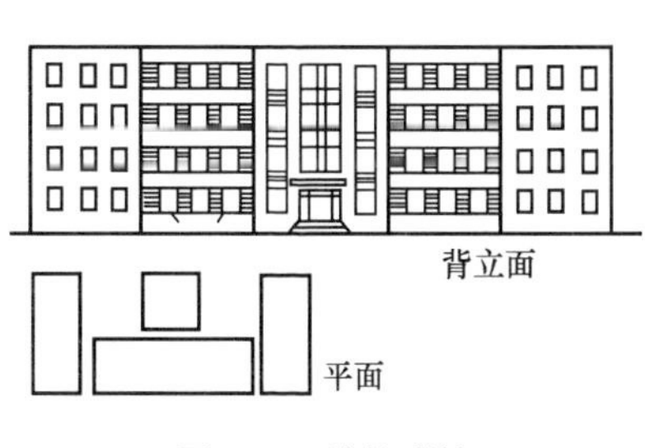

图10-4　墙体裂缝

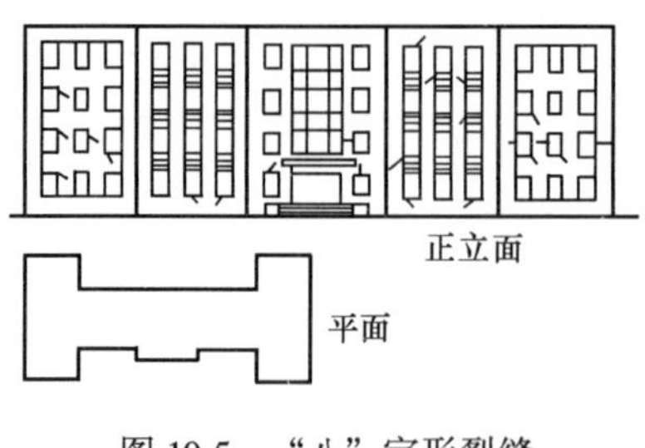

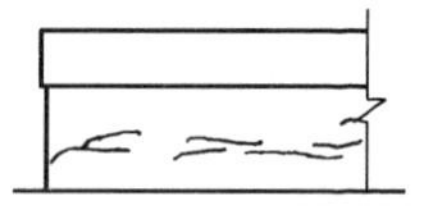

图 10-5 “八”字形裂缝　　图 10-6 外墙水平裂缝

6）多层框架楼房及相连的门斗，因为主楼与门斗两侧沉降不同，使门斗与主体脱开；墙地面裂缝贯通，是因墙裂缝受地裂缝的胀力拉开而形成下宽上窄的贯通裂缝，如图 10-7 所示。

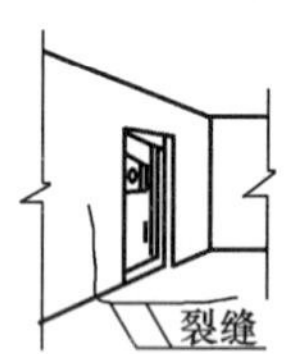

图 10-7 贯通裂缝

7）房屋整体性好，在不均匀沉降下，由楼板圈梁与砌体组成的整体结构而出现的这种弯曲裂缝，如图 10-8 所示。

8）因墙角地基快速下沉而使外墙角下部及散水沿纵横墙裂成三角锥体形裂缝，如图 10-9 所示。

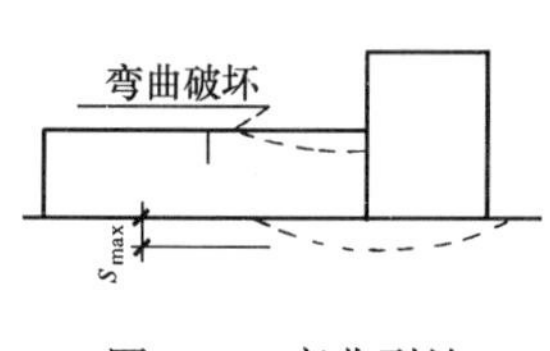

图 10-8 弯曲裂缝

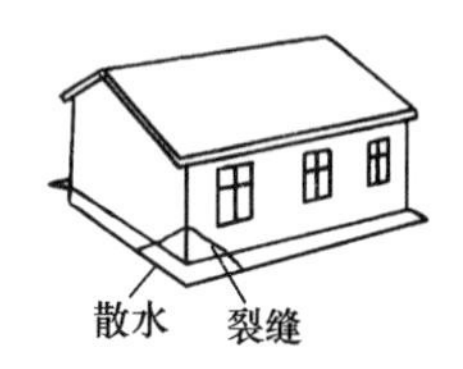

图 10-9 外墙角锥体裂缝

2. 温差应力引起的胀缩使墙体出现裂缝

结构受环境温度影响变形时，受到一定约束时则产生温差应力。在相同温差下，钢筋混凝土构件的线膨胀系数为 $1.0\times10^{-5}/℃$，而砖的线膨胀系数为 $0.5\times10^{-5}/℃$，两者相差达一倍。所以，在砖混结构中由于温差应力影响而产生裂缝。

（1）裂缝产生的对策

由于自然环境下温度变化而引起砌体内的附加应力同温差成比例关系，所以，应首先以减少温差来降低附加应力；其次，应提高砌体的抗剪、抗拉强度以进行有效控制。应采取的措施是：在容易出现开裂的部位提高砌块和混合砂浆的强度等级，加设补强钢筋；钢筋混凝土构件尽量不暴露出墙外，构件宽度应小于墙身且用抹灰保护；对整体性钢筋混凝土屋面或大板块屋面必须设置分格缝；在预制屋面板的端部与圈梁间及板边与墙体间预留出伸缩余量；在沿房屋纵向板缝内嵌入加强筋，以提高屋盖整体性；在屋面加设通风隔热层，减少砌体上部温差应力；女儿墙顶设有通长钢筋的压顶，且混凝土等级不低于 C20；挑檐分段现浇或预制留伸缩缝等。

（2）裂缝的表现特征

1）檐口下出现的水平及包角裂缝

水平裂缝多出现在平屋顶檐口下或圈梁下 2 ~ 3 皮砖的灰缝处，形状是两端较中间宽，有时缝上部砌体向外胀。包角裂缝在屋顶纵横墙相交处并由四角向墙中发展，常与水平裂缝相连接，如图 10-10 所示。

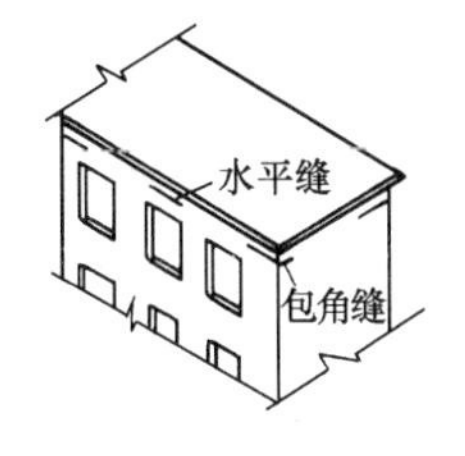

图 10-10　温差引起的胀缩裂缝

2）墙顶部“八”字斜裂缝

出现在建筑顶层纵墙两端的 1 ~ 2 开间内，严重情况下会达屋长的$\frac{1}{3}$，裂缝一般形状中间较两端宽。如外纵墙两端有窗时，缝会沿窗口对角方向裂开，见图 10-11（*a*）。严重时，内外纵墙均有这种裂缝，横墙也会产生，见图 10-11（*b*），也可能发展到下面几层。

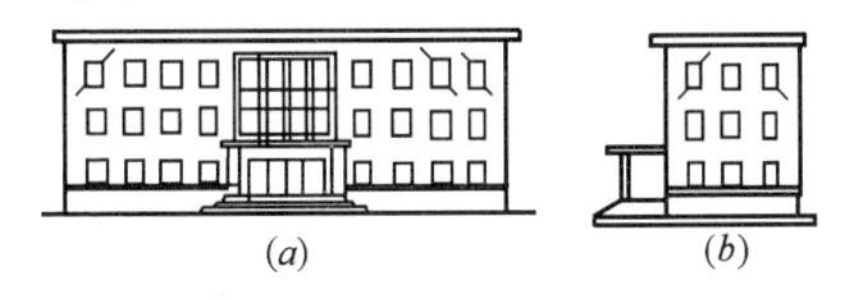

图 10-11　“八”字斜裂缝

上述这两种裂缝，主要是由于顶层屋面受太阳直射而远高于墙体温度，如北方夏季顶层室温最大达34℃，而屋面却超过60℃。

3）砌体冷缩变形同样受地基约束会引起墙角的斜裂缝或檐口下出现竖直裂缝。墙体在低温寒冷季节缩短，而地基基础因地下温差小很少变化，形成墙角垂直向内倾斜，或在墙体上部缩短引起裂缝，如图10-12。为此，较长墙体建筑应设相应的伸缩缝。

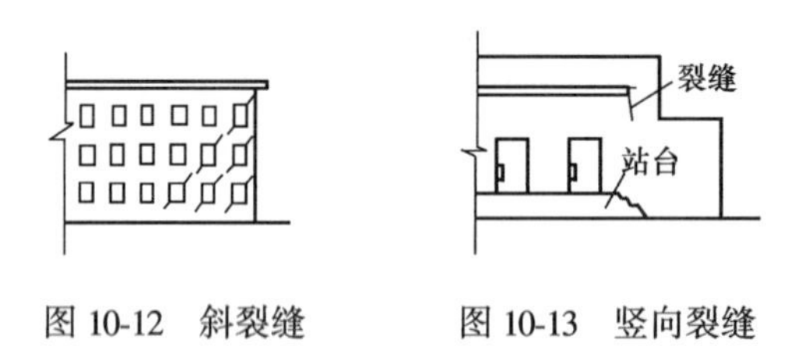

图10-12　斜裂缝　　　　图10-13　竖向裂缝

4）墙内钢筋混凝土梁收缩会引起梁端砌体的竖向裂缝。一般现浇混凝土的干缩量在（1.5～6）$\times 10^{-4}$之间，相当于降温范围15～60℃。若梁较长时，在梁端墙面上会出现竖向裂缝，见图10-13；如现浇梁较短时，如门窗过梁会出现在端部的竖向裂缝。

5）同一栋建筑在错层处的墙面上会出现竖向裂缝，见图10-14（*a*）；在楼梯平台与楼板相邻墙上，也会产生局部竖直裂缝，见图10-14（*b*）。其产生裂缝原因是混凝土与砌体两种材料的线膨胀系数不同，是受环境温度影响变形的结果。

6）砖平房外纵墙水平裂缝，尤其中间用柱承重的半框架结构，无论单层或多层，在窗口上下部位常出现水平裂缝，壁柱也

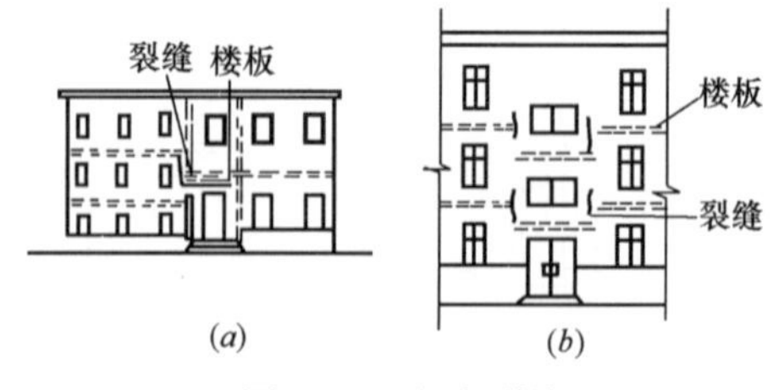

图10-14　竖向裂缝

会出现断裂，如图 10-15（a）。此缝一般由墙身内面向外扩展到外墙面减弱，这是因平屋面受热胀伸长，使砌体产生弯曲拉应力而出现的。如车间操作工房与生活间连接处，因屋面升温引起与墙体连接处出现水平裂缝，如图 10-15（b）。

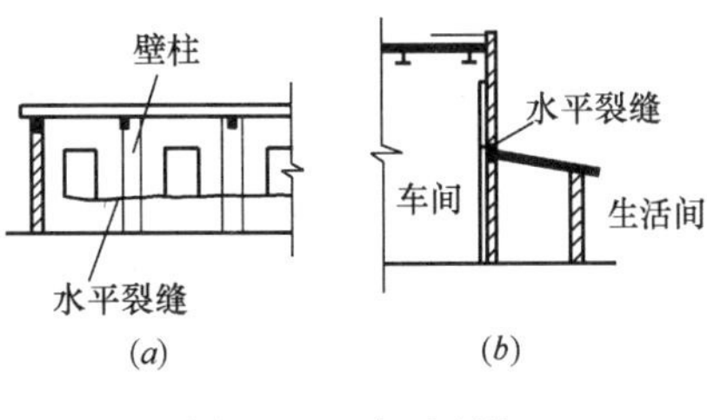

图 10-15 水平裂缝

3. 裂缝的治理方法

对地基出现不均匀沉降和温度应力引起的墙体裂缝的治理方法是在减少沉降差和温差影响，改善结构的变形约束条件和提高建筑物整体刚度，防止墙体出现裂缝。对已出现的裂缝，如不影响结构安全使用且一般不再发展的缝，在外用砂浆修补即可；对整体性和承载力有影响的较深或贯穿裂缝，必须进行加固补强处理。

（1）为减少屋面混凝土伸缩对墙体影响，应限制伸缩缝间距，可以仅断开结构层，其做法如图 10-16；也可将保温层和防水层都断开，其做法如图 10-17。对于房屋阴角处的挑檐常出现的 45°斜裂缝应在构造上采取措施，宜在拐角处挑檐板下部设置抗剪切筋，做法如图 10-18。

图 10-16 结构层断开做法

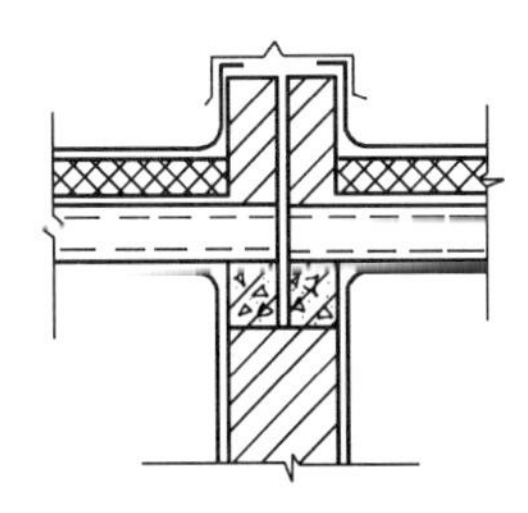

图 10-17 保温层和防水层断开做法

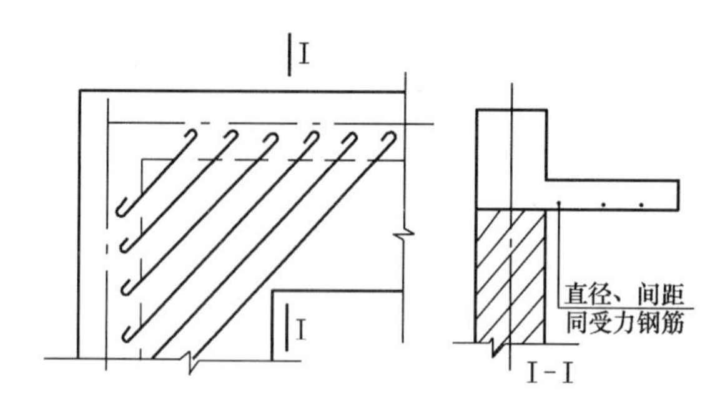

图 10-18　拐角处挑檐板作法

（2）提高砌体砂浆强度等级特别是顶层窗台以上的砂浆等级，必要时靠山墙两开间顶层窗台以上砌体内每 500mm 高加 3 根 ϕ8 通长钢筋，直至圈梁。干砖不上墙，用“三一”砌砖法保证其砂浆的饱满度，并养护提高其抗拉、抗剪强度。

（3）为减少施工周期较长带来的温度变化影响，屋面结构层施工后，应尽快将保温和隔热层做好。保温材料的质量、厚度、干密度和密实度必须经检验测试后作为隐蔽项目签证。注意保温层的铺筑应伸至外墙大于中心线，其做法如图 10-19。

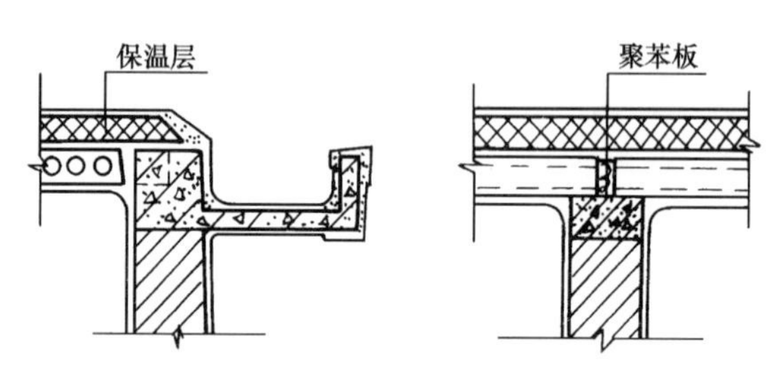

图 10-19　屋面外墙处作法　　图 10-20　靠山墙第二、第三轴线处作法

（4）夏季施工时，在顶层屋面靠山墙 2～3 开间的板头间，应填塞聚苯板，能有效避免温差裂缝的产生，其做法如图 10-20。

实践表明，温差裂缝一旦出现，很难在修补后不再发生，当温度出现较大变化时会重新出现，只有采取加固补强才有效。

(5) 由于墙体因原材料强度不足而出现的裂缝，在墙面可敷设钢筋网片，并配置穿墙拉结筋加以固定，还用细石混凝土或分层抹 M10 砂浆，以加强局部的强度不足。

(6) 当裂缝两侧砌体错位大于 20mm 时，墙面应配置 $\phi6@150$ 的钢筋网，用钢夹板或钢筋固定在墙面，再喷射厚 40～50mm 的 C20 级混凝土。

在多数情况下出现的地基沉降和温差应力引起的墙体裂缝，经过一年左右趋于稳定，可以正常使用。上述涉及的治理方法大都属于构造技术方面的措施，而对裂缝的评价鉴别，涉及设计和标准问题。总之，防治和控制建筑裂缝的发生，首先在设计方案和结构计算阶段把关；其次，是在施工阶段严把建筑材料的质量关，施工规范和标准更应切实执行。所有这些措施中任一环节不严格，均会造成建筑裂缝的发生。

11. 建筑砌体裂缝的产生原因、分类鉴别及对策有哪些?

当砌体一旦出现裂缝时一般认为质量存在问题，裂缝较大可能对整个建筑物的正常使用带来影响。到目前为止，现行的设计和施工规范没有专门条文对砌体的裂缝作出要求，笔者以多年施工实践为依据，结合工程裂缝具体情况，浅谈一下砌体裂缝的主要产生原因、危害程度及鉴别方法。

1. 砌体工程的有关规定

在设计和施工的众多标准、规范中，对钢筋混凝土结构的要求较详尽具体，尤其对裂缝作了一系列明确的规定。如对裂缝的控制等级，规定三级控制的构件允许出现裂缝，同时规定了裂缝最大宽度的允许值。而《砌体结构设计规范》(GB 50003) 中只有一节“防止墙体开裂的主要措施”内容，而没有明确提出砌体是否允许裂缝等具体问题。即使按照规范的防裂要求设计施工，还会出现砌体难以预防的裂缝，这是由于在自然环境中的温差应力、材料质量的不匀质、地基沉降、荷载过大或其他人为因素等多种原因所造成。但《砌体结构设计规范》的防裂措施只提到温差应力和干缩等两项原因引起的裂缝，这是远远不够全面的；同时，对砌体工程大量存在的较多裂缝的限制和处理没有明确规定。

据某市调查统计结果表明，有裂缝的砖砌体占调查房屋的比例高达93%以上。这种现状不能不引起居住者的担心，也影响到开发和建设。砌体裂缝是一个不容忽视的质量病症，应寻求一种有效的技术办法解决。

2. 砌体裂缝的一般原因及特点

（1）温差应力引起的变形

①屋面结构日照时间长，夜间降温往复形成的温差变形挤压墙体，使墙体内产生较高的剪应力或弯曲应力，使工业厂房及大型屋面的端部（即山墙）产生水平裂缝。

②日照及自然温度变化，使不同材料在结构的不同部位变形不一，圈梁、构造柱及砌体又存在较大约束力，造成墙体应力过大而产生斜裂缝或水平裂缝。

③因温差大，房屋长度超过50m，又未设伸缩缝或施工措施不当，造成贯穿房屋全高的竖向裂缝。

④北方地区越冬工程砖墙受地基的约束，造成底层及窗台以下砌体中出现斜向或竖向裂缝。

（2）设计欠妥造成的裂缝

①结构设计整体性差，圈梁不闭合，如楼梯间砖墙圈梁不闭合。现浇雨篷梁两端因砌体中的混凝土构件收缩而出现的裂缝或斜裂缝。

②沉降缝设置不当。如未留置在沉降差最大位置，缝太窄变形，使缝两侧砌体挤压而开裂。

③留洞构造不当。内外墙交接处预留烟囱孔、大窗台下无构造筋因温度变化出现裂缝，窗下墙体易出现上宽下窄的竖向缝。

④材料选用不当，如混凝土梁挠度较大引起墙体开裂。

⑤新旧建筑连接处理基础未分离，在结合处出现裂缝。

(3) 材料不稳定、均匀、质次

①砂浆体积不稳定，水泥安定性存在问题，含易溶性矿物质多的砂或含硫超标的矿渣代砂拌合砂浆，使砌体膨胀或局部开裂。

②砌块体积不稳定，如灰砂砖出窑随即使用，粉煤灰砌块制作停留时间短，因砌后体积在稳定过程中收缩产生裂缝。

(4) 施工质量控制不严

①组砌方法不对，漏放拉结构造筋，内外墙砌筑不同步接槎处留直槎未按规定设拉结筋，导致接槎处出现斜长裂缝。

②砌筑时灰缝控制差，存在较多通缝、干缝和重缝，压槎搭接太少而出现不规则的裂缝。

③留洞或脚手架位不宜在宽度小于500mm的窗间墙留脚手洞，导致该处开裂。

(5) 地基沉降不均匀出现的裂缝

①房屋较长，地基沉降差不相同的砖混结构，当两端与中部出现沉降差值不一时，尤其在建筑底层、纵墙两端出现的斜裂缝。

②地基局部沉陷，当砌体位于防空洞、古墓上时，因地基局部塌陷而产生水平或斜裂缝。

③地基浸水、冻胀，北方地区房屋基础埋深不足，填土或湿陷性土质在季节性冻胀，由于浸水后更为严重，产生的竖向或斜向裂缝。

④地基突变措施不当，一些地质构造复杂丘陵地，地基一部分在较坚硬的岩石土质，另一部分在土层或回填土时，不均匀沉降导致建筑中间出现断开状的开裂。

⑤相邻建筑的影响，新建高大建筑物造成近邻原有建筑产生附加沉降而形成的斜裂缝。

⑥降低地下水位造成原建在较高水位软土地基产生附加沉降

而导致建筑砌体的开裂。

（6）结构荷载增加或砌体截面过小出现的裂缝

①抗压强度低、承载力不足的中心砖柱，一般在柱高1/3附近区域，容易出现竖向裂缝。

②抗剪强度低的挡土墙在薄弱截面出现的水平裂缝。

③抗弯强度低的砖砌拱容易产生竖向或斜向裂缝。

④抗拉强度低的砖砌池池壁在使用后产生的沿灰缝的渗水开裂。

⑤局部承压强度低的大梁或梁下砌体产生的斜向或竖向裂缝。

（7）其他原因造成的开裂

①使用不当：楼板堆放物品超重产生过量挠度，使支承端部墙体开裂。

②地震原因：多层砌体建筑在地震下产生斜向或交叉状裂缝。

③机械振动，撞击造成裂缝：如车辆在建筑附近作业碰撞砌体、机械设备基础在操作时的振动、爆破引起砌体的裂缝等。

从上述分析中看出，造成裂缝发生的原因很多，它的分布很不均匀，性质及危害程度差异性大，危害结构安全的因素比例较少，但必须引起足够的重视。而引起裂缝的原因最主要的是温差应力和地基沉降不匀，即使精心施工，也难保证砌体不出现裂缝。

3. 裂缝的分类及鉴别方法

（1）砌体裂缝一般按以下几种情况划分：

①影响结构安全：这类裂缝是指因承载力不足而出现。它的长度及数量不一定多，但结构已出现承载力达临界的预兆，极可能发生房屋倒塌。同时，地基变形造成的裂缝，因变形时间长、差异性大，也可能影响安全。

②降低建筑功能：建筑裂缝处渗漏，损坏室内及装饰层，造

成居住者的不安全感，经处理仍达不到正常的使用效果。

③减少使用年限：裂缝长且多时，将降低耐久性。如屋面及檐口、山墙等处，因温差变化裂缝不断扩大，地基下沉不均匀及进水冻胀的往复循环，使裂缝不断变化，这些都会降低耐久性。

④影响观感：少量和个别裂缝宽度小、长度短，在建筑使用后已基本稳定不再扩展，一般对结构和使用不造成影响，但有碍观瞻，常见的一些裂缝应是此类。

（2）裂缝的一般鉴别方法

通过上文对砌体裂缝性质及原因的分析可知，因设计不当、材料不合格和施工质量造成的裂缝是容易辨别的。在此，对最常见的温差裂缝、地基变形及承载力不足出现裂缝的特征分析比较，进行鉴别。

1）根据裂缝现状鉴别

温度变形造成的裂缝：裂缝多出现在建筑的顶部周围，以两端较多，在纵墙和横墙上也会出现。季节性冻胀地区越冬又不采暖房屋的下部也会出现冷缩裂缝；较长房屋中部会出现竖向裂缝。裂缝特征：斜裂缝较多，缝状分一端宽另一端窄和中间宽两端窄两种；其次是水平裂缝，其状多呈中间宽两端窄的不连续缝；另一种是竖向裂缝，多因纵向收缩产生，缝宽基本一致。裂缝发生的主要时间，多数在经夏季、冬季后的时间形成，开春明显。

地基沉降不均匀造成的裂缝：位置多出现在建筑的下部，也有的发展到2~3层高度。相同高度的条形房屋裂缝多出现在两端墙附近；平面布置形状不规则的房屋裂缝多发生在沉降变化较大处，纵墙较多，横墙较少。裂缝的特征：最常见的是斜裂缝通过门窗洞口，洞口处缝较宽；其次是竖向裂缝。不论是墙体上、窗台下或贯穿多层住宅全高的裂缝，其形状多是上宽下窄；水平裂缝很少出现，若出现多在窗角口处，一些水平裂缝由地基局部塌陷造成。出现时间大多数在建筑竣工后不久，也有个别在施工期间就已出现。

承载力不足造成的裂缝：多数出现在砌体应力较大部位，多层建筑中底层较多见。轴心受压柱裂缝多在柱下 1/3 柱高处，柱上下端较少开裂；梁垫下砌体因受力集中强度低而出现裂缝。裂缝特征：受压构件的裂缝方向与应力相一致，缝中间宽两端窄；受拉构件的裂缝与应力方向基本垂直，缝沿砌体灰缝裂开；受弯构件的裂缝均在受拉区外侧裂开；受压区多在灰缝处裂；受剪裂缝与剪力作用方向一致。裂缝出现时间多数在荷载突然增加时，如拆模后等。

2）按建筑特征鉴别

由温差造成的裂缝：屋面保温隔热性能差，地区温差大、建筑物较长又无变形缝等情况下可能导致温度裂缝。房屋变形往往与砌体的横向（长或宽）变形有关，与建筑物的沉降无关。

因地基沉降不均造成的裂缝：当建筑物长且不很高大，地基变形量大时产生沉降裂缝。裂缝主要由以下原因引起：砌体刚度较差；高低差或荷载值差异大又无沉降缝；地基进水或地下水位降低；在建筑物旁开挖基坑或堆土过高；旧房侧新建高大建筑物。对建筑物的变形量精确观察，测出沉降值，在最大值位可能出现裂缝，属沉降裂缝。

因承载力不足出现的裂缝：它出现在结构件受力较大或截面受削弱严重的部位；超载或产生附加应力，如受压构件出现附加弯矩，它的变形往往与横向或竖向变形无明显联系。

3）按裂缝的发展变化鉴别

随环境气温的变化，在最高和最低温时，裂缝宽度、长度最大；数量最多但扩大至一定程度时会不再扩大。这是气候变化时的特点。

建筑物在建成的 1～2 年内地基变化大，裂缝不断加宽增多。当沉降趋于稳定后裂缝不再出现大的变化，但极个别地基也会产生剪切破坏，裂缝发展会导致建筑体倒塌。

承重构件在重压后陆续出现细裂缝，随荷载增加及时间的延长，裂缝不断扩大贯连加宽而发生破坏。其他因承载力不足，裂缝随时间和荷载的增加而发生变化。

4）理论分析鉴别裂缝

温差裂缝：在温度变化产生的温差应力作用下，砌体又受到较大约束，当应力大于砌体强度时产生的裂缝。按照此原理和结构力学方法，就可以从理论上分析确定裂缝是否由温度所造成。

地基沉降不均出现的裂缝：可根据具体工程计算地基变形，也可用测量的方法求得实际变形值，再用结构力学方法计算地基不均匀下沉的应力，对照砌体结构设计规范要求值，来确定裂缝与地基沉降的关系。

承载力不足的裂缝：《砌体结构设计规范》（GB 50003）对受压、受弯、受拉、受剪或局部承压构件有具体规定，计算构件承载力时，如外加荷载设计值内力超过规定的承载力时，就会出现因承载力不足的裂缝。其计算按下式：

$$N_t \leqslant f_t A \tag{1}$$

式中　N_t——轴心拉力设计值；

f_t——砌体轴心抗拉强度设计值，取设计规范确定值；

A——截面面积。

4. 砌体裂缝的处理界限

砌体裂缝的产生几乎是不可避免的，当已出现后应正确地鉴别裂缝的危害性，以决定是否采取处理措施，这对选择处理方法和时间均是不可缺少的。

（1）温差裂缝：绝大多数不会造成结构的安全使用问题，一般裂缝可不作处理。当裂缝数量多、影响到外观或产生渗漏时，应做修补性处理并恢复原状。

（2）地基沉降裂缝：应区别情况处理，地基沉降差小且在短期内基本稳定的，一般可不作处理，如必须处理时只进行修补即可。当基础沉降严重且持续时间较长，将要危及结构安全时必须进行处理，一般先加固后修补处理。

（3）承载力不足的裂缝：当裂缝判定是承载力不足造成时，

应认真分析对待。

根据砌体实际强度和尺寸进行内力验算，当符合公式（2）时应进行处理，符合公式（3）时必须进行处理。

$$(R/r_0S) < 0.92 \tag{2}$$

$$(R/r_0S) < 0.87 \tag{3}$$

式中 R——砌体承载力（kN）；

r_0——结构重要性系数，按规范规定取值；

S——结构内力（kN）。

必须重视受压砌体与应力方向一致的裂缝，如梁或梁垫下的竖向或斜向裂缝、柱的水平裂缝，这是结构出现危险的先兆。对于承载力不足的裂缝处理，一般先加固后修补或结合进行。

（4）对存在危险的裂缝必须处理

墙身或窗间墙出现的交叉裂缝、柱产生水平错位或断裂状的裂缝、墙体失稳时的水平裂缝、缝长超过层高 1/2 且缝宽大于 20mm 的竖向裂缝、缝长超过层高度 1/3 的多条竖向裂缝也应是危险缝，应认真分析处理。

加固及处理前，应做几个可行性方案进行技术经济比较，优选最佳方案，做到既安全省时又经济耐久。

12. 建筑设置缝有什么要求？如何控制质量？

在工业和民用建筑工程中，为预防温差、地震、高低层差及体量过大而留设的各种结构缝，通常有伸缩、防震、沉降和后浇缝几种；刚性路面及场地还设置了胀缝、缩缝及纵向、横向缝等；大体积混凝土还留有施工缝，将混凝土浇筑分阶段施工。这些缝的设置都是为了使结构在不利的情况下预防或减轻损失而设置的，对各种缝的设置要求和质量控制所采取的技术措施也有不尽相同之处，现就各种缝的留设要求和施工措施作一介绍。

1. 变形缝

(1) 伸缩缝：建筑物长期受自然环境的影响，遭受风吹日晒、冰雪严寒的袭击浸蚀，就是在一天之中，白天黑夜温差变化也很大。除建筑基础深埋在土中温差应力较小外，其地面部分在热胀冷缩作用下产生伸缩变形内力；尤其整体浇筑的混凝土屋面受温差影响更大，钢筋同混凝土材质不同，变形不一致，整体屋面无伸缩余地，昼胀夜缩的长期反复使屋盖同墙体开裂。体量越长的建筑伸缩量越大，所以设计规范对建筑物的长度作出限制。设置伸缩缝就是一种措施，把长体量建筑变短是最好的技术措施之一。设置伸缩缝的宽度一般为 20 ~ 30mm，防止因温差变化引起的水平拉伸变形，这种缝不能代替沉降缝和防震缝。

对于变形缝处的防水渗漏问题，是必须解决和认真处理的，必须选择弹性好的防水材料和正确的设计施工方法。

材料常采用的有涂料类、卷材类和新型卷材等几种；涂料类以聚氨酯防水涂料较好，耐老化性突出，也可冷作业；卷材类以三元乙丙橡胶为最好，其次为 SBS 改性沥青卷材和 PVC 橡胶、APP 改性沥青卷材；新型卷材是“贴必灵”的高弹度自黏性防水卷材，具有自愈性、可冷作业、延伸率高和冬期施工不加热等特点。

任何一种材料的固有弹性再好，也无法抵抗受力后长期变形的疲劳，必然发生老化现象。如混凝土温差在 30℃时，它的变形幅度为 0.1%，一块 6m × 1.5m 的屋面板，其变形距离为 6mm 左右，两块板拼缝变形量为 12mm，涂防水聚氨酯 SDP-851，按延伸 350% 计算，涂膜厚 4mm，完全满足变形要求。对不同建筑采用不同的材料和施工方法，以达到防水的理想效果。

(2) 沉降缝：建筑物布置在不同的土质和地点，就是同一幢建筑，基础土质也可能不相同；基础的埋置深浅、建筑层高因需要不同而各异；建筑体量高大沉降量大，而矮小部分体量轻沉降量小，因而会产生自顶部至基础的下沉。在设计中，把一幢高低不同的建筑从基础分离开，设置从砌筑主体贯穿至屋顶的缝，把整个建筑划分成小体量，使独立块体互不干扰。沉降缝宽度一般为50~80mm，起垂直沉降的作用，有时会代替伸缩缝作用，同样也可起到防震缝的效果，沉降缝的设置一缝可起多种缝的用途。

沉降缝的缝内多用松软材料填充，外部涂抹不易分辨出来，在屋面处作连接，按设计要求施工，认真操作，选用防水材料作加强处理，在变形和下沉后开而不漏。

（3）防震缝：各个地区都不同程度存在地震灾害的威胁，地震发生后形成的纵波和横波使建筑物上下振动和左右摆动；建筑物采取的抗震措施之一是考虑水平方向的力，由于建筑物各部分的强度、高度和结构不同，地震力产生的振幅也不同，高大体量建筑摆动量大，低小建筑摆动量小；无论质量大小或高低如何，震动均会使结构产生裂缝而导致破坏。设计中，平面复杂或结构相邻部分侧向刚度或高度相差较大时，采用缝的形式将建筑分成若干体形简单、结构刚度均匀的独立单元，缝宽在60~100mm之间，也可代替伸缩缝；如从基础分开，则可代替沉降缝。

正确设置防震缝的部位和宽度是不容忽视的问题，影响的因素很多，如地基对缝宽的影响，不同地基的地震反应不相同。一般情况下建在软土地基上的高层建筑，因其自振周期较长，震害往往较硬土地基上的严重。为减少相邻建筑的相互碰撞，软土地基上的高层建筑除采用合理的基础外，应适当加宽防震缝。此外，建筑物的高度、设计烈度和建筑材料、地下水位和地下建筑均对防震缝的留置宽度有一定影响，按建筑设防区要求进行设计和施工，以确保人们生命财产的安全。

2. 混凝土结构施工缝的设置

大量的现浇混凝土结构施工不可避免地会遇到施工缝，施工缝是由于施工过程中可能一次浇筑不完而留置的缝。施工缝的形式一般有垂直、水平和斜缝几种，由于缝的存在会影响结构整体性或降低强度，合理设计和施工会达到不使结构体受到损伤的效果。

(1) 施工缝的设置要求：必须综合考虑经济、美观、强度、耐久和施工的因素。设置在不影响结构安全和外观明显的部位，一般预留在结构受剪力较小部位和不常有水的地方，这是考虑水分渗入腐蚀钢筋，影响使用寿命。从资料中可知，施工缝新老混凝土结合处用拉毛并刷水泥浆或单刷水泥浆，其抗拉强度可达70%以上，表面凿毛抗拉强度仅42%，因凿毛时影响了周围混凝土。另外，有施工缝部位抗拉强度一定会比整体性浇筑的偏低，这从表12-1中可以看出。

施工缝不同处理方法的抗拉强度　　表12-1

施工缝	连接面处理方法	抗拉强度（%）
垂直缝	1. 不作处理	57
	2. 抹砂浆	72
	3. 抹水泥浆	77
	4. 表面削去1mm再抹砂浆	83
	5. 表面削去1mm抹水泥砂浆，3h后浇混凝土	98
水平缝	1. 不作处理	45
	2. 表面削去1mm	77
	3. 表面削去1mm抹水泥砂浆	93
	4. 表面削去1mm抹砂浆	96
	5. 表面削去1mm，抹水泥砂浆，3h后浇混凝土	100

(2) 施工缝位置要求：施工缝的设置位置和形式应根据结构特点确定，对有抗渗要求的池壁施工缝应留置成凹形或凸形，并埋设止水带；柱应留水平缝，梁、板、墙应留垂直缝，其具体要求如下：

①柱子的施工缝，应留在主梁的下方，楼面的上方或基础的顶面。有梁或吊车梁牛腿时，宜留在牛腿下面；无梁楼盖的柱施工缝，可留在柱帽的下面，见图12-1。

②主梁的施工缝，应留位于主梁与次梁交接处外至少两倍次

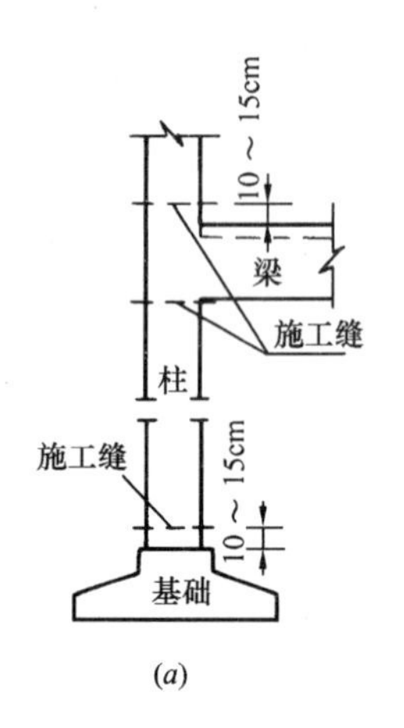

(a)

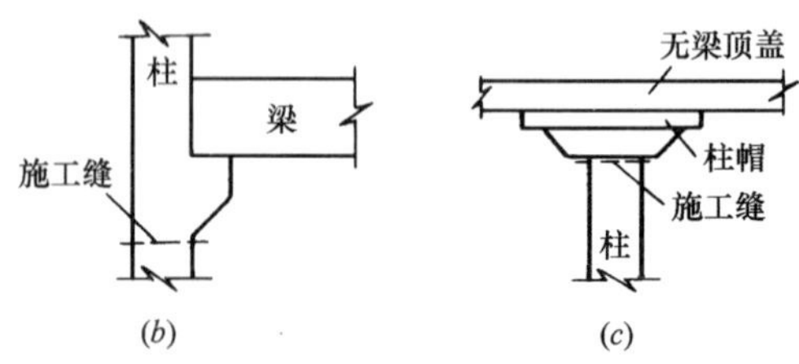

(b) (c)

图 12-1　柱的施工缝留置

(*a*) 框架柱施工缝；(*b*) 有牛腿柱施工缝；

(*c*) 无梁楼盖的柱施工缝

梁宽度，位置见图 12-2。

③楼板的施工缝：板面的施工缝应位于次梁、主梁跨度中的 1/3 范围内，宜顺次梁方向浇筑，见图 12-3；也可留在梁的顶面或板底面以下 20～30mm，当板下有托梁时，可留在托梁下部。

④现浇墙的垂直施工缝，可留在柱跨中 1/3 的范围内，在施工缝处可做隐条，遮藏接缝，使之更好结合。

⑤水池的施工缝特别重要，设置不当或留槎不对容易产生渗漏。一般水平施工缝留在壁板和底板交接处，并高出底板面 300～500mm 处；当池壁板周长 > 30m 时，应预留后浇缝。

⑥大型钢贮罐的钢筋混凝土环墙基础，贮罐如 10000m^3 时，基础直径 > 30m，环墙周长 94m，不留设后浇缝肯定是不行的，

必须每隔 20 ~ 30m 设一处，作为特殊处理。

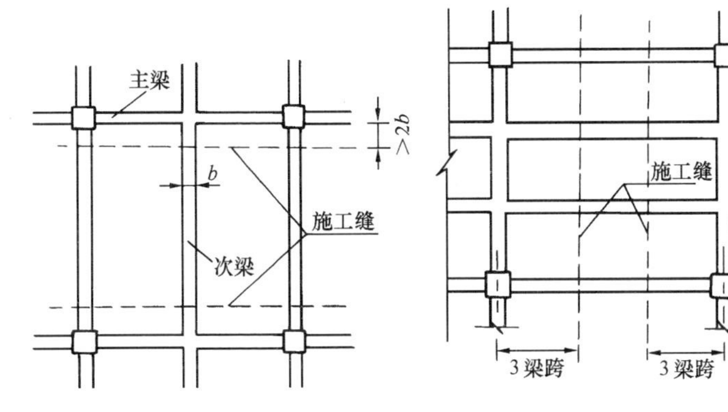

图 12-2　主、次梁施工缝的位置　　　　图 12-3　楼板施工缝位置

(3) 后浇缝的设置：在现浇混凝土结构中，只在施工期间保留的临时性温度收缩变形缝称作后浇缝。后浇缝是一种刚性接缝，后浇缝的混凝土应在两侧浇筑 6 周后再补浇。

不论是地上或地下结构，后浇缝位置必须由设计确定，它贯穿于整个截面但钢筋不截断，其宽度在 600 ~ 1000mm 之间，为加强其粘结，对墙板结构宜设置企口形，见图 12-4（a）；对梁、厚板结构，宜留锯齿形缝，见图 12-4（b）。

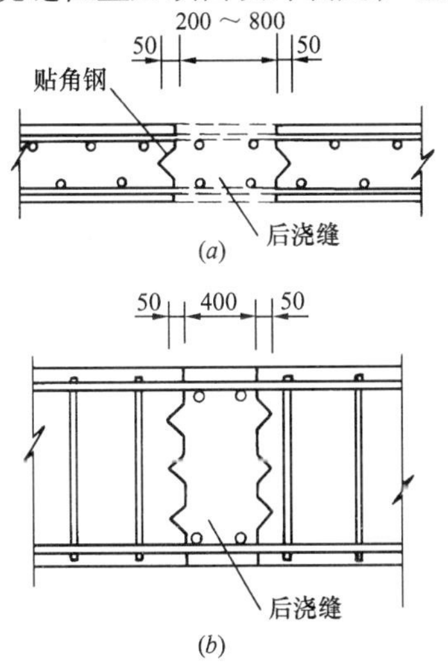

图 12-4　后浇缝
（a）板墙结构；（b）梁厚板结构

(4) 施工缝的作法：施工缝或后浇缝的位置留定后，只是完成了工程的一部分，而另一半则是正确处理和施工好这些缝。这是极其重要的，必须重视的问题是：

在新浇筑混凝土前，对已终凝混凝土的表面必须预先处理，清除表面的水泥浆和浮层；如垂直施工缝模板表面涂脱模剂时，应在拆模后即用钢丝刷和压力水除掉表面浆，露出粗骨料，忌用凿子砸除；重新浇筑的基面湿润，不得有浮水，刷一道1:0.5的水泥素浆并洒一层1:2的水泥砂浆；混凝土强度应较原等级提高一级。

建筑物设置的适应环境变化应力的各种缝对结构的安全使用和耐久性作用重大，但也存在设置不当、位置不对、缝宽过小或施工不按规定留置、缝内填充材料不当及不密实、不防水的问题，需要设计和施工共同提高和改进。缝的处理是一项技术性很强的工作，必须结合当地地区特点和实际需要，合理选型和确定位置，选用适合本地区的工艺材料，达到设置功能，延长使用年限，共同保证结构可靠性的目的。

13. 砖混结构温度裂缝的成因是什么？如何防治？

建筑裂缝是建设工程的四大病症（沉降、渗漏、裂缝、倾斜）之一，由于环境温度变化导致结构变异而产生的裂缝为温度裂缝。温度裂缝区别于其他变形缝之处，在于温度作用在砌体结构中形成的应力场和裂缝的宽度，随外界温度的变化呈动态变化。在砖混结构砌体裂缝中，90%以上的裂缝是由于温度变形和地基不均匀沉降变形而引起。

1. 砖混砌体裂缝的成因

造成砌体建筑裂缝的成因有很多，就受温度影响变形产生的裂缝而言，温度裂缝主要受建筑结构形式及建筑所用材料的影响和制约。砖混结构使用的两种主要材料，钢筋混凝土和砖砌体，前者的线膨胀系数为 1.0×10^{-5}，后者的线膨胀系数为 0.5×10^{-5}，这就说明在相同的温度变化下，两者的变形量相差一倍。对建筑物顶部来说，砖混结构在夏季阳光直射下，房屋顶部的钢筋混凝土屋面板的温度很高，位于屋盖下与之相连的砖砌体的温度要低得多（经实测，夏季克拉玛依屋面平均值约65℃，而墙体温度约34℃，两者相差31℃），这就造成两者变形的较大差异，由于胶粘摩擦力的存在，约束变形而产生剪力，且受屋面板的压力，构成了墙体受两个应力的共同作用，而应力的分布是不均匀的，房屋中部最小，两端最大。建筑物的两端应属“自由端”，水平约束力小，上部砌体垂直压力也很小，因此，当产生的水平剪力和各自的拉力大于砌体本身的抵抗能力时，便会沿着相对薄弱的部位出现开裂。

砖混砌体受温度变化影响产生的应力，实质上是一种由边界约束力引起的约束应力，它产生的两个必要条件是：即结构件自身的温度变化；边界约束的存在。现在一般建筑物都采用砖混结构，结构形式多样，各种材料的性质、材料使用的部位、材料的干湿度及温差都不一样，因而受温度影响产生的裂缝也不相同。

2. 砖混结构裂缝的特征

就温度裂缝的特征来说，温度裂缝多产生在建筑物建成后的1~2年间，经过一个冬夏之后逐渐趋于稳定，裂缝形式多样但一般形状为：八字形、斜向、垂直状、水平状等，裂缝宽度一般在1~2mm，还会随着气温的变化而变化。

温度裂缝出现的位置多数是在砖混结构顶层两端1~2个开间范围内的内外纵墙，从顶部开始严重，越向下裂缝宽度越小。从整体来看，房屋内部墙体比外部墙体裂缝要严重，内纵墙较内横墙裂缝严重，温度裂缝的出现的形式为斜向和水平缝。斜裂缝多产生在门窗洞口处，一般从门窗洞口下角开始，也有从门窗洞口上角开始，经过对角向洞口斜向扩展，与地面形成约45°角。建筑两端的斜裂缝大体上对称分布，因温度过高产生的裂缝一般呈“八”字形，因温度过低出现的裂缝一般呈倒“八”字形。水平缝多产生在门窗洞口的上下角处，圈梁底部的水平裂缝也容易产生，外纵墙和山墙的水平裂缝也会出现在房屋的转角处，相交形成包角缝。在某些气温变化较频繁并较为剧烈的地区，在墙体的同一部位，可能出现正或倒“八”字形的裂缝，因裂缝叠加而形成“X”形裂缝；垂直裂缝一般产生在门窗洞口间墙上或楼梯间薄弱部位的墙体出现。实际上，如果将裂缝处的抹灰层剔除，可以看出温度裂缝基本都是沿砌体灰缝开裂的，砌体的水平裂缝也是沿着水平灰缝开裂；竖向裂缝沿竖向灰缝开裂；斜向裂缝呈连续台阶状，总体沿斜向开裂。

3. 砖混结构裂缝的防治

预防砖混结构温度裂缝的产生，必须采取综合预防的措施防治，从设计、材料选择、施工重量控制几个方面严格把关，各个工序环节和验收程序必须符合现行标准和规范。由于建筑物受温度影响最直接的部位是顶层和墙体，就屋面和墙体的温度裂预防措施探讨如下。预防温度变化引起混凝土屋面开裂及上部墙体开裂应采取的措施是：

（1）合理设置顶层屋面板伸缩缝，设置伸缩缝是为了将屋面板分割为若干个小块、化整为零，使屋面板随着温度变化在划分的缝处自由伸缩，避免因温度变形应力积累。按照屋面的长度划分伸缩段，住宅楼面同样可以划分段。伸缩段可设置在内横墙上，沿板头通长留设。板头缝的混凝土灌浆改为用沥青或其他柔性防水材料密封，顶层留置 20mm 用防水油膏嵌缝。具体做法为：在屋面保温层、屋面刚性面层及砂浆找平层，或采用现浇混凝土挑檐，长度 > 12m 时，要设置伸缩缝，分隔缝的间距一般不大于 6m。并同女儿墙断开，分隔缝宽度为 30mm，缝内用柔性油膏嵌缝。

（2）在结构构造上考虑抗裂性。如屋面设置保温隔热层、增加保温层厚度、选择高性能隔热材料、施工质量控制好，可以减小温度变化对构件产生的影响。同时，要注意不采用黑色或深色做防水面层，以降低屋面材料的吸热作用；为防止女儿墙处产生裂缝，在女儿墙内设置间距不超过 3m 的构造柱，构造柱下部钢筋应锚固在顶圈梁中，而构造柱上部钢筋必须同女儿墙压顶混凝土浇筑在一起，这也是从构造上控制温度裂缝的较好措施。

（3）防止因温度变化导致墙体开裂的措施是：

1）在顶层设置圈梁并与屋面板连接，可以部分防止裂缝的产生。此外，对于较长的屋面特别是超过规范规定设置伸缩缝的，要加设圈梁和构造柱，形成“弱框架”来加强房屋上部空间的整体性，提高上部砌体的整体刚度。

2）对非地震设防区，在钢筋混凝土屋面板与墙体圈梁接触面处设置水平滑动层，滑动层可铺设两层卷材加滑石粉或橡胶片等，对于较长纵墙，可只在其两端的2~3个开间设置；对于横墙，只在其两端各$l/4$范围内设置（l为横墙长度）。

3）在砌体产生裂缝可能性最大的位置设缝。为防止和减轻由温差引起的墙体开裂，应根据砌体及建筑屋面类型，在适当部位设置伸缩缝。在墙体中留置伸缩缝时，必须考虑温度应力引起集中、砌体产生裂缝可能性最大的部位。建筑物的温度伸缩缝间距应满足《砌体结构设计规范》（GB 50023—2001）的规定。当房屋刚度较大时，可在窗台下或窗台角处墙体内设置竖向控制缝，在墙的高度和厚度突然变化处也要设置竖向控制缝，竖向控制缝构造和镶嵌的材料应满足墙体平面外传力和防护的需要。设置竖向控制缝对3层以下建筑物，应沿房屋墙体的全高设置；大于3层的建筑，可仅在房屋1~2层和顶层墙体位置设置。

4）多层砖混结构建筑物必须设置构造柱，因构造柱可以提高砖砌体的抗剪强度20%~30%，约束墙体使其有较高的抗变形能力。除有抗震要求外，还能减轻砖砌体的温度裂缝。构造柱要贯通建筑物的全高，下部至底圈梁下500mm，向上与每层的圈梁连接，并伸出顶层与女儿墙压顶混凝土连接。

5）灰缝内设置埋筋，其具体做法是：在顶层窗台下砖缝中配置焊接钢筋网片或钢筋，窗上部、过梁上部的砖缝中也需配置2~3根直径8~10mm筋，也可用焊接钢筋网片以防止砖砌体裂缝。钢筋及网片伸入洞边每侧长度不应小于600mm；在墙体的转角处和纵横墙交接处宜沿竖向每隔500mm设拉结钢筋，其数量为每120mm墙厚不少于1根直径8mm的钢筋，埋入长度从墙的转角或交接处算起，每边不小于600mm；对粉煤灰、灰砂砖或其他非烧结砖，应在每层门窗过梁上的水平灰缝内及窗台以下第1、2皮灰缝内预埋拉结筋或钢筋网片，伸入两侧墙内的长度不小于600mm；当灰砂砖或粉煤灰砖砌墙体长度大于5m时，应在每层墙高中部埋置通长钢筋或焊接钢筋网片，竖向每层拉结筋高度为500mm。

6）为防止或减轻建筑物底层墙体的控制措施是：增加基础圈梁的刚度；在底层窗台下墙体灰缝内设置3根拉结筋或钢筋网片、伸入两侧墙内不少于600mm；窗台板用钢筋混凝土浇筑，板两端伸入墙内不小于500mm；在墙体转角处和纵横墙交接处应沿竖向每隔500mm高灰缝中设拉结筋，数量为每120mm墙厚埋1根直径8mm筋或焊接网片，埋入长度从转角处或交接处计算。

7）在材料选择上严格控制。对顶层砌体的砂浆强度等级从抗裂考虑应适当提高，最低不能低于M7.5、砌体用砖强度应为MU15。此外，砌体用水泥混合砂浆同相同强度等级的水泥砂浆比较，混合砂浆的各项性能指标均有提高，其砖砌体的抗剪强度提高幅度最大，约为30%。这是由于水泥混合砂浆中掺入了石灰膏，改善了砂浆的和易性，而好的和易性有利于砌体的灰缝饱满度和粘结力得到提高。工程实践和结验表明，砌筑砂浆宜采用混合砂浆为好。对非烧结砖，砌筑砂浆要配置粘结性能好的水泥混合砂浆砌筑。

8）加强施工现场的技术质量管理力度，严格按施工程序控制各工序环节。施工过程中严格按照《砌体工程施工质量验收规范》（GB 50203—2002）中有关规定施工控制，按照设计要求配置砌体砂浆，决不允许擅自降低砌体的砂浆强度，尤其是顶层砌体砂浆强度。砌筑方法必须采用几十年来最能达到砂浆饱满度的“三一”砌砖法。对砌筑墙体外部，适当养护也是提高灰缝强度的有效途径。

大城市中心地段已取消了砖砌体建筑，但中小城市和边远地区用砖作为建筑的承重墙或维护体仍十分普遍，在短时期内仍会广泛采用。因此，控制砖混结构砌体的施工质量极为重要。砌体因温度影响而产生的裂缝，轻者影响外观造成渗漏，重者会降低结构的刚度和整体性，进而影响到承载能力和耐久性，温度裂缝对建筑物的危害程度不可轻视。

14. 如何对现有结构进行可靠性鉴定?

建筑工程在使用过程中，由于时间较长在结构的不同部位，在自然环境因素或人为的作用下，将会产生材料老化及结构损伤，这样一种因时间的推移而不可逆转的规律。老化损伤的累积将导致结构的性能劣化、承载力降低、耐久性下降。如何能科学地评价这种损伤程度和规律，及时采取有效措施延缓建筑物的耐久性，达到结构安全使用的目的。对此，结构的可靠性评价方法和加固技术已成为建筑界关注的问题。建筑结构的鉴定与加固技术需要广泛地应用到实际工程中。

1. 建筑结构的可靠性

现行的《建筑结构可靠度设计统一标准》对结构可靠性的定义为：结构可靠性是指结构在规定的时间内、在规定的条件下(正常设计、正常施工、正常使用，不包括人为过失的影响）完成预定功能的能力。结构可靠度是对结构可靠性的定量描述，即结构在规定的时间内，在规定的条件下，完成预定功能的概率。统一标准定义现有结构的可靠性为：已建成结构在既定的工作条件下，在正常使用正常维护条件下，在要求的服役基准期内，考虑环境等因素影响时能够完成预定功能的能力。

2. 结构可靠性的影响因素

影响现有建筑结构的影响因素是多方面的。其主要原因是结构的缺陷或损伤以及使用要求的改变，归纳起来主要有以下几个方面：

(1）结构设计的先天不足

在进行建筑结构的具体设计时，尽管设计人员以最大可能考虑了可能影响建筑安全和使用的诸多不利因素，在结构构造上也采取了必要的处理措施。但由于在建时期的技术水平有限，实际结构又有其各自的结构特点，与周围不同的使用环境、当时的施工质量和材料存在差异。投用后的结构不可能完全与设计计算分析时的使用条件一样，存在着设计同使用的不同。另外，建设用地选择的差异等情况，均可造成在建筑物中留下质量隐患，导致结构的先天不足。

建筑结构的先天不足在一定程度上可能源于施工问题。施工原因造成的质量隐患是很多的，例如使用了劣质低强度等级的各种建筑材料，施工过程质量控制失控，管理监督不到位，施工程序颠倒，技术设备过时，施工操作人员素质低下，对国家规范规定不了解，甚至一些企业为减少费用以次充好、偷工减料等。导致在建工程质量低劣、隐患不少，达不到设计的安全耐久性要求。

(2）建筑结构后天存在问题

建筑结构在恶劣的自然环境下，会引起结构缺陷或损伤的重要原因。在长期的外部环境和使用环境中，外部各种有害介质在不停地侵蚀着，使组成材料质量恶化，工程结构的功能将逐渐被削弱，这是一个不可改变的自然规律。按照其劣化作用的性质来划分，外部环境对结构的侵蚀可分为：

①物理作用：例高温、高湿度的变化、冻融循环现象、粉尘积聚、水流冲刷、阳光长期辐射等因素对结构材料的腐蚀；②化学作用：如含酸碱或盐类化学介质液体或气体、其他有机材料、烟气等向结构材料内部浸入，产生化学作用，引起材料组成成分的变化；③生物作用：在潮湿环境下一些微生物、真菌、水藻、水生物、多细胞作物、蠕虫、昆虫等对结构材料的破坏等。

(3）使用不当原因

对建筑物使用不当也会造成对结构的损伤。对正在服役的工程而言，使用不当造成的损伤是多方面的。如工业厂房没有定期清除尘埃，灰尘积聚超载；吊装重物对结构的碰撞损伤等。

(4) 产生意外灾害

意外灾害是指自然灾害和人为灾害。灾害的发生会造成工程结构的严重破坏，也可能使其失去使用功能。我国是一个自然灾害发生多的国家，2/3 以上的城市处于地震区，许多城镇遭受到不同自然灾害的破坏。对结构工程来说，火灾是对结构工程功能损害最严重的人为灾害。随着城市化进程的加快，建筑物和人口更加密集，但由于消防配套措施不足或重视不够，建筑物的失火频率会大大增加，后果将更加严重，对现役建筑结构工程不可避免地造成潜在危险，影响到正常使用功能。

(5) 设计和使用功能的改变

结构设计安全度的标准如何，是国家经济和资源状况及设计与施工技术、材料质量水平的综合性反映。随着社会经济发展和科学技术的进步，人们对事物的认识不断提升，设计规范也要不断修订，建筑结构设计标准也在提高。由于历史原因及经济的相对落后，我国借鉴了前苏联的设计规范，采用了低安全度设计原则。尽管进行了多次修订，现行的建筑结构可靠性标准仍不能适应发展的需要。随着设计规范的再次修订，设计标准也在提高，按照现行标准设计的结构将不能满足以后设计标准的要求。因此，对现役建筑结构进行安全性评定是必要的，可以为建筑物的正常使用、维护和监控提供技术保证。

3. 结构可靠性鉴定方法

对现役建筑物的鉴定方法一般划分为三种，即：传统经验法、实用鉴定法和概率鉴定法。

(1) 传统经验法

聘请有经验的专家通过现场实地观察和简单的计算分析，依据原设计规范的要求，根据个人专业知识水平和大量工程经验直接对建筑物的可靠性做出评价。经验法鉴定程序简单，但由于受检测技术和计算工具的制约，鉴定人员难以获得较准确和完整的数据资料，也难以对结构的性能和状态做出全面的分析。因此，评价过程缺乏系统性，对建筑物的可靠性水平的判断带有主观片面性，鉴定结论往往因人而异，而工程处理方案会偏于过分保守，造成不必要的浪费。

（2）实用鉴定法

现场应用各种检测工具和手段，对建筑物及其环境进行细致的调查、检测、测试，应用计算机技术以及其他相关技术和方法分析建筑物的性能和状态。更加全面地分析建筑物存在的问题及原因，以现行的规范标准为准则，按照统一鉴定程序和方法，从安全性、适用性多方位综合评定建筑物的可靠性程度。与传统经验法相比，现场鉴定法程序科学，对现役建筑物性能和状态的认识比较准确和全面，更具有合理统一评定标准，而且鉴定工作主要由专门的技术机构承担，因此对建筑物可靠性能水平的判定较准确，能够为建筑物加固、维修、改造方案的决策提供可靠的技术依据。

（3）概率鉴定法

在实用鉴定法的基础上，进一步利用统计推断方法分析影响被鉴定建筑物可靠性的不确定因素，更加直接地利用可靠性理论评定建筑物的可靠度。由于现役建筑物是一个实体，具有许多不合理之处，而概率鉴定法则针对具体的建筑物，通过由建筑物和环境信息的采集与分析判断，最后评定建筑物的可靠性程度，这种鉴定方法更符合被鉴定建筑物的实际情况。

传统经验法的鉴定方法已基本淘汰，目前普遍采用的是以《民用建筑可靠性鉴定标准》（GB 50292）和《工业厂房可靠性鉴定标准》（GBJ 144）标准，规范了鉴定方法。标准属于实用性鉴定方法，在一些原则性规定和具体条文上引入了概率鉴定法的内容。用发展眼光看，概率鉴定法在现阶段仍然是鉴定方法的发展方向，其理论基础是现有结构可靠性理论。

（4）结构可靠性评定方法

现行规范要求结构的可靠度指标以分项系数的表达方式来实现，复核时应满足下列要求：

$$\gamma_0 S \leqslant R$$

式中 γ_0——结构重要性系数，一般结构取 1.0，重要结构取 1.1，临时的次要结构取 0.9；

S——作用效应，考虑了荷载分项系数，组合系数后的实际荷载作用，约束变形的作用效应；

R——结构的抗力，按实测材料强度计算，但要考虑材料分项系数。材料的强度按实测结果推断，若实测强度的平均值为 f_{m}，标准差为 σ，则设计强度可取：

$$f = f_{\mathrm{m}} - 1.645\sigma/\gamma$$

式中 γ——材料分项系数，对砌体，$\gamma = 1.6$；对混凝土，$\gamma_{\mathrm{c}} = 1.4$；对钢材，$\gamma_{\mathrm{s}} = 1.1$。

为了评定建筑物的可靠性等级，可参考《民用建筑可靠性鉴定标准》（GB 50292）和《工业厂房可靠性鉴定标准》（GBJ 114）中相应条文。

建筑物的安全性既决定于设计和施工阶段所形成的先天条件，也决定于后天的使用维护和监控。为此，应建立并完善对现有结构可靠性鉴定方法和评定标准，为建筑物的正常使用、维护和加固，提供理论依据、计算程序和方法作保证。

二、建筑材料及模板

15. 如何有效加强混凝土原材料及施工质量的控制?

混凝土是人们所熟知的主要建筑结构材料，主要由胶结材料水泥、粗骨料石子、细集料砂子、矿物混合细料、必要时掺入各种不同化学成分的外加剂，并按设计比例配合，经搅拌成塑状拌合物，按所需要求振实成型，随时间逐渐硬化，具有较高强度特性的块体，由此可见，混凝土属于多相、分散、具有一定强度的复合性材料。而混凝土中布置的钢筋则使素混凝土成为钢筋混凝土，两者利用各自的特性来满足建筑结构的不同需求。然而，由于采用两种不同质的复合材料，稍有不甚则会因结合及匀质性差出现开裂，造成质量事故。在大量的实际工程中，由于原材料原因、设计问题、施工问题、监理原因或成品保护不当等造成混凝土的质量问题，有些已成为质量存在的通病。本文主要从组成混凝土的原材料和施工质量两方面浅要论述。

1. 切实对混凝土采用材料的质量加强控制

(1) 认真选择水泥品种和用量

任何品种的水泥在遇水后的水化过程中，都会释放出一定量的热能，极大地提高了混凝土内部的温度，混凝土的温度裂缝最主要的原因是由水泥水化热聚积引起的。在常温下，不同品种的水泥在不同龄期的水化热是不相同的，例如：高水化热水泥浇筑前 3d 的水化热达 80kcal/kg 以上；而中水化热水泥前 3d 的水化热为 60kcal/kg 左右；而低水化热水泥前 3d 的水化热为 50kcal/kg 左右，可见水泥前 3d 的水化热随水泥品种的不同有较大差别，且前 3d 水泥释放热量最多。此外，浇筑混凝土的体积越厚，内部热量更难以释放至外部，使内部温度更高，同外表面的温差越大，产生的温度应力也越大；当内外温差大于25℃时则会产生裂缝，并随着时间延长这种裂缝逐渐扩大并延伸，裂缝甚至使整个结构体贯穿。因此，对大厚体积混凝土必须选择低水化热矿渣或普通硅酸盐水泥；同时，还要控制立方混凝土的水泥用量，在正常情况下单位水泥用量每减少1kg，混凝土内的温度也会降低1℃。实践表明，水泥用量不是越多结构越安全，而是水泥用量越多水化热越高，产生裂缝的危害越大，对结构更加不利，因而尽量减少水泥用量更合理。

从另一方面考虑，混凝土前3d在60℃条件下养护混凝土温度是在20℃条件下养护混凝土温度的近10倍，随不同养护温度混凝土的水化热释放速度相差也大；养护温度越高，在相同时间内水泥释放的水化热也越高；反之，则越低。因此，前3d的养护温度偏低较好，控制养护温度是减少裂缝的重要措施。同时，也可掺入一定比例的粉煤灰或矿粉，降低早期水化热速度；另外，可掺适量微膨胀剂，达到抵消混凝土收缩应力造成的影响。

（2）粗骨料的质量控制

人们习惯认为粗骨料是混凝土中的填充物，其粗骨料的粒径及质量不需要严格控制就可使用，而事实上粗骨料不仅是组成混凝土的主要材料，而其骨料自身强度直接关系到混凝土的强度和耐久性能。通常粗骨料粒径较大，连续级配越合理，则空隙率越小，总表面积也小，单位体积混凝土用水泥砂浆和水泥用量也小，水化热随之降低，其混凝土收缩量也小，裂缝也会减少。同时，也要控制骨料中的针、片状及软弱颗粒的含量，这是由于针、片状颗粒自身强度低，会影响到混凝土的强度，增加水泥用量；对骨料中含泥量也必须进行控制，含泥量大会造成水泥砂浆的收缩量增大；水泥砂浆与骨料的粘结力降低，裂缝宽度及数量增加，对含泥量的控制小于0.5%较合理。中高强混凝土对粗骨料的粒径及质量有严格的要求，最大粒径≤31.5mm，且连续级配要好。混凝土设计强度等级越高，粗骨料的强度也要求高。为防止骨料中含有的二氧化硅、活性碳酸盐含量造成碱－集料反应，导致混凝土结构的破坏，对粗骨料的品种及质量控制必须从严。

（3）细骨料的质量控制

细骨料系采用的中粗砂，它是同水泥拌合后包裹粗骨料填充空隙，保证混凝土强度的重要组成材料。混凝土中需要的细骨料是指颗粒坚硬、级配合理、干净的天然中粗砂。级配合理的中粗砂空隙率小总表面积也小，这样混凝土的用水量及用水泥量就能减少，降低水化热，使温差裂缝大大减少。对于重要工程中的砂，要进行碱活性试验，钢筋混凝土氯离子含量应小于0.06%；同时，也要控制砂的含泥量，由于含泥量的增加，收缩变形量增加，造成裂缝后果更严重，因此，对细骨料的选择必须严格控制。

（4）降低用水量

用水量增大则水灰比增大，拌合的混凝土就稀，其混凝土就易沉淀、分层，不同层面的含水泥量就不同，收缩变形量也不同，即产生收缩变形裂缝。为满足施工及流动性的需要，设计增大用水量往往是实际用水量的2倍以上，这些多余的游离水是影响混凝土强度和造成蒸发毛孔的根本原因。减少用水量的有效途径是合理设计水灰比，适当掺入减水剂以减少单位用水量，保持拌合物的和易性与保水性，不易出现分层、沉淀的匀质性质量问题，减少沉降开裂造成的危害。

2. 加强混凝土施工过程的质量监控

（1）做好施工前的准备工作

按照施工质量控制要求，对进场的同批原材料抽样试验并提供结果报告，有资质的试验机构进行混凝土配合比设计。当所用原材料全部符合使用要求后，才准许正式施工。对施工过程中如装料顺序、外加剂掺量控制、搅拌时间、入模温度、运输及浇筑地点的坍落度、浇筑部位及接槎的处理、对特殊部位的处理、可能引起裂缝的防治进行规划，计算及制定相应的预防控制措施，保证工程的正常进行。

(2) 模板工程的质量控制

在实际工程中，由于模板工程施工不当引起的质量问题的原因是：模板及支撑系统承载力、刚度和稳定性不够；拆模时间过早，混凝土强度不足；拆模顺序和安全措施有问题；拆模后措施不当等。现行的《混凝土结构工程施工质量验收规范》（GB 50204—2002）规定：模板及其支撑（架）应根据工程结构形式、荷载大小、地基土类别、施工设备和材料供应等条件进行设计。模板及其支架应具有足够的承载能力、刚度和稳定性，能可靠地承受浇筑混凝土的重量、侧压力以及施工荷载。由于模板在施工时受垂直重力、水平推力、振动力、冲击力、弯扭力的作用，对模板的检查除根据图纸对轴线、标高、断面尺寸检校外，还必须重点检查其稳定性、牢固性、刚度和严密性是否符合工程要求。

1）检查模板本身及侧模之间、侧模同底模之间、底模同小横架之间、小横架与大楞木之间是否牢固可靠，整体性好且接缝严密；水平支撑是否到位，保证施工时水平方向不移位。同时，还要检查模板起拱是否符合规范。

2）还要检查模板竖向支撑是否牢固、稳定和安全、立杆与斜撑的细长比、垂直度及间距是否符合要求。立杆和斜支撑下部垫块厚大于50mm，地基土必须坚硬防止下沉变形。立杆与垫块及上部木楞是否牢固，浇筑过程中是否会影响已成型的混凝土。由于模板的质量直接影响到混凝土的质量，对模板的质量控制必须从严掌握。

(3) 混凝土施工过程中的质量控制

混凝土结构的性能是质量控制的重点。混凝土施工过程中，对入模的拌合料认真振捣才可达到密实，如振捣时间过长或过短、不到位漏振会造成不均匀密实；由于过振会使混合料分层离析、漏浆，石子下沉砂浆上浮，使结构内部强度不均匀引起收缩裂缝。因此，振捣混凝土的时间应在25s左右为宜，插入时快、拔出要慢、间距均匀，重叠达到二分之一的振动波。混凝土浇筑完成后，表面必须用平板振动器振平压实，及时分几次抹压，防止早裂，并及早覆盖，防止早期失水过快。同时，在振捣时要防止钢筋位移，尤其是大面积上层网片筋的下移。这是由于钢筋位置的改变而引起结构受力的变化发生事故。浇筑中，由专人负责钢筋位置的调整，并由专业人员检查模板的变化，发现异常及时处理。对设计要求预留的洞或埋件由专人负责进行；留置试件数量及养护由现场监理监督下进行。对已浇筑混凝土的养护和保护绝不能放松，这是保证混凝土质量的一个重要措施。

（4）拆模的质量控制

混凝土结构模板的拆除顺序及安全措施应按施工技术方案和有关规定，在总监理工程师批准后执行。假如混凝土强度低，过早拆除支撑，过早在混凝土上增加荷载，会使混凝土下沉开裂，无法恢复而造成质量隐患。在正常情况下，拆除模板必须掌握的标准是：如果工期需要提前吊装构件时，常将同条件养护的试件提前试压，根据实际抗压强度作为吊装的参考依据。对拆模时间，施工规范有明确要求：梁跨度≤8m，预应力钢筋放张时，板的跨度≤2m 时，混凝土的强度必须达到设计强度的 75% 以上；当梁的跨度≥8m，悬臂梁、板跨度≥2m 时，混凝土的强度需要达到设计强度的 100% 方可拆除模板。对于大模板工程，在常温情况下浇筑混凝土的强度必须达到 1.2MPa 以上，保证不损坏混凝土边角、不开裂方可拆除；冬期施工混凝土外板内模结构、外砖内模结构中的混凝土强度必须达到 4MPa 以上方可拆模；全浇混凝土结构外墙混凝土强度达到 7.5MPa、内墙混凝土强度达到 4MPa 以上才可拆除模板，如果工期允许，混凝土结构 28d 拆模，上述要求不需考虑。

在现阶段建设单位往往不考虑合理工期，几乎所有工程都超负荷违常规施工，因此，拆模必须要重视混凝土结构的实际承载能力。拆模后的结构不能因受外力而开裂损坏；冬期施工混凝土不能因拆模过早、保温差而受冻损坏。目前的混凝土结构考虑到工期的问题，往往在设计时采用了早强水泥或掺入早强剂，提高混凝土的早期强度，以满足拆模及后期施工的需要。

3. 简要小结

混凝土工程是一项涉及面极广的多学科应用科学，同时受外部因素及自身影响较多，使用材料品种多、数量大，检查试验把关难度大，工期长，事故随机性强，责任性大，事故处理繁琐，耗费资金多。但实践表明，只要施工企业质量体系健全，按工程程序施工管理，监理人员严格对工程的每一工序监理，加强从原材料的抽检到施工后期的成品保护，影响混凝土结构的原材料及施工过程所引起的质量问题是完全可以消除的，工程质量会达到设计的安全使用年限。

16. 大模板在工程施工中如何应用?

模板工程在混凝土结构中及外观质量占有十分重要的作用，虽然模板工程不参与分部工程的评定，但它的安装质量重要性尤其重要。现阶段建筑工程中混凝土的比重约占结构类型的85%~95%，而模板工程的造价约占钢筋混凝土工程总造价的25%~35%，总用工量的45%。随着建筑结构空间可使用面积的增加，要求结构设计逐步向剪力墙、无梁楼盖体系迈进，这将给大模板的设计和施工带来更大的发展机遇。为此，在结构施工过程中采用先进的模板体系施工，对保证工程质量、加快安装进度、提高进度和安全文明施工是有着现实意义的。

1. 现阶段采用模板的质量状况

目前,在西北地区及西部管道泵站工程中,采用的模板绝大部分是用木枋(40mm×60mm等)、夹板体系安装施工,其优点是:

①适应性强：无论是什么样的结构形式、截面尺寸是否是符合模数，制作和安装均可按需要进行，几乎可满足各类不同类型和不同结构的任何所需部位；②用钢量少：在多种模板体系中，木模板中的含钢量是最少的；③提前预制：根据建筑外形提前制

作外模，钢筋绑扎合格后即安装，加快速度；④材料成本低：由于这种工艺形式用的模板材料主要是木枋、木夹板及铁钉，用钢量极少，且木枋及模板材料可重复使用多次，所以成本较低。

其木模板的缺点和不足是：

混凝土的成型外观质量较差，特别是结构尺寸较大的构件由于木模板强度偏低、变形量较大、接缝较多，使结构成型的混凝土外观缺陷明显，如尺寸精确度偏低、表面平整度差、阴阳角不平顺直、接缝处漏浆、易胀模等；安装时间长：2000m^2 楼层梁板的底模，安装时间最快也需 4d，用工量大时间长，如若采用大模板施工，同样的人员只需 2d 即可安装合格；模板的材料耗用量大周转次数少：木模板在安装拆除周转中，由于其强度偏低无防护，容易损坏，出现缺陷以大代小，增加用量，一般使用 5 ~6 次即报废；支撑体系用材料多：由于木材强度偏低，支撑用量肯定增大。木枋密集间距小，一次性投入量大；后期表面处理量大：由于混凝土表面质量缺陷多，要使表面垂直、平整，需投入大量人员找平，抹灰层厚度大于 20mm，个别部位厚度超过 40mm 也常见，人工及材料浪费较多。

从上述实际工程应用中可见，采用木模板的综合费用并不是经济的。由于整个模板体系的材料全部是木板和木枋，木材的耗用量很大，国家木材资源缺乏，应减少木材用量，对环境保护是有利的。为此，改进模板使用工艺，采用新材料、新技术、新工艺，是企业必须重视解决的迫切问题。

2. 大模板的设计和应用

采用深基础剪力墙结构体系的多层建筑，其特点是模板一次性投入量大、混凝土浇筑量大，为了保证混凝土成型及外观质量，加快安装及浇筑进度，采用大模板是必不可少的。国内工程从 20 世纪 70 年代使用大模板技术，经过几十年的改进完善，已成为建筑工程中应用最普遍的方法之一。

所谓大模板，就是将剪力墙（承重及挡土）内外墙体的模板制作成片状的大面积模板，根据墙体需要，每道墙面制成1~2块，由机械吊运安装拆除，使成套模板在一幢或多幢建筑中流水浇筑施工。

（1）大模板的品种和特点：

全钢大模板，是用型钢或方钢管作骨架，钢板作为板面；钢木大模板，用型钢或方钢作骨架，用多层竹胶合板作为板面；组合型大模板，用组合小钢模拼成大模板。

其各类型的优点是：全钢大模板的周转次数多，整体刚度高、混凝土表面平整截面尺寸标准，表面易清理。但一次性投入钢材多，成本高，改制费用高，自重大，折旧摊销时间长，但目前仍是使用量最大的模板之一；钢木大模板同全钢模板相比，造价略低，但自重较轻，模板面积大，刚度也高，使用次数多，施工管理规范，可浇筑出清水混凝土表面，内外墙面不作粉刷处理，有良好的经济效益；组合大模板的改制快、费用低，但刚度差、板缝多、板面平整度较难控制。

根据西部许多地区施工的实际，采用钢木大模板的施工企业较多。这是由于重量只是钢模的1/2，每平方米的用钢量为45~55kg，周转次数可达35次以上，同木模板相比，可提高工效30%以上，有效地避免胀模、漏浆等质量通病。

（2）大模板的设计及加工制作：

大模板的设计必须根据本工程各专业图纸要求综合考虑，构造上要保证安装拆除方便，考虑整体和局部刚度，尽量减轻自重和吊装能力，其构造简单、易操作。

大模板的设计与制作安装目前尚无标准来规范，只能依企业的应用经验来加工制作安装施工。制作竖肋及边框用槽钢及角钢，加工程序为放样—调直—下料—冲孔—再调整—焊接。支撑与桁架：其工序同边框。对于面板材料，一般选用18mm厚木胶合板、竹胶合板或高、中密合板。为延长使用次数，选择板面涂有高分子覆膜，既能有效阻止混凝土中水分的浸入脱胶，又使混凝土表面光滑、不粘浆，保证混凝土的外观标准。固定螺栓要由机床加工制作；操作平台的加工制作同竖肋和边框相似，最好由机床加工制作。

配板要根据工程墙及柱间隔和建筑层高具体实际,将模板设计成宽度和高度与其相适应的尺寸,再按照具体位置需要作组合,大模板之间可用400mm木模作分隔,转角处及梁柱接槎处或梁板处要采用定型钢模或木模,以保证结构尺寸的准确和拆模方便。

3. 工程中的具体应用

在一些工程中采用了大模板施工工艺，如某商业楼高30m，建筑面积3万平方米，地下两层框架－剪力墙结构，在工程中主要在剪力墙、地下室墙体、梯井部位采用了大模板工艺施工。

（1）经济效益：由于商业性建筑对工期要求十分紧迫，按照计划主体结构施工为8d一层，如果按常规木模施工，工期为10d一层。采用组合模板后集中安装，实际平均为6.5d一层，比原计划提前15d封顶，其他工程可提前15d进入施工。本工程结构地下部分周围均为剪力墙，采用两套模板周转，可连续浇筑施工，且墙面决定不进行抹灰，直接在混凝土表面刷涂料，节省大量人工材料及工期提前。经济效益据初步计算，节省约8%～10%，比较明显。

（2）质量情况:工程地下室结构外壁和室内剪力墙除对拉螺栓孔作表面填补外,其他部位均未处理,其平整度、垂直度、外形尺寸均达到合格标准,表观质量良好,检验时被推荐为样板工程。

4. 问题及建议

大模板在组合应用时，还需要对竖肋布置和间距的局部改进；对面板强度及脱模、吊装安全措施进行改进及完善；同时，逐步推进楼面板的组合应用。

大模板工艺技术在西北一些地区的应用不广泛，并不是已经推广应用了30多年的工艺技术不成熟，而是由于施工企业的改制使大企业划小，没有专业技术人员参与对大模板工艺技术的设计应用；同时，一次性投入过高，难以承受，传统的观念和习惯施工工艺阻碍所为。如果在工程中推广应用新技术、新工艺、新材料、新设备，首先要解决的是管理层的认识问题。建设单位（业主）要求工程采用新工艺和新材料，这样施工方的观念必须更新，适应建设项目的高质、快速进行。由于采用新技术会在应用中出现各种问题或困难，只有上下努力，有好的承受能力面对困难，新技术、新工艺才会在公司内推广应用，施工的技术含量有大的提高，才会处于同行业竞争的前列。

17. 如何选择使用混凝土外加剂？

混凝土是建筑工程中使用量最大使用最广泛的建筑材料，不掺入任何外加剂的混凝土为空白（素）混凝土，事实上掺不掺外加剂是根据结构混凝土的需要来决定的，统称为混凝土。关于外加剂的基本定义是：为改善和提高新拌及硬化后混凝土或砂浆性能而掺入的一种或多种物质。在普通混凝土中掺入一定量的外加剂，对改善混凝土的可施工操作性、节省水泥、提高混凝土早期强度、保证工程质量、冬期施工混凝土降低冰点、提高抗冻性能及方便施工，是最有效的技术措施，其综合经济效益极其显著。世界各国都在大力推广使用混凝土外加剂，被称为混凝土除主要组成材料外的第五种组成材料。国内使用混凝土外加剂已有几十年的时间，在各种混凝土工程中广泛使用并取得了好的效果，现就混凝土外加剂的选择与调配方法浅述如下：

1. 混凝土常用外加剂的种类与性能

（1）减水剂

1）减水剂的类别，混凝土减水剂又称塑化剂，一般按使用性质分为 4 类。①按塑化效果分为普通减水剂，减水率 Wr > 5%；高效减水剂，减水率 Wr > 10%，早期不失水效果更优。②按引气量分为引气型减水剂，含气量为 3.5% ~ 5.5%；非引气减水剂，含气量<3%。③按凝结时间、早期对强度的影响，分为标准型减水剂，初凝延长2~4h，终凝<4h；缓凝型减水剂，初凝和终凝时间均超过标准型；早强型减水剂，初凝和终凝都在1~2h以内，并可明显提高混凝土的早期强度：1d>30%、3d>20%、7d>15%、28d>5%，低温下早期效果较好。④按原材料及化学成分，可分为木质素磺酸盐类、煤焦油系列、磺化三聚氰胺甲醛缩合物类、磺化丙酮甲醛缩合物类、氨基磺酸系、糖蜜类及聚羧酸盐高效减水剂，这些都属于表面活性物质。

2）减水剂的功能

混凝土减水剂是在混凝土外加剂中应用最多最普遍的一类，大多是有机物及表面活性物质，其亲水基团主要有 $-SO_3H$、$-COH$、$-NH_2$、$-OH$ 等。主要作用是起分散、塑化和润滑。减水剂由于有很强的分散作用，使水泥水化初期加快易水化的矿物，能迅速形成水化物，凝胶膜增厚，抑制水化进程。因此，后期水化速率降低，对水泥浆凝胶体中微晶和晶体的完整生成提供了条件，增加了水泥石的密实性，减少拌合水，增加含气量，延长凝结时间和减缓水化热释放，使混凝土的强度有大的提高。

3）减水剂的适用性

减水剂的应用极其广泛，可用于各种混凝土工程中，包括预制混凝土结构件。在水泥混凝土中的应用主要是配制各种塑性、大流动性、抗冻、抗渗、高强、泵送、缓凝混凝土复合多功能外加剂；通过减少用水量、节约水泥、方便施工和提高混凝土耐久性。目前，最常用的减水剂有木钙类、萘类、糖蜜类、玉米芯及腐植酸盐减水剂等，聚羧酸盐高效减水剂已用于高性能混凝土中。

（2）早强剂

1）早强剂的分类

早强剂按其功能可分为早强剂和早强减水剂、早强高效减水剂几种。早强剂的作用主要是能提高混凝土的早期强度，但不具备减水作用，对后期强度没有影响；早强减水剂能提高混凝土早期强度和减水功能，使混凝土后期强度增长和耐久性有所提高；早强高效减水剂，能较大幅度提高混凝土的强度与耐久性能。随着混凝土减水剂的发展，用减水剂与早强剂复合成为具有减水功能的早强剂，如硫酸钠与减水剂复合。其代表产品有：①糖钙硫酸钠系早强剂，由蔗糖化钙与硫酸钠复合而成，有显著的早强和增强功能，但塑化性较低。②木质素磺酸盐硫酸纳系早强剂，由硫酸钠与适量的木钙等材料复合而成，有很好的增强效果，具有一定的减水功能。③硫酸盐系高效减水剂，由硫酸钠与高效减水剂复合而成，早强、增强及塑化效果较好，不足的是对坍落度损失较大。

2）早强剂的分类

①氯盐类：氯化钙能加速水泥的早期水化，降低水的冰点使混凝土具有耐低温、早强与抗冻能力；氯化钠与氯化钙作用相似，在含量提高时能降低混凝土强度，并能造成钢筋的锈蚀；氯化铝具有较强的促凝作用，但对混凝土后期强度增长有影响，一般不单独掺用；氯化铁具有早强、自密实、保水及降低冰点的效果，也有一定促凝作用。

②硫酸盐类：这类物质有 K_2SO_4、$CaSO_4$、Na_2SO_3、$Al_2(SO_4)_3$、$Fe_2(SO_4)_3$、$ZnSO_4$、Na_2SO_4（元明粉）等，其中用量最多的是 Na_2SO_4 和 $CaSO_4$ 两种。硫酸钠一般掺量为 1%～3%，最佳掺量为 1.5%；硫酸钙可作为水泥的缓凝剂，掺量是根据水泥中碱和 C_3A 含量确定，一般不超过水泥重量的 3%，若超过此掺量即起早强的作用。

③硝酸盐类：主要有 $Ca(NO_3)_2$、$Ca(NO_2)_2$ 和 $NaNO_2$ 等。

④碳酸盐类：主要有 Na_2CO_3、K_2CO_3，其掺量较低时有缓凝作用，当掺量 >0.1% 时能促凝。

⑤有机早强剂：主要有二、三乙醇胺、三异丙醇胺、甲醇、乙醇、乙醇胺、甲酸钠和尿素等。最常用的是三乙醇胺（TEA），它具有掺量少、作用大、早强的特点，它的掺量对混凝土强度的影响很大。在不掺时，3d 混凝土强度为 100%；若掺量为 3%时，

3d混凝土的强度达145%；若掺量达5%时，3d的强度为117%；养护至28d，强度仍为100%。因此，早期早强作用明显。

⑥复合早强剂：早强剂采用复合型效果较好，例如：二组分TEA:NaCl = 0.05%:0.5% ~ 1.0%；三组分TEA:NaCl:$NaNO_2$ = 0.05%:0.5% ~ 1.0%:1.0%；TEA:$NaNO_2$:$CaSO_42H_2O$ = 0.05%:1%:2%。

3）早强剂的性能及适用性

①对混凝土拌合物的影响：和易性：采用$CaCl_2$能使和易性稍有提高，用Na_2SO_4时没有塑化作用，用TEA时略有塑化作用，且对混凝土的黏聚性有所改善；凝结时间：$CaCl_2$能明显地缩短混凝土的初凝、终凝时间，随着掺量的增加凝结速度加快，掺量<4%会引起速凝，但掺量<1%却会起缓凝作用；硫酸盐类早强剂对凝结时间的影响因条件变化而有所不同，当水泥中C_3A含量较低和C_3A与石膏的比值较小时，Na_2SO_3、K_2SO_4均可延缓水泥的凝结速度，在正常情况下，硫酸盐能加速水泥的放热过程，加快混凝土的硬化；泌水率：$CaCl_2$一般能降低泌水率，提高粘结力。

②对混凝土硬化的影响：强度的影响，早强剂可以提高混凝土的早期强度，相同早强剂提高强度的程度取决于早强剂的掺量、环境温度、养护条件、W/C和水泥品种。但对混凝土长期的强度影响并不一致，如与减水剂复合使用，对后期强度变化可以控制；变形性影响，早强剂对混凝土的干燥收缩的影响不明显；对抗渗性能，据大量工程表明，硫酸盐类早强剂能提高混凝土的抗渗性能；对钢筋锈蚀，硫酸盐类早强剂对钢筋不会造成腐蚀，但氯盐类对钢筋有锈蚀作用，施工规范已要求在使用氯盐类早强剂的同时必须掺入阻锈剂，防止对钢筋的腐蚀。

（3）引气剂和引气减水剂

引气剂的使用很广泛，它是一种在拌合物搅拌过程中，能产生大量分布均匀、封闭微小气泡的外加剂，引气减水剂是具有引气和减水双重功能的外加剂，有时使用不作区分。

1）引气剂的种类，一般常用的引气剂是：

①松香酸盐类：这类引气剂的主要原材料是松香类树脂，它是多种树脂酸的混合物，据介绍有9种异构体，其主要成分是松香酸；②烷基磺酸盐类：例如十二烷基苯磺酸盐钠，它是含有烷基和芳基的复杂石油分离物，经磺化中和后制得可溶性盐。属阴离子表面活性物质，许多洗涤剂均属此类，其烷基中碳为12～14的引气能力最强；③脂肪醇及脂肪醇聚氧乙烯醚硫酸盐类：这类引气剂具有很好的引气能力，用于化妆品及工业洗涤剂，其中碳12～16为最好。

引气型减水剂有木质素磺酸盐类，它是造纸工业的副产品，还有石油磺化物类，是用硫酸处理石油加工的残渣，经过NaOH或三乙醇胺中和而得的水溶性盐，与多种减水剂的复合物。

2）引气剂的性能及应用

①对混凝土拌合物的影响：坍落度与和易性，在用水量相同时加入引气剂，可使拌合物的塑性提高，单位体积内的气泡越多则和易性越好；泌水及离析，泌水是指拌合物内部的水析出在表面，形成表面成为一层水层，水下为薄砂浆层；离析系指混凝土拌合物内部的粗骨料下沉、砂浆及拌合水上浮分离，破坏了混凝土的均匀性；掺入引气剂后，会使泌水和离析大大降低；凝结时间，掺入引气剂后不影响混凝土的凝结时间。

②对混凝土硬化的影响：抗渗性能，混凝土在水化后期多余的游离水向外部蒸发形成大量气孔，水化物的体积也产生自收缩，也会出现空隙或裂缝，多孔的水泥石也有不同程度的渗透性；改善渗透性的关键是降低水灰比，减少游离水也就减少蒸发通道和泌水，增强其自身密实性，加入引气剂和减水剂可达到这个目的；同时，引气剂产生的大量微小气泡占据混凝土内部的空间，切断了毛细通道，从而提高混凝土的抗渗性能；抗冻性能，当混凝土处于冰点以下时，凝结混凝土面层的多余水冻结使体积增大9.1%，产生膨胀压力，这种压力使混凝土内部没有冻结的水受压迁析，产生一定的静水压，使混凝土的薄弱处开裂，这样

反复冻融循环，裂缝不断扩大直至破坏；引气剂的使用由于有大量稳定的气泡均匀分布在混凝土中，缓解水压力，增强了混凝土的抗冻性；强度的影响，引气剂一般能使混凝土的弹性模量和抗压强度略有降低，正常情况下掺量约3.5%最佳，若每增加1%则强度下降5%，引气剂一般与减水剂复合使用，以抵消其强度的降低。

（4）防水剂

由于混凝土的多孔结构水和气体均可透过，防水剂能改善砂浆和混凝土的自密性，降低在静水压力下的透水性能的外加剂。

1）防水剂的种类

防水剂的种类主要有：无机类、有机类和复合类几种。无机类，有氯化钙系、硅酸钠（水玻璃）系、二氧化硅粉末系、锆化合物及其他无机类；有机类，例如有脂肪酸及其盐、石蜡乳液、沥青乳液、橡胶乳液、水溶性树脂等；复合类，有无机复合物、有机复合物及无机、有机复合物。建筑用防水剂多数不是一种成分，而是几种复合而成。

2）防水剂的性能及应用

①无机类：该类防水剂中如氯化钙能促进水泥的硬化，早期防水效果好，但对钢筋有腐蚀作用，其收缩变形较大；硅酸钠能与水泥中氢氧化钙反应，生成不溶性硅酸钙，可提高水密性；硅酸质粉末系、粉煤灰、硅藻土、石粉及火山灰可直接填充到混凝土中，颗粒越小，其和易性和防水性越好；锆化物与水泥中的钙结合能产生不溶性物质，具有疏水作用；用硅酸钠、二氧化硅、氧化钙粉末溶于水中拌合混凝土，与活性离子生成不溶性晶体，能堵塞孔隙，起到防水效果。

②有机类：该类防水剂多通过自身的疏水性和可填充性来提高其水密性，如石蜡和沥青乳液可填充空隙，也会与水化中的物质作用，生成疏水性物质，具有防水性能，例如脂肪酸类。

③对混凝土的影响：对混凝土的拌合物因脂肪酸类防水剂有一定的引气性，石蜡和沥青乳液防水剂都有润滑性，能有效地改

善拌合物的和易性；细粉类用水量会加大，对流动性有一定的提高；这类防水剂在合适掺量下对混凝土的凝结时间不会造成影响。一般来说，皂类和乳化石蜡防水剂对混凝土的强度有一定程度的影响，但对耐久性能有一定提高。

（5）膨胀剂

膨胀剂本身具有一定的活性，可作为胶凝材料的一部分，在混凝土的硬化过程中，能使混凝土产生可控膨胀量、减少收缩的外加剂。

1）膨胀剂的种类

①硫铝酸钙（CSA）膨胀剂，是以石灰、石膏和矾土配制锻烧而成，也有用天然明矾石、无水石膏或二水石膏配合后共同磨制而成，称明矾石膨胀剂。中国建材研究院研制的 U 型膨胀剂（UEA）是用硫铝酸盐熟料、明矾石和石膏配合磨制而成。

②氧化钙（石灰）类，主要是 CaO（占 90%左右）配制而成，其膨胀率快量也大，使用时要控制 CaO 的水化速度，常采用过烧石灰或有机物（松香酒精溶液和硬酯酸）包覆，以限制其水化反应的速率，一般用量为 7%左右。

③其他，如铁屑、铝粉膨胀剂及多种复合式膨胀剂等。

2）膨胀剂的性能及应用

①对混凝土拌合物掺 CSA 和石灰系列膨胀剂，在坍落度相同时用水量略多于不掺的，但泌水率下降，掺膨胀剂的凝结时间加快，对含气量没有影响，但坍落度损失较大。

②对混凝土硬化在膨胀剂掺量适宜（CSA 为 8%、11%、石灰类 7%）时，混凝土的抗压强度、蠕变、弹性模量、耐久性能，与对应的硅酸盐水泥混凝土基本相似。当掺量超过适当范围时，会对混凝土的力学性能产生不利影响。膨胀混凝土的早期养护极为关键，早期养护及时膨胀量大，而当相对湿度在 50%时，几乎不再膨胀；养护的最佳温度为 18 ~ 25℃；膨胀混凝土由于自身密实性好，降低了渗透性。

膨胀剂与其他外加剂复合使用时，尤其同减水剂会降低 CSA

的潜在膨胀，这是由于减水剂影响了明矾石的形成，在常温时缓凝减水剂的影响不大。为防止不利因素的影响，应用前要做适应性试验。由于U型和CSA膨胀剂中都有CaO，吸收空气中水分子CO_2，会失去部分活性，注意有效期。

③膨胀剂的适用范围：普通混凝土掺入膨胀剂后会产生适当膨胀，在钢筋模板的约束下在混凝土中建立一定的预压应力，这种应力足可抵消混凝土在硬化过程中产生的干缩拉应力，补偿部分水化热引起的温差应力，从而防止或减少结构有害裂缝的产生。膨胀剂仅适用于控制混凝土的早期硬化产生的收缩，主要解决混凝土的干缩和中期水化热引起的温差收缩，对混凝土后期环境变化产生的干燥收缩是不能解决的，因此，膨胀剂最适合环境温度变化小的地下、水工、隧洞等工程，更适用于工程的后浇带、加强带、二次浇筑的填充性膨胀混凝土。

（6）防冻剂

混凝土掺防冻剂的目的是使拌合物在负温下保持足够的液相，以利于水泥水化反应的继续进行，在气温转入正常后，混凝土的强度能保持增长至设计强度。多数防冻剂是复合型的，单一组分的防冻剂极少。

1）防冻剂的分类

防冻剂按其主要组分可分为氯盐类、非氯盐类和复合类；按环境使用温度可分为-5℃、-10℃、-15℃三类；按掺量及塑化效果可分为普通防冻剂和高效防冻剂，普通防冻剂掺量一般$>5\%$；高效防冻剂掺量$<5\%$，适用于气温在$-15\sim20$℃。国内常用的冬期施工工程用防冻剂见表17-1。

冬期施工工程常用防冻剂　　表17-1

代号	主要成分	代号	主要成分
DN-1	$NaNO_2$、Na_2SO_4、TEA	LTD	Na_2SO_4、木钙、$CO(NH_2)_2$
KM-F	$NaNO_2$、$CO(NH_2)_2$（尿素）	NC-2	Na_2SO_4、糖钙、NaOH
T-40	$NaNO_2$、$CaCl_2$	JD-15	K_2CO_3、Na_2CO_3、减水剂
KD-1	$CO(NH_2)_2$、Na_2SO_4	JK-3	$NaNO_2$、$CO(NH_2)_2$、减水剂

2）防冻剂的性能及应用

防冻剂的性能主要是：降低体系冰点、减少用水量、促凝早强、引气减少冻胀力、增强和防冻。对混凝土拌合物一般防冻剂不会促进泌水性，钙盐类塑化性较差，尿素略好一些，主要是靠减水组分提高其塑化性能。$CaCl_2$、K_2CO_3 能缩短混凝土的凝结时间；对硬化混凝土，由于低温下硬化速度很慢，掺入复合防冻剂对混凝土的力学性能有所改善，有引气组分的防冻剂的耐久性能比较好，含氯盐类防冻剂只要不超过规定掺量，再掺入阻锈剂时，对钢筋无锈蚀作用。

（7）防锈剂（阻锈剂）

混凝土中掺入阻锈剂是防止钢筋锈蚀提高混凝土耐久性的重要保证条件，也是增强混凝土自身保护能力的有效方法。

1）防锈剂的种类

防锈剂按其主要成分可分为有机和无机两大类，按其防锈剂反应的电极位置可分为阳极、阴极和混合的三类。

①阳极防锈剂：亚硝酸钠（$NaNO_2$）极易溶于水，呈碱性，能从空气中吸收氧逐步转化为硝酸钠（$NaNO_3$），在有氯盐存在时的掺量 $>2\%$ 即可起阻锈作用。但亚硝酸盐有毒，施工时应注意安全；亚硝酸钙（$Ca(NO_2)_2$），可作为早强剂和防锈剂使用，掺量为 3%～4%，并具有减弱风化和碱-集料反应的功能；铬酸钠（Na_2CrO_4）/铬酸钾（K_2CrO_4）防锈效果与亚硝酸钠相似，一般掺量 6%～7%，效果较好；

②阴极防锈剂：常用的阴极防锈剂有苯胺、乙醇胺类和各种无机碱，如 $NaOH$、Na_2CO_3、NH_4OH，一般掺量在 2%～4%；混合型的阻锈剂其分子可有一个以上的定向吸附基团，如含 $-NH_2$ 和 $-SH$ 基，一般掺量在 1%～2%。

2）防锈剂的性能及应用

对混凝土的拌合物，大多数无机防锈剂对其和易性有所改善，对水泥水化过程的影响与早强剂相似，有机防锈剂有延缓放热的作用；硬化混凝土掺入 $Ca(NO_2)$ 防锈剂，对早期和后期强度均有明显提高，如掺量＜5%，强度会随掺量的增加而增加。如掺入 $NaNO_2$ 防锈剂，各龄期抗压强度都有所降低。

（8）速凝剂

速凝剂多用于喷射混凝土，在井下、基坑、加固支护工程中，可使混凝土在很短时间（3～5min）内急速凝结、硬化，适用范围较广。

1）速凝剂的分类

速凝剂可分为粉状和液体两种。粉状速凝剂是以铝酸盐、碳酸盐为主要成分的无机盐混合物；液体速凝剂是以铝酸盐、水玻璃为主要成分，与其他无机盐复合而成的复合物。速凝剂常用的品种有：711型，掺量为水泥重量的2.5%～3.5%；红星一型，掺量为2.5%～4%；782型，掺量为6%～7%。

2）速凝剂的性能及应用

速凝剂的初凝时间在3min以内；终凝时间在12min以内；8h后的强度不小于0.3MPa；28d的抗压强度不低于未掺速凝剂强度的75%。

但掺速凝剂的喷射混凝土，后期抗压强度往往偏低，与不掺者相比后期强度损失25%～30%。采用喷射混凝土时，对水泥的选择必须到位，新出厂的普通水泥或硅酸盐水泥42.5R较好。

（9）泵送剂

泵送剂是塑化混凝土为保证泵送更顺利的实现的一种塑化剂。泵送工艺是现代混凝土施工的重要保证，是提高运输速度、改善工作条件、节省时间、节约场地、加快工期、保证质量的有效手段。

1）常温下使用的泵送剂

常温下的泵送剂的组分是：以减水剂为主的塑化组分、引气组分、缓凝组分、黏聚保水及其他功能组分，如按需要的早强、防冻组分等。

2）防冻泵送剂

北方冬季时间较长，施工需要进行泵送时，要采用防冻型泵送剂。负温下的泵送剂需要综合普通泵送剂、早强剂和防冻剂的主要功能与性能，处理好早期和后期强度、坍落度损失和防冻害之间的相关技术问题。其组分要满足：在满足坍落度要求的前提下，要有一定的减水率，一般要 > 15%；要有适应的早强剂、降低冰点和调节表面胀力大小的表面活性剂组分；掺加适量的防水剂可达到防冻、防水泵送的目的。这样可避免常规降低冰点对混凝土无机盐类有害，有利于提高混凝土的耐久性和配制高（强度）性能混凝土。

3）泵送剂的应用及性能

泵送剂的应用能明显提高混凝土拌合物的和易性（可泵性），对混凝土的泌水、含气量、凝结时间的影响与泵送剂的掺量及品种有关；对硬化混凝土而言，中强度混凝土（C25 ~ C40）的水泥用量可稍降低，在增加用水量的情况下其收缩也会增大。所以，要选择水泥品种和控制用水量。

（10）脱模剂和养护剂

1）脱模剂能使拆除模板时混凝土与模板干净分离，并保持混凝土表面整洁、模板完好，一般称为混凝土隔离剂。脱模剂的种类有：纯油类、乳化油类、皂化油类和其他。纯油类用各种动植物油、矿物油和废机油；乳化油类采用乳化剂制成 *O/W* 及 *W/O* 的乳液；皂化油类是用碱与可发生皂化的油类反应生成水溶性皂液；其他类如石蜡、金属皂、树脂、脂肪酸等。

脱模剂是通过隔离膜、润滑及化学反应来达到脱模效果，目的是使混凝土不与任何模板表面粘结。

2）养护剂又称混凝土的养生液，它喷涂于拆模后混凝土的表面，形成一层不透气严密的薄膜，使混凝土中的水分不向外蒸发，利用混凝土中自身的水分完成混凝土水化的需要，从而达到养护的目的。

养护剂的分类：有水玻璃、乳化石蜡、氯偏共聚乳液、有机无机复合胶体类等。水玻璃类如硅酸钠与水泥的水化产物$Ca(OH)_2$反应，生成致密的表面层（硅酸钙）；乳化石蜡类是将石蜡用表面活性剂乳化成水乳液，涂抹干燥后石蜡微粒汇聚成膜；氯偏共聚乳液，是用水稀释、中和，再喷涂、干燥后聚合物形成连续薄膜；有机无机复合胶体类，如 PVAC 乳液与水玻璃配成乳液后使用，封闭养护效果比较好。

2. 外加剂选择应注意的重点

(1) 根据结构特点及需要选用外加剂

由于各种混凝土外加剂的广泛使用，混凝土施工工艺如喷射、泵送得到实现，特殊工程需要的如抗冻、抗渗、防水、流态、速凝、早强、高强混凝土才得到提高和发展；也为结构的轻质高强、大体积、大面积、大型化创造了条件。现在所有的混凝土都可以掺外加剂，但必须要根据工程需要、施工条件和工艺选择合适的外加剂。一般混凝土主要采用普通减水剂；配制早强高强混凝土宜采用高效减水剂；在高温季节掺入引气性大的减水剂或缓凝型减水剂；在气温偏低时，不宜用单一引气型减水剂，应用复合型早强减水剂；为了提高混凝土的和易性，一般要采用引气型减水剂；湿热环境多用非引气型高效减水剂。

北方气温在 5℃及以下时，混凝土施工必须掺入防冻剂，有防水要求的地下工程要掺防水抗渗剂；大体积及高层混凝土工程泵送时，必须掺入泵送剂；对氯离子含量有要求的混凝土为防止钢筋锈蚀，必须掺入防锈剂等。外加剂的使用要根据工程需要，外加剂的使用范围各异，不能代用，如高效减水剂代替普通减水剂、普通减水剂代替早强减水剂用是不允许的，也是不经济的。

(2) 根据水泥与外加剂的适应性选择外加剂

水泥的品种不同同外加剂存在一个相容性、适应性问题。由于水泥矿物的组成、混合料及细度不同，在外加剂掺量相同的情况下，在应用时其减水率、坍落度、泌水均会有差别。在确定选择外加剂品种后，要进行水泥与外加剂适应性的试验。其试验方法按现行的《混凝土外加剂应用技术规范》(GB 50119—2003)进行。水泥与外加剂的适应试验由有资质的试验室进行，根据试验结果再配制施工用配合比，确保工程结构的强度及耐久性需要。

（3）外加剂选择正规厂家产品，防止伪劣产品

建材市场的外加剂产品种类繁多，必须按照工程需要采购合格的外加剂产品。目前，许多城市的混凝土都集中搅拌，搅拌站使用外加剂是复配成水剂产品，由于搅拌站自行配制受场地、设备、技术限制，使用不当造成的损失会大于其本身价值。因此，选择生产稳定的品牌是质量的可靠保证。

3. 外加剂使用及调配原则

多数工程的施工期时间较长，气温变化大，水质、原材料、掺合料之间及掺入方法均会造成引起外加剂成分及掺量需要进行调整，以确保达到和满足结构需要。

（1）气温条件影响

冬期施工工程外加剂的调配，由于冬期施工气温偏低、坍落度损失较小但水化缓慢强度增长受到影响。要达到早强防冻，其有效的措施是：选用早强水泥、采用早强减水剂或减水复合型早强剂。在气温不太低、需要提高混凝土早期强度时，在减水剂中减少木钙和糖的含量，或减少减水剂的掺量。

负温下混凝土施工，除使用复合外加剂外，低温下早强减水剂能使混凝土在降至0℃之前获得必要的强度，并可在气温正常后继续增长。高效减水剂NF0.25%和三乙醇胺0.03%复合使用；三乙醇胺0.05%、氯化钠1%和亚硝酸钠1%复合使用；减水剂（MF0.5%或NNO0.75%～1%）三乙醇胺0.05%复合使用；硫酸钠2%～3%和二乙醇胺0.03%复合使用等。这几种低温早强剂要结合工程实际在现场试配，经试验认可后再用于工程施工。

夏季施工，外加剂的调配由于原材料、拌合、运输各工序温度偏高，水分散失快，反应速度快，坍落度损失大，混凝土易假凝，初凝变硬，这样不能泵送。干燥硬块使混凝土在水化初期产生裂缝和出现分层之间粘结不牢的质量问题。为减少早期失水过

快带来的问题，夏季混凝土施工要加大其流动性并延缓凝结时间，需要掺入缓凝剂或缓凝减水剂解决。常掺用木钙、糖蜜、腐植酸等，也可掺用高效减水剂或复合外加剂，其效果较理想。

（2）水质的影响

混凝土及砂浆的拌合用水，城市都用自来水即人饮用水，无自来水地区的混凝土拌合用水要经过化验，可用不含有害物质的清洁的河水、井水、湖水等，其 pH 值不得小于 5。但不得使用沼泽水、工厂废水及含矿物质高的水。水中含有脂肪、植物油、食用糖类及游离酸、盐等杂质，地下含碱量的水禁止使用，也不得使用海水及盐渍土的水拌制混凝土。当工程用水有变化时，如原使用自来水改用河水，水质已发生了变化，外加剂的掺量也会受到影响，对水质重新化验并重做适应性试配，根据试配重新调整外加剂的掺量。

（3）粗细骨料的影响

大集料的碎石、卵石要求连续级配要好，配料时对混凝土拌合物的流动性影响明显。碎石子虽然粘结效果好，但因棱角多，影响流动性，外加剂的掺量相对增加；而卵石表面相对光滑，流动顺畅，外加剂的掺量相对减少。细骨料为中粗砂，不同的细度模数对混凝土拌合物的和易性有大的影响；同时，也影响到外加剂掺量。粗砂的流动性相对差，外加剂掺量相对增加；而细砂的流动性较好，外加剂掺量应减少。

（4）填充掺合料的影响

作为混凝土填充使用的粉煤灰及矿粉等，可取代相同掺量的水泥，正常掺量占水泥质量的 15% ~ 30%。这些矿物掺合料对外加剂的敏感程度虽不及水泥，但也需要考虑其适应性（相容性）。当掺早强剂的混凝土中再掺入粉煤灰后，早强的效果略低于不掺掺合料的混凝土。而在应掺缓凝剂的混凝土中，掺入了矿物掺合料可以少掺或不掺，也能取得同样的效果。需要掺钢筋阻锈剂时，因混凝土中的含碱量超标，再掺入矿物质填充料，则会降低混凝土的含碱量，阻锈剂可适当增加一些。矿物掺合料与速凝剂的相容性也需要考虑，掺合料会延长速凝剂的初、终凝时间。总之，在掺合料用量达水泥用量的25%以上时，应考虑到外加剂的相容性问题，经过试验调整最佳掺量，达到质量目标。

(5) 外加剂掺入方法的影响

搅拌混凝土过程中，外加剂的掺入方法在混凝土中的效果也有一定影响，例如：减水剂的掺入方法有先掺、同掺、后掺法几种，在拌合加水之前掺入为先掺、与拌合水同时掺入为同掺、在拌合水之后掺入为滞水掺、在拌合一定时间分1次或几次掺入后再搅拌为后掺法。萘系高效减水剂以后掺法较好；木钙类减水剂对掺的时间影响不大，一般以同掺法较多。也应根据不同时间掺法来确定最佳掺量。

外加剂掺入时，对混凝土配合比适当调整。正常情况下，掺入外加剂对混凝土配合比不做调整，但为了减少用水或减少水泥用量时，应对砂率、水泥用量、水灰比进行调整，重新配制。

1) 砂率调整，砂率对混凝土的强度及和易性影响极大，由于掺入减水剂后，和易性获得极大改善，此时，可适当降低砂率比例，降低幅度为3%~5%；木钙可适当降低1.5%~2%；引气型减水剂可取上限2%~3%。若砂率偏高，则减少幅度大一些，因砂率过多会降低混凝土强度，确定配合比要由试验室确定。

2) 水泥用量调整，混凝土掺入减水剂有不同程度减少水泥用量的效果，掺用普通减水剂可减少水泥用量10%左右，掺用高效减水剂可减少水泥用量15%左右。用高强度水泥配制普通混凝土，掺用减水剂能节省更多的水泥。

3) 水灰比影响，普通混凝土中掺入减水剂，其水灰比应根据掺用减水剂的品种、减水率来确定。原混凝土配合比的水灰比大者减水率也较水灰比小的高。在减少水泥用量后为保持坍落度稳定，其水灰比与原水泥用量相同，或者增加0.03左右。

4. 混凝土外加剂应用注意的问题

(1) 集中搅拌，投料均匀。贮存外加剂池中含固体颗粒会下沉，造成上下浓度不匀，使用时要经常搅拌，保持外加剂在拌合料中的均匀性。

（2）计量必须准确。外加剂掺量在混凝土中的比例很小，但对混凝土性能的影响极大，如木钙掺量多0.5%时，会因引入过量空气而使初凝缓慢，降低混凝土早期强度，糖类减水剂也有早期不凝的事故先例。

（3）坍落度损失补偿方法。因多种原因影响，使混凝土坍落度损失过大不能泵送，此时绝对不能掺水，可采取与原配合比相同的泵送剂或减水剂，进行二次搅拌，即减水剂后掺入，搅拌时间2min，再卸料运至现场泵送浇筑。

18. 混凝土掺引气剂有哪些影响和问题？

在混凝土中掺用引气剂已有数十年的历史，我国在20世纪50年代即开发使用引气剂，来提高水利工程混凝土的抗冻性能。现行的水工及港口混凝土设计规程明确规定了对引气剂使用的要求，但对其他非水工港口以外的混凝土工程的设计及施工规范则无明确使用要求。然而，随着对混凝土性能及耐久性发展的需要，加之国内施工技术同国际标准接轨和建设规模逐渐扩大，引气剂的应用更加普及了。引气剂不仅在北方地区混凝土中为抗冻而掺入，在南方地区许多工程中也得到了广泛应用。如在广东省混凝土道路工程、秦山核电站二期工程及上海高层建筑有泵送要求的混凝土中，均使用了引气剂，取得了良好的效果。为此，对引气剂的应用需重新探讨和认识。

1. 引气剂对抗冻耐久性的影响

目前在对有抗冻循环要求的混凝土，掺入引气剂能有效提高结构物的抗冻性，已被广泛地应用于工程实践，并证明是有效的。普通非引气混凝土拌合物的含气量均小于1.8%，且所含气泡大多属截留大气泡，对混凝土性能极为不利。而掺入引气剂所产生的气泡为较均匀的微小气泡，它对混凝土内部的结构性能产生有利的作用。这是由于掺入适量的引气剂，在拌合过程中产生数以百亿个分布均匀、互不相通的细微气泡，如同一个个小圆珠，具有缓冲、润滑、分散和渗透作用，这些独立稳定并占有一定空间地位的小泡，使拌合物的和易性、黏聚性和流动性得到提高，更便于施工振密实，改善了硬化后混凝土的内部结构，堵塞毛细孔，增加抗渗能力，抵抗冻胀产生的巨大内压力，从而可使混凝土减轻或免受损失。实践表明，在普通混凝土中掺入一定量引气剂，使其含气量提高至4%～4.5%，所施工的建筑物在自然环境中可获得较好的抗冻性能，并提高其耐久性。

近年来，城市干道及公路采用混凝土作路面的极其普遍，为消除积雪冬期撒盐除冰雪，在盐和冻胀循环的共同作用下，加快了混凝土面层的腐蚀破坏，导致表层剥脱、骨料外露。我国北方许多城市和国外均有大量破坏实例。其主要原因是所施工的混凝土未采取防治盐类和冻胀的技术措施，如掺入适量引气剂。由于路面混凝土的冻胀是因水结冰循环造成的，再加上盐类（Cl^-）的破坏使其速度加快，同样掺引气剂对改善路面混凝土抗盐类及冻胀效果较好。

冬期施工混凝土工程为防止早期受冻，一般掺防冻剂和早强剂来达到临界强度的要求。从气温变化看，一些工程即使掺了防冻剂和采取了保温措施，混凝土内部还有可能受到早期冻害，使耐久性降低。如果对冬期施工混凝土在掺防冻剂的同时再掺入引气剂，会减轻因早期冻结而造成的损害。所以应把引气剂作为冬期施工混凝土的外加剂技术措施之一。

2. 对混凝土强度的影响

正确使用引气剂对混凝土的抗冻、抗渗和耐久性有很大的提高。但当引气剂含气量＞5%以上时，也会降低混凝土的强度，这是其影响广泛使用的主要原因。目前，我国混凝土设计和施工规范的具体条文中都把强度作为主要技术指标，实践中在 W/C

不变情况下，含气量的增加会引起混凝土强度较大降低。这里强度的降低系抗压强度的降低，而抗折强度的降低程度远小于抗压强度。由于含气可以提高混凝土的韧性，所以较好地应用在道路工程中。

在今后的设计中，如果采用引气剂在一定范围内降低少量强度来较大幅度从根本上改善和提高耐久性，使建筑寿命延长是值得的，且损失的强度可通过其他技术措施加以弥补。同时，对于干硬性或碾压、轻骨料混凝土，适量的引气剂不但不会降低强度，反而还会提高，这是因为引气剂气泡增加混凝土浆的体积和塑性，便于振捣密实等。

3. 引气剂对拌合料的影响

掺入引气剂除可以改善混凝土的综合强度外，也会改善拌合料的性能。含气量对浆体起润滑、粘结作用，对拌合料的塑性、黏聚力和工作度有较大改善，表现在降低了泌水和离析现象，在原材料配合比不变情况下，明显提高其流动性，对减少水灰比和坍落度损失较有利。实践表明，普通非引气混凝土的离析和泌水对结构表面质量将产生极不利影响，不仅降低了其均匀性，且使表面形成一层浮水层，形成大量自底向上的毛细通道，加重了结构的渗透性，使表层及内部由于外部水及腐蚀介质的浸入而损坏。引气剂的使用可明显降低其离析和泌水带来的不利影响，工程表明，可以投用 14 年以上无损坏。

随着建筑物不断的升高和施工技术的提高，泵送混凝土的技术要求更加重要，可泵性是混凝土工作必须满足的条件，混凝土中因含气量而增加了拌合物的黏聚性和润滑作用，减少胀流达到均匀，不会造成过度离析和泌水，因此，引气剂会改善拌合料的可泵性能。在炎热季节，含气量损失速度较快，泵送混凝土的含气量应以 5% ~ 5.5% 为好，过低由于损失快故失去掺加作用，量大则降低强度，施工现场应严格控制。

由此看来，在普通混凝土、大体积混凝土、泵送混凝土和道路混凝土工程中，尤其有季节性冻胀土地区的混凝土工程，采用引气剂是有意义的。在干硬性、碾压混凝土及轻骨料混凝土中，引气剂也可极大改善其性能。另外，引气剂使用使材料成本增加值极小，考虑方便施工和大幅度提高结构体的质量和耐久性，其综合成本微小。但遗憾的是，除少量外资工程和泵送混凝土、水工及港口混凝土工程外，其他占比例极大的各类建设工程，均未考虑使用引气剂来提高耐久性。

4. 引气剂应用注意的问题

引气剂的研制应用已有几十年的时间，但发展速度及普及极缓慢，除了要改变对引气剂存在落后观念的认识外，还必须在产品质量上下功夫。品质优良的引气剂，其自身必须具备优良的发泡能力和稳定性，同时具备良好的气泡结构和减少气量损失率，还应具有较强的适应性，如适应在不同品种水泥和搅拌方式、溶解水温及使用环境等，并同不同品种外加剂有共同的复合使用的适应性，掺用方便及无毒无害、价格合理等。

还必须注意的是，在混凝土结构设计时考虑使用年限要求，对季节性冻胀区混凝土结构体，如道路、桥梁、门口台阶、散水、给排水检查井及住宅阳台等这些容易被水接触部位，在设计要求中应提出抗冻和掺引气剂的要求内容，逐渐改变施工中对引气剂的认识。

从目前市场看，我们使用的引气剂几乎都是松香皂或松香热聚物，不易溶于冷水中，只有用热水溶化后才能掺用，影响了同其他外加剂的复合使用；另一类是 ST-2 型皂素基引气剂，由天然植物提炼制成，水溶性好，使用方便，也容易复合使用。总之，目前引气剂产品单一，不普及。

我国建筑业已走向世界，混凝土技术也进一步同国际接轨，今后各类工程中引气剂的使用将会大幅度增加，引气剂将成为外加剂中的主要品种。

19. 适合建筑施工的新型脚手架有哪些?

脚手架是建筑施工时的重要工具。应用广泛的门式脚手架和碗扣式脚手架等新型脚手架，在建筑施工中起到较好的效果。尤其自 1994 年新型模板和脚手架应用技术项目被建设部重点推广以来，新型脚手架的科研开发和应用取得了重大进展。新型脚手架是指碗扣式脚手架、门式脚手架、在桥梁施工中方塔式脚手架、在高层建筑施工中整体爬架和悬挑式脚手架等。

1. 脚手架技术的现状及发展

(1) 国内脚手架技术现状

现在建筑施工中主要使用钢管脚手架，包括：扣件式钢管脚手架、螺栓式钢管脚手架、承插式钢管脚手架；框式脚手架包括：门式脚手架、梯形脚手架、三角形脚手架；移动式脚手架、桥式脚手架、吊式脚手架等由吊架、支承系统、提升系统所组成。从材料上看主要用的是钢材，在一些中小城市和边远地区也使用木脚手架和竹脚手架。相比模板工程技术，脚手架工程中极需解决如下问题：标准的制定和实施、产品的质量和监督、脚手架技术发展等。

现在国内的模板支架以扣件式为主，使用量在 60% ~ 70%。钢支柱在一些工程中广泛使用，主要采用螺纹外露式钢支柱。门型支架个别使用，但因为产品质量问题和门架刚度小而不被广泛应用。

(2) 国外脚手架模板技术

许多发达国家的主要脚手架材料，低合金钢管在发达国家使用比较普遍，相比较普通碳素钢材钢管，其屈服强度可提高 46%、重量降低 27%，其他性能也有不同程度的提高。对此，国内可在发展较快地区率先推广使用低合金钢管脚手架，从政策上给生产厂和使用者予以支持和优惠。在结构形式上推广使用碗扣式、门式、方塔式及爬升式脚手架，在产品安全质量上得到保障。

鉴于国外脚手架技术发展的领先，一方面应该结合国内实际情况，在已有基础上引进先进技术；另一方面为能够与发达国家建筑企业的竞争抢占先机，应大力利用专利技术促进技术进步，专利技术领域能优先于其他领域出新技术。我国的建筑施工企业应该学会利用专利技术发展自己，努力提高、改进创新来建立自身独特的行业优势。

2. 提高脚手架技术的关键是专利的应用

国内现阶段脚手架普遍使用的是钢材，较少地区建筑使用竹、木脚手架，但明显地存在着传统形式单一的问题，下面就一些新型脚手架专利技术进行简介。

(1) 插板插盘组合式脚手架

这种组合式脚手架包括其端部各带有一个插板的横杆，其上带有插盘的立杆，其插盘与立杆垂直固定，在插盘上开有 3 ~ 6 个孔与插板配合的径向锚用，在插盘上方的立杆上套有一个固紧装置，该固紧装置呈用楔形长板卷成的圆筒状，在紧固装置最低处有一个与立杆上固定的紧固键配合的键槽，在键槽低端一侧的斜面上开一个防滑槽，该防滑槽与键槽之间形成一个防滑墙。

两个立杆之间由内插外锁装置连接锁紧，该装置包括上半部与下面立杆的上端固定的内插套管，立杆上端外壁上为短导程多头螺扣，上端立杆的下部插在内插套管上半部外，上端立杆的下部外壁上固定有一个上接管螺箍，锁套套在除螺箍外，其下端为与多头螺扣配合用的扣爪。该新型脚手架技术具有明显的优点：①横杆与立杆相对固定，不会出现转动而使脚手架松脱；②由于紧固装置上设有防滑槽，即使出现震动撞击，也不会使脚手架脱落，使用安全可靠；③立杆上的内插外锁装置，可以将多根立杆固定连接摞起，且横杆可以任意固定方向和随意定向后锁紧，而不受任何限制，可以在安装拆卸时达到快速高效的需要。该脚手架结构简单安全，使用安装快捷，可安全稳定地整体移动吊装，组合拆卸时高效快速，传统脚手架的弊病得到彻底改变。

(2) 碗扣自锁多功能脚手架

自锁式多功能脚手架由立柱，焊在立柱上的卡碗和套在立柱上的卡箍，焊有卡扣的连接杆（横撑及斜撑）、梯子、斜脚手架、横托撑及可调立柱组成，立柱上按一定间距焊接有卡碗，其内表面与连接杆上的卡扣外表面，即两者的接触面是同一角度的锥形面，此角度是一自锁角，连接时卡扣插入立柱与卡碗间的锥形槽内，自下而上地承受力，卡扣即可方便地被楔紧在锥形槽内。

卡碗的上缘平面上设有4个互为直角的定位槽，便于支设四边形脚手架时，横撑和立柱可以很快定位。卡碗的下内缘设有若干个泄漏孔，便于落入卡碗内的水泥渣掉出。作为吊脚手架时，防止卡碗和卡扣脱锁的卡箍套在立柱上，其上缘是一个斜边，与其底边构成自锁角，旋转卡箍斜边与焊在立柱上的顶销紧接并锁紧固。

碗扣自锁式脚手架同现在使用的脚手架相比，其优点是：①卡碗与卡扣连接能自锁，稳定性能好，能定位安装四边形脚手架，既准确又迅速，而且能安装成多边形脚手架；②碗扣内不存任何残渣，免除清渣及增加自重；③采用多种标准部件和个别专用部件即可组成多用途的支承件，降低施工企业的脚手架费用。

(3) 升降式高层脚手架

升降式脚手架更适合于作为专用的供装饰用脚手架。它由脚手架架体和若干均匀分布的升降装置、固定装置及墙体预留孔组成，其脚手架架体与普通钢管脚手架架体相似。其架体高度为6m左右，有3层工作步架，其底层工作步架架设有加强管和挂掉管；其每组升降装置由一挂吊架和一升降葫芦组成，挂吊架安装于墙上，升降葫芦挂吊在挂吊架的挂掉横梁上，升降葫芦升降脚手架架体时，其挂钩勾住底层工作步架的挂掉管；其每组固定装置至少有一根连墙钢管，它一头有螺纹并配有螺母和垫片，固定脚手架时，它穿过墙体的预留孔挑起脚手架架体并用十字扣相连；其墙体预留孔有两种，固定挂吊架的联墙螺杆孔位于每层墙体的中部位置，固定脚手架的联墙钢管孔位于每层墙体的上、下位置。

此种新型升降式脚手架比原有其他类型脚手架，具有两个明显的优点：一是此类脚手架架层少，可少至3层，而且结构简单，因此重量大大减轻；二是安装固定时，脚手架架体和墙体由连墙钢管连接为一整体。升降时，位于架体下层的连墙钢管可作脚手架架体的保护挑托，稳固安全，可靠性很高。

另外还开发出其他类型的脚手架，例如分片多级自动爬升外脚手架、一种导轨式升降脚手架、重型门式脚手架等。其中，有些脚手架只适合于特定施工环境，但稍加改进就可以大面积应用。

3. 新型脚手架应用注意问题

要使国内脚手架施工技术拉小同国外的差距，必须从以下几个方面认真改进：

（1）要走标准化专业化道路

需要改变建筑领域产品的非标准和非专业化，在建筑产品方面推荐执行ISO9000系列标准。对于新型的专利技术，可考虑给予政策上的支持，防止专利技术的流失。目前，在脚手架工程标准中只有门式钢管脚手架的标准已颁布，对于其他类型的脚手架，有的标准已经制定了几年还未审批，碗扣式脚手架和爬架在施工中已用了多年，至今还没有制定产品行业标准和安全技术标准，安全事故时有发生。有关部门应制定和颁布有关标准，确保产品质量和施工安全。同时，标准的实施也非常重要，必须有专门的负责标准实施的落实工作。

（2）监督产品质量和施工方法

提高产品质量必须在有效监督下进行，为确保新型专利技术的推广使用，有关部门要采取措施对施工单位购置的脚手架进行质量监管。建立租赁站，加大对新产品的推广，调动生产厂家的积极性；同时，还要改进施工企业的施工方法，减少材料的消耗，提高施工效率，重视配套系统开发利用。

（3）努力实现一体化作业

同国外一些模板厂相比，国内的生产厂家在人员配备上是不合理的。国外开发设计销售人员约占60%，生产管理人员占有较大比例，这些人员联系密切，真正实现科、工、贸一体化，这些成功的经验可为国内厂家学习、借鉴。

20. 胶合模板的质量问题如何防治？

现在对混凝土表面的质量要求越来越高，尤其是一些混凝土工程表面要求不作装饰而采用清水混凝土，模板的质量将直接影响到混凝土表面的质量。现行的《混凝土结构工程施工质量验收规范》（GB 50204—2002）条文中没有清水混凝土的质量验收标准，但实际工程中清水混凝土一直在使用中。目前尚无适应清水混凝土模板体系和配套技术的情况下，应用木竹胶合板模板安装在剪力墙作模板工程难度是比较大的，根据近几年对几个混凝土工程质量要求较高的模板工程，大面积采用木竹胶合板，支撑用碗扣架早拆支撑系统或门架支撑系统的施工中，进行了有益的实践，对产生的质量问题采取了预防措施，取得了好的效果。

1. 模板质量存在问题

模板安装存在的质量问题是：阴阳角不方正、线条感觉不顺直；垂直度、平整度有时达不到清水混凝土表面的要求；剪力墙、门窗间墙体位移变形，墙底部漏浆；上下墙或柱接缝处错位、漏浆、板缝高低差过大、缝处个别漏浆等。

2. 模板安装质量预防措施

（1）内墙阴角方正

在阴角处两块相邻互相垂直模板安装两块角钢。主角钢为

70mm×6mm，并用63mm×6mm的角钢块按竖向间距300mm，把主角钢焊成正方形，副角钢为50mm×5mm，把主角钢固定在胶合板的垂直面上，使其为90°角，这样一侧以胶合板作模，另一侧用角钢为模。副角钢固定在另一垂直方向模板面上，把垂直两方向的模板固定在一起，形成方正的阴直角。

（2）阳角模板方正

阳角是墙和柱的阳角处。保持浇筑后混凝土的阳角方正、垂直、不漏浆，固定模板用拉杆和100mm×100mm方木作竖向压杆，用12号槽钢作横向压杆，在槽钢两端侧50mm处钻20mm拉杆孔作固定模用。

（3）墙柱垂直度

墙模板垂直度控制可用三角架加固和调整，能较好地控制垂直度，也可调整垂直度；柱模板垂直度可采用钢管加斜撑螺杆加固与控制；拉通线全过程监控，一般一段墙拉上、中、下3道通线，检查控制模板垂直及平整度，及时检查纠正。浇筑混凝土过程中随时校正，混凝土浇筑后再复查，发现有移位立即用斜支撑螺杆校正。

（4）模板平整度

加强背楞（横竖压杆）刚度，加大立杆直径来增强墙体整体模板刚度；所有模板的侧向（即四个边）应刨平直，以确保拼缝的严密。模板厚度应选择相同的，横撑容易支设，使板面平整。如确实不平整时，在背面加垫片。施工中，发现板缝不严密时贴胶带封严。

（5）墙体门窗洞口方正控制

预制好洞模板套进洞口部位，再与墙、顶模连接；用50mm×50mm角钢固定洞两侧端头模；然后，将两片墙模箍紧；最后，再用钢管把洞两侧模对顶紧，既不变形，又能确保端头阳角方正、垂直；浇筑混凝土时，应在洞两侧同时进料浇捣，避免进料不均匀产生推压，使模板倾斜。

（6）墙柱模板接缝处错位

安装墙柱上层模板时，将模板和竖拉杆向已浇筑混凝土的截面伸下300mm左右，再压下横杆，利用已浇筑混凝土原有拉杆孔箍紧模板竖拉杆，确保表面平整、不漏浆，上下不错位；为防止楼梯间平台处墙面错位，在安装上层墙模板时，把板和压杆向下伸，然后再用调整螺杆的钢管把两侧面伸下的压杆顶紧。对梁底变形位移采取梁底外增加紧固拉杆，将梁侧模底部位压紧。

（7）墙柱模底根部漏浆

楼板用长刮尺把钢筋外100mm范围内抹砂浆找平，以便安装模板，防止模板和楼板之间漏浆；模板与楼板不平处垫塑料条，外再压一板条用木楔楔紧。

拆除模板时，在边角处安装小块三角形或长方形模板，一个开间用两块大模板，中间有意用一块小模，拆模时用撬棍先拆除小模板，然后再拆除大模板，防止挠坏模板。

21. 外加剂对混凝土有何影响？施工如何控制？

建筑工程中相继出现泵送混凝土、清水混凝土、大模板、喷射混凝土等新的工艺，在混凝土的生产供应上集中搅拌和商品混凝土已屡见不鲜。结构类型也朝着大型和超大型发展，为此对混凝土的质量及性能提出了更高的要求。在混凝土中掺入适量的外加剂，实践表明，不仅能改善混凝土拌合物自身质量及在硬化以后的性能，还能改善混凝土结构的力学性能。但是，如果外加剂选择使用不当，就会直接影响强度和整个后续工序的正常控制，影响到建筑工程的最终质量，因外加剂使用不当造成的质量问题时有发生。下面就高效减水剂与缓凝减水剂，探讨对水泥混凝土的影响及硬化前出现异常情况的处理。

1. 高效减水剂与水泥适应性

对水灰比相对较小的混凝土，必须注重拌合料的流动性（可工性）。而小水灰比拌合的混合料和易性又受到掺入的高性能外加剂及高效减水剂的明显影响，也就是外加剂与水泥的相容性问题。相容性的主要影响因素是拌合料中 SO_3 的含量、水泥中 C_3A 含量、熟料塑化度、细度等流变性不好，因而会造成混凝土坍落度严重损失，气温较高时会产生假凝现象。熟料塑化度 $SD = SO_3 / (1.29Na_2O + 0.85K_2O)$。

在水泥颗粒比表面积接近时，SD（熟料塑化度）值越大，则坍落度损失越小。根据上式可知，当碱含量不变时，SO_3 含量大则 SD 也大，坍落度损失小，或者 SO_3 值不变，含碱量（$1.29Na_2O + 0.85K_2O$）越低，坍落度损失越小，拌合料的和易性亦好。

水泥中 SO_3 含量的多少与水泥熟料中 C_3A（铝酸三钙）含量直接相关，更同配制水泥的石膏品质密切相关，当混凝土的水灰比 < 0.4 时，SO_3 在水泥浆中显得较少。此时，若 C_3A 含量高，则其水化时与 $CaSO_4$ 争 H_2O 分子，自由水越少，SO_3 则更难溶解到水溶液中，这样的水泥与高效减水剂的相容性就变差。早强 R 型水泥中 C_3A 含量较高，配制混凝土时需水量较多，达不到坍落度要求；同时，其后期的强度也相对较低。

2. 高效减水剂与拌合料的影响

（1）坍落度损失顺序

坍落度损失从大到小排列：甲基萘系—密胺树脂系—萘系—古玛隆树脂系—氨基磺酸盐系。

其他的影响因素还有高效减水剂投料的先后顺序、方法、水泥中 C_3A 石膏形态及数量的影响。另外，即使是同一种减水剂，当其中一个样品所含游离硫酸盐数量大时，该减水剂容易引起水泥浆变硬，新拌混凝土坍落度的损失也快。例如，生产中浓硫酸和液碱用量都较高的萘系减水剂，尽管能使混凝土流动性增大，但坍落度损失也大。稠环芳烃系减水剂中硫酸钠含量通常高于萘系减水剂10%左右，其混凝土的坍落度损失也快于萘系减水剂。

（2）混凝土引气量、凝结时间排列

混凝土引气量从大到小顺序排列：甲基萘系—稠环芳烃系—古玛隆树脂系—密胺树脂系—萘系—氨基磺酸盐系；

混凝土凝结时间的影响从快到慢顺序排列：密胺树脂系—萘系—古玛隆树脂系—稠环芳烃系—氨基磺酸系。

3. 高效减水剂的掺量

高效减水剂的适宜掺量：引气型如甲基萘系、稠环芳香族的蒽系掺量一般为水泥量的0.5%～1.0%；非引气型如密胺树脂系、萘系减水剂掺量为水泥的0.3%～1.5%，最佳掺量为0.7%～1.0%；减水剂的掺入方式以溶液较好，溶液中的水分应从总用水量中扣除。高效减水剂除氨基磺酸盐类、聚物类以外，使坍落度损失都较大，30min可以损失40%左右，使用时要特别注意坍落度损失的影响。

4. 高效减水剂对原材料的影响

（1）减水剂对水泥品种的影响

采用水泥品种不同，高性能减水剂的掺量也不相同。普通水泥比矿渣水泥可减少水泥用量。掺量相同时，普通水泥的混凝土用水量低于矿渣水泥。

（2）减水剂对骨料的影响

混合骨料中细骨料种类不同，对高效减水剂使用的影响不大，但细度有一定的影响。当减水剂掺量相同时，骨料越细减水率就越低，坍落度也小，必须增大掺量或调整混凝土配合比。细砂较中粗砂多用近2倍的减水剂，或是减水剂不变而加大用水量20kg/m^3。

（3）减水剂掺量对配合比的影响

普通强度混凝土由于水泥用量较少，稍增加减水剂掺量后的减水效果就很明显。掺量较大时，会引起拌合料的缓凝或黏性增大而施工成型困难。高强度（性能）混凝土由于水泥用量较大，减水剂掺量较低，保持不了坍落度，因而经时损失大，混凝土和易性能差。

(4) 减水剂对入模温度的影响

要根据施工时环境温度来调整减水剂的品种及用量。选择采用标准型高效减水剂还是缓凝型的减水剂。温度偏低时，易于产生缓凝现象，应综合考虑掺合料数量、配合比条件而决定掺量。浇筑时温度较高，坍落度经时损失大，严重的会出现假凝现象，因此，采用缓凝型或适当加大掺量，有利于混凝土的浇筑质量。

(5) 减水剂对泌水和凝结时间的影响

高效减水剂因品种不同而产生的泌水量也不同。高性能减水剂的减水率高，混凝土的拌合用水量少因而泌水量也小。泌水量按下列顺序减小顺序为：空白混凝土—引气减水剂—萘磺酸盐甲醛缩合物—聚羧酸系丙烯酸—聚乙烯酸共聚物。而泌水时间长短顺序则与上排列相反。当然，增加细骨料和掺合料细粉也是减小泌水的有效措施。

高性能减水剂的掺入会使混凝土凝结时间略有延长，且掺量增加，缓凝时间也稍加延长。

5. 普通减水剂及缓凝减水剂的影响

(1) 按照环境温度选择缓凝剂

由于羟基竣酸盐及其盐在高温时对硅酸三钙（C_3S）的抑制程度明显减弱，因而高温对缓凝的效果降低，使用必须加大掺量；而醇、酯类缓凝剂对 C_3S 的抑制程度受温度变化影响较小，掺量一经确定即不随温度而变化。气温降低羟基羧酸盐及糖类、无机盐类缓凝剂时间都将显著增长，缓凝减水剂和缓凝剂不适宜用于 5℃以下环境中施工，更不宜用于蒸养混凝土。

(2) 按凝结时间选择缓凝剂

在缓凝型减水剂中，木质素磺酸盐类都有引气性，但是缓凝程度较轻，在一定程度上超过掺量不会引起后期强度降低的问题，而糖钙钙类减水剂不引气，缓凝程度强，超过掺量即会引起混凝土后期强度增长缓慢。不同的磷酸盐其缓凝程度也有十分明显的差别，需要超缓凝时，更多的选用焦磷酸钠，而不是磷酸钠。

(3) 重视水泥适应性试验

缓凝型减水剂和多元醇类缓凝剂有时会引起混凝土的急凝（假凝）现象，因此要重视进行水泥适应性试验，在合格后再使用。例如试验中出现水泥的假凝现象，可以试用先加水拌合混凝土料，稍停2min后再掺入缓凝减水剂的掺入措施，往往可以避免假凝现象出现。

(4) 严格按配合比设计掺量使用缓凝剂

在混凝土中掺用缓凝剂和缓凝减水剂时，必须掺量计量准确，超过掺量使用将使混凝土浇筑后长时间不凝结硬化。若含气量增加较多，甚至会造成强度的降低而发生质量事故。若只是极度缓凝而含气量增加很少，可在终凝后不拆除模板，保持混凝土在模板中养护较长时间，强度会得到保证。

缓凝剂和缓凝减水剂掺入时间最好在混凝土已开始加水搅拌1min后再掺入，此时效果最好，例如木钙粉在干料加水拌合后1min掺入，初终凝在原混凝土基础上再延长2h，在加水拌合2min后掺入，则延长2.5～3h，因此，对掺入时间的控制十分重要。

22. 钢筋工程如何进行质量控制?

钢筋在混凝土结构工程中的重要性不言而喻，钢筋自身的各种性能指标、钢筋的加工制作、绑扎的质量控制水平，在隐蔽工程中只反映钢筋分项工程的综合质量，重视对钢筋在加工制作及安装过程的质量采取严格控制，是保证结构安全和耐久性的必要措施。

1. 钢筋的加工制作

(1) 钢筋的调直：对盘筋的调直目前都采用机械的方法冷拉

进行。在冷拉 HPB（Ⅰ级钢、强度设计值 $f>210$MPa）时，其拉伸率控制在 4% 以内；HRB335（Ⅱ级钢、强度设计值 $f>300$MPa）、HRB400 级、RRB400 级钢筋的冷拉率控制不超过 1%。冷拉筋条筋一般只作为箍筋使用，不会用于结构筋。

（2）对用于各种构件受力筋的弯钩及弯折加工，HPB235 级筋的末端应做 180 弯钩，其弯弧内直径不应 < 钢筋直径的 2.5 倍，弯钩的弯后平直部分长度不应 < 直径的 3 倍；如设计图要求钢筋末端做 135°弯钩时，对 HRB335 级、HRB400 级筋的弯弧内直径不应 < 直径的 4 倍，弯钩的弯后平直部分长度应按设计要求或不小于 100mm；钢筋弯折小于或等于 90°时，弯折处的弯弧内直径不应小于钢筋直径的 5 倍。

对于有抗震设防要求的框架梁腹板侧面构造钢筋的搭接长度，在制作时要预留直径 15 倍的锚固长度；梁侧面受扭筋筋的搭接长度为 L_1 或 L_{1e}，锚固长度同框架梁下部的纵向筋；对柱底部主筋弯钩（锚固）长度为直径的 6 倍；而柱顶部锚固在梁内的长度大于柱内侧 500mm；梁顶部筋锚固在柱内的长度为直径的 15 倍，梁下部筋锚固在柱内的长度为直径的 15 倍。

（3）箍筋的制作：除了焊接封环式箍盘处箍筋的末端应成弯钩，弯钩的形式按设计弯制，当设计无具体要求时，应按常规要求加工；箍筋弯钩的弯弧内直径除应满足受力筋的弯钩和弯折的规定外，应不小于受力筋的直径；箍盘弯钩的弯折角度要求；对于一般结构，应不小于 90°；对有抗震设防要求的结构，应是 135°；箍筋弯后的平直部分长度：对一般结构，应不小于箍筋直径的 5 倍；对有抗震设防要求的结构，应不小于箍筋直径的 10 倍。

（4）钢筋制作的外形尺寸：应符合设计构造要求，其偏差应符合：受力筋顺长方向的净尺寸为 ±10mm；弯起钢筋的弯折位置 ±20mm；箍筋的内净尺寸为 ±5mm。

2. 钢筋的接头连接

钢筋的长度往往满足不了结构的需要，对接头处的连接形式有多种，而连接方式是受力筋应以传递及结构构件的合理受力为保证，一般应按下列要求进行：

（1）受力筋的连接处必须留置在结构受力最小的部位，同一钢筋在同一受力区域内不得再次连接，以保证钢筋的受力承载不受影响。

（2）当受力筋采用焊接或机械连接接头时，留置在结构构件内的接头应相互错开。纵向受力筋的焊接接头或机械连接接头区域的长度为35d且不小于500mm，凡接头中点位于该连接区域长度内的接头，均属于同一连接区域。连接区域内纵向受力筋的接头面积百分率必须符合设计构造或施工规范要求，当无具体要求时，应按下列要求处理：

1）在受力区内不宜大于50%；

2）接头不宜设置在抗震设防要求的框架梁端、柱墙的箍筋加密区；当无法避开上述部位时，对等强度质量机械连接接头不宜大于50%；

3）直接承受动力荷载的结构构件的连接形式，必须采用机械连接，如直螺纹套管连接、套筒挤压连接或锥螺纹套筒连接等，其连接位置不受限制。但不允许采用焊接接头连接。

（3）在同一构件中相邻纵向受力筋的绑扎搭接接头要相互错开，绑扎搭接接头中钢筋的横向净距不应小于钢筋的直径，且不应小于25mm。钢筋绑扎搭接时，接头连接区域的长度为$1.3L_t$（L_t为搭接长度），凡搭接接头中点位于该连接区域长度内的搭接接长均属于同一连接区域。图22-1为钢筋绑扎接头示意图。

对于采用闪光接触对焊、夹渣压力对焊的接头处，必须除去毛刺和卷边、焊药等杂质。

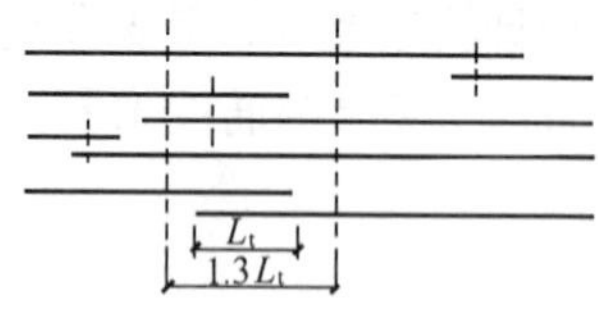

图22-1　钢筋绑扎搭接接头连接图

同一连接区域的内纵向受拉筋的焊接接头面积百分率不能大于25%，焊接接头连续区域的长度应是45d（d为纵向受力筋的直径）。搭接焊和绑扎的搭接接头长度，Ⅰ级和Ⅱ级钢筋与所在结构的混凝土强度是不相同的，绑扎搭接和焊接时要注意规定，以免混淆。

3. 钢筋在结构中的施工安装

（1）钢筋网片的绑扎，四周两行钢筋的交叉点应 100% 绑扎牢固，扎丝的形式应交叉不能在同一个方向；网片中间部分的交叉，点可允许相隔交叉绑扎，但保证受力筋不位移；如较小网片的交叉点，可不隔开扣绑扎，应每个交叉点都绑扎；双向主筋的钢筋网片则将全部相交点绑扎牢固，绑扎时相邻绑扎点的铁丝扣不能是一个方向，而应是八字形，以免网片歪斜变形。

当独立基础、水池底板采用双层钢筋网时，在上层钢筋网片下设置马蹬或钢筋支撑，以保证两层网片间位置准确，上层网片不被施工踩踏下移。

如基础底板采用多层钢筋时，一般是采用 X 形支架支撑钢筋网片，支架间距 < 2m。钢筋弯钩底层的应朝上，上层的应朝下，不能一边倒。

（2）独立柱基础的钢筋绑扎

独立柱基础钢筋为双向筋，Ⅱ级筋一般为直条不弯钩，而Ⅰ级筋两端有 180°弯钩；基底面短边的钢筋应放在长边筋的上部；现浇柱与基础固定柱位用的插筋，其箍筋尺寸应比柱的箍筋缩小一个柱筋直径，插筋位置必须固定牢固，以免造成柱位置的偏移。

（3）梁、板钢筋的施工安装

1）纵向受力筋采用双层排列时，两排钢筋之间应设置直径 > 25mm 短筋作支撑间距，以保证设计间距不变；在同一连接区段内，综向受拉筋搭接接头面积百分率应符合设计要求，当设计无具体要求时应符合下列规定：对梁、板类及墙类构件，不宜大于 25%；对柱类构件接头面积不宜大于 50%，当工程中确有必要增大接头面积百分率时，对梁类构件不应大于 50%，对其他构件可根据实际情况放宽。

纵向受力筋绑扎搭接接头面积百分率不大于25%时，其最小搭接长度应符合表22-1的规定。

纵向受拉钢筋的最小搭接长度表　　表22-1

钢筋类型		混凝土强度等级			
		C15	C20～C25	C30～C35	>C40
光圆钢筋	HPB235级	45d	35d	30d	20d
带肋钢筋	HRB335级	55d	45d	35d	30d
	HRB400级、RRB400级	—	55d	40d	35d

注：两根直径不同钢筋的搭接长度，以较细钢筋的直径计算。

当纵向受拉筋搭接接头面积百分率>25%、但不大于50%时，其最小搭接长度应按表中的数值乘以系数1.02取用；当接头面积大于50%时，应按表中系数乘以1.35取用。

2）在梁、柱类构件的纵向受力筋搭接长度范围内，应按设计要求配置箍筋，当设计无具体要求时，应按下列规定处理：①箍筋直径不应小于搭接钢筋直径的0.25倍；②受拉搭接区段的箍筋间距不应大于搭接钢筋直径的5倍，且不应大于100mm；③受压搭接区段的箍筋间距不应大于搭接钢筋直径的10倍，且不应大于200mm；④当柱中纵向受力筋直径大于25mm时，应在搭接接头端面外100mm范围内各增加两个箍筋，其间距为50mm；⑤轴心受拉及小偏心受拉杆件的纵向受力筋不得采用绑扎搭接接头，当受拉钢筋的$d>28$mm及受压钢筋的直径$d>32$mm时，不得采用绑扎搭接接头；⑥需要进行抗疲劳验算的构件，其纵向受拉钢筋不得采用绑扎搭接接头，也不得采用焊接搭接头，并不得在钢筋上焊接任何构件，准许采用机械连接接头。当直接承受吊车承载的钢筋混凝土吊车梁、屋面梁及屋架下弦的纵向受拉钢筋，必须采用焊接接头时，应将箍筋的接头交错布置在两根架立钢筋上，箍筋转角与纵向钢筋交叉点均要绑扎牢，绑扎扣相邻成八字状。

板的钢筋绑扎与基础相同，对板上的负筋如雨篷、挑檐、阳台等悬臂板，要严格控制其设计位置，防止踩踏下移，采取支撑防下移位措施，确保负筋位置的准确。板、次梁与主梁交叉处，板的钢筋在上、次梁的钢筋居中、主梁的主筋在下，井字梁的钢筋，应将跨度大的梁钢筋放在跨度小的梁钢筋之上，适应一般情况下短梁应是主梁的常识处理。当有圈梁或梁垫时，主梁的钢筋应在上部。

框架接点处钢筋穿插很密集，应保证梁顶面主筋的净距不小于30mm，使主筋有足够的保护层。梁、板钢筋绑扎时，应注意预埋管将钢筋抬高或压低。绑扎梁筋时，钢筋两端弯钩必须与底模板相垂直，角筋每个扣均应扎牢，腰筋绑吊扣，其余绑单扣，所有扣应拧扣二圈，确保牢固。

钢筋在混凝土结构工程中起到承重、传递应力、整体受力的重要作用，施工过程中，切实控制好各工序质量，从材料进场、下料到弯曲成型、连接、安装等全过程，都必须按设计要求和施工规范操作，使其在结构中真正发挥应有的重要作用。

23. 施工阶段材料质量如何控制？

建筑材料是建筑工程中用量最大的主导材料，它的质量优劣直接影响到在建工程的质量。实际上，很多工程质量事故的发生都是由于原材料的质量所致。多年以来，工程项目的建设都是按建设单位发包、监理公司现场控制、总承包方保证和政府工程质量监督机构监督相结合的质量监管体制。这几个部门中如果有某一个没有按规定做好工作，加之各种社会及经济的不确定因素的影响，就会导致使用不标准的材料、成品或半成品，给建筑工程质量留下隐患，而使“百年大计，质量第一”成为一句空话。施工阶段，材料直接用于工程，把好入场材料质量非常关键。

1. 加强承包方的质量意识

工程质量的合格与否承包方是直接的责任者，也是工程质量重要的第一道防线。施工阶段前期，建设单位和施工承包方在合同签订时，一般是在相互做出让步后才会最终达成共识，签订合同，而承包方在施工阶段前就已开始考虑自己的经济利益，从而会产生一些质量问题，需要认真控制。

（1）控制原材料进场的质量

主要原材料的钢筋、水泥、粗细骨料、各种砌块、防水材料、预埋钢件、上下水管等是工程所需要的，是工程质量的最基础、最重要的保证。钢筋和水泥在国家多次大规模整治后，质量基本上稳定，但也要按规定抽检；粗细骨料、砌筑材料、防水材料及给排水管材等，由于国家实施建筑节能、环保型材料，而生产厂家较多，质量不稳定，生产的产品中一部分不合格。如防水材料质量差、施工控制不到位，导致使用不久便产生渗漏等质量问题。

（2）进场材料自身质量差

通常将建筑材料用于主体的有土产和成品、半成品、安装之分，如浴缸、便盆、暖气片、空调及预制空心楼板等器材以及施工过程中使用的临时设施、脚手架等材料。从外观上很难看出质量好坏，进入施工现场很少进行复检，只提供出厂合格证，基本处于质量的无约束状态。为此，承包方在选择材料时就相对差一些，竣工后的住宅楼，在用户未进入前便池即冲水不畅，许多家庭必须进行更换。

（3）工序过程把关要严

工序过程即施工过程是形成产品的过程，也是处于建筑物的重要部位，如梁、柱、板及砌体的施工中。这些产品不认真按工序操作，不仅影响建筑产品的质量，还会给使用者造成危害。如建筑的框架结构，钢筋混凝土起关键作用，对环境温度十分敏感，就是一天中白天和夜间的温差也很大，浇筑时间的不同在强度和耐久性上都会有差异。若施工单位精心操作，质量管理体系落实，工程质量不会出现大的波动，混凝土的浇筑质量相对稳定。

2. 监理工程师责任不落实

现场监理工程师在全面履行三控制（即质量、进度、工期、另加工序约束）、二管理（即合同、信息）、一协调（即施工组织）时，应督促对原材料、中间环节的试件检测执行见证取样和送检制。为防止弄虚作假，监理有权要求承包方委托有资质和计量认证单位进行检测，取样和送检必须亲自见证，也可将送检品封存送检测机构，这是保证材料质量的重要环节，责任同样重要。从一些工程送检管理上了解到，一旦忽视不送检，进入现场的材料质量就得不到保证，将会影响到工程质量，这主要表现在以下方面：

（1）送检产品不规范、人为影响

如某一结构件的混凝土抽查试块送检测机构做抗压不合格，立即重新取样再检测，直至检测合格，导致送检试块不能客观、公正地代表该结构体混凝土的真正强度，给工程质量留下隐患。

（2）见证取样不落实

送检测机构的样品无封条、标记或陪同监督人员，这对于质量明显差又处于重要结构部位的原材料，中途调包的情况是可能发生的。故见证取样不能走过场。

（3）未进行材料检测

没有委托有计量认证的质量检测机构检测或按30%的见证样品送给第三方有计量认证的质量检测机构检测。大量的施工前期原材料试验由施工单位自己的试验室完成，它的检测能力、环境条件和检测机制的健全对工程质量的影响是直接的。

3. 检测机构要具备高度责任感

为工程建设服务取得授权或认证的试验室，依照《产品质量检验机构计量认证技术考核规范》JJG 1021从6个方面，就试验室是否对进入现场的材料进行客观、科学、准确地提供检测数据进行了规范。也就是要求把不合格的材料拒绝于门外，把住最后

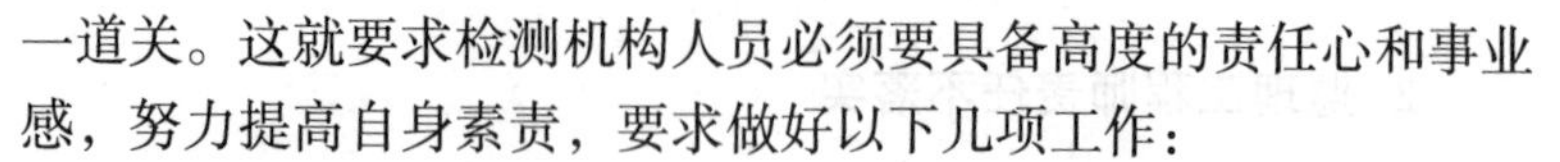

一道关。这就要求检测机构人员必须要具备高度的责任心和事业感，努力提高自身素责，要求做好以下几项工作：

（1）质量体系要完善

质量保证体系是质检机构以保证和提高计量测试质量的主要目标，运用系统的原理和方法设置统一协调的组织机构。而有些检测机构，尤其是承包单位内部的实验室机构目标不太明确，出具的检测数据往往只是为了满足自己承建项目的竣工验收资料，没有更广泛的检测意义。

（2）人员素质参差不齐

质量检测工作是一项专业性极强的技术工作，应使用固定的经专业培训合格人员，并定期考核，尽量避免检测人员职业道德差、素质低下、规范标准运用理解不清，操作不熟练、不规范，数据处理不标准而造成的检测出现数据误差。

（3）仪器设备老化

检测工作所用的仪器设备要定期送标准计量检测机构进行鉴定。对无法检定或送检有困难的仪器设备，要参照《国家计量检定规程编写规范》JJG 1002 自己制定检测方法和内容，使检测仪器设备的精度严格控制在标准允许的范围内，消除由于仪器设备带来的误差而影响到检测的结果。

（4）试验室环境要达标

建筑工程的用料大多数是非均质材料，但各种材料的标准对测定时的环境条件都有明确的要求。如《水泥胶砂强度检验方法》（GB/T 17671—1999）中规定试验室内温度为 20±2℃，相对湿度为 50%以上；因此，必须完善试验室内的环境条件，这是提高材料检测精度、避免错判误判的重要条件。

4. 建设单位共同督促

为确保建筑工程质量合格、工程进度加快和合理降低造价，业主在签订施工合同前，对承包方制定的技术经济方案进行充分比较，从中选出既合理又经济的实施方案，不能无根据地盲目压低造价后签订施工合同，从而诱发了承包方在工程施工中选用质量低劣的材料用于工程。

要确保工程质量的优良，就必须选用符合质量标准的材料用于工程。要使用质量合格的材料，就要由材料试验部门把好关，从材料入场着手控制。只有每个参建方人员坚守岗位，工作不走过场，才能使所建工程质量符合标准要求，达到设计耐久性使用年限。

24. 材料表面与混凝土强度之间的关系及应注意的问题是什么？

物质之间的接触面一般称作“界面”。针对混凝土结构而言，钢筋表面与混凝土浆体的紧密粘结而形成握裹力，使两种不同材料共同工作。钢筋表面长期与空气接触会生锈，在使用前须除锈才能符合规定。混凝土结构表面几乎不设防护层，长期裸露在自然环境中，受空气中 CO_2 的浸入而中性化（即碳化），这样不仅使结构强度下降，而且碳化深度达到钢筋表面时，钢筋的保护层纯化膜受损，由点蚀逐渐连成片向纵深发展，锈层体积膨胀，使外部混凝土保护层开裂脱开，使得钢筋外露，对结构产生不良影响。混凝土表面贴有机装饰材料，长期受阳光照射氧化，同内部有机物和自由基结合而逐渐老化松弛，出现脱皮，从基层剥落而减少建筑物的使用时间且有碍观瞻。这些材料表面发生的现象是属于“界面”问题所探讨的内容，应找出问题的根本，寻求材料质量提高和施工技术的密切配合，以确保建筑工程质量。

1.“界面”与混凝土强度的关系

混凝土是以水泥包裹细骨料的水泥砂浆，水泥砂浆再包裹粗骨料，振捣密实成为混凝土。粗骨料所占体积约 70%，因此，粗骨料与水泥浆之间的“界面”状况对强度影响最大。下面以相同配合比的卵石混凝土和碎石混凝土为例，分析骨料表面与混凝土强度的关系。

在河、江流域或海相沉积的广大区域，较多采用卵石作为混凝土的粗骨料，而缺乏卵石的地区则用机械破碎岩石分级作粗骨料。两种粗骨料配制的混凝土强度比较，碎石混凝土抗压强度较卵石配制混凝土强度高 10%，它们之间的关系用鲍罗米公式表示：

$$R_n = AR_c\left(\frac{C}{W} - B\right)$$

式中　R_n——混凝土所要求的试配强度（MPa）；

R_c——水泥的实际强度（MPa）；

C/W——灰水比值；

A、B——常数。

我国目前采用的强度计算公式为：

碎石混凝土：$R_h = 0.46R_c(C/W - 0.52)$；

卵石混凝土：$R_h = 0.48R_c(C/W - 0.61)$。

从以上公式看出，在配合比相同情况下，当构件受力时，粗骨料与水泥砂浆结为一体共同受力。卵石外表较光滑，周围水泥砂浆一面略呈拱形受压力，较碎石周围的水泥砂浆的棱角承受的抵抗力应该强一些，就是说卵石混凝土的抗压强度应比碎石混凝土高一些，但实际现象与想像正好相反，卵石混凝土的强度却降低 10%左右。

卵石与碎石在相同配合比出现不同强度的差异，只能用“界面”理论分析才容易理解。自然界形成的卵石是经过漫长年代逐渐形成，也可能是山谷的滚动石，上有冰川强大的压力挤压成碎块，随水移动下山，在滚动中冲磨而成，或者冰川消失留在山谷的卵石随江河运送留在沿岸和海边冲刷而成。因此，卵石外周光滑、无楞角。

碎石形成过程不同于卵石，碎石是从矿山开采出的大块岩石，经机械加工而成。按照所需规格破碎后运入建筑现场使用。石块在无序的动力作用下，表面上会出现新的缺陷、搓面、扭曲和错位且断后存在着残余力，具有活泼易结合的表面，与卵石相比较，更容易同水泥砂浆结合牢固。由此分析其“界面”，并同试验资料相比较，我们容易理解碎石较卵石混凝土强度高出10%的原因了。

建筑科学的进一步发展和社会需要的增加，建筑高度不断向上延伸，混凝土的强度要求越来越高，在卵石资源丰富地区，从节约加工费用考虑，应就地取材，仍以卵石作为粗骨料，在粒径级配试验的基础上配制高强混凝土。而缺乏卵石地区，在节约投资基础上采用碎石，易控制所需粒径，配制所需高强混凝土。

2.“界面”与高强混凝土的关系

工业发展促进城市化的进程，国内目前为止已建成百米以上建筑200多座。混凝土结构高层建筑同钢结构相对比，可节省钢用量，采用高强水泥及外加剂，同时具有较丰富的砂浆资源材料，除有特别需要外，在中外高层建筑中，高强混凝土的经济适用性受到更好的重视和广泛的采用。

自20世纪70年代以来，国外高层建筑多采用60MPa以上的现浇混凝土。据介绍，国外目前应用混凝土的强度已超过100MPa，前景看好。目前，许多高层建筑采用的混凝土强度多在60MPa以上，所用骨料粒径在10~20mm之间。高层建筑采用的混凝土是用高压泵输送，要求坍落度在150~220mm左右；否则，将影响流动。拌合物中除掺入有机的流化外加剂外，采用粒径10mm的骨料，这是因为利用卵石圆滑的特点可提高可泵性。

实际上，尽管高强混凝土的配合比除普通混凝土使用的水泥、砂、石及水外，添加多种适用的混和料和外加剂。但是，作为混凝土强度的关键和基础，仍是水泥砂浆包裹粗骨料胶结凝成的强度。掺加多种复合材料其目的，最重要的是为了在高远距离下运送保持良好的流动性。因粉煤灰颗粒为圆形，另外几种外加剂水泥用量较多，每m^3达450~500kg，水泥生成C-S-H凝结胶的同时，析出较多的氢氧化钙（$Ca(OH)_2$），与混合掺料化合生成凝胶类达到较高的强度，拌合料中掺入的混合料对提高混凝土强度起极重要的作用，外掺料成为高强混凝土的组成不可缺少的一部分，这一点实践已做出证明。

高强混凝土粗骨料粒径 < 20mm 是适宜的，同采用的高强水泥在较大用量下相匹配，因拌制高强混凝土必须选择与之相适应的骨料表面积。从细骨料分析，多数混凝土砂率适用在 38% ~ 40%范围，而高强混凝土也同样在此范围内。当砂粒径在 5mm 以下时，就试验选择粗骨料，由于高强混凝土的水泥用量在 500kg 以上，为使粗骨料能与水泥砂浆有可靠的粘结，增大骨料的表面积是需要的。因此，同普通混凝土相比较，在水泥用量较高时，粗骨料的粒径更小些才能增大骨料的表面积，确保有足量的砂浆粘结成为高强混凝土。选用粒径从普通混凝土的二级配取较大粒径，用小粒径从表面分析较为理想。

3. 粗骨料与混凝土强度关系

水泥浆包裹砂和粗骨料在一定时间内反应成所要求的强度，为进一步说明这种关系，可以这样认为：高强混凝土、普通混凝土和大体积细石混凝土（现行规范已取消，但仍有采用的），所采用的粗骨料粒径分别是 10mm、50mm 和 250mm 时，按现在工艺可以达到的实际抗压强度值即分别是 15MPa、45MPa 和 133.5MPa，三种混凝土的级别之比值详见表 24-1。

表 24-1

混凝土级别	粗骨料最大粗径（mm）	实际达到的抗压强度（MPa）	粗骨料粒径级间之比值	混凝土强度的级间粗比值
细石混凝土	250	15.0	5	—
普通混凝土	50	45.0	5	3
高强混凝土	10	133.5	—	3

从表 24-1 中看出，粗骨料粒径的级别间之比值约为 5（即 250:50、50:10）。在每 m^3 体积中 3 种粗骨料按各 1 个 m^3 体切割的表面积率，以 10mm 粒径骨料表面积最大、50mm 次之、250mm

最小，级别间的表面积比值约为 5。在表 24-1 中混凝土级别之差大致比值是 3（即 15∶45、45∶133.5），出现 5 与 3 的两个差值，可以这样认为：水泥砂浆与粗骨料表面的粘结质量，还未达到粒径同表面积比例应有的强度等级。

按优化配料和外加剂性能的更加优良，混凝土强度按表 24-1 中 5 的比值是可以达到的，即普通混凝土达到 75MPa 和高强混凝土达到 300MPa。为达到此目标，利用“界面”理论来指导混凝土能取得成功。在破碎骨料表面上，存在着无数的扭折、错位、缺陷，并有“断键”而产生着剩余键力，形成广泛接触面。水泥通过水化反应提高强度，粗骨料表面具有化学反应条件。由此可想，提高混凝土强度的潜力还很大，水泥的应用只有 100 多年历史，已使强度有极大提高，随着工艺条件的不断完备，强度已超过 10MPa，达到或超过 300MPa 还是可以实现的。

25. 如何正确选择和应用瓷砖？

瓷砖在建筑室内外装饰中应用越来越广泛，如何在家庭装饰中正确选购和应用瓷砖，是不容忽视的问题。

1. 瓷砖的品种和规格

瓷砖主要有外墙砖、内墙砖和地板砖几种，外墙砖是镶嵌于各种建筑物外表面的片状陶瓷材料，规格主要有 240mm × 152mm，具有多种颜色及花纹，并具有吸水率低、强度高、耐磨、抗冻、防水及易清洗等特点，对墙体起保护作用；同时，能提高建筑物的外观艺术及卫生效果，并可用于内墙及地面装饰。内墙砖的主要规格有：152mm × 152mm、200mm × 150mm、300mm × 200mm 等，用于装饰建筑物的内墙，使装饰面美观，易于清洁。这种面砖表面平滑、平整，防水、抗腐及热稳定性好，种类、规格及图案繁多，多用于卫生间、厨房及浴室等内墙面。地板砖是装饰地面的块状陶瓷，规格为 300mm × 300mm、400mm ×

400mm 或更大尺寸，有防滑和不防滑之分。其质地坚硬、耐磨、抗折强度高，主要用于铺贴在公共建筑及居室地面。尤其经磨光达到镜面效果时更好，多贴在商业门厅、楼堂馆所地面，显得高贵、典雅。

2. 瓷砖的识别方法

在识别瓷砖的质量时，首先应目测产品外观质量，看一下产品表面有无缺釉、斑点、裂纹、碰伤、波纹、色泽不均匀及缺棱少角的缺陷。瓷砖背面应有清晰的商标，在侧面和背面也不得有妨碍粘贴的明显附釉及其他影响质量的缺陷。

从背面看，全瓷砖的背面应呈乳白色，而釉面砖的背面是红色的；从胚体看，应是坚硬、密度大且均匀的、质量稳定好，呈粒状的则不好；也可从音色上进行分辨，用手提瓷砖的一个边，一手用硬物轻敲瓷砖，声音清脆响亮的为优质合格品，而低沉、闷浊、沙哑的为不合格次品。

在查看成箱的成品时，看包装箱上是否印有规定的名称、产地、商标、规格、级别、色泽、体积及易碎、不倒置等项标志；按产品规格、级别、色泽分别包装，应查看对比各箱中的颜色是否存在色差；其方法是在不同箱内取出几块拼放在一起，在光线下仔细观看。好的产品难以分辨出色差，色泽基本相同；而差的产品则出现不同色泽，色调深浅不一。对于外形规格检验，质量好的其外形误差小，摆放整齐且缝平直；而质量差的其外形偏差较大，超过允许误差范围，摆铺后砖缝不能对齐，难以达到面层的整齐划一，装饰效果不尽人意。

另外一个主要质量指标是瓷砖的耐久性。从外观看不易辨别，在价格上可以得到反映，而产品内在质量决定着产品的使用寿命及耐久程度。对一般家庭来说，简单的识别方法是：在面砖背面滴两点墨水，看墨水是否容易散开；从产品密实性来讲，墨水散开速度越慢，墨水珠停留时间越长，则吸水率越小，其内在质地及坚硬耐久性越好，反之则差；选择产品的外形及图案应注意在光线较亮处观察，好的面砖图案花色细腻、逼真、均匀一致，没有明显的色缺、断线、错位及深浅不一等；从产品的平整度上看，应面平边直角方正，好的产品变形小，吸水率低，施工方便，铺后外观效果好。

3. 瓷砖的施工及质量控制

墙面镶贴是用胶粘剂或胶凝材料将块状瓷砖贴于墙面或地面上的装饰施工方法。

(1) 选材：为保证施工后的外墙观感质量，要求将外形尺寸、色泽一致，棱角无损、无裂纹的面砖挑选在一块儿。

(2) 浸泡阴干：瓷砖背面无釉，吸水率大。为保证背面与基层的粘结牢固，不会因干缩而引起空鼓脱落，应在使用前将挑选出的瓷砖提前 2 ~ 3h 浸在水中，然后阴干待用。

(3) 用 1∶3 水泥砂浆在基层打底找平并搓毛，厚度 5mm 左右，一般养护 1 ~ 2d 即可镶贴。

(4) 找好规矩：墙面用水平尺找平，地面可在基层从室内地面中划线控制平直度；计算纵横皮数和镶贴数量，进行预排。墙面一般由阴角开始，将不成整块的砖留在阴角处；水池、镜框处必须从中心向两边分贴，然后弹好垂直与水平控制线；地面则从中间向两边铺贴，使地面整体整洁、规矩、无缺陷。

(5) 垫底尺：在已弹好的水平线上，也就是在计算好的最下一皮砖的下边稳好底尺，固定水平使之稳当；做好粘贴标准基准。

(6) 镶贴瓷砖：以底尺为依据，镶贴第一层瓷砖，上口以水平线为标准，由下往上逐层粘贴。如采用混合砂浆粘贴时（配合比 1∶0.1∶2.5），应将粘结砂浆满铺在瓷砖背面，逐块按顺序进行，并用灰铲轻轻敲击，使空气排出，底浆密实才能粘结牢固；若采用 108 胶水泥浆镶贴，一般是抹一行浆贴一行砖，用手将砖轻轻压一下，再用橡皮锤轻轻敲实；108 胶水泥浆应随调随用，配合比为水泥∶108 胶∶水 = 10∶0.5∶2.6。在 15℃环境下操作时，从贴好瓷砖到擦缝，全部时间宜控制在 2.5h 内完成，用软材料及时擦干净缝内挤出的浆。在镶贴时，随时注意用直尺检查平整，及时修整；如粘结不牢时，及时取下重贴，防止空鼓。操作时，应先大面积后边角、凸槽及难贴部位；边角必须平直，上口贴一面圆瓷砖，阳角最上面一块必须用两面圆的瓷砖。

（7）表面清理：镶贴后的瓷砖表面用干布、清水及时清理干净，并用白水泥浆擦缝。后期养护不容忽视，应不少于 3d 的保湿时间。

如采用胶粘剂时，工艺与 108 胶水泥浆相同，但不需将瓷砖浸泡、晾干等工序。

26. 木地板的质量如何做到实用耐久？

室内地面的装饰材料多种多样，从使用角度来看，木质地板更适合家庭地面的装饰。木质地板以其天然、保温、保湿、无污染、高雅和舒适的独特效果日益受到人们的青睐。木质地板的消费档次和数量增长很快。据资料介绍，木质地板的消费量已超过石材的消费量。但在购买木质地板材料时，必须慎重选择材料品种和质量，不要盲目决断，将次品作高档品采购，应以实用、耐久和保证正常使用为标准采购和施工安装，走出过分追求高档的误区，理性消费。

1. 不追求名贵木材

目前市场上可见到的名贵地板材料，最好的要数樱桃、核桃和梨木了。由于这些树木生长期长，又是较名贵木材，这些材质的木地板，是很高档的。但一些所谓的贵重木材其实大多是南方树种西南桦、枫桦、白桦等；另外一些所谓的红木、金不换、金丝木等，其实是橡胶木、红柳楠和落叶松等档次不高的木料经染色、砂光、刮腻子、淋漆处理后再精心包装而偷梁换柱变成的。因此，作为一名消费者在选择购买时应特别留意，越是稀少古怪的树木地板，越是淋漆外表好、标价高的地板材料，越要当心受骗。确实要购买时，应开好发票并注明种类，留日后备用。

2. 按需选材、切忌大材料

我们知道，不论何种树木都是自然生长成材，木料本身有心材、边材的区别，湿胀干缩是难以克服的自然规律。为推销产品，一些商家夸大其辞地宣扬自己的产品“经过干燥处理不会变形”。干处理技术不难实施，但不会变形是不确切的，只是变形量有大有小。国家规范对木材的使用含水率有明确规定：木材干燥处理后内部含水率在8%～13%为合格，这也是较小变形量的要求。

我们知道，每块木板的单位体积越小，其变形量相应越小，在相同面积上安装的块材数量越多。但有一些消费者片面追求气派、豪华、高档次，热衷于使用宽、厚、长的大木板，认为这种大板铺在室内效果好；但却忘记了价格的成倍增加，并非真正质量优异。事实上，块体越大的木板出材率越低，成本相应增高，而大块板的耐久性与抗弯、抗变形能力却远不如小块板，特别容易受环境温度及湿度的制约和影响。

3. 不应强求木材无缺陷

木地板材料由原木加工而成，作为其基材的木料，一个天然缺陷会影响到其外观质量及使用年限，例如木料上的虫眼、黑斑及裂缝等；但另一些缺陷如活节、色差等，是在生长过程中难以避免的天然属性，经过技术加工处理仍可保证外观及使用质量。但一些消费者一味追求无任何缺陷，事实上难以实现。把各块板选择成几乎完全相同其实没有必要，且价格将会令人难以接受；另外，追求自然更显得真实，当出现色差或活节时认真处理后，有回归自然的感觉。

4. 铺设平整实用，不追求过分精细

少数收入较高的家庭，在装饰中采取一步到位的高档次结构要求，即三层结构的木地板，在基层木龙骨上铺细木板或刨花板，再在上面铺木地板。这样做问题不少，施工人员不愿将优质高档板装在地面下部，下部多是人工加工而成的胶合板，其耐久性无法同表面的天然木材相匹配。在自然环境下，地面下部会因受潮和通风不良逐渐腐蚀、脱开而损坏，假如不设这一层底层板，在经济和实用上均有利。即使必须加设底层板找平，也要选择实木板且经防腐处理耐久性好的。

5. 国产货应作为首选材料

一些消费者认为什么都是洋货好，市场上各种各样的地板以其精美的包装进入我国市场，国外产品的大量涌入对于丰富建材市场是一种很大的冲击和促进，但洋货的真正质量是否“坚不可摧”很让人怀疑。应该注意的是一些进口产品在我国已被淘汰，外商会经过重新包装进入市场；某些地板被重新定名为新产品，是取代复合地板的实木优质替代品，因其漂亮的外表而售价大增。实木地板求天然、活性长成的自然属性，其适应性，对调节室温、湿度、空气的清洁，是复合板不能相比的。在家庭铺设木地板时，对材质的选择和施工质量切不可忽视。

27. 硬聚氯乙烯管材在应用中应注意哪些问题？

硬质聚氯乙烯（以下简称 UPVC）管材是国家推广的一种新型建筑材料，在工程施工中受到越来越多的应用和关注。UPVC 管早在 1936 年德国首先使用，目前在工业发达国家的使用量已占所有管材的 60%～90%。我国自 20 世纪 80 年代初开始引进外国设备，已生产和使用 20 多年时间，有成熟的经验和设计、施工及检查验收标准。

由于 UPVC 管具有内壁光滑、阻力小、重量轻、施工方便、耐腐蚀、不需油漆、不易堵挂、便于维修及价格合理等优点，较铸铁管有更多的优势，在很多地区已广泛采用，下面就 UPVC 管材在工程应用中存在的一些问题进行浅析，并提出处理措施供参考。

1. 便于推广使用的主要原因

（1）材质美观光洁，耐腐蚀

UPVC 管的本色是半透明体，渗入填料即为填料色。为保持室内装饰色彩相互协调，可采购所需颜色的管材；正常色的 UPVC 管为浅灰色，也可加钛白粉成白色，在卫生间使用感觉清洁、干净；管材内外壁制作光滑，不需做任何防腐蚀或装饰处理，其耐腐蚀性较好。如使用铸铁管，因制作工艺、材质粗糙，具有易生锈、需防腐、容易产生渗漏、维修不便等缺点。

（2）内壁光洁无阻力

UPVC 管材内壁光滑，其粗糙系数仅为 0.009（铸铁管为 0.013~0.014），水阻较小，不易阻堵或挂结杂物，堵塞机会比铸铁管小得多，适合应用于住宅小区的排水管。

（3）运输和安装容易

UPVC 管自重轻，相对密度 1.4 左右，是铸铁管重量的 1/5。由于质轻，在装卸车和搬运过程中较容易，不需吊车，施工方便。同时，UPVC 管具有一定弹性，搬运使用时损伤率低，这无疑给应用带来方便；另外，因 UPVC 管采用螺纹连接式或承插粘结式接口，工艺简单，接口容易，提高了施工速度，弥补了铸铁管接口用繁琐的石棉水泥工艺，且容易渗漏的不足。

（4）经济及环境效益较好

UPVC 管的使用因降低了工程造价，使企业有一定的经济效益。据资料介绍：UPVC 管比铸铁管安装工效提高 25%~60%，价格降低 10%，使工程造价降低 0.22~0.50 元/m^2；另外，在建筑工程量不断增加的今天，以塑代钢，发展和应用 UPVC 排水管对环境和资源有利。

2. 推广应用中存在的一些问题

（1）UPVC 管的耐老化问题

人们对聚氯乙烯管材的耐老化和使用寿命有所怀疑。据北京化工研究所对国产UPVC排水管的老化试验表明：在实际温度40~42℃的条件下，UPVC管可达50年的耐久性。老化的主要原因是紫外线照射，因厨房、卫生间排水管多在室内角落处，受紫外线照射极少，其老化速度会变慢。

（2）管件不配套

住宅小区的给排水管线的走向，一般变化多开口也多，因而所需配套的安装管件也较多。而UPVC管材配套的管件在小区需要的规格多，但量小，制造模具费用高，生产厂家存在产品规格不全等问题，特别是较大直径管会缺少，给安装、使用带来不便。

（3）接口处出现渗漏

造成渗漏的原因较多，制造和安装不慎均会出现渗漏。一些产品存在接口不紧现象，使粘结后仍有缝隙。在安装伸缩节时操作不当，使橡皮止水圈偏位、渗水。另外一个原因是未考虑UPVC管的伸缩问题，它同混凝土伸缩绝非一致，应充分考虑穿板立管处的渗漏。

（4）噪声问题

UPVC管的噪声相对于其他管要大，一般情况下高于铸铁管3~6dB；尤其在休息后的深夜更为明显。

（5）耐冲击问题

UPVC管的耐冲击强度低于铸铁管，故排水管在室内不易暗设。而对高级建筑设的暗管，一般不应采用。

（6）传统观念上的阻力

对国家推广使用UPVC管的宣传较少，人们传统观念上阻碍了推广应用，如认为UPVC管有毒、材质硬脆、污染水质和容易损坏等。

3. 对存在问题的处理的设想

上述问题有些是客观存在的，也有因人误解的方面。根据一些工程施工的实际应用，直径 $\phi100 \sim \phi400$mm 的施工，投用几年反应很好。对存在的问题，也可采取相应措施加以解决。

关于耐老化问题，室内不存在，而对伸出屋面外的部分，只要改用铸铁管即可解决排气问题和延长寿命；对于管材的连接和不配套，目前生产的 UPVC 管直径 $\phi200$mm 的多采用 TS 接头，即粘结固定式连接；$\phi300$mm 以上时采用 R-R 接头，即活动式连接；当不能采用同材质管件连接时，对直径 <200mm 的 UPVC 管，可采用铸铁管件代替及石棉水泥接口处理；对直径 >300mm 的连接件，可采用自制钢法兰组件连接。

对于不同材质时出现的渗漏，常采用的方法是在穿管板处，在管外壁套一个橡皮圈（内径与管外径一致，壁厚 4mm，高 10mm)，然后用细石混凝土补洞严密。如 UPVC 管与铸铁管连接时，容易出现渗漏；关键是 UPVC 管接头应插入铸铁管内，其插入部分应用砂纸打毛，石棉水泥捻口严密，防止管变形。

对于噪声问题，设计时尽量避免靠近卧室墙设管，用隔声方法布设，用管道井布管更好；耐冲击问题，关系到施工问题，管材底部、周围及上部填土绝不能有硬块；为防止变形，在管底做砂垫层；可用螺纹连接，预防橡胶圈老化；加厚管壁及配件等措施解决埋地管的保护。

虽然 UPVC 管具有较好的抗拉强度、抗压强度及柔韧性，但其抗冲击能力与金属管材相比仍是软弱的，因此，施工和使用中的保护必不可少。当施工完成覆土后，小区内一切土方均应统一安排进行，如管线交错处，预防已埋设的管不受损坏；如万一破坏了某处 UPVC 管，小直径的可截去损坏处，用铸铁管套进的方法处理；如大口径管局部损坏，可采取钢套管的方法处理；如损坏长度较多，用法兰加短管解决。

对推广应用中的疑虑，通过应用成功的经验加以消除，我国 UPVC 管的成套生产线都是从国外引进的，制作工艺先进，产品性能优良，各种技术指标均达到国外先进水平，生产的起点十分高，关键是妥善解决好应用中的某些具体问题，对延长使用周期、保证给排水质量、加快建设周期、减轻劳动强度和降低成本十分有益，是其他材料无法代替的给排水用管材。

28. 建筑原材料进厂如何进行质量检验?

建筑产品的质量，在一定程度上受原材料质量的影响，各生产企业，必须加强对进厂原材料的质量检验，严把入厂这一关口，以确保进厂原材料符合相应规定的质量标准。这里所说的原材料进厂检验，是指生产企业对购入的原料、半成品、成品及建筑工程所采用的不同品种规格材料的量测、检查、试验及计量等，并将这些特性与规定的标准进行比较，以确定其符合性的工作。

1. 原材料进厂检验的作用

（1）预防性作用

原材料进厂检验是施工企业质量控制的重要环节，它关系着产品质量的合格与否，直接影响建筑产品的社会和经济效益。施工技术和质检人员应严格按相应的质量标准、技术条件（要求）、合同、图纸等文字资料进行认真细致的检验，做出合格与否的判定，明确材料是否接收。如发现有不符合规定的材料，应立即隔离并标记，以免混合或误用。只有按标准把关，才能把不合格的原材料拒之厂外，起到预防在前的作用。

（2）提供信息作用

通过事前把关，对所有原材料的认真检验，可将所检结果有目的、有计划、按系统地收集，积累，分析，形成信息报告，及时向企业材料供应及技术部门反馈。要如实反映原材料的质量状况、生产动态和供应走势，为企业设计决策者决策、施工部门改进操作工艺确保质量、供应部门选择进货单位或地点，提供可靠的信息证据。

2. 提高质检的监控力度

检验人员的素质和组织机构是开展质检工作的基础。但也有少数建筑企业只重视施工工序的把关和检验，忽视了对材料质量的检验，使不合格的材料应用在工程中，造成返工，以至留下质量隐患。因此，建筑企业必须健全质检机构和配备专业人员，提高质检技术素质和监控能力，要求质检人员精通原材料的标准和技术要求，能正确使用检测器具并可以独立工作。

（1）利用现有设备进行检验

这是目前企业检测的基本形式。在企业进入标准化工作的今天，每个施工企业必须配备基本的检验设备，不断加强检测手段，以满足标准化工作的需要；同时，这一检验形式也是促进对"依靠供应方的质量保证"的验证，就是说要对供应方检验的数据视其情况，定期或不定期地验证，确定是否能满足要求，可否继续供货。

（2）要求供方按 GB/T 19000 系列标准提出质量保证

当产品生产者的质量检测能力不能满足达标需要，或为了降低检验费用减少生产成本和质量风险时，供应方必须作出质量保证。为此，应按 GB/T 19000 系列标准的规定，对供应方的质量保证体系进行认真细致的考查分析，确定选择的供应方质量条件应满足本企业的质量要求，所购原材料符合工程质量的要求。采取这种形式，双方在互惠互利、信任平等的基础上，明确双方所承担的质量责任和义务。对质量争议的处理程序和纠正预防措施，双方在认可的前提下应达成一致。

（3）利用第三方机构进行质检

建筑企业的第三方认证由政府质监部门进行，第三方应属权威机构进行检查和测试，更具有可靠性。经市级主管部门认可的检测试验单位进行，不仅具有公正、科学性，而且也具有合法性。依靠第三方权威机构检验，是更有效的检验。

（4）采用代检进行检验

对原材料中的关键或全检、抽检项目，企业又不具备自检能力，可采取同有检测能力的试验机构或单位签订委托代检合同，来保证对必检材料的检验，减少中间环节和降低成本，消除质量风险。

3. 对原材料进厂检验的根据

与结构件或成品性能检验内容相比，原材料进厂检验的依据和相关标准较多。每一种建筑原材料都需要多项内容的检验，需要不同标准和较多数据。建筑工程中需用什么原材料，就要采用相应的标准。

（1）技术标准

企业生产的产品所需的原材料，其质量要求依照现行的国家强制性或行业制定的参考性、推荐性标准来检验。如建筑行业采用国家或建设部制定的原材料检验标准、钢筋采用冶金部制定的技术标准来检验。目前国内标准分为四级，即国家、行业、地方和企业标准，而企业采购原材料属于哪个标准或技术条件，就按哪个标准检验。

（2）合同、协议或设计要求

企业所用原材料应按设计要求验收，如建筑中采用预制构件的半成品、供排水钢管、铸铁管或 PVC 塑料管材、卫生洁具、涂料等。当所进货材料无技术要求或设计文件时，应与供方签订合同并提出适用性要求，然后按合同条件进行检验。

4. 原材料进厂检验的程序问题

（1）进厂检验程序问题

质量检验人员应根据所检原材料的特性，全面了解并熟悉标准具体要求，包括合同、设计文件、技术标准、试验方法、质量评定规则等，掌握技术要求，拟定检验方法，考查供应方的质保措施。

质检人员按照检验方案和操作规程，用质量标准中规定内容及项目进行检验，并做好检验的原始记录，分级别记录所列数值；同时，质检人员对所检结果与质量标准中的质量指标进行比较，然后作出合格与否的结论。

根据检测结果，质检人员可将合格原材料签发准予入库或投入生产使用。对不合格的原材料作可识别标记，采取隔离限制，防止混淆。对施工急用的原材料可小批量放行。质检人员应在原材料、半成品或配件上作出急用的标记，以防有不合格的材料。对检验的结果，应及时报告给材料供应部门。

(2) 检验方式问题

对原材料的进厂检验方式有两种：一是单独检验，对供货单位提供的小量、件或批进行质检，目的是了解购进的原材料质量、性能是否符合生产的要求；同时，也审查供货方有无保证质量的能力，为工程使用提供所需批量作依据。首检的情况应是：首次提供货物材料、新材料要替换、设计要改变材料属性时。对首次检验，必须认真地对样品进行全方位检查，充分掌握原材料的质量状况。二是批量检验：企业质检人员对供应方正常交货的成批原材料验收检查，其目的是防止不符合质量要求的原材料应用在工程中。检验方法可采用全数检查，这主要用于必检的关键类材料；也可采取随机抽样检查，应抽检较重要的 B 类材料；对一般 C 类材料，可用计数抽样方法来验证。

(3) 检验内容问题

施工企业由于受成本等因素的制约，不可能也没有必要对所需的原材料逐一进行检查，而应根据工程重要性程度，结合企业自身资质等级来确定检验内容。一般情况下，原材料检验内容有：

1) 数量检验

对进厂原材料的数量计量检查，使数量与发货量相符合，预防进货量同发货量发生误差。

2) 包装检验

对外部包装的原材料，应对原包装进行外观检查。其内容包括：包装外表是否完好或破损、内包材料是否漏失、外部环境因素是否影响了材料性能和使用质量。

3）标识检验

标识是指用于识别原材料及其数量、质量、特性及使用所做各种表示的统称，可以用符号、文字、数字、图案及说明等表示。标识检验是质检的重要组成，标识检验内容应是：进厂原材料与原合同材料名称是否相符；厂名、地址、产品质量合格证及试验报告是否真实；标准号、法定计量单位是否正确；规格、等级、所含成分是否准确；生产许可证的编号是否在有效期内；有特殊需要的原材料是否有警示标注；结构复杂、安装难度大的半成品是否有安装说明书等。

4）外观检验

有些原材料难以量测，只能用目观、手摸等方法检测，如形状、粗糙度、光泽、疵点等。有无裂纹用敲打辨别；材料的弹性、柔软等用皮肤感觉。外观检验看似容易，实际难度较大，要求检验人员有较强的基本功。

5）结构质量检验

原材料结构内在质量检验指标很多，应根据企业实际需用选择检验指标。如材料强度、硬度，进行物理力学性能检验；黏度、酸碱度，进行化学分析检验；抗腐蚀、老化，进行稳定性指标试验等。

三、混凝土及混凝土施工质量控制

29. 清水混凝土施工质量怎样控制？

清水混凝土是具有装饰功能的高质量现浇混凝土，在拆除模板后不再作任何抹灰或涂刷，它不同于普通混凝土，表面光滑棱角分明，不需对外墙装饰，只是在表面涂一层透明保护膜，显示其天然与庄重。由于清水混凝土必须一次浇筑成型，直接利用现浇混凝土的自然色作为饰面，因此，要求混凝土表面平整光滑、色泽均匀，无碰损和污染，更不能允许出现普通混凝土的质量问题。

目前，对清水混凝土还没有专门的施工质量验收标准进行控制，中国建筑工业出版社 2005 年出版过一本《清水混凝土施工工艺标准》①可供参考执行。结合普通混凝土施工及各有关混凝土工程的规范标准，对清水混凝土的施工质量验收标准要求是：轴线顺直、尺寸准确；阴阳角方正、线条顺直；表面平整、清洁、色泽一致；表面无气泡、无砂点和水泥斑；无蜂窝、麻面、裂纹；无模板接槎、拉杆、堵印、明缝、施工缝槎；连接面搭接平整等。要达到清水混凝土的质量验收是很不容易的，以下就清水混凝土的施工质量控制浅要介绍。

1. 模板的质量控制

需要特别重视的是，正是因为清水混凝土对其表面色泽、平整度质量的施工要求十分严格，所以对模板本身质量和模板工艺的要求是极严格的。为保证工程质量和工程进度，可采取早拆除模板的工艺进行施工，对于早拆除模板并不是违反施工规范的拆

---

① 中国建筑工程总公司编：《清水混凝土施工工艺标准》，书号：13194，2005 年

除，而是指在现浇混凝土强度尚未达到拆模时间，为加快工期和模板周转，将小跨度支撑内的模板拆除，垂直支撑系统中的斜撑和水平架在拆模后再拆除；而垂直支撑依旧支撑着上部结构体。垂直支撑待上部混凝土强度达到拆模要求时再拆除，这实际是早拆不承重的加固支撑，晚拆主要承重支撑的工艺。

清水混凝土的模板最好选用酚醛树脂浸渍纸覆面混凝土用胶合板，这种胶合板目前国内和进口产的都有，根据工程施工选择使用。对模板的拼缝很关键，对配好的两块相拼接的板缝刨光，试拼合格后，涂刷专用封口漆；然后，按图逐块用同样方法拼装到位。在板缝外侧用20mm宽的胶带纸粘贴，基本达到拼缝密封的要求。在模板拼缝部位、对拉固定螺杆处、施工缝留置处、形式和尺寸应经设计和工程监理人员认可。为了保证模板的安装精度，应采取的措施是：

（1）墙的模板要采用预制大模板整体吊运拼装。墙厚及内墙模板平整度用直径12mm穿墙螺栓外套直径14mm硬塑管控制，其长度等于墙厚。然后用螺栓双向拧固紧。对拉螺栓孔预先弹线定位，排距整齐间距 < 600mm。多余孔洞用胶带纸从内侧封闭，为防止墙底部及水平接槎处漏浆，洒1:0.5水泥素浆一道，再铺20mm厚1:2水泥砂浆。

（2）垂直度控制，用激光经纬仪测量垂直度，采取内控与外测相结合的投测方法进行，在结构楼层上逐层预留孔洞后准直投测在每一层新浇筑的楼层面上，对引出的轴线点进行封闭校核，再弹出墙模板的安装控制线，在墙底的墙体两侧引出300mm线，弹出通长墨斗线用于控制和检查墙模位置的准确与否。再分别在楼层面沿墙向上每高500mm（即500mm、1000mm等）处，靠墙模板外拉通长线，以控制墙模板的水平平整度及表面平直度。

（3）模板安拆三检制，由于模板安装在清水混凝土的重要性，对模板安装，必须实行全过程技术指导和质量监督检查，严格实行个人、班组和专职的三检制度，将质量问题消灭在工序过程中。

对模板还应进行认真的保护，板面脱模剂对未用新模板还是清理干净的旧模板都必须涂刷，涂刷一般要进行两次，目的是保持均匀和拆模不粘；板缝的胶带纸必须要贴，保持缝不漏浆，混凝土表面效果好；模板堆放及搬运不能甩碰，安装时不能在板上撬，绑扎好钢筋，及时垫好保护层；在模板面焊接钢筋或其他预埋管时，在施焊处模板面上用铁皮垫底保护，安装各种管时尺寸必须准确；拆除模板时，必须要做技术方案，有序进行。拆除的模板下面有人接，轻放，严禁自行掉下；对拆除模板及时整修，刷好脱模剂备用。

2. 清水混凝土的施工控制

模板安装质量经验收达到要求后，混凝土的浇筑也是一个关键的工序环节。需要编制浇筑中各工序周密的技术措施，使混凝土的浇筑全过程在控制中进行。

(1) 混凝土配合比由有资质的试验室试配施工配合比，经现场试用合适时确定下来。在材料选择和施工浇筑允许的前提下，应采用较低的水灰比和坍落度，泵送混凝土的坍落度控制在110mm以内、含气量 $<3\%$。

(2) 水泥：水泥在混凝土工程中的作用是众所周知的，水泥的颜色对混凝土的外观色泽影响是最直接的，同时水泥的性能指标对预拌混凝土的性能影响最大，自新水泥标准实施以来，为提高水泥的早期强度，各生产厂都提高了水泥中 C_3A 的矿物含量和细度，带来的不利因素是水泥与外加剂的相容性变差以及保水性降低。为此，在结构工程中首选的水泥是硅酸盐水泥，且是大厂生产的同批号、同强度等级、同一批熟料的水泥。注意不用掺有粉煤灰的水泥，因为粉煤灰颜色比较深，浇筑后的混凝土表面由于多种原因容易使外表颜色出现色差，会严重影响清水混凝土的外观质量。新疆天山水泥厂生产的PO.42.5R普通硅酸盐水泥是稳定适用的。

(3) 粗细骨料：粗骨料用机械粉碎的连续级配5～25mm、颜色相同、级配合理、含泥量<1%、无杂质的碎石，产地固定，规格及色泽一致；细骨料均指各种粒径的砂子，混凝土一般要求用中粗粒径砂，细度模数在2.7以上，含泥量<1.5%，压碎指标值<12%，不含其他杂质，生产厂家固定，细度模数和色泽一致。

(4) 外加剂和掺合料：配制清水混凝土的外加剂品质是不容忽视的，若外加剂与水泥的相容性不好，配制的混凝土会出现泌水和坍落度损失过大。为改善混凝土的和易性，可采用普通减水剂中再复合引气剂，必须控制单掺与双掺在成型后表面色泽的差异。采用时必须固定厂家和品牌、固定掺量，但根据气候适当调整。选择使用矿物掺合料活性的同时，对混凝土中水泥的空间要有良好的填充作用，以及与外加剂的适用性，一般用磨细的矿粉较好。对首批进厂的所有原材料须经现场监理见证取样复试合格后，对样品进行“封存”，以后逐渐进场的来料均与“封存”的样品认真对比，发现有明显色差的绝对不能用，要从材料入场把好关口。清水混凝土生产过程中，一定严格按试验确定的配合比计量投料，不能允许称料的随意性，并严格按水灰比进行加水，搅拌时间不少于90s：如粗细骨料被雨水淋湿，要及时调整骨料用量和减少用水量，掺入引气剂防止气泡生成排不出表面，出现气孔、蜂窝。

(5) 混凝土的振捣要求：混凝土的浇筑振捣与普通混凝土基本相似外，还特别注意消除混凝土表面的气泡，要分层浇筑分层振捣，严格按操作程序施工，并派专人在模板外侧或在底侧适当敲打，以排除混凝土表面的气泡；为确保混凝土振捣时模板不变形，严格掌握振捣时间。对此工作在施工前，要进行详细分工和技术交底，实行定人定岗责任明确，便于检查、落实及反馈。

(6) 混凝土表面缺陷的处理，由于浇筑前实行了交底，落实了责任，混凝土脱模后不会产生严重的质量缺陷。如存在少量气泡或麻面，模板拼缝痕迹等，可以进行修整。其具体方法是：先凿除或冲洗掉缺陷部位的水泥浆或突出部分，然后用同构件、同强度、同品种、同批号的水泥加粘结剂或专用腻子，对缺陷部位进行修补、抹光。待有一些强度时，用细砂纸对修补部位连同模板拼缝痕迹一并打磨抛光。重复磨几遍，直至与结构大面混凝土平整度、色泽光洁度一致为止。

（7）墙面保护剂，理想的清水混凝土表面色泽，最重要的仍然是混凝土墙体的混凝土表面养护及处治。由于混凝土表面吸水率较大，如不做任何保护，经历自然环境恶劣气候变化的影响，遭受阳光、紫外线、酸雨、油污、雨水冲刷等破坏，会逐渐失去其本来面目，混凝土也会中性化，日趋污浊、难看。为此，必须对混凝土表面进行透明保护性喷涂，不仅能解决保护混凝土的色泽耐久性问题，而且可以防止污染、保持干净，不会因为潮湿而颜色变深，使清水混凝土在任何情况下色泽一致。经应用为防止潮湿变色，可采用 AC 涂料品种，在常温下固化型的氟碳树脂涂料，这样可使清水混凝土保持 15 年不被破坏。

3. 清水混凝土表面质量问题及控制措施

气泡：由于模板不吸水或其表面湿润不够，混凝土中砂率及砂浆过多，振捣排气不足；控制混凝土分层布料厚度在 400mm 以内，控制混凝土坍落度及和易性，不过振、漏振，掺入引气剂；

色差：原材料有变化或配料偏差，搅拌时间太短、不匀，离析，模板不同吸水率或漏浆，脱模剂涂刷不匀，养护不到位，冬期施工温差变化大；控制原材料同品种、同规格、同颜色，投料计量准确，搅拌时间一致，根据气候和原材料变化检查含水率，调整水灰比；模板材料吸水率相似，采用无色脱模剂，及时浇水养护，安排合理工期，不在冬期施工；

黑斑：脱模剂不纯或涂刷过量，外加剂未搅拌均匀，钢模板上有铁锈或模板未处理干净；要采用无色脱模剂涂刷均匀，掺外加剂时混凝土搅拌时间要长一些，模板在安装前必须认真检查，处理干净；

表面泌水：含砂量偏低，气温偏低，外加剂配料不当，延长了凝结时间，水灰比大，坍落度大，振捣时间长，蒸发量小，表面形成一水层；控制原材料的含水率，严格按水灰比加水，经常检查坍落度，根据气温控制外加剂掺量，气温较低时减少用水量；

花纹斑、粗骨料透明层：含砂率较低，石子表面无浆，石子粗、形状差，模板太光滑，振捣时间过长，在模板外振捣；控制混凝土的砂率，石子要沉下，有浆包裹，个别差石子挑出，振捣时间控制好，避免振模板外部，拆模板不宜过早；

蜂窝麻面：细骨料少，水灰比大，气泡未排出，接缝不严密，振捣时间过短；严格按配合比计量拌料，加水均匀，气温低减少用水量，振捣时间要够，尽量排出混凝土中空气，接缝处要严密封闭；

接槎处挂浆、漏浆、砂带：接槎（缝）处不严，模板底部缝未封闭，接槎处未有结合砂浆，混凝土拌合不均匀，含水量大，出现过振；接槎缝处不能留直槎，断面处留企口或凹槽口，模板外认真封闭，浇筑时槎处结合砂浆必须铺设，模板刚度要足，坍落度必须控制好，搅拌料均匀，浇筑方法正确，避免直接在槎或板缝处过振、漏浆；

表面裂纹：混凝土配合比水泥用量过大，水灰比大，早期失水过快，脱模太早；混凝土配合比水泥用量不宜过大，水灰比应该小一些较好，降低水泥用量，减少用水量，早期混凝土表面不能失水过快、过早，严格掌握拆模时间，及时保湿和保温，防止干燥收缩裂纹（缝），影响清水混凝土外观。

30. 工程中耐酸混凝土如何施工配制？

在炼油化工生产中，由于各种酸性介质的长期作用，使结构混凝土产生不同程度的破坏，即酸性腐蚀。为保证生产的正常进行，防止腐蚀介质对所接触混凝土结构的腐蚀破坏，必须采取有效措施进行防护，耐酸混凝土的应用就是一种有效的措施。本文对耐酸混凝土的种类、特点及施工应用作浅要探讨。

1. 耐酸混凝土的种类特点及适用性

（1）耐酸混凝土的种类

根据胶结材料的不同，耐酸混凝土可分为水玻璃耐酸混凝土、树脂类耐酸混凝土、沥青耐酸混凝土、硫磺耐酸混凝土、高铝水泥耐酸混凝土等，在此只对水玻璃耐酸混凝土及树脂类耐酸混凝土浅要介绍。水玻璃耐酸混凝土根据其胶结材料的不同，可分为钠水玻璃耐酸混凝土和钾水玻璃耐酸混凝土。钠水玻璃耐酸混凝土是以钠水玻璃（硅酸钠）为胶结材料，钾水玻璃耐酸混凝土是以钾水玻璃（硅酸钾）为胶结材料的；树脂类耐酸混凝土是以 YJ 呋喃树脂为胶结材料生产的混凝土。

（2）钠水玻璃耐酸混凝土

钠水玻璃耐酸混凝土是以钠水玻璃为胶结材料，氟硅酸钠为固化剂，填充料为辉绿岩粉、石英粉，粗细骨料为石英砂、石英石等配制而成的一种人造石。钠水玻璃耐酸混凝土颜色为黑褐色，粘结性大，流动性小，具有较高的机械性能和良好的耐酸、耐热性能。可耐浓度为 60%～98%的硝酸；浓度为 95%的硫酸；浓度小于 5%及大于 30%的盐酸、甲酸等，但不耐氢氟酸、碱和温度高于 300℃的磷酸等。其优点是取材方便、产品丰富、价格适中；但施工程序比较复杂，其耐水及抗渗性能较差且有一定毒性，在环境温度高于 25℃时施工，其初凝时间加快；当温度低于 10℃时，不适合施工。为此，钠水玻璃耐酸混凝土主要适用于酸洗槽、耐酸地面等工程中。

（3）钾水玻璃耐酸混凝土

钾水玻璃耐酸混凝土又称 KPI 耐酸混凝土，是由硅酸钾、缩合磷酸铝、耐酸填充料组合而成。现在市场上的 KPI 耐酸混凝土材料大致上有两种，一种是包括固化剂在内的各种骨料拌合的袋装混合干料；另一种是用桶装的液体钾水玻璃。使用时，用一定的配合比可拌合出所需要的钾水玻璃耐酸混凝土。钾水玻璃耐酸混凝土是一种无色、无味、无毒，具有较高强度的耐酸性混凝土。能耐各种浓度的硫酸、盐酸、硝酸、铆酸和草酸等，但不耐氢氟酸和温度超过300℃以上的浓磷酸等。钾水玻璃耐酸混凝土具有较好的耐水抗渗性能。其施工工艺也简单，施工质量容易得到保证，材料使用、贮存方便，但材料来源面窄，价格偏高。可用于酸洗池、过酸地面等工程。

（4）YJ呋喃树脂耐酸混凝土是由YJ呋喃树脂、YJ呋喃粉、石英砂、石英石等材料按确定的配合比例拌合而成的一种树脂混凝土。现在市场上YJ呋喃树脂耐酸混凝土中主要的组成成分YJ呋喃液是用桶装的，黏度低、黑褐色；YJ呋喃粉为袋装，用塑料与编织两层包装袋。YJ呋喃树脂耐酸混凝土具有很优良的耐腐蚀性和力学性能，可以耐各种酸的浸蚀，耐水、抗渗性能好，施工操作性好；配制方便，和易性好，利于浇筑成型，振捣密实。其缺点是成本较高且毒性较大。由于价格高及毒性大的影响，使YJ呋喃树脂耐酸混凝土的使用受到一些限制，但对于特殊酸的防护、填缝衬砌及酸碱、碱交替作用，温度较高的腐蚀性介质的防护等可选。

2. 耐酸混凝土的施工质量控制

（1）钠水玻璃耐酸混凝土的施工

1）水玻璃混凝土配合比的确定

①对采购进场的钠水玻璃进行三证的检验，随机搅抽取样品对其模数和密度进行复检，与合格证及化验单进行对比，在确定合格后应由有资质的试验室进行试配。如钠水玻璃密度大于配合比所需要的密度，可以采用加饮用水调整或用计算方法配制。因钠水玻璃的密度高、反应率低，因此，配制前必须将密度调兑成施工配合比所需要的数值。加水调兑应在常温下进行，把饮用水直接注入到水玻璃中，边加水边搅拌，随时观察比重计的规定数值，直至达到确定值。

计算法的公式是：

$$1/r_1 + x = (1 + x)/r_2$$

式中　r_1——调兑前的水玻璃密度；

r_2——配合比需要的水玻璃密度；

x——单位水玻璃重量的注水量。

例如：调兑前的水玻璃密度为 $r_1 = 1.49$，配合比需要的水玻璃密度为 $r_2 = 1.42$，则 $1/1.49 + x = (1 + x)/1.42$，解得 $x = 0.112$，即：每 kg（t）钠水玻璃中可注兑水 0.112kg（t）。用这种方法配制的水玻璃密度较为准确，但应注意，兑水后的水玻璃必须要拌合均匀后才能使用。

②配合比的调整：施工时，根据设计要求和试验室提供的施工配合比，再进行现场试配，将制作的试块放置在现场可以达到的温度、湿度条件下养护，达到龄期时对试块再进行检验，在满足设计的前提下，需要对结果分析，最后才能确定各种材料的实际掺量，然后再正式施工。

2）钠水玻璃混凝土的施工

钠水玻璃耐酸混凝土的施工必须采用强制式搅拌机拌料，加料要按顺序进行，即细骨料、混合粉料、粗骨料；进入搅拌机干拌 90s 后，加进配兑合格的钠水玻璃，再搅拌 90s 方可出机。钠水玻璃耐酸混凝土的浇筑同普通混凝土的施工基本相似，但分层摊铺厚度 < 25cm，振捣时间略长于普通混凝土，振捣间距要小且一次浇筑，不允许留置施工缝。

3）耐酸混凝土的施工后保养

表面凝结后需要进行养护（但不同于普通混凝土的浇水保养），在混凝土表面要采取防晒、防雨、防水、防气体浸蚀混凝土，拆模时间在不同的温度时应控制在：气温在 10 ~ 15℃时为 120h；16 ~ 20℃时为 72h；21 ~ 25℃时为 48h；31 ~ 35℃时为 24h。

如因工期紧急需拆除模板时，可采用红外线加热方法养护。红外线具有热穿透力强、温度高低容易控制、养护温度均匀的优点。利用红外线养护的方法是布置红外线灯泡，间距 500mm 双向，距混凝土表面 300 ~ 400mm 照射，24h 后即可拆模。但在开始养护时，注意灯泡距混凝土不能太近，防止温度过高，使混凝土表面开裂。

4）钠水玻璃混凝土表面的酸化处理

对水玻璃耐酸混凝土表面的酸化处理是利用浓度为35%～40%的硫酸或浓度为40%的硝酸进行酸化处理。这样能提高混凝土表面的抗渗性能和耐水抗酸性。经酸化处理，使混凝土表面有一层坚硬、致密的硅胶层，增强抵抗酸性介质的渗入、浸蚀的防护能力。酸化处理是在红外线养护停止24h以后再进行，每次酸化处理间隔4～6h进行一次，一般连续处理4次。在每次涂刷酸液前，将表面泛出的白色绒毛清扫干净，涂刷均匀，不要漏刷。

5）钠水玻璃混凝土施工应重视的问题

原材料进场后不能露天存放，堆放时地面垫木板或砌一平台，高出地面0.2～0.3m，以防水浸及潮湿、结块；因氟硅酸钠有毒性，操作人员要穿戴工作服，使施工现场空气流通、无污染；在酸化处理配兑时，应将浓硫酸缓缓倒入清水中，切不能将水倒入浓硫酸中，防止硫酸溅出伤人，操作人员须佩戴眼镜、口罩及手套进行防护。

（2）钾水玻璃耐酸混凝土的施工

1）耐酸混凝土配合比的确定

对进场材料的抽检与试配，分别从不同的桶中抽取相等的钾水玻璃进行检验与试验，以求出准确的模数和密度，验证合格证及检测报告的真实性，并根据设计和以往的施工经验进行试配，求出所需要的施工配合比。调整钾水玻璃的密度和模数，将多桶钾水玻璃统一倒入一大容器中，搅拌均匀，并测出其模数和密度，根据配合比需要，对其加清洁饮用水进行调兑，直至达到工程需要。

2）钾水玻璃耐酸混凝土的施工

耐酸混凝土的搅拌要用强制式搅拌机，搅拌机安装在干燥、通风、无污染、不漏雨的大棚内，先将混合料按配合比重量称好倒入搅拌机内，干拌60s，再加进钾水玻璃，搅拌120s后再出机；由于钾水玻璃耐酸混凝土的稠度较大，凝结也快，为防止施工时混凝土挂、粘在模板上，使混凝土拆模后表面由于粘结形成麻面，模板也不好清理干净，浇筑时用串筒入模，防止粘结。钾水玻璃耐酸混凝土的浇筑，分层厚度以250mm为宜，用插入式振动棒振捣，防止漏振和过振。

3）钾水玻璃耐酸混凝土的养护

耐酸混凝土的养护有自然、电热和红外线加热三种。自然养护温度应在15℃以上，7d后的强度应达到设计强度的85%～95%，时间较长（同普通混凝土相比是不长的）；用电热养护3d的强度可达到设计强度的80%～85%以上，对现场的环境要求较高；用红外线加热养护，养护1d的强度可达到设计强度的70%，适用于要求急、工期紧迫的工程，具体养护方法与钠水玻璃耐酸混凝土相似。

4）表面酸化处理及施工要注意的问题

水玻璃类耐酸混凝土的表面酸化处理要求基本相同，钾水玻璃耐酸混凝土的表面酸化处理与钠水玻璃耐酸混凝土的施工方法相同。

施工应注意的问题是：①一定要调兑合格密度和模数，密度小时操作方便，但混凝土强度偏低；密度大，耐酸性好但不好施工；模数高，耐酸性好、强度高、凝结快、不利施工；模数低，耐酸性差、强度也低。②计量要准，钾水玻璃耐酸混凝土的强度与钾水玻璃的掺量有关。掺量大，操作容易，但强度低、耐水性差；掺量少，强度高，但耐水性好。③施工时温度的影响，温度高，凝结快；温度低时，凝结慢；合适的温度是15～20℃。④注意安全，防止酸液溅出伤人，酸化处理时，操作人员的安全防护必须到位，不要只要求不做；配兑时，必须将浓硫酸缓慢倒入清水中，切不可将水倒入浓硫酸中，严防硫酸溅出伤人。

（3）YJ呋喃树脂耐酸混凝土的施工

1）树脂耐酸混凝土配合比的确定：

YJ呋喃树脂耐酸混凝土的配合比必须以设计和试验为依据，

参考施工规范及工程实际，通过试验确定施工配合比。YJ 呋喃树脂耐酸混凝土的成本较高，因此，在固定树脂用量的前提下考虑混凝土的配合比时，主要考虑的是在确保树脂混凝土应用技术的质量性能下，使树脂用量最小，以在经济上节省。假如不计成本加大树脂用量，虽然强度能提高，但树脂成分不能充分反应，也是一种浪费。因此，科学合理确定树脂混凝土的配合比，要根据工程实际的需要，选择最佳树脂掺量。按照规定，要求对进场材料按要求进行抽样复检，然后根据设计要求进行配合比试配，求出最佳材料用量。

2）耐酸混凝土施工时的质量控制

耐酸混凝土施工机械主要是对搅拌机的安置要求，与水玻璃耐酸混凝土施工机械安装相似。搅拌料方式也是先将混合料按比例称量，倒入搅拌机中干拌 90s，拌匀后再加 YJ 呋喃树脂溶液，拌合 120s 后出机。浇筑采用与普通混凝土相同的方式进行，先将混凝土倒入贮料斗内，经过流槽进入浇筑模板中，这样减少了拌合料的浪费，又保持混凝土的干净、无杂质。浇筑方向及层厚要提出要求，一般后退施工，其分层厚度为 200mm，振动棒用插入式较好，振点间距要小，保证振捣密实；耐酸混凝土的浇筑要连续进行，不设施工缝。

3）耐酸混凝土对模板的处理

混凝土外观质量与模板的安装关系较大，模板的正常支设对 YJ 呋喃树脂耐酸混凝土，因凝结快、收缩变形量大，在槽池类结构施工时，最好在模板内贴塑料薄膜保护层代替脱模剂，以减少混凝土在干缩时产生的摩擦力。如在模板之间夹一层 3mm 厚的橡皮条，在放热反应时陆续抽出橡皮条，以减弱模板对混凝土的约束力。也可在槽、池底部铺一层两个面都有滑石粉的卷材，便于混凝土在凝结过程中放热及自由伸缩，这样减少对模板的损坏，但对模板的安装要求更高，防止振捣跑模和漏浆，是在模板设计和施工时特别注意的问题。

综上所述，耐酸混凝土在设计和施工时，只要严格按照规范及工程需要，控制使用材料质量，并结合材料的特性进行配制施工配合比，工程质量是能够满足当代工业对酸处理的需要的。

31. 生态混凝土现状及发展前景如何?

何谓生态混凝土？实际上生态混凝土是一种特种混凝土，具有特殊的结构与表面特性，能与生态环境相协调，从而为环境做出贡献。混凝土作为人类使用最多的建筑材料，混凝土的大量使用及本身的性能极大地影响地球环境、资源、能源的消耗及人类生活空间的质量。混凝土今后的发展必然是既要满足人们的需要，又要考虑环境的保护，减轻对地球的影响，利于资源能源的节省和生态平衡，生态混凝土应运而生地开发出现，标志着使用混凝土材料与环境的保护积极主动、对自然环境和生态平衡具有积极保护作用的建材。

1. 生态混凝土的意义

生态混凝土既能减少对全球环境的影响，又能与自然生态系统协调共生，系为人类构建舒适环境的混凝土材料。它能够适应动植物生长，对调节平衡、美化环境景观、实现人类与自然的协调积极作用较大，混凝土的研制开发较晚，是在 20 世纪 70 年代后期。

大规模的工程建设对混凝土材料的应用量十分巨大，这样给环境和生态平衡造成严重后果。当代建筑需要混凝土达到高强度和高耐久性要求，传统的混凝土始终在追求结构的密实性。城市表面 85% 的面积被各种建筑物和混凝土硬化层所覆盖，这种密实的混凝土缺乏透气性和透水性，没有调节空气温度、湿度的能力，使城市区的温度较周围郊区的温度高 3～4℃，产生“热岛”现象。由于地面上有密实的覆盖层，雨水长期不能渗入地下，使城市地下水位不断降低，影响可生长植物地段植物的正常生长，建筑楼层越建越高，而城市绿化面积在减少，其结果造成市区生态系统的失控。由于混凝土质地脆且硬，表面粗糙，呈强碱性，接触效果差；同时，硬化地坪水泥色灰暗，视觉不佳，由混凝土构建的生活空间给人的感觉是粗、硬、冷、暗、单调。

为实现可持续发展的目标，将混凝土对环境造成的不良影响降低到最低限度，混凝土使用材料的研究和应用必须特别重视到环境因素，即材料的生态化。混凝土材料的生态化除了包括水泥清洁生产、提高性能和减少用量外，另一个重要方面是扩大水泥的应用范围，用水泥基胶凝材料来改造生态环境，如治水、沙漠、城市环境等。混凝土的生态化处理使建筑材料具有安全、健康、环保的基本特征，满足建筑所需要的高强、质轻、耐久、多功能的适应和美观功能，还应符合节能、利废等条件。生态型混凝土相对于传统的混凝土材料而言，其包含了混凝土从原材料开采、产品生产加工、使用，到最终的废物拆除全过程中符合可持续发展的要求，即开采与生产中物质消耗、能源消耗低；使用中不利环境影响因素小，并能对生态环境产生一定的改善作用；拆除后，对环境的危害小，易回收循环利用。因此，生态混凝土是传统混凝土材料突破传统建材的范围，是可持续发展的必经之路，保护生态环境与可持续发展观在建筑材料方面的具体体现和必然选择。

2. 生态混凝土的应用现状

目前开发出的生态混凝土的功能有污水处理、降低噪声、防菌杀菌、吸收去除 NO_x、阻挡电磁波及植草固沙等。现已开发的生态混凝土按功能可分为环境友好型生态混凝土和生物相容型生态混凝土两大类。

（1）环境友好型生态混凝土

环境友好型生态混凝土是指可降低对环境危害较大的混凝土。这类混凝土目前没有具体的分类，其具体功能有降低噪声、屏蔽电磁波、调节环境小气候等。下面对现已应用的环境友好型生态混凝土进行分析。

1）吸噪声混凝土

机动车辆发展很快，行走所产生的噪声大约占噪声总容量的1/3，尤其高速及省主干道车速快、运量大、昼夜不停通行，对居住两侧的居民构成极大的干扰。吸声降噪混凝土就是为了减少交通噪声而开发的，适用于机场、高速及主干道路（铁路）两侧、地铁等产生恒定噪声的场所地段，能有效地减轻车辆噪声，改善出行环境以及公共交通设施周围的居住环境。降噪声混凝土具有连续、多孔的内部构造，具有较大的内表面积，与普通的密实混凝土组成复合构造。多孔的吸声混凝土直接暴露、面对噪声源，入射的声波一部分被反射，大部分则通过连通孔隙，被吸收到混凝土的内部，其中有一小部分声波由于混凝土内部的摩擦作用转换成热能，而大多数声波透过多孔混凝土层，到达混凝土孔背后的空气层和密实混凝土板表面再反射，而被反射的声波从反方向再次通过多孔混凝土向外部散出。在这样的过程中，与入射的声波具有一定的相位差，由于相互干扰作用，互相抵消一部分，对减小噪声效果较明显。

2）防辐射混凝土

科技的进步和电子工业的飞速发展，各种电子产品的普遍使用，移动通信、雷达广播、计算机、家用电气等已成为人们日常生活中不可缺少的一部分，这些电子产品的使用给现代人生活带来方便的同时，使电磁波辐射成为了一种新的社会公害。电磁屏蔽混凝土是通过对混凝土进行改性而得到的一种防护或遮挡电磁波的混凝土，其主要功能是防止建筑物内部电磁信号的泄漏和外部的电磁干扰。随着对电磁污染认识的不断深化提高，电磁屏蔽混凝土逐渐被应用到实际建筑工程中，有些已实现了实用中，如日本通过在混凝土中掺入碳纤维制出预制板，已成功地应用在9层楼的屏蔽围护结构上，美国五角大楼在建设过程中也使用了电磁屏蔽混凝土材料。

3）节能型混凝土

居住室内空气的合宜湿度对人体的健康是不容忽视的，湿度调节混凝土是具有对室内空气进行自调节功能的生态混凝土。由于环境空气湿度过大或过小，会使人有不舒适感，在北方冬季取暖期间，由于建筑物不是采用天然的、具有调湿功能的材料，而是采用普通的地产材料制成混凝土，而混凝土建成的建筑会使人皮肤干燥，衣服、电脑、电视易产生静电，容易引发病症，家具干裂，许多人家不得不使用加湿器调节室内的湿度。为此，日本名古屋大学等开发根据不同湿度下可吸附、脱附水蒸气的湿度调节型混凝土，已在东京、大阪、滨松城市中得到应用。它主要用在对湿度和温度有敏感要求的食物储存、美术作品收藏和用于有节能要求的建筑物中。

（2）生物相容型生态混凝土

生物相容型生态混凝土是指能与动植物等生物和谐共存的混凝土。常用的普通混凝土由于组成材料中起胶凝作用的水泥在水化时，产生占水泥石体积20%～25%的 $Ca(OH)_2$，使混凝土呈强碱性，pH值高达12.5～13以上，这种碱性对用于结构承重的钢筋混凝土而言是有利的，保护钢筋不被腐蚀效果良好。但对于地坪路面、港护岸用混凝土构件，这些碱性不利于植物和水中生物的生长，因此开发低碱性、内部具有一定空隙、能提供植物根部或生物生长所需养分的空间是必须具有的。适应生物生长的混凝土是生态混凝土的一个重要科研方向。根据用途需要，这类混凝土可分为：植物相容型生态混凝土、海洋生物相容型生态混凝土、淡水生物相容型生态混凝土及净化水质用混凝土等几类。

植物相容型生态混凝土是利用多孔混凝土空隙部位的透气、透水等特性，渗透植物生长所需营养、生长根系这一特点，来种植草、低灌木等，用于河流的护岸绿化、美化环境。植物相容型生态混凝土可以用于城市道路两侧及中央隔离带、水边护坡、楼顶种植、停车场等处，可以最大限度地绿化市区空间，调节空气湿度；同时，吸收噪声和粉尘，对城市气候的生态平衡能起到积极作用。

海洋生物和淡水生物相容型混凝土是将多孔混凝土设置在

河、湖和海滨靠近岸水域，让陆生和水生小动物附着栖息在凹凸不同的表面或连续空隙内，通过相互作用或共生作用，形成食物链，为海洋生物和淡水生物生长提供必要条件，有效地保护了环境。据资料介绍，日本已进入初步实用化阶段。如关西机场的护岸建成3个月后，混凝土表面就有茂密的海生物生长；1年后，褐藻生长繁茂，砌块上可见虾子栖息的洞穴；3年以后，褐藻充分长大，给海洋生物提供了良好的生存环境。

净化水质用混凝土是通过附着在多孔混凝土内、外表面上的各种微生物来间接地静化水质。需厌氧菌、氨氧化菌、硝酸氧化菌等菌类附着后，使有机物和氨分解并无机化。这些无机物与CO_2，通过光合作用进行初级生产而生成有机物，然后从二级生产向多元生产发展，这样形成食物链。在沿海岸水域里的构筑物和保护岸砌块的表面以及河流施工中，使用多孔混凝土砌筑，同时栽种芦苇或杂草，能够消除氮和磷，降低水域的富营养化，减少赤潮发生的可能性，从而对生态环境起到保护作用。

3. 生态混凝土的发展前景

现在全球对资源的保护和环境质量提出了更高要求，今后混凝土材料发展的目标是生态型高性能混凝土。未来生态型高性能混凝土必须具备以下的特性：使用生态水泥，砂石料的开采十分有序且不破坏环境；最大限度地节省水泥用量，减少CO_2和SO_2的排放量；更多的掺入经加工研磨的矿渣微粉和粉煤灰，节省水泥，保护环境，并改善混凝土的耐久性，应用以工业废液为原料改性制造的减水剂，以及在此基础上研制的其他复合型外加剂；发挥现有高性能混凝土的优势，减小结构截面积或结构体积，节约原材料用量；改善施工性能来减少浇筑密实的能耗，降低施工噪声；大幅度提高混凝土的耐久性，延长建筑结构体的使用寿命，进一步减少维修费用和重建费用；全部实现集中搅拌混凝土，实现混凝土生产过程中的无污染排放；对旧建筑物（构筑物）所产生的废弃混凝土进行循环利用，发展再生混凝土。

综上所述，混凝土材料的生态化是人们对混凝土这一传统建筑材料经过改造以适应社会更加文明的需求，也是未来混凝土材料可持续发展的目标。为实现人类社会可持续发展的目标，将混凝土对环境造成的负面影响降低到最小限度内，并对生态环境起到相应的协调和改善，是新型混凝土材料的发展方向。生态型环保混凝土是传统混凝土材料走可持续发展观，在建筑材料领域内的具体体现和必然选择。随着社会的进步，人们生活水平的提高，对环境保护意识也在不断增强，生态型环保混凝土必将有着巨大的市场和光明的前景；同时，在思考与规划我国混凝土发展战略时，必须从整个国民经济的需求和紧迫问题出发，力求获得最大的经济社会利益，特别要重视资源的开发利用和对环境的保护，达到经济、社会、环境保护的协调发展，使建设工程对材料的应用走上良性道路。

32. 乳化沥青水泥混凝土路面的质量强度如何？

现在建设高等级路面结构层绝大多数采用沥青混合料和水泥混凝土，因为水泥混凝土材料抗折强度相对较低，刚性较大而柔性不足，影响到水泥混凝土在高速公路中的正常使用。目前，国内高等级公路面层多采用沥青混合料，而国产沥青并不能适应高速公路面层的需要，因而出现了进口沥青或改性沥青，占我国高等级公路面层大量市场。现以聚合物改性水泥混凝土强度形成原理为基础，简要探讨乳化沥青水泥路面混凝土（EACPC）强度形成机理，以期为其在高等级公路工程中应用作借鉴。

常用的水泥混凝土是颗粒增强陶瓷基复合材料，与大多数陶瓷材料一样，普通水泥混凝土是一种典型的脆性材料，其具体表现是抗压强度很高但抗拉伸断裂应变能力极小。而乳化沥青水泥混凝土是以水泥和乳化沥青两种胶结料组合、共同形成的一种复合材料，具有较好的高温稳定性、低温抗裂性及耐久性，最早应用于日本和法国的高速公路工程。目前，国内及国外一些国家也进行了该项目的研究，并修建了一些路作为试验，已取得成功，用于公路工程。

1. 乳化沥青和水泥浆的机理

乳化沥青是将黏稠沥青加热至流动状态，经机械动力作用形成微粒（滴粒径约为 2 ~ 5μm），分散在乳化剂——稳定剂的水中，由于乳化沥青——稳定剂的作用而形成乳液。乳化剂分子一端为非极性憎水基团，另一端为极性亲水基团，乳化剂分子链在沥青颗粒表面定向排列，非极性憎水基团指向沥青，极性基团指向水中，降低了沥青颗粒表面与水界面之间的界面张力，在颗粒表面形成保护，防止了沥青颗粒之间的凝聚，使乳液保持稳定。由于乳液中剩余乳化剂分子的存在，当乳液被搅动时，在乳液中形成由乳化剂包裹的气泡。乳化沥青必须分裂（即沥青微粒从液体中分裂出来，聚集成膜），才能形成强度而具有改性的作用。一般乳化沥青分裂主要取决于 4 个方面的效果：即水的蒸发作用；集料的吸水作用；集料与乳化沥青的物理—化学作用；机械作用。其中，最主要的作用是集料与乳化沥青的物理—化学作用。特别是阳离子乳化沥青加入到水泥砂浆中以后，与水泥和砂浆相互均匀分散，沥青乳液迅速包裹了水泥颗粒，覆盖在砂浆的表面。随着水泥的水化作用，生成$Ca(OH)_2$等水化产物，混合物中的$Ca(OH)_2$与阳离子乳化沥青中的盐酸发生反应生成 $CaCl_2$，能与水泥中的铝酸三钙（C_3A）反应，在水泥颗粒表面生成不溶性复盐水化氯铝酸钙，氯化钙还可以与水泥水化产物中的氢氧化钙反应，生成不溶性的氧氯化钙。因此，阳离子乳化沥青水泥砂浆具有较高的强度（同沥青混合料比较）。但由于阳离子乳化沥青中的沥青含量较多，油成分高，分裂的沥青膜包裹着水泥颗粒和水泥水化产物，水泥颗粒和水泥水化产物不能从膜中分裂出来，阻碍了水化的继续进行，使强度发展缓慢。因为沥青的含油量较高，其自身的粘结性比与砂的粘结性要好，同水泥的粘结性比同砂的粘结性能强度高，因而均匀分散后的乳化沥青，在水泥砂浆中能较快自聚，或很快与水泥凝聚成团，对强度的形成和提高是不利的。有关试验资料表明，乳化沥青水泥砂浆的强度略低于普通水泥砂浆。乳化沥青水泥砂浆的强度与沥青含量、乳化剂性质、乳化效果、分裂的程度及乳化沥青与水泥、砂的亲和力大小相关。

2. 乳化沥青水泥混凝土路面施工

（1）乳化沥青混合料混凝土

乳化沥青混合料的强度最终增长，从根本上讲与沥青热拌混合料是相似的，但是由于乳化沥青是沥青与水的混合物，乳液中沥青必须经过与骨料的粘附、分解破乳、排水、蒸干等过程后才能完全恢复原有的粘结性能。因此，乳化沥青混合料强度的形成有一个逐渐发展稳定的成型过程，主要表现在乳液中水分的排出。在乳化沥青混合料拌合之初，分散在混合料中的水分不能及时排尽，这些水分大多数呈多余的游离水，占据着混合料之间的内摩阻力，从而降低了混合料的强度和稳定性。在一定的养生条件下，行车荷载的碾压振动作用下，混合料中的水分逐渐排出蒸发，混合料中的残存沥青在骨料表面的分布状况得到进一步的调整，粗细骨料之间的位置也相应地调整到最佳状态，使得沥青混合料的密度逐渐增大，抵抗外力荷载的能力也随时间的延长而提高，最终成为与热拌沥青混合料在本质上相同的路面优质材料。

（2）热拌沥青混凝土

沥青混凝土路面几乎都是以热沥青为胶结料，配以粗细骨料及外掺合料搅拌碾压而成。对于热拌沥青混合料强度的形成，较为统一的说法认为，沥青混合料是由矿质骨架和沥青胶结物质构成的具有空间网络结构的一种多相分散体系，即由不同粗细的矿质集料所构成的矿质混合料，分散在由沥青和矿渣组成的浆液中，沥青混合料的力学强度主要是由矿质颗粒间的内摩擦阻力和嵌挤密实力，以及沥青混合料与矿物之间的粘结力构成。

（3）乳化沥青水泥混凝土

在乳化沥青中掺入一定比例的水泥，由于水泥（属于水硬胶结材料）的掺入，乳化沥青与水泥的共同作用，与单一的沥青混合料强度形成具有较大的差别。乳化沥青水泥混凝土强度形成与发展过程同水泥在混凝土中作用关系相似。乳化沥青水泥混凝土属颗粒增强复合材料，乳化沥青粒子高度密布，散开在混凝土骨料基体中，当基体受荷载时，乳化沥青增强粒子阻碍，导致骨料基体产生塑性变形运动，对混凝土产生强化密实的效果。强化效果达到密实与乳化沥青粒子体积、粒子特性、粒子间距和粒子直径因素有关。在水泥与水作用的45min后，丝状的结构不仅很快地在水泥表面形成，而且在粒子之间填充水的空间内发展。随着水泥水化时间的延长，一方面由于水泥水化产生的多种水泥纤维，以水泥颗粒为中心向周围空间发展，纵横交叉，逐渐填满混合材料内的所有毛细空间，水泥与乳化沥青除物理吸附和化学吸附外，还可能发生化学反应，其结果是水泥水化产物与沥青膜交织在一起，并同细集料牢固地结合而形成柔性空间网。水泥产物的凝结力及沥青的黏聚力、水泥与乳化沥青的结合力，组成坚实的复合力，使乳化沥青水泥路面混凝土成为一种“密实—骨架”结构体。此时，水泥砂浆充满空隙，形成均匀密实、无孔隙的整体，从而使混凝土的总体强度有较大的提高；另外，混凝土中的沥青乳液因压实因素，已开始分解破乳，沥青从乳液的水相中分解出来，许多微小沥青颗粒相互聚积，形成连续的沥青薄膜，以结构沥青的形式粘附在骨料的表面。

由于沥青和水泥两种作用是同时进行的，两种胶凝材料之间既相互独立又相互贯穿，不同分割，相互依赖，形成两种材料和性质均不相同的立体空间网络，把骨料紧紧地固结在一起。与普通沥青混合料相比，除了原有单独起作用的矿质骨架和沥青的粘结外，水泥和乳化沥青混凝土提供了一种新型的、以水泥凝结为主体的第一骨架，这种质地坚硬的骨架不仅能大大提高混凝土的抗压性能，并且由于其自身的凝聚力，对混凝土的抗拉能力也有一定改善；同时，因水泥水化时体积略有增加，生成的水化产物填充了乳液中因水分蒸发形成的空隙，使混凝土更加密实，相应地提高了混凝土的稳定性和耐久性。

从胶浆的角度来说，在掺加水泥后形成了多极空间双重网络结构体系，由有机胶凝材料——沥青的粘结和无机的胶凝材料——水泥的凝固两种胶凝材料的共同作用构成的复合力，使乳化沥青水泥混凝土路面形成一个坚实的、既属于柔性又具有刚性的整体，它不同于沥青混合料的柔性空间网络，也与接近刚性但近于脆性破坏的水泥混凝土不同，是一种多级空间双重网络结构体系，在粗细微三级分散系中，以乳化沥青胶浆的凝胶结构与水泥浆晶体及凝胶体的水泥石和可能的水泥乳化沥青生成物，形成多重网络结构体系，是介于两者之间、汲取其优点的新型半刚性路用材料。

（4）乳化沥青水泥混凝土的影响因素

就乳化沥青水泥混凝土路面而言，承受荷载作用的主要骨架是水泥石，而影响水泥石强度的主要因素就是水灰比（W/C），因此，影响乳化沥青水泥混凝土强度的主要因素水灰比；此外，还包括水泥的强度和骨料的质量、乳化沥青用量、外加剂种类及掺量、施工质量控制水平等。

3. 简要小结

乳化沥青水泥路面混凝土于 2001 年 8 月用于某二级公路，完工后至今一直承担较大的交通量，许多重型车辆都在此路通行。于投用后 1 年第 4 次实地观察，路面各层试验状况基本稳定，只有个别裂纹出现，表明乳化沥青水泥混凝土具有较高的密实性，稳定性和耐久性能较好。

阳离子乳化沥青中的硅酸盐与水泥的水化产物发生反应，与普通沥青混合料相比强度提高，水泥凝胶为第一骨架，乳化沥青与石料粘结为第二骨架，加上水泥水化产物的填充，使乳化沥青水泥混凝土具有沥青和混凝土的共同优点，形成一种刚柔结合的路面材料，施工控制好 W/C 是保证强度的关键。

33. 什么是泡沫混凝土？在工程中如何应用？

墙体革新与建筑节能要求使用的材料具有质轻、高强、节能、利废、保温、隔热等性能，轻质泡沫混凝土是一种新型的具备上述要求的材料，在作为框架填充墙、管道保温、屋面保温工程中受到广泛重视。发泡混凝土是利用机械方式，将发泡剂水溶液制作成泡沫，再将泡沫混入到含硅质材料（如：砂、粉煤灰）、钙质材料（如：水泥、石灰等）、各种外加剂及水组合的混合料中，经搅拌均匀，浇筑成各种所需的规格，养护而成的含有大量封闭气孔的轻质混凝土，其材料具有良好的物理力学性能。

1. 泡沫混凝土的开发现状

（1）泡沫混凝土的结构性能：其材料的结构性能同加气混凝土基本相似，是多孔混凝土的一个品种。将发泡剂产生的泡沫混入到含硅、钙质材料和水及外加剂组成的混合浆中拌合，硬质颗粒附着在泡沫外壳，使其形成相互隔开的独立气泡，混合料中的气孔分布越均匀、尺寸越小，则混凝土强度越高，其材质性能越好。在常温下（>10℃），多孔材料凝结形成多种所需形体，在蒸汽蒸压养护下，硅质、钙质材料产生水化热反应后形成胶凝材料，冷却后即成为具有较高强度的多孔轻质材料。

泡沫混凝土具有质轻、保温、隔热、耐火、抗冻性好的建筑节能材料，混合浆在成型时可自流平、自密实；施工和易性好，利于泵送和整平，同其他建筑材料都会有良好的相容性，强度可根据需要调整。其主要性能体现在以下几个方面：

1）质轻，密度小：泡沫混凝土的密度一般为300～1200kg/m^3，在建筑材料选用中，比常规建材降低自重30%左右，可降低结构和基础的造价，对抗震有利。

2）热工性能好：泡沫混凝土内含有众多独立、不贯通细小孔洞，形成良好的热工性能，正常的导热系数在0.08～0.25W/

(m·K) 之间，保温隔热、隔声效果明显。在我国三北广大地区，外墙厚度采用 200 ~ 250mm 的泡沫混凝土砌块，保温性能相当于 490mm（二砖）厚的效果，用于节能墙体和屋面保温层效果更好。

3）隔热、防火性能好：由于泡沫混凝土属于多孔轻质材料，可用于楼层的向阳隔热层和沿公路一侧的隔声层使用；同时，在防火、防水性能方面也具有良好效果，充分利用废弃材料，节省耕地和能源，降低价格。

（2）发泡剂的性能及其应用

1）发泡剂的品种及性能：用于混凝土的发泡剂种类较多，常用的发泡剂主要是各种表面活性剂。目前，国内发泡剂主要是松香胶发泡剂、废动物毛发发泡剂、树脂皂类发泡剂、木质素磺酸盐、水解血胶发泡剂、石油磺酸铝发泡剂、蛋白质水解物及高分子表面活性剂等。国内发泡剂总体上看，功能偏少、稳定性差、制品强度较低。国外如意大利、日本研制的发泡剂，多以蛋白质类为主，发泡数量多、稳定性好、产品强度高。近年来，国内已开发出一批性能较好的固体树脂泡沫剂和蛋白质泡沫剂，如 CON-A 型泡沫剂、CCW-95 型固体泡沫剂、U 型发泡剂、HJ-3 型磺酸盐系列微泡剂等。

发泡剂形成的泡沫质量应以坚韧性、发泡量、泌水量等指标作为标准。泡沫的坚韧性是指泡沫在空气中在一定的时间内不过早地被破坏；发泡量是泡沫体积增大于发泡剂溶液体积的倍数；泌水量是指泡沫被破坏后所产生发泡剂水溶液的体积。表 33-1 为常用发泡剂的性能指标。

常用发泡剂的性能指标　　**表 33-1**

发泡剂品种	十二烷基苯磺酸钠		松香皂		松香热聚物		动物毛发	
浓度	0.5%	1%	1%	2%	1%	2%	1%	2%
发泡倍数	27	32	28	29	25	26	20	22
1h 泌水量（mL）	150	140	120	110	140	120	60	40
1h 沉降距（mm）	50	38	34	29	38	33	8	5

发泡剂因其分子结构的不对称，能聚集在气-液表面上，降低表面张力，提高膜的机械强度，因此，可在纯净液体中加入发泡剂后，经搅拌、混合、喷射、吹入等机械方法，将气体带入就制得所需泡沫。

2）泡沫性质及稳定性：泡沫的稳定性是极为重要的。不稳定的原因是由于泡沫中液体的析出和气体穿透液膜扩散，其稳定性主要取决于液体析出的速度和液膜的质量，增加溶液的黏度可以解决这一问题。目前，国内制泡主要是采用高速搅拌机，利用高速旋转的叶片制作泡沫，叶片上下泡径不匀，泡沫质量与叶片长度、角度、层数、线速度、时间有关。外界环境压力一大则气泡分布窄、均匀，泡沫也稳定；泡沫的稳定随着气温的升高而下降，拌合料如粉煤灰、砂粒，形状均匀，表面光洁，这样，泡沫本身的特性能较好发挥，不致产生集中，利于泡沫稳定。

（3）使用原材料

1）水泥：泡沫混凝土是一种大流动性混凝土，为了能使拌合料在较短时间内凝结，防止产生沉降和泌水，尽快提高混凝土的早期强度，宜采用高强度等级的早强水泥，以硅酸盐或硫铝酸盐水泥、铁铝酸盐水泥较好。这几种水泥由于具备了早期强度高、微膨胀、干缩性小的优点，是泡沫混凝土较好的胶结材料。

2）粉煤灰：粉煤灰具有掺合料和生成胶凝材料的双重效果，它的颗粒越小则活性越大，制成的泡沫混凝土强度越高。泡沫混凝土的干密度取决于孔隙率，粉煤灰的类型和掺量对孔隙率影响不大，一般掺量在30%～60%，对泡沫混凝土的孔隙率、抗压强度没有影响，如矿渣细料和粉煤灰的复合使用效果，更有利于混凝土强度的提高；同时，若配制较高强度混凝土时，掺入适量硅灰效果更好。

3）石灰和石膏：采用生石灰在水化时能产生较大热量。有利于掺入适量粉煤灰的泡沫混凝土早期强度的提高，在配合比中随着石灰掺量的增加，泡沫混凝土的强度也相应提高，其控制用量一般在10%～15%。石膏在胶结材料中起激发剂的作用，随着石膏掺量的加大，泡沫混凝土的早期强度会快速增加，当超过一个定值后强度反而会降低，其最佳掺量在3%~4%。

4）轻集料：当需要更轻集料的泡沫混凝土时，可掺入一定量的轻集料，如膨胀珍珠岩、硅石粉、轻质陶粒等；如对重量不要求时，可掺一定量的炉渣、浮石、砂等。当选用膨胀珍珠岩作为制作泡沫混凝土的功能调节剂时，不但可使混凝土的浇筑高度增加，保持混合料上下均匀、不沉降，而且使制品具有良好的吸声效果。

（4）外加剂：泡沫混凝土与加气混凝土基本相似，同样具有干缩性大、吸湿性强的缺陷。为减少干缩、弥补不足，采取填加复合外加剂的方法解决。在配制时，掺入膨胀剂以减少收缩裂缝；掺入纤维材料以提高抗拉强度；掺适量骨料以减少体积收缩；用有机物对其表面进行浸渍，提高表面强度并降低吸水率；掺入粉煤灰可减少水泥用量，提高后期强度的增长。

（5）加工制作工艺：泡沫混凝土制品的加工生产流程是先将水泥、集料、掺合料、外加剂和水按配合比重量分别计量，加入装有泡沫溶液的容器内进行搅拌，拌合均匀后再倒入模板内，低幅震动抹平，养护脱模即可；同时，要注意搅拌时间的控制，随着水化时间的延长，泡沫混凝土的强度呈上升趋势，密度呈下降趋势，最佳时间控制在90min为宜。

养护泡沫混凝土时，表面的泡沫破裂是不可避免的，在水平方向和垂直方向均可出现，但由于表面干燥，失水产生的微裂缝是可以避免的，构件成型后用铁抹压刮平，待初凝后，覆盖塑料布或早期蒸养，防止早期失水过快，产生开裂。

2. 国内泡沫混凝土的应用现状

（1）轻质泡沫混凝土砌块：泡沫混凝土已用于填充墙体、屋面保温等建筑工程中，南方地区在建筑中一般采用密度800~1000kg/m^{3}的泡沫混凝土砌块，其使用规格趋向于轻集料混凝土空心砌块，主要使用规格为390mm×190mm×190mm；西北地区一般用密度 500～700kg/m^3 的砌块，规格相当于加气混凝土砌块，主要规格尺寸为 600mm×300mm×300mm、600mm×300mm×200mm 等。密度等级从 300～1200 级，每 100 级增加，其密度不同强度等级也不同，一般强度在 1.5～4.0MPa 之间。

不同地区的工程对泡沫混凝土有不同的需求，例如对抗冻性、抗碳化性、隔声隔热效果等，内外墙有所不同。表 33-2 为西北地区某研制所配制的免蒸复合发泡沫混凝土砌块，其质量等级为 600kg/m^3 的砌块配合比，原材料中有：水泥、石灰、粉煤灰、复合外加剂（硅酸盐和硫酸盐会产生超塑性）、发泡剂（自制的 F-3 复合发泡剂）、减水剂、矿粉、植物纤维和水等。

绝对于体积质量等级为 600kg/m^3 的发泡砌块材料配合比　表 33-2

原材料	规　格	用量（kg）	备　　注
水泥	42.5R 硅酸盐水泥	180	
粉煤灰	烧失量 5%	330	
矿渣细粉	细度 6000m^2/g	45	
石灰	140 目有效 CaO≥70%	8	
复合外加剂	硅硫酸盐	20	
纤维	植物纤维	5	复合外加剂:水＝1:5
C—3 减水剂	减水率 25%	0.5	纤维:水＝1:5
F—3 发泡剂		3.5	减水剂:水＝1:10
水	pH＝7	180	发泡剂:水＝1:（23～25）

经应用抽样复查测试，600 级的实际技术性能为：干密度 648kg/m^3；抗压强度 3.8MPa；吸水率为 12.0%；抗冻性经 25 次冻融循环合格；干燥收缩量 0.72mm/m，产品各项经济技术指标与传统的加气混凝土砌块对比显著。

（2）大掺量泡沫混凝土砌块：以 700 级粉煤灰泡沫混凝土砌块为例，试件采用比表面积 400m^2/kg 的细粉煤灰为主要原材料，发泡剂为 XY-型（聚合物改性松脂皂液）。使用的配合比为：水泥:粉煤灰:熟石灰:石膏:减水剂（UNF）：早强剂（硫酸盐）:膨胀剂:发泡剂 = 1:1 ~ 1.6:0.05 ~ 0.25:0.05 ~ 0.20:0.005 ~ 0.01:0.005 ~ 0.002:0.005 ~ 0.09:适量。实际检测抗压强度达 3.5MPa、干燥收缩量 0.72mm/m、碳化系数 0.21W/（m·K）、15 次冻融循环合格。

大掺量泡沫混凝土试配表明，随着粉煤灰量的增加，则对密度和强度影响极小，在掺量 40% ~ 60% 范围内，混凝土的密度减小、吸水率增加，28d 的抗压强度偏低，加强后期养护强度会逐渐上升。在常温下制作养护，其导热系数小，质轻，抗冰性可满足需要，粉煤灰越细，其产品抗压强度越高。粉煤灰泡沫剂掺量增大，其混凝土的密度减小，吸水率增加，28d 抗压强度降低，对三者的影响明显。

（3）屋面泡沫混凝土保温层现浇：泡沫混凝土属于节能型保温材料，在屋面采用，强度等级为 200 ~ 1000kg/m^3，复合施工是将保温层、找坡和找平层三道工序一次施工，简化屋面构造层数，施工简便，整体性、热工性好，优于膨胀珍珠岩保温层。常用的施工配合比为：

普通硅酸盐水泥 250 ~ 270kg/m^3；轻质骨料 190 ~ 200kg/m^3；发泡剂 6kg/m^3;石灰(石膏)10 ~ 15kg/m^3;外加剂 9.5 ~ 10kg/m^3;水 200kg/m^3；防水透气液 1.0 ~ 1.6kg/m^3。

屋面保温层采用泡沫混凝土，根据需要厚度一次浇筑成型，实际检验泡沫气体充分，孔壁厚度均匀，密度小，不龟裂，隔热吸声好，既可减轻建筑物重量，又可达到防渗防水、保温隔热的效果。

（4）陶粒泡沫混凝土：轻质陶粒混凝土是将多孔泡沫料浆注入预先放有陶粒的模内成型，强度随着陶粒强度的增长而增加。陶粒泡沫混凝土在配制时要经有资质的试验室进行试配，选择陶粒用量、泡沫掺量、砂率的最佳掺量，而增加水泥用量并不能明显提高混凝土的强度，掺入适量粉煤灰代替水泥，其效果更好。陶粒泡沫混凝土的抗冻性优于其他填充骨料，经 50 次冻融循环后，强度和重量损失小于10%。

（5）粉煤灰泡沫混凝土墙板：粉煤灰泡沫轻质墙板的通常做法是：混凝土中掺入粉煤灰30%～45%，水泥45%～60%，膨胀珍珠岩10%～15%；外形尺寸2700mm×600mm×60mm，表面密度小于40kg/m²，抗折力大于1400N，导热系数小于0.20W/(m·K)，空心率28%，防火性能好。

（6）其他材料泡沫轻质混凝土：凝结快、收缩量小的泡沫混凝土，这种混凝土采用由铝酸钙和硫酸钙组成的硅酸钙水泥作为快凝胶结材料，用缓凝剂及按工程需要所选择的骨料组成。采用蛋白质发泡剂、表面活性剂、发气剂及水等，与骨料一同搅拌。其制品具有凝结快、干缩性小、强度早强增长快的特性。在工程中，需要重量较低的泡沫混凝土，如用硅石作为主要材料做为地坪，用于防静电、防火等工程。

3. 轻质泡沫混凝土应用中注意的问题

泡沫混凝土应用中容易产生的问题有：强度偏低，达不到所需要求，尤其是密度小于800kg/m³的泡沫混凝土，抗压强度小于2.0MPa，表面有干缩微裂缝，吸水率大等。为避免上述问题的存在，在提高以强度为主的设计时重视到：选择经过优化的配合比，使用高效减水剂，采用优质发泡剂，加强成品的早期保湿，防止水分过早蒸发，减小干缩，过快开裂，适量掺入膨胀剂等。

我国正在推广生态节能和资源利用的建筑材料，轻质泡沫混凝土的推广应用前景十分看好。但要保证泡沫混凝土的强度质量，研制高效发泡剂、复合外加剂及原材料（骨料）配合比，对混凝土性能在设备、工艺流程的影响，在实践应用中总结提高，处理好具体技术问题，使泡沫混凝土的应用更广泛。

34. 什么是绿化混凝土？其质量如何控制？

混凝土作为建筑使用量最大的材料，除了满足需要外，更注重混凝土技术与环境的结合，降低环境负担，改善环境，走可持续发展的道路。绿化混凝土是生态混凝土的一种，是混凝土生态材料化的新材料，它将在未来建设中起重要作用。国外发达国家在20世纪末开展了生态混凝土的研究开发，研制出了生态混凝土砖。我国对绿化混凝土的开发应用十分重视，许多科研机构开发了能生长草的混凝土，并对植物相容性与力学性能进行了研究。绿化混凝土正是模仿自然的实践，其目的是实现人和自然的和谐相处，丰富人居环境，创造更多的自然空间，有效减少和降低水泥混凝土给环境带来的不利影响。

1. 绿化混凝土的种类及用途

绿化混凝土系指“能够适应绿色植物生长，进行绿色植被的混凝土及其制品”。它的主要类型及用途如下：

（1）孔洞型绿化混凝土

在预制混凝土板的预留孔内，填充具有适合植物生长的营养性土壤，然后再种植绿化植物，这种混凝土称为孔洞型绿化混凝土。主要分为孔洞型块体绿化混凝土和孔洞型多层绿化混凝土。前者如8字形孔洞块体绿化混凝土，以及许多城市的人行道上铺设的植草砖等。后者指上层为孔洞型多孔混凝土板，底层为凹槽型，上层与底层复合，中间形成有一定空间的培土层。这种绿化混凝土往往用于城市楼台的阳台、围墙顶部、墙体上部等。

（2）敷设试绿化混凝土

在混凝土表面固定植被网，并喷涂一定比例的胶粘材料、保水剂、肥料、植物秸壳粉沫、草籽混合物、填充料等，构成植物生长基体并使其长草。该方法多用于既有混凝土的表面、裸露岩石面的绿化，能否经历洪水较长时间的浸泡和冲刷，尚需要再作观察，暂无此方面的成功报道。

（3）随机和复合多孔型绿化混凝土

随机多孔型绿化混凝土曾称生态多孔型混凝土、多孔连续型混凝土。是将无砂混凝土作为植物生长基体，并在空隙内充填植物生长所需的物质，植物生长根系能穿过无砂混凝土至被保护土中。因其孔洞结构特征是随机分布的，被称为随机多孔型绿化混凝土。其护砌及播种性能好，能使安全护砌与环境绿化有机地结合在一起。其关键技术是孔隙内的盐碱性水环境的改造，特定生长环境下植物生长所需元素的配置，植物生长环境及规律。一般认为，这种绿化混凝土源于日本，要求使用低碱性 pH 值在 8~9 的高炉 B.C 型水泥，植物已基本可以适应；在混凝土空隙内填充苔藓类土、保水剂、缓释肥等材料，并在表面覆盖一层土，则可使植物生长。该技术可播种性较好，可绿化面积大，因此，需要特种水泥，限制了其技术在国内的普及应用。

吉林水利实业公司提出复合随机多孔型绿化混凝土，其特点是周边采用高强度混凝土保护框并兼作模具，中间填充无砂混凝土一体成型，解决了随机多孔型绿化混凝土生长基的实用构件化、边缘强度低、有效面积小的问题。这种制作方法已获国家发明专利。

(4) 轻质绿化混凝土

轻质绿化混凝土是一种性能介于普通混凝土和耕植土之间的新型轻质绿化混凝土材料。它以轻质多孔细料岩石、珍珠岩、生物有机肥料、耕植土、减水剂等为原料，用水泥胶结材料胶结而成。具有一定的强度和耐冲刷性能，自重轻，能形成一个个蜂窝状空隙，可以满足植物生长所需的空隙率、持水性和渗漏系数、酸碱性等要求，既利于植物根系生长，又能为植物生长提供所必须的养分和储存空间。其在水中浸泡 24h 后，不但不松散而且仍有 0.4MPa 的强度，而普通土几小时后便会在水中松散、分离，可以大量用于小区绿化、休闲绿化和屋面种植。

(5)“沙琪玛骨架”绿化混凝土

“沙琪玛骨架”绿化混凝土具有与普通土相似的适合植物生长的特点，同时具有耐冲刷能力，在“沙琪玛骨架”的固土作用下，更强化了耐冲刷能力。可适用于城市休闲绿地、住宅小区绿化、停车场、公路护坡、江河护堤等。

（6）自适应植被（护堤）混凝土

自适应植被混凝土是集智能混凝土和植被混凝土双重特征的新型生态混凝土。其结构本身具备自适应（自动适合植物生长的酸碱度和湿度）、自供给（结构内部提供植物生长所需的营养元素）特征，是一种能适合于植物生长的植被混凝土，并具备工程所需强度的多孔混凝土。

护堤植生型生态混凝土的理念，是对材料级配进行了分析，重点考虑了其物理、力学以及耐久性方面的性能指标，其适应性评价还在研究中。

2. 绿化混凝土的研究应用状况

（1）绿化混凝土的材料应用

绿化混凝土的材料选择仍然是不同类型的碎石、水泥、珍珠岩、矿渣、建筑废料、耕土、粉煤灰、有机肥、各种添加剂等，经合理配合比所组成。其基本由无砂混凝土构成。为了能使植物在混凝土空隙内生根发芽并穿透至土中，要认真选择骨料粒径，使其内外有一定空隙。按照强度匹配要求，常采用的抗压强度相当于废砖块，其强度为 5 ~ 15MPa，普通硅酸盐水泥 42.5R。

（2）绿化混凝土的耐久性能

在进行冻融试验时表明，采用砖石制成的大孔隙混凝土冻融稳定性优于碎石制成的大孔隙混凝土。同时，还对结构稳定性、穿透稳定性进行了试验。观察长草 10cm 厚的绿化混凝土构件，发现草具有亲肥性和亲水性，首先选择穿透混凝土孔隙，然后在土中向周边扩展，草根对绿化混凝土不产生膨胀作用。

（3）绿化混凝土的防护特征

1）高透水性：绿化混凝土孔隙率高达 40%以上，表面等效孔径 20 ~ 30mm，孔隙自构件顶表面可曲折通到地面。在堤护砌筑工程中，受水位急降的影响较小；在季节性冻胀地区，有利于排出和降低被保护土内水分，减小冻害的破坏；

2）有较大的拔出力：经实测某种绿化混凝土提高堤防护砌

材料防护稳定性的效果是十分优良的，对边距离450mm的六角形绿化混凝土构件，原重只有30kg长草生根后的被拔出重量达160kg；

3）高透气性：在很大程度上保持了被保护土与空气间的湿、热交换能力；

4）护砌安全性能好：绿化混凝土构件厚度与单块尺寸，可按照《堤防工程设计规范》GB 50286的规定执行。由于草根的锚固作用，将更加安全、可靠。

（4）孔隙碱水改造及pH值的降低

经过对孔隙内碱性水环境的形成与表面形成的试验与分析，结合物理化学、结构、土壤化学、生物化学及农艺方式，提出了元素形态转变、离子动态平衡、分子筛效应理论，用改性剂等方法不仅使硅酸盐水泥混凝土孔隙内水循环的pH值达到7~7.5，而且增加了缓冲容量，将有害元素转化为有利于植物生长和提高混凝土耐久性的材料。

混凝土中碱性主要是由$Ca(OH)_2$引起的，单方混凝土水泥用量200kg左右，就能使$Ca(OH)_2$在混凝土中达到饱和程度，从而具有较高的pH值（混凝土中>12.5）。混凝土中掺入粉煤灰大约需200d时间，pH值可降至11.5，这仍然不能满足植物的生长需要。采用$FeSO_4$中和处理，可使其pH值降至10以下。据介绍，在28℃气温下28d的时间，硅酸盐中的碱有86%~97%被释放出来，其中45%~85%是在前几个小时内释放出来的。经较长时间裸露后，硅酸盐水泥硬化浆体中仅保留15%左右的碱。对此，通过浸入$FeSO_4$溶液的处理，可使混凝土中的pH值达到植物生长的需要。

（5）植物生长填充材料选择

填充的植物生长材料应当提供草自发芽及生长初期，以及在多年生长期内的养分与水分；减少残余碱性水环境对草根的不利生长。应该常在混凝土孔隙中加入保水剂，如丙烯酸酰胺型保水剂。因草品种多数为多年生植物，还应该为草提供当年以至今后几年生长期内所需的缓释肥。

在空隙中填入轻质多孔细料岩石、有机肥等材料作为养分与水分的载体，当护砌厚度在150～200mm以下时，采用在护砌材料下面提供缓释肥的方法，即铺设营养型纺布。该种土工布是在高度无纺结布表面附上一层特殊纤维，既起到反滤作用，又可以在几年内持续向植物提供营养。草根穿透无纺结布后，可将大孔隙混凝土、无纺织布一道锚固在被保护土上，提高整体护坡效果。对于填充方法，常采用高压吹填法和压力灌浆法，均可取得较好效果。

（6）绿化混凝土草种选择与管理

目前应用的草种分为冷季型和暖季型草两大类。一般在绿化混凝土中可采用的常见种类有黑麦草、早熟禾、高羊茅、野牛草等；另外，改良草的品种，使其增加耐践踏性，也是改善草坪质量的途径。为了综合各种草种的优势，可用散混播方式，这样可以提高抗性。

（7）绿化混凝土抗压性能

目前，对普通混凝土的各种力学性能研究很多，而对绿化混凝土和生态混凝土的研究少见报道。一些资料介绍了绿化混凝土的双向和单向抗压力学性能，双向抗压强度试验用150mm立方体试件，试验表明，当混凝土结构受到外部荷载作用时，在混凝土的交界面上或个别有缺陷的地方会出现微裂缝，随着荷载的增加，一些微裂缝开始连接起来，形成宏观裂缝。在达到临界荷载之前，裂缝趋向于不稳定发展，在某一条主要裂缝处决定了极限荷载值以及混凝土的破坏形态。试验还表明，同一配合比材料双向抗压强度约是单向抗压强度的1.1～1.5倍。

（8）存在的主要问题

如果对绿化混凝土的降碱处理不当，植物生长的情况会大大不及在普通土壤中好，植株高、株壮都比普通土壤中生长的植物差；经降碱处理后，生态混凝土的力学强度是否有较大的破坏，还需要进一步证实；绿化混凝土的可再播种重复性还有待时间和试验进一步论证；绿化混凝土的最佳配合比与物种的生长特性密切相关，因此，根据种植物种的不同进行不同的配比试验；在微细观力学、在双向和三向拉压力学性能等其他宏观力学方面的耐久性损伤研究，植物根系与绿化混凝土相互作用机理还需研究。

3. 绿化混凝土的应用前景

绿化混凝土可大量用于城市休闲绿地、住宅小区的绿化、停车场、屋顶花园等，可大幅度增加城市的绿化面积，改善城市的生态环境。用于高速公路的护坡、江河护堤，既能固土又能改良生态环境；进一步开发还可用于固沙等。在涵养水土、保护环境、边坡绿化、观赏装饰、防灾减灾和人类保健等环境生态平衡方面，具有广阔的应用前景。

35. 混凝土质量通病有哪些？如何预防控制？

建筑工程中混凝土的用量是最大的，也是工程结构的关键所在，尤其是现代建筑工程混凝土的作用更是无可替代。这种用量最大、作用重要的建筑工程混凝土经常会产生一些质量问题，尤其出现的各类裂缝更影响到结构体的安全耐久性。如何能最大限度地消除质量通病，保证结构安全是参与工程施工、管理人员应该掌握的，下面结合现行的国家标准和工程实践，对混凝土工程施工中质量通病的产生原因及预防措施进行浅要分析探讨。

1. 蜂窝麻面产生原因及预防

（1）蜂窝现象及原因

混凝土施工拆模后，结构表面局部出现酥松、无砂浆、石子多、石粒之间形成空隙，类似蜂窝状的窟窿，部分表面出现缺浆和许多小凹坑、麻点，形成粗糙表面，但无钢筋外露现象。

究其原因：混凝土配合比不当或粗细骨料计量不准，造成粗骨料多、砂浆少；混凝土搅拌时间短，拌合不匀，和易性差，泌水沉淀；运输时间未覆盖表面，失水过多；入模下料不当或高度超过 2m，未设串筒或溜槽，下料石粒集中，砂浆离析；混凝土拌合料入模未分层、振捣不到位、不实、漏振、振捣时间太短；模板缝隙大、不严，水泥浆流失过多；钢筋稠密、石子粒径大或坍落度小，浆未到位；基础、柱或剪力墙下部浇筑，未稍加间歇就连续浇筑上部混凝土；模板表面粗糙，粘附残浆未清理，未刷脱模剂或漏刷，混凝土表面与模板粘结，拆模时粘坏混凝土，表面造成麻面；木模板未浇水干燥，混凝土入模后水分立即吸去，使混凝土失水过多，表面形成麻面；混凝土振捣时间太短，空气未排出，拔得过快，浆未沉下去，粘在模板上形成麻面等。

（2）施工预防措施

精心设计，把好混凝土配合比级配合理、砂浆砂率用量比例适当的关，根据原材料级配，多做几种配料比例，择优选择施工用配合比。经常检查计量器具，做到原材料称量准确，混凝土拌合均匀，时间不少于 90s，控制水灰比，不多加水，坍落度正常不超过 50mm；混凝土下料高度 < 2m，当 > 2m 时必须设串筒或溜槽；浇筑时分层下料、振捣，不漏振和过振，防止空洞和胀模；模板应有一定的刚度，板缝应填堵严密，浇筑时有专人检查模板支撑情况，防止漏浆；各类基础、框架柱、剪力墙底部应浇筑后间隙 1h，待混凝土自行沉降后再浇上部混凝土，防止和减轻由于基础自然收缩，出现同上部的烂根现象。

对表面存在的较小块蜂窝，刷去松动颗粒，再用水冲洗干净，刷一道 1∶0.5 水泥素浆粘结层，再用 1∶2 水泥砂率压实抹平；对较大的蜂窝，要凿除蜂窝表面的薄弱松动层，刷洗干净，刷一道素水泥浆，用较原混凝土高一级的细石混凝土补抹压平；对于较深（未到主筋表面）蜂窝，如清理确有困难，可用压力水冲洗，再用压力注浆填充孔内，表面用 1∶2 水泥砂浆封闭处理。需要特别注意的是，对薄层混凝土处理的养护工作特别重要，重视早期保湿，防止失水过快，降低处理效果。

无论施工采用何种模板，表面必须要干净，尤其是已用过的旧模板粘结混凝土等杂质要清理干净并刷脱模剂，脱模剂要刷均匀、不漏刷；浇筑混凝土前，要充分湿润，将缝隙贴严；混凝土分层均匀，振捣密实，空气排出。对混凝土表面要作粉刷的暂不处理，表面不做粉刷层时，应将麻面处浇水充分湿润，用原混凝土除去石子抹压压实收光，加强对抹灰层的养护工作。

2. 孔洞产生原因及预防

（1）孔洞现象及原因

浇筑后的混凝土拆模板在结构体表面存在较大尺寸，深度超过钢筋保护层至主筋或更深处的空洞，局部没有混凝土或不规则空隙，钢筋部分或全部裸露。

其原因主要是出现在钢筋很密集、间距极小、预埋管、预留孔洞、预埋件等处，浇筑混凝土时，粗骨料卡住下不去，振捣棒到不了位插不下去，未振捣即继续向上浇筑；混凝土离析，粗细骨料分离，砂浆泌水，石粒下沉，过振，漏浆严重又未采取二次振捣；混凝土一次入模过厚过多、振捣棒振不到位、下部又振不动，形成松散层或孔洞；模板内掉入砖块、木块、石块、工具等杂物，卡在钢筋中，挡住下不去，使底部混凝土形成空洞、空隙，造成质量问题。

（2）施工预防措施

在结构钢筋密集或复杂处，例如框架柱同梁的交接处，有时钢筋纵横、上下搭接，甚至互相挤压，没有空间，此时排筋困难，要分清主次，柱筋无法动，只有对梁筋认真布置，保持主筋间有25mm空隙即可保证浇筑质量。浇筑混凝土时，采用细石混凝土并用直径20mm振捣棒振捣，振后在外模敲打检查是否密实。对较高柱、墙板浇筑，要留检查孔、洞，浇筑下部时在两侧洞口进料，振捣分层进行，严防漏振；注意防止杂物掉入模板内，防止形成空洞、空隙；对已形成的空洞，要将周围松散混凝土凿除干净，用压力水冲洗干净后，待没有明水时，在所有需补的表面刷1:0.5水泥素浆一道，再用高强度细石混凝土认真捣实填平，在初凝后再进行表面处理，加强表面养护。

3. 露筋产生原因及预防

（1）露筋现象及原因

框架柱、梁、剪力墙、平板、设备基础等结构拆模后存在的表面缺浆、露筋现象，在混凝土工程质量中，露筋是绝对不能允许的，严重的要返工处理。出现露筋质量问题的主要原因是：浇筑混凝土时，钢筋保护层厚度未控制好，垫块不牢或漏放，局部钢筋不到位，贴在模板上使无保护层钢筋外露；结构截面较小，钢筋过密，石子粒径较大，卡在钢筋上，水泥砂浆不能流入下部及钢筋中，造成露筋；混凝土入模后离析，在模板边角处缺浆或漏浆，振后露筋；由于保护层太薄，振捣时垫块掉下，或平板钢筋踩踏，贴在模板上，钢筋错位，造成露筋；木模板未浇水，将拌合料中水吸得过多，粘在模板上，拆模较早，混凝土强度低，造成缺棱、掉角、露筋。

（2）施工预防措施

对于像露筋这样较严重的施工质量，浇筑混凝土前，必须对钢筋和模板严格检查，对主筋位置、箍筋间距、弯钩长度、角度和保护层厚度，保证在浇筑时钢筋保护层厚度不移位，这是保证混凝土耐久性的必须条件；钢筋密集时，粗骨料粒径不超过钢筋最小净距的3/4，浆的和易性要好；浇筑时，高度超过2m，应用串筒或溜槽下料，防止离析；模板充分湿润，补严缝隙防漏浆；振捣混凝土时，振捣棒不能撞击钢筋，操作时严防踩踏钢筋，对扰动的钢筋及时复位和绑扎；对预埋管处浇筑时，检查下部进料和振捣；严格控制拆模时间，防止因强度低而碰撞棱角。对结构表面露筋要清理干净，及时补强，在干净的表面刷素浆结合层，接着抹1∶2.5的水泥砂浆，厚25mm以上；露筋较深时，凿除薄弱松散层，用上述方法根据实际用砂浆或细石混凝土修补，加强养护工作。

4. 烂根、夹渣产生原因及预防

(1) 烂根、夹渣现象及原因

烂根及夹渣现象是在混凝土拆模后看到，主要是结构柱、板底部或接槎处、施工变形缝处出现的质量情况，底部基础同上部接槎处的夹渣松散或裂缝，俗称“烂根”。

产生夹渣烂根问题的主要原因是：在柱板根部、接槎处、施工缝、变形缝处，在施工前未经接槎处理，清除水泥废渣，松动石粒并刷洗干净；模板缝过大漏浆，或接槎处模板不到位，在缝内塞填水泥袋堵漏，夹在混凝土中，未湿润刷结合浆、砂浆结合层，混凝土下料过高，未用串筒或溜槽，粗骨料集中离析；振捣棒过高，未伸到根部振捣，造成漏振、欠振。

(2) 施工预防措施

认真按现行的《混凝土结构工程施工质量验收规范》要求进行施工和检查，认真执行工序过程，隐蔽施工前必须进行验收，才能进行下道工序。施工支模前，对接槎处认真清理，该凿除的一定凿除，该扒毛时要扒毛彻底，冲洗这一工序支模前一定要冲洗干净；否则，支模后冲洗不净。对基础根部或板缝处的缝不能塞水泥袋堵漏，这样容易夹在缝中，造成烂根；在模板支设好、浇混凝土的工作准备好浇筑时，对模板内部再次冲水，均匀洒一层结合素水泥浆，再洒一层厚度 30mm、1∶2 的水泥砂浆，这样，只要不漏振，接槎处不会有夹渣质量问题。注意洒结合浆的距离不要长，防止干燥，形成不粘结的夹渣。浇筑高度 2m 时，设法用串筒或溜槽，这是防止离析的有效方法。对已存在的夹渣质量问题的处理，当缝隙不深时要凿除松散混凝土，冲洗干净，刷素浆结合层后，再用 1∶2 水泥砂浆捣实；夹渣较深时，也必须凿除所有松散混凝土，用压力水冲洗外部支模，灌细石混凝土振实，终凝后再做封闭，也可采用压力注浆处理。但必须加强表面养护工作，这是十分重要的一个工序。

5. 缺棱掉角产生原因及预防

（1）缺棱掉角现象及原因

混凝土结构拆模后，在构件或结构体边角混凝土局部掉角、缺棱或粘掉面层，出现不规则的质量缺陷。出现质量问题的原因：使用的木模板表面粗糙，未刷脱模剂，未浇水湿润、太干燥，混凝土浇筑后又不及时养护或养护不到位，混凝土水化不充分、强度低，或模板吸入混凝土中水分体积膨胀、拉裂边角，拆模板时有裂缝的棱角粘在模板上掉下；拆模板时，边角受外力或重物撞击，或未采取措施保护被碰掉；低温施工，过早拆侧面模板，粘掉面部或边角。

（2）施工预防措施

木模板表面必须刨光刨平，均匀涂刷脱模剂，模板支设加固好，浇筑混凝土前要充分浇水湿润；混凝土浇筑振捣抹平后，立即覆盖保湿，当表面终凝发白、泛碱时立即浇水养护；拆不承重的侧模板时，混凝土的强度 $>1.2\text{N/mm}^2$ 以上；拆模时，要求注意对混凝土边角的保护，不用力过猛、硬砸；吊运模板，防止碰撞棱角。对堆放养护的混凝土构件也要保护棱角不被碰撞掉。对已损坏棱角的混凝土构件要进行处理，将损坏处松散混凝土凿除干净，充分浇水湿润并刷素水泥浆结合层，再抹 1:2 水泥砂浆修补整齐，采用一侧支模在另一侧补边，这样边角处平直，修补后认真保护并养护，充分水化。

6. 洞口变形不规范产生原因及预防

（1）洞口变形现象及原因

预留孔洞的混凝土浇筑拆模后检查洞口形状不规矩、歪斜扭曲、对角斜长不同、几何尺寸与设计图不相符合、上口大下口小等。主要原因是：模板内顶部支撑间距过大，支撑截面较小，固定不牢；洞口内无斜向支撑、刚度低，不能保证模框的方正；混凝土浇筑时下料不对称，振捣时将模板框振动变形或挤压偏斜；

洞内支撑碰撞掉，模板无刚度，混凝土浇筑变形；洞口模板与主体模板连接加固不牢，混凝土浇筑下料从一边开始未均匀浇筑，造成模板移位或挤压倾斜等。

（2）施工预防措施

预留各种洞口的位置提前量好，洞口内径核对准确，对较小洞如300mm×300mm洞，做成木框厚度同结构一致，洞内再加十字支撑固定牢固，安装时校准位置与结构模板一同固定牢固；对>500mm的洞口内，还必须有对角支撑，防止倾斜；对洞口模板厚度，要保证混凝土浇筑振捣时不变形；在混凝土浇筑时，注意洞口处混凝土下料和振捣的对称均匀，防止挤压模板，造成洞口倾斜，也不可用振捣棒撞击模板而变形。

7. 混凝土表面裂缝产生原因及预防

（1）表面裂缝现象及原因

拆模后的混凝土表面由于温度、干燥收缩、荷载、沉降、养护不周等影响产生各类裂缝，从外观形状可分为：水平裂缝、垂直裂缝、纵向裂缝、横向裂缝及放射状裂缝等；按裂缝深度可分为：表面裂缝、较深裂缝和贯穿性裂缝，尤其要防止的裂缝是深度达钢筋处及贯穿性裂缝，这是影响结构安全的有害裂缝。分析产生裂缝的主要原因是：水灰比过大，表面泌水干缩快，产生水泡及早期表面龟裂；水泥用量大，收缩量也大，产生收缩裂缝；混凝土表面抹压不及时，气温高，初凝加快，引起开裂；混凝土保护层太薄或保护层太厚，都会引起表面开裂，太薄混凝土同钢筋收缩不一致，沿钢筋走向开裂；太厚形成素混凝土，也会产生不规则开裂；结构平板角缺少放射筋，预留洞口缺少加强筋、温度筋、斜向拉筋及抗扭筋，也会引起开裂；拆模过早会造成表面拉裂；体积较大，混凝土降温控制不好，内外温差梯度过大而开裂；同时，混凝土早期养护不到位，失水干燥，收缩量过大而开裂等。

（2）施工预防措施

施工混凝土配合比多做几个配合比例，严格控制水泥用量和水灰比，选择连续级配好的粗骨料和砂率，混凝土浇筑振捣后的表面抹压必须及时进行，一般收抹不少于两次；模板支设加固必须检查，在确保有足够的刚度和强度时再支垫钢筋保护层，其保护层厚度对结构防止碳化十分重要，保证垫块不移位，使钢筋位置准确；在现浇洞口、平板四角、梁端及结构薄弱部位布设加强筋，防止产生应力裂缝；拆模时间不能提前，要对同条件养护的试件进行强度试压后达到允许拆模时再拆模；大体积混凝土浇筑时，必须采取降低内部温度的措施，防止温差梯度过大，产生较深裂缝；应采用低热水泥配制混凝土，掺入外掺料粉煤灰，减少水泥用量，引入缓凝剂延缓发热时间，混凝土中加入较大石块、冰块，采用减水剂，减少用水量，不要选择在高温时间浇筑，在混凝土中埋冷却水管循环降温，浇筑后及时覆盖、保温、保湿，防止内外温差过大等。同时，地下大体积混凝土浇筑后及时回填，以防裸露在自然环境，产生干燥收缩裂缝。

8. 表面不平、匀质性差产生原因及预防

(1) 表面质量问题及原因

混凝土表面凹凸不平，板薄厚不一，混凝土匀质性差，试块抗压强度相差大，达不到设计强度等级。造成混凝土匀质性差及表面凹凸不平的主要原因是：混凝土浇筑后的表面未用平板振动器振动，也未进行人工拍抹，人员在未终凝的表面踩踏，也不进行收抹；底模支撑下沉，端头未垫木板或支撑刚度不足，变形下沉，混凝土无强度时沉降不均、板面不平；混凝土强度较低时，吊运材料使混凝土表面留下压痕；匀质性差，由于水泥不是一个批号或不同窑，强度有差异；水泥出厂时间长或受潮，活性低，砂石料连续级配差，含泥、含杂质超标，外加剂适应性差，配合比、砂率选择不当，随意加水，不按水灰比配料，搅拌时间太短，混凝土试块制作不规范、不标准，密实度不够，养护试块不认真、时干时湿，同条件养护试块与结构件不在一处，两者养护条件不同等。

（2）施工预防措施

混凝土结构表面不平整质量问题，要求施工操作人员必须按工艺进行，结构表面高度要在模板上划线，中间拉线控制标高；表面要用平板振动板振平、然后人工用直尺刮平抹压；在终凝前再抹压一次，可将早期干缩裂缝闭合，又可将表面不平和痕迹消除，这一工序十分重要；模板支撑刚度要保证，防止混凝土荷载下沉，下部垫长木板，预防浇水下沉；混凝土强度达到 1.2N/mm^2 以上，方可在其上进行下道工序施工。对于混凝土匀质性差、强度低问题，把好材料进场和施工关是关键。水泥的质量重要性不容马虎，进场水泥的三证缺一不可，尤其是化验报告应仔细查看；地产砂石料要均匀，连续级配要好，砂率要适当，含泥量必须符合规定；严格按配合比计量原材料，倒料顺序不可颠倒，拌合时间不少于 90s，有外加剂时时间要更长，拌匀，水灰比控制好，不允许任意加水改变比例；当混凝土试块抗压强度同设计强度不一致、偏低时，如该结构抽取试块制做组数较多可再去试压，如试块已压完无法对比试验，只有对结构进行无损检验（回弹或超声波），当满足需要时对使用不会造成危险，如达不到设计强度时，需采取加固补强处理；对于冬期施工混凝土要预防早期受冻，如果用普通水泥浇筑的混凝土在冻结时达到设计强度的 30%、矿渣水泥达到设计强度的 40% 以上，这是混凝土冻结时的临界强度。如果冻结时达不到临界强度值，混凝土的强度不可能再增长。达到临界强度，冻结对后期混凝土强度的增长不会造成影响，在气温正常后，强度会继续增长至设计强度。

36. 混凝土构造柱质量通病有哪些？如何预防处治？

混凝土构造柱在砖混结构中的应用很广泛、较普及，尤其在抗震设防地区的低层和多层砖混结构工程，设计依照抗震设计规范，均设置钢筋混凝土构造柱，这是提高砖混结构建筑物抗震能力的一种有效控制措施。然而，在建筑工程施工过程中却经常会出现柱轴线位移、断面尺寸不准、混凝土蜂窝麻面、孔洞露筋、胀模鼓肚及根基不稳（烂根）、主筋错位、箍筋绑扎间距不一、弯钩长度不够等严重不符合要求的质量问题。这些质量问题的产生是由于在施工过程中往往得不到操作人员的重视，从而给建筑结构主体留下了质量隐患，在地震时会造成严重后果。就构造柱上述质量问题的防治和处理浅述如下：

1. 轴线位移和截面尺寸不准

构造柱轴线位移和截面尺寸不足会导致在地震时因减小构造柱在墙体中的水平侧力刚度，造成剪切力传递不均匀而产生应力集中而破坏。轴线位移是因为放线定位时，只放墙一侧轴线而未用中心线丈量，从一侧用尺划分纵横轴线而产生丈量误差累计造成的。对构造柱轴线位移的预防主要在放线定位时，在构造柱的轴线位置，将轴线引至建筑物以外 > 2m 的地方设置轴线横向控制桩，用拉线或经纬仪以此桩控制以上各层柱轴线，还可检查构造柱的垂直和方正。

浇筑构造柱混凝土截面尺寸不均匀，是由于墙体砌筑时所留的马牙槎定位不准，自下而上的退槎进槎不垂直、规范造成的。构造柱混凝土截面尺寸不足的预防措施是：要求自下而上各层放线时，必须按轴线划分，在构造柱准确的边线一侧，再多放出 60mm，作为砌筑时先退的预留位置，按施工砌体规范要求，在此基础上连砌 4 层，再进 60mm 砌 4 层，这样 4 退 4 进的留槎形式一直至梁板底，要求内外垂直，灰缝均匀；同时，在每 8 皮砖高（500mm）灰缝中放置拉结筋，拉结筋在构造柱墙每侧压入灰缝中长度不少于 1m，数量一般为 3 根，直径 8mm。

2. 构造柱混凝土的蜂窝麻面和孔洞露筋问题

构造柱混凝土的蜂窝、麻面会减小构造柱的钢筋保护层厚度，加大混凝土的碳化深度和钢筋的腐蚀速度；混凝土的孔洞、露筋将局部缩小构造柱的截面受力面积，地震时将减弱混凝土构造柱的抗剪能力。构造柱混凝土蜂窝、麻面、孔洞、露筋的质量问题，是由于模板同墙的接触面空隙大、不严密、漏浆，马牙槎未清理干净并冲水湿润，拉结筋水平间距小托住粗骨料，混凝土组合料中粗骨料粒径过大，水灰比过小，砂率偏低，投料过高，超过2m未用串筒及振捣不到位等原因。

针对以上存在的质量问题，预防和处理的措施是：首先，要清理干净构造柱浇筑混凝土部位的垃圾废浆，用水认真冲干净充分湿润，清干净钢筋并绑扎好箍筋，构造柱两侧墙面清干净支设模板，支模板前冲洗干净柱根部的垃圾，这是防止烂根的重要环节，柱模板加固间距＜500mm并将缝隙封闭严密，防止漏浆；其次，要切实调整好混凝土的砂率，确保砂浆在混凝土中的质量和数量，砂率控制在38%～41%之间较好，使砂浆能充分包裹，填充骨料间的空隙而不多余；粗骨料粒径选择5～20mm的干净碎石，含泥杂质量＜2%配制中石子混凝土，以防止浇筑时粗骨料卡在水平拉结筋处，还必须控制好水灰比和坍落度，以保证混凝土施工所需要的可操作性、流动性及和易性；再次，在施工过程中的工艺也要严格控制，支模前要认真检查模板，木模板板面要刨光且合缝要严；钢模板表面的水泥浆要清理干净并刷均匀脱模剂，单块板的边肋要直，拼缝要严。模板支架要稳固，以保证混凝土的自重和施工时的活荷载，施工时要有专人检查模板，防止漏浆和跑模。混凝土浇筑分层的厚度不超过500mm，防止振捣不到位，最好振后在终凝前再振一次，避免和减少混凝土自然沉降产生的裂缝。另外，圈梁和构造柱的接槎处，在同一层内混凝土浇筑应一次完成，混凝土强度应相同。

3. 构造柱主筋锚固不牢及错位

主筋锚固不牢，没有按规定将主筋设置在室外地坪以下500mm基础中或锚固在底圈梁中500mm，而是插入基础表面或地梁的上表面，这样处理使构造柱不能与基础结为一体。其处理方法是：当无基础梁时应在上部基础中量准位置锚固主筋，并按规定埋设插筋；有基础梁时，宜采用钻孔浆锚的方法处理锚固主筋。

施工过程中，由于钢筋位置不正及振捣等原因，造成出层面的构造柱主筋错位、偏移，有时主筋的偏移位超过了允许范围，为了复位及便于支设模板，使本层钢筋能基本复位，施工时将主筋根部砸弯，再与上部构造柱主筋搭接，或将上部构造柱主筋直接放在梁或板上，造成柱在此不能上下贯通受力。产生柱主筋严重不到位的情况时，如果柱底部截面允许放大时，可将主筋下部按1:6坡度弯折后，与上部构造柱主筋搭接，按根部放大混凝土截面的方法处理。当构造柱根部的截面不允许加大时，应将下部构造柱柱顶部混凝土砸除一段，将主筋在楼层板以下按1:6坡度弯折后与上部柱下筋搭接，重新浇筑下柱顶部混凝土。对柱主筋位移的质量问题，最主要的是加强施工过程中的测量放线工作，在钢筋绑扎时，固定主筋的垂直度，并在混凝土浇筑时检查校正。

4. 钢筋绑扎不规范

钢筋在构造柱中的作用人所共知，但钢筋在混凝土中的位置及绑扎质量问题一直较多，在构造柱中出现的主要原因是施工人员对构造柱在抗震时的作用认识不清，未能严格按施工规范要求施工，产生的主要质量问题是：主筋搭接长度不够、主筋间距大小不均、箍筋上下间距不等、弯钩长度不够、绑扣不牢；拉结筋长度不够、间距不匀、数量不够、转角处不是长筋而用短筋替代等。对构造柱的钢筋，从砌筑到支模板的全过程认真监控，这是抗震设防的重要构造措施。

5. 构造柱与圈梁、施工接槎处质量问题

构造柱与圈梁处连接不牢固主要表现为：横墙圈梁钢筋伸入构造柱内的锚固长度不够，不能满足施工规范的要求；构造柱主筋伸入顶部圈梁的锚固长度小于施工规范的要求等。在正常情况下，圈梁和构造柱筋一般为受拉构件考虑，其锚固在混凝土中的

长度不得小于纵向受力筋，其最小长度不小于250mm。组织现场施工人员进行技术交底，提出具体要求，避免造成不必要的损失。

构造柱混凝土在施工缝及接槎处断根，主要由于在墙体砌筑时掉入较多碎块及砂浆在底部，支模前没有清理干净而造成。防治办法是在砌筑墙体前，将构造柱施工缝处冲洗干净，用塑料布满盖，在砌筑后支模前再次清理干净，用水湿润。

构造柱混凝土出现断裂现象的预防是加强对混凝土配合比的调整，严格按配合比拌制混凝土。支模前，要检查好预留构造柱内是否有碎石、断砖及残余砂浆，水平拉结筋净距是否符合要求，以免卡在钢筋上。构造柱浇筑要分层分段施工，每个楼层分两次浇筑，并加强振捣，不漏振和过振胀模，确保混凝土的密实。

由于混凝土构造柱的施工浇筑存在上述质量问题，这些问题常常发生但又不被引起高度重视，原因是对构造柱在地震时的重要性认识不足，质量问题的存在严重削弱了构造柱应起的作用，为此，必须加强对混凝土施工规范的学习，做到切实按要求施工，避免和减少上述质量隐患的存在，确保混凝土构造柱的施工规范、合格。

37. 混凝土施工过程中裂缝如何控制?

建筑施工中浇筑的混凝土出现裂缝，有些会影响到结构的刚度和整体抗力，即使裂缝不会导致结构的破坏，也会影响到建筑物外观。当裂缝宽度扩展到有害宽度时，各种有害的气液体的浸入会造成钢筋的腐蚀，影响建筑的使用寿命。对混凝土的裂缝工程界的科技人员进行了多年大量的研究、探索，力求找出预防和控制裂缝的方法、措施，但时至今日仍没有找出最有效的防治裂缝的措施。混凝土结构的裂缝从理论上讲是不可避免的，在工程实践应用中，要使结构不产生裂缝也是无法实现的。但采取一定的控制预防措施，使裂缝尽量减少、减小，成为无害缝是可能实现的。准确把握裂缝的产生、发展的规律，归纳起来只能从设计、施工及材料的选择上进行预防控制，使建筑工程达到安全耐久的目的。

1. 混凝土结构裂缝的特性

从众多工程构件的裂缝分析，产生裂缝的原因是多方面的，影响因素复杂，很难给予一个准确的肯定分析。但综合裂缝的形成原因主要是存在于三个方面：即变形、荷载、材料质量。在这几类裂缝中，由温差、收缩、不均匀沉降引起的变形裂缝约占裂缝量的 80%以上，荷载及材料造成的裂缝不足 20%。根据这些产生裂缝的主要原因，一般把裂缝总结为：温差裂缝、干缩裂缝、沉降裂缝、应力裂缝、徐变裂缝和施工裂缝等几种。

混凝土一旦出现裂缝后，会随着时间的延长而发生变化，这时的裂缝是不稳定的，其中有一些裂缝呈可逆状态，一般随着气温的升降产生胀缩、荷载大小而变化。在多数情况下，当建筑物建成的最初 2 年内裂缝的变化较明显，因为新建筑刚落成要有一个适应时间，例如自重荷载的增加、地基的沉降、材料体积在干湿环境下的徐变等。随着使用时间的推移，裂缝的变化幅度逐渐减弱，趋于稳定或只有微小的活动。对于裂缝的性质，要根据对混凝土结构的危害程度进行分析，加以区别对待。从实际组成的混凝土的原材料分析，混凝土是由一种非匀质的、互不连贯的材料组成，在组成一个结构件时，受力时的作用效应影响是多变性的，产生裂缝是必然的。正是由于这些原因，世界各国在施行的规范中，都对裂缝的宽度作出限制的规定，我国《混凝土结构设计规范》对混凝土裂缝的允许宽度值限制在 0.15 ~ 0.3mm。重要的问题是当结构产生裂缝后，对混凝土结构的使用质量造成多大的影响，采取何种有效的方法措施控制是最关键的。

现阶段，对混凝土结构产生裂缝的控制仍然没有极可靠的技术措施，但对产生裂缝的原因及防治有了更准确的认识。目前，对混凝土裂缝的控制技术有以下几种：即“放”、“抗”、“预防”、“后浇带”的技术控制措施。所谓“放”是按照规范要求设置伸缩缝，使混凝土不受约束，自由伸缩；“抗”即采取结构内增大含钢量措施，提高强度，增加抗力，减少收缩量；“预防”即采取施工过程中的预防范措施，防止和减少裂缝的出现；设置“后浇带”即将长体积建筑用后浇带分割为小块体，防止因温差或基础下降不同而产生的裂缝。

2. 控制混凝土裂缝的具体做法

（1）温差裂缝的控制措施

温差裂缝出现在较大体积的混凝土表面或纵深处，也会出现在现浇混凝土温差较大的结构处。其主要原因是由于混凝土内外温差较大产生拉应力产生的，在混凝土施工中采取相应的预控措施来防治。

1）预控混凝土内部由约束应力过大引起表面的裂缝。防止这种裂缝的产生，主要是通过降低混凝土内外温差的方法来解决。在正常情况下，当结构内外的温差小于25℃时，不会出现裂缝；当温差大于25℃时，结构表面会出现裂缝；控制小于25℃这一温差是开裂与否的临界值，必须使其小于25℃。目前，降低混凝土内部温度的措施是：采用低热水泥，掺入适量粉煤灰，在混凝土内部加放块石、冰块，安装循环水管，浇筑后立即对表面覆盖保温，延长拆模时间等；使内部升温不要过快，减缓峰值时间，外部保温，使表面同内部温差小于临界温度。对需要加热养护的混凝土结构采用缓慢升降温，升降温速度小于10℃/d，注意掀盖、脱模，减少表面急剧冷却，引起表面温差应力过大。

2）预控混凝土因外部约束应力过大引起的温差裂缝。首先，选用中低热水泥，如矿渣水泥、粉煤灰水泥来配制混凝土，并在混凝土中掺入不小于水泥重量20%的优质粉煤灰，利用混凝土后期（60d或90d）的强度，掺入减水剂，降低水泥用量来减弱混凝土温度的升高；其次，避开高温天气施工，由于气温高，各种原材料温度相对偏高，对大体积混凝土浇筑的温度控制更不利，这就需要对砂石料冷却降温，设置遮挡阳光照射，降低拌合材料的温度；第三，加强混凝土外部的保温、保湿养护，使表面缓慢降温、减弱徐变应力；加大温度监控、调整保温养护措施；拆模后及时回填，避免侧面长期暴晒；第四，大体积混凝土采取分层分块浇筑施工，施工时合理设置水平和垂直施工缝，也可根据结构实际留后浇带，加快散热减少应力过大；在厚大垫层或岩石上浇筑大体积混凝土时，应在基层上设置隔离（滑动）层，铺设一层 SPS 卷材或浇一道沥青玛㿠脂隔离，在垂直面设置聚苯板作缓冲层，消除嵌固约束应力；第五，选择适当的粗骨料，设置必要的温度配筋，接缝处加大配筋率，增设暗梁，提高早期抗拉强度，减轻边缘效应；避免降温与干缩同时作用，在混凝土中掺入适量（UEA 型）膨胀剂，以补偿混凝土的收缩，减少混凝土的开裂；第六，提前计算控制温度，浇筑混凝土前，按施工条件模拟采取防裂措施，计算可能出现的最大降温收缩应力，当出现超过计算龄期的混凝土抗拉强度时，调整已采取的措施，使拉应力控制在允许范围以内；混凝土浇筑后根据实测温度和降温曲线，计算每阶段降温时混凝土的实际拉应力，当温度应力大于混凝土的极限抗拉强度时，应采取外保温内降温措施，控制结构内外温差小于 25℃，使混凝土降温的累计拉应力小于该龄期混凝土允许的抗拉强度，控制裂缝的产生。

(2) 收缩裂缝的控制措施

收缩（即干缩）裂缝控制的重点是防止混凝土早期失水过快，使结构在其强度的拉应力大于干燥时应力较小，不被开裂。为此要采取的措施是：加强混凝土的早期保湿养护，混凝土浇筑振捣抹压后立即用塑料薄膜、草袋覆盖，并将草袋洒湿。在气温高、风速大、湿度很低的环境下覆盖保湿更要特别重视，及早进行，要延长养护期；加强对混凝土表面的抹压收光，在振完后立即对结构表面用直尺刮平抹压，温度较高时，抹后的表面在初凝时由于失水会产生较多裂缝，此时及时抹压，已裂的缝会自行闭合，但必须立即用湿材料覆盖，就不会再出现裂缝。选择混凝土的配合比很重要，避免由于水灰比大、水泥用量大、砂率偏大，使拌合料泌水也大，形成结构件石子下沉、上部砂浆层过厚、内部材料不均匀，同时混凝土用砂必须选择中粗砂，决不能用风砂和特细砂，这类砂含泥量大，极易在混凝土表面产生裂缝，降低结构件强度。结构件不能及时到位或需临时堆放时，要加以覆盖并适当养护，使混凝土不因太阳照射干燥而扩大裂缝，尤其是薄壁构件，更需要加强保护。

（3）不均匀沉降裂缝的控制措施

不均匀系指地基或浇筑的混凝土下沉量不一致造成混凝土结构产生的裂缝，沉降裂缝是在混凝土表面沿水平筋通长方向出现的，分布较广，多在拆模 3d 以后出现，其主要原因是在混凝土浇捣时粗骨料下沉，水泥浆上浮时受到钢筋的阻挡，使拌合料分离。施工过程中一般采取的预防措施是：施工入模分层厚度均匀，振动下层混凝土时，对钢筋底部也要加强振动，尽量清理干净上层钢筋粘结的砂浆，浇筑前必须冲洗干净钢筋和模板，尤其是木制模板更要湿润，严格控制钢筋保护层的厚度，振捣时间要控制好，防止漏振和过振，浇筑时间要抓紧，不能拖得过长，还应避开高温时间施工等。对于因地基不均匀沉降引起的建筑物裂缝，出现的时间从几个月至几年不等。预防措施除对基础加强处理外，从设计构造措施、基础刚度、材料选用、施工质量控制一系列环节进行控制。沉降不均匀的原因是复杂的，除基础承载力低、土质不一致、结构刚度差、建筑层高相差大外，荷载也是一个主要原因。沉降不均匀产生的裂缝性质比较严重，要分清情况区别处治，防止造成不良后果。

（4）应力裂缝的控制措施

应力裂缝是指结构承受各种外部应力所产生的各种裂缝，控制这种裂缝的具体措施是：保持施工过程中钢筋位置的准确，模板强度和刚度不变，混凝土原材料和外加剂计量的准确，水灰比和拌合时间，运输防水泥浆漏失，入模分层厚度，振捣时间和方式及表面保护等施工过程的质量控制。模板支设在松软土层时，用通长木板垫在支撑下，注意防水，因混凝土浇后养护，水会流入模板下，使支撑下沉，造成结构开裂。严格控制拆模时间，防止因强度过低而出现裂缝。预应力吊车梁、桁架等构件的端部节点处，如劈裂应力区，在全高要增配箍筋或钢筋网片，保证预应力筋外围混凝土有足够的厚度保护层。施工荷载分布要均匀，材料堆放不要集中，在混凝土强度 < 1.2MPa 时，不准上人施工。

（5）徐变裂缝的控制措施

混凝土浇筑后有一个缓慢稳定的过程，在变化时出现裂缝，一般称为徐变裂缝。影响混凝土徐变的因素很多，在施工中较为有效地达到控制徐变裂缝的措施是：适当加大结构端头截面高度，配置水平拉筋、放射筋、弯起构造筋（吊筋），平行于主拉筋。压低预应力筋的弯起高度，减少非预压区。支撑构件节点采用埋件焊接，如果留孔用螺栓连接，孔内垫软片柔性连接，减小约束应力。混凝土预制构件堆放时间较长在一般情况下是有利的，3 个月可完成徐变量约 60%，半年徐变量完成 80%左右，如果在徐变结束后，安装结构件效果会更好。对预应力构件的放张尽量晚一些，以减少收缩徐变应力。加强构件端头支承垫板，改善压力，使分布均匀，减小应力的集中承受。

（6）施工过程中对裂缝的控制措施

施工过程中控制裂缝的做法是：如果采用钢模板，则将表面清理干净并刷隔离剂；如构件用木模板，在浇筑混凝土前必须洒湿，防止干模板吸收混凝土中水分，使边缘混凝土失水干缩；脱模剂一定要选择适应性好的，尤其是采用胎模浇筑构件，起模先用千斤顶均匀松动后再平缓起吊；预应力构件在预留孔洞时，管芯要平直，混凝土浇筑后 20min 内转动管芯，抽管时用木模压管周围，防止带出混凝土管周围不平；构件吊装吊点要受力均匀，防止扭动不匀开裂，支承处提前浇湿并按要求坐浆或垫铁板，必须平稳；构件的堆放和运输必须有垫木，防止晃动、碰撞；钢筋混凝土冬期施工使用外加剂绝对不允许使用氯盐型，会造成对钢筋的腐蚀，而应采用带阻锈型的防冻早强剂；同时，加强对混凝土的外部保温，防止早期受冻。

3. 对混凝土已有裂缝的一般处理方法

（1）由温差、干缩、徐变引起的裂缝的处治

由温度、干缩和徐变原因引起的裂缝是混凝土早期产生最多、最常见的裂缝，但裂缝的深度一般较浅，最多达到钢筋的表面，对钢筋的附加应力很低，对结构的承载力影响较小，但有害气液体进入后会引起钢筋的腐蚀，影响耐久性。对于这种裂缝的防治，应在混凝土制品终凝前用力抹压，自行闭合。如仍然有裂缝时，待稳定后在缝处刷 2 道烯环氧胶泥，加贴玻璃纤维布或抹（喷）水泥砂浆，进行表面封闭处治。对有防水、防渗整体要求的结构，当缝宽 >0.2mm，深度至主筋外表的裂缝，用化学砂浆或压力灌浆的方法进行处理。也可采用注浆与表面处理相结合的方法处治。对于裂缝 <0.1mm 的缝，可以不进行处理，混凝土在以后的使用中，水泥会释放出氢氧化钙、硫铝酸盐等矿物，使裂缝自行愈合。

（2）应力及沉降引起裂缝的防治

应力产生的裂缝是由于这种力大于混凝土的绝对抗拉强度出现的裂缝，缝宽会大于 0.2mm 以上，肯定会影响结构的强度和刚度，必须要进行处理，才能保证结构的安全。对梁板类构件，主筋竖向缝宽度在 0.3mm 以内时，可在表面封闭处理；当缝宽度 >0.4mm 时，或裂缝长度 >3/4 梁高度，应采取加固处理。对发展中或不稳定的裂缝应加固补强，沉降缝有时是贯穿性的，对结构的强度和整体刚度影响很大，应根据结构的重要程度进行加固和补强。对轻微的沉降裂缝，在不影响承载力情况下，可按温度缝的方法进行表面封闭处理。对结构件产生 >0.2mm 的裂缝应根据具体情况，采取预应力加固或混凝土围套、钢箍加固或用结构胶粘钢板的方法补强加固。

(3) 施工产生裂缝的处治

施工产生的裂缝对结构的承载力不会造成较大影响，在一般情况下纵向缝与横向缝相比，对结构的承载力影响要小得多，只采用水泥砂浆或环氧胶泥处理；当裂缝较宽时，先沿缝方向凿成倒八字凹槽，清理干净刷素水泥浆后，用水泥砂浆或环氧胶泥嵌缝，但对表面也需处理并养护到位；对于结构件或其他部位边角处纵向裂缝，可凿除缝两侧松动混凝土，再用高一个等级的混凝土修补。由于出场、堆放、运输、吊装等原因引起的表面裂缝，在构件不再动时冲洗干净缝处，用环氧胶泥在表面涂刷，也可在缝处贴玻璃纤维布封闭。当裂缝较宽时，可根据构件的受力状况，用灌环氧胶液、包钢丝网、钢板箍套等加固补强处理。脱模时产生的裂缝，根据上述方法选择处理。

4. 简要小结

建筑工程中混凝土的裂缝是由多种原因产生的，这些结构裂缝作为施工企业负有较大的预防责任，因为许多裂缝是可以在施工全过程进行控制的，减少和预防裂缝的产生实践表明是可行的。只要认真选择原材料、制作绑扎钢筋、不在炎热时间浇筑混凝土、重视振捣、抹压收光、覆盖及养护、控制拆模时间、保护成品、堆放和吊装等一系列工序环节，有害裂缝会被消除的。

38. 混凝土的变形约束及质量控制有哪些?

混凝土的温度缝和干燥收缩裂缝是因混凝土结构体的变形受到约束造成的。裂缝的产生与发展取决于混凝土收缩变形的大小、变形的约束条件和当时抗拉强度的高低，在产生裂缝的三个要素中，对混凝土的干燥收缩变形人们重视和研究得相对较多，对抗拉强度的研究少于对收缩裂缝的研究，而对混凝土在受各种约束产生裂缝的研究更少，对约束裂缝的认识也较肤浅。在造成混凝土产生裂缝的三个要素中，恰恰约束是产生裂缝的首要条件，如果没有任何约束，混凝土能自由地伸缩，不论其如何变形、变形量多大、混凝土抗拉强度多低，混凝土是不会产生裂缝的。

1. 混凝土受约束条件的变形度

（1）混凝土变形时的内外约束

当混凝土结构因温差干缩或其他原因使其变形时，不同结构之间或结构内部各受力点，由于变形量不一致而产生的变形也不同，受结构相互的制约限制，这种现象就是约束。

一个物体或构件的变形会受到相邻物体或构件的阻碍和制约属于外约束，如地面上结构的变形会受地下基础的约束，框架梁的变形同样会受其他梁和柱子的约束。一个物体或构件从内部到表面各质点间的约束称为内约束，例如，沿一构件纵截面或横截面各点的不同温度变形或收缩变形，都可能引起组成混凝土材料之间的内部约束，这种约束会产生较大应力，表现在大体积混凝土表面的裂缝，这是由于混凝土内部温度同外部温度相差太大，由温差梯度引起的裂缝，混凝土内部至表面各不同层次间的相对变形受到相邻层次界面的约束而产生内部约束应力。

现实工程的混凝土内部约束和外部约束多数是同时存在的，如果要正确区分是何种约束是很难的，由于内外约束是相对的而不是绝对的，因此，在辨别结构的约束时，要根据不同条件而采取灵活假设来确定是内部约束还是外部约束。如混凝土配置钢筋组成为钢筋混凝土结构体，假定构件为均质弹性体，其变形受外部构件或相邻结构的约束时，这种约束可认为是外约束；而构件内部组成材料的变形受钢筋和石子的约束，这种约束作用对于钢筋混凝土结构或构件则是内约束，而钢筋及骨料石子对结构变形的约束则认为是外部约束。

（2）混凝土变形约束度的关系

混凝土受约束是形成应力的重要因素，而混凝土变形受到内部和外部相邻界面约束力的大小，是混凝土变形所受内外约束的强度，一般用约束度参数来衡量，反映出各种约束对结构变形受到多方面限制力在量的大小，这种约束度的大小用下式表示：

$$R = E_t / E_f$$

式中 R——混凝土的约束变形度；

E_t——混凝土变形的拉应变；

E_f——混凝土变形的完全约束拉应变或混凝土的自由收缩应变。

从上式可见，混凝土变形约束度 R 是混凝土结构在约束条件下，实际产生的拉应变 E_t 相对于完全约束条件下拉应变 E_f 的比值。因为混凝土结构自收缩相当于混凝土结构完全约束条件下的伸长，而完全约束下的拉应变等于自由收缩应变。混凝土变形的约束度 R 可以表示为混凝土结构在某种约束下，实际产生的拉应变。通俗地说，此时 $E_t = E_f$，混凝土变形约束度最大，其值 $R = E_t / E_f = 1$。

在无约束条件下的自由变形，其变形约束度 $R = 0$，因变形不受任何约束，因此不会有任何应力，混凝土的温度变化和干燥收缩不会引起混凝土产生裂缝。在完全约束条件下，混凝土则不能变形，其变形约束度 $R = 1$，此时混凝土的约束应力最大，在具体工程结构设计及施工中，包括在使用中的工程，都要求结构在变形约束时的应力最小，以减少裂缝的产生。在实际建筑和使用的工程中，所有结构构件不可能会无约束下自由变形，也不会是处于约束状态下的完全约束，混凝土处在属于相似弹性约束下的变形，相当于约束构件和不受约束下的构件都属弹性可变的。被约束构件受到约束构件的变形应力时肯定会变形，工程的结构件都是这种。

混凝土在弹性约束下的拉应变 $E_t = RE_f$，构件变形的约束拉应变与混凝土约束变形约束的完全约束拉应变成正比，也就是混凝土变形的约束拉应变与自由收缩应变成正比，比例系数是混凝土的变形约束度。当混凝土约束变形的完全约束拉应变一定时，变形约束度大，则混凝土的收缩拉应变也大。由此可知，要想减小混凝土变形约束拉应力，一是减小混凝土结构的约束度；二是减小混凝土约束变形的完全约束拉应变，即减小混凝土的自由收缩应变能力。

2. 混凝土变形约束度的影响因素

(1) 结构配筋率的增加加大了收缩变形约束度

在混凝土结构中，钢筋对混凝土的收缩变形的约束是外部约束，混凝土结构内部变形的约束度是随着结构的配筋量的加大而增加。混凝土中的钢筋加大了结构的刚度，而且还能约束混凝土的塑性变形并承担混凝土的拉应力。钢筋对混凝土的约束应力的影响是很大的，配筋率达到1%，就可以将混凝土的干缩率降低至350×10^{-6}，当配筋率到3%或更大时可使混凝土的干缩率减小至零；同时，钢筋对混凝土的干缩约束度也随着配筋率的增加而加大。混凝土的干缩应变由于钢筋的约束使其减小，当配筋率达到4%时，混凝土结构的构件几乎不产生裂缝，配筋率对混凝土的约束度影响是关键的。

(2) 混凝土强度的增加加大了干缩变形的约束度

引起混凝土收缩变形的影响因素很多，但干燥收缩变形是最重要的因素，达到变形量的80%～90%，而且会随着时间的增加而加大，据介绍，浇筑后的混凝土14d的收缩仅完成收缩总量的25%，90d完成60%，1年完成80%，以后的收缩率十分缓慢，混凝土随着龄期和强度的增长，干缩和收缩不断发展，混凝土在约束作用下拉伸变形也在进行，因此，混凝土收缩变形约束也在进行中。

3. 混凝土温度应力变形同约束度的关系

我们所知，混凝土收缩变形受到约束所产生的拉应力为：

$$\sigma_t = R \cdot \alpha \cdot \Delta T \cdot E_e$$

式中 σ_t——混凝土的拉应力；

R——混凝土约束度；

α——混凝土线膨胀系数；

ΔT——混凝土温差；

E_e——混凝土有效弹性模量。

由上式可以看出，混凝土构件拉应力的大小，约束度是主要的决定因素，对拉应力的影响很大，与其成正比。约束度大混凝土的拉应力大，约束度小混凝土的拉应力也小。因此，建筑结构件的设计要特别重视结构的约束力大小，尽量减小约束度。一般情况是混凝土产生断裂时的约束度越大，断裂时的温差越小；而断裂时的约束度越小，则断裂时的温差会越大。

一般是混凝土的拉应变与温差和线膨胀系数成正比，而混凝土中的拉应变又同拉应力成正比，混凝土温差越大拉应力也大；当混凝土的拉应力达到或等于混凝土当时的极限抗拉强度时，混凝土结构件即产生开裂。从上式可以看出，当混凝土断裂拉应力为一定时，混凝土变形约束增加，混凝土的温差幅度减小；而混凝土变形约束度越小，则混凝土的温差幅度越大。

4. 大体积混凝土变形约束及裂缝控制

混凝土的变形受到多种因素的制约，主要取决于混凝土被约束体与各组成材料两者在外形、强度、刚度的相互关系。各种工程的大体积混凝土被放置在地基上，其地基是广义上的约束体，混凝土作为被约束体，建筑结构的形式多样且复杂多变，将结构归纳为地基上的基础为计算模型。

大体积混凝土的干燥收缩及温度变形受地下土地基的约束，在混凝土与地基互相接触的界面上，不同变形引起的相互摩擦、粘结、挤压产生的剪力会约束混凝土的变形，这种约束力对混凝土的变形属于外约束，这是由于约束力对约束和被约束体相互间相对变形的约束，相对于下部地基而言是外约束。

大体积混凝土的收缩变形受地基的较大约束，使其受到拉伸，最大水平拉应力出现在相邻界面的最大约束面上。离开最大约束面向上的约束应力减弱，但建筑结构体程度的大小不同，减弱速度也会不相同。水平拉应力沿混凝土高度的减弱与弹性力学边缘干扰相似。在长高比 l/h 较小，混凝土结构承受均匀温差或干燥产生变形时，约束应力的影响范围只局限在最大约束面附近，在离开相邻界面即最大约束面向上，水平拉应力很快减弱，这是由于离开外约束最大相邻界面的约束后，向上高度截面的内约束迅速减弱，减弱速度随混凝土长高比 l/h 的增加而减慢，随高长比 h/l 的减小而减慢。低且长的大体积混凝土结构因长高比较大，所以沿高度的水平拉应力因减弱较慢而相差较小。据资料介绍，当混凝土的高度小于或等于 0.2 倍的长度时，即 $h/l<0.2$，就可以认为长基础靠近中部全截面受力均匀。长高比 l/h 较小的大型混凝土结构，其上部随高度的增加内约束度和水平拉应力迅速减弱，减至某一高度时可能为零，其应力为压应力。

大体积混凝土包括地面上长墙、高层建筑的筏基底板因混凝土中部的水平拉应力最大，所以，混凝土裂缝总是会从根部中间开始逐渐向上开始出现，如果高度低即长高比大，内约束度减弱也小，所以引起的裂缝是贯穿性的，后果较严重。如果混凝土结构体较高，即长高比 l/h 也小，由于只受边缘干扰，混凝土水平拉应力从结构的底部向上迅速减弱，水平拉应力很快减弱到小于混凝土的极限抗拉强度，所以混凝土裂缝从中部某处就不再向上开裂了。

由于混凝土是由非均质材料组成，质量的非均质性和最大水平拉应力分布均匀，裂缝首先不可能在中间出现，而可能在中间左右的某一段内出现，也可能同时出现多条。当混凝土水平拉应力超过当时混凝土的极限抗拉强度时，在混凝土的中部会产生一些裂缝，将表面分为多块，每块又有水平拉应力分布，最大值因长度减小后又有所减小，如该应力（值）仍超过或等于混凝土的抗拉强度时，则裂缝会继续出现；如此发展下去，直至混凝土中部的最大水平拉应力小于混凝土的极限抗拉强度为止，裂缝再不会产生了。

5. 施工过程中对大体积混凝土裂缝的控制

（1）改变水泥的材料组成

水泥的水化热与水泥的材料组成同矿物质的性质相关，要降低水泥的水化热，必须降低熟料中的 C_3A 和 C_3S 的含量，相应提高 C_2S 和 CSAF 的含量。同时，考虑到 C_2S 的早期强度很低，不能加量过多，会造成混凝土强度发展太慢。工程应用实践表明，尽可能降低 C_3A 的含量，相应使 C_4AF 含量提高不能大于 20%，这对水泥性能和加工使用大有益处。因此，进行大体积混凝土施工前，对使用水泥品种必须进行优选，不能采用 C_3A 和 C_3S 含量高的水泥浇筑大体积混凝土，以降低温差梯度。

（2）减少水泥立方用量

水泥是混凝土的关键组成材料，也是惟一在水化中可发热的材料，用量越多发热量越高，因此，在不改变其他性能的前提下，尽最大可能降低单位水泥用量。一般施工措施是：在混凝土中加入引气剂，会产生大量的、互不贯通的、微小的封闭气泡，能很好地减小骨料间的摩擦阻力，使混凝土拌合物的和易性得到提高，在保证质量的前提下减少水泥用量。掺入高效减水剂，能大幅度地减少用水量，在 W/C 不变的情况下，可以减少一定的水泥用量。尽可能地采用大粒径粗骨料，选配良好的砂率，在确定的水灰比和稠度时，水泥和水的用量相应减少。掺入粉煤灰、细矿粉、硅粉等掺合料，不但可以改善拌合料的和易性和强度，而且能减少较多水泥用量，其粉煤灰的掺量可占水泥重量的 20%～30%，对混凝土降低水化热和后期强度增长很有利。

（3）延长集中放热时间

大体积混凝土最怕放热时间集中，形成大的温差梯度，而水化放热速率较小时，混凝土内部的水化热没有足够时间散发出去，很容易使内部温度很高。如能降低水泥矿物的水化速度，使内部的水化热量能及时传导出去，达到混凝土发生缓慢而较小的收缩变形；同时，可以使体积的收缩在后期得到补偿。缓凝型的外加剂能使水泥水化在早期减慢速度，水化热释放放慢，升温速度不会集中；同时，采取适当的散热措施，加大内部热量的释放，常采用加冰块、预埋冷却水管循环的方法带出内部热量。

(4) 补偿混凝土的收缩率

混凝土在温差、干燥因素影响下的体积收缩导致裂缝的产生的比例最大。如果能改变水泥的矿物成分或掺入膨胀剂减少收缩量，能使混凝土的裂缝大大减少。MgO 水化速度慢，微膨胀持续时间较长，如果膨胀期内能与混凝土内部降温基本同步，可有效地补偿混凝土的收缩量，能有效地阻止混凝土裂缝的产生。目前，已用于水利工程的双膨胀水泥，借助于钙矾石和水镁石的膨胀衔接，保持较长的膨胀时间。膨胀剂能使混凝土体积产生一些微膨胀，按水泥重量的比例掺入混凝土中，可有效地抵御混凝土自身的体积收缩。主要作用在于在混凝土浇筑后的 1～7d 龄期内产生一定的体积微膨胀，在受约束的条件下能在混凝土中建立 0.2～0.8MPa 的自应力，同时推迟收缩过程，使混凝土有充足的时间提高抗拉强度和抗压强度，当混凝土开始收缩时，可以抵御收缩应力的作用，防止和减少裂缝的产生。目前，在大体积混凝土中掺入膨胀剂不但可以抵御混凝土的体积收缩，而且可以减少同等水泥用量。

(5) 分层浇筑降低内部温度及外保温

浇筑时，每层的厚度控制在 600mm 以内，加快水化热的释放，第一层浇筑后在混凝土终凝前再在其上浇筑，利于操作振捣；同时，浇筑时尽最降低骨料温度，用水冷却，使出料温度较低。浇筑时间最好在夜间或无阳光照射时，避开高温，缩短暴晒时间，拌合料要尽快入模、遮挡阳光等。对浇筑成型的混凝土，要用防水隔热材料将外露部分全部覆盖，防止表面降温过快、开裂。同时，有效地阻止表面水分过快的流失，产生干燥收缩导致表面裂缝的出现。这种表面覆盖措施无论是一次浇筑还是分层浇筑是一样的，是在外部保温保湿，不要造成表面失水和降温，防止内外温差，形成过大梯度而造成应力开裂。

（6）采用二次振捣防裂

混凝土浇筑振捣后的骨料受自重作用逐渐下沉，水分和水泥浆及气泡上浮，一直持续到混凝土失去塑性即混凝土初凝，其结果是砂浆、石子与水平钢筋的底部脱离，形成微小空隙，并在其间产生薄水膜，降低了混凝土同钢筋的握裹力。在竖向钢筋周围，由于水分和气泡的上浮形成竖向气孔，而降低混凝土强度。当在初凝前再次振捣，会破坏已形成的水膜和气孔，使水分和石子重新拌合，恢复混凝土的均匀性，增加了密实性和强度。二次振捣时混凝土已接近初凝，混合料中已存在大量晶体和胶凝物，再次振捣仅破坏其骨架但随即闭合，所以再振捣后即进入终凝，其时间很短，骨料和水泥浆没有再次产生沉降及上浮的机会。据介绍，混凝土经二次振捣能使水平钢筋的握裹力增加1/3，竖向钢筋初始滑动抗拔力提高90%以上，混凝土28d的抗压强度提高15%左右。

混凝土结构的干燥收缩变形约束度及对裂缝的控制，是建筑工程设计和施工要对待的关键问题，任何结构体出现的裂缝都会造成不良的后果。这些影响建筑质量的因素只能分析原因，采取不同的技术措施区别处理。设计采取构造防范措施，施工采取从原材料、掺合料、外加剂、二次振捣等施工具体措施处理，多年工程实践表明是可行、有效的。

39. 目前控制混凝土裂缝的技术措施有哪些？

混凝土是目前世界上用量最大的建筑结构材料，由于取材容易、施工方便、可以满足不同形状和强度的需要，因而被广泛地应用于各类建筑工程中，其最大的问题是容易产生开裂，成为较难控制的质量通病。混凝土结构的裂缝是工程建设普遍存在的技术问题，而混凝土结构的破坏也是从裂缝的扩展开始引起的，如地下建造的各种工程，结构的任何部位产生裂缝，将会出现大量的渗漏水，使地下工程降低正常使用功能或无法使用；而工业厂房和公共建筑，住宅工程的墙、板、柱、梁出现裂缝后，不但影响外观感和使用寿命，而且给人的心理造成压力，裂缝的扩展会威胁到建筑物的安全和人们的生命财产安全，在工程设计和施工规范中，都规定了混凝土结构不允许出现明显的裂缝。

但从工程技术的研究、大量试验和工程建设实践表明，混凝土结构的裂缝是不可避免的，在长期的使用过程中，裂缝已成为被人们接受的一种材料现象，只是如何使有害裂缝控制在某一个无害限定范围内。因为混凝土是由多种不同质材料组成的混合物，又是一种松散的脆性材料，在受到环境温度、荷载和外力的作用下，都有可能出现裂缝。以下就目前建筑工程中对控制裂缝的技术措施，对已出现裂缝的处理进行分析论述。

1. 混凝土结构的裂缝种类

（1）产生裂缝的原因分类

1）由变形引起的裂缝：包括混凝土因环境温湿度变化、干收缩、自身收缩、徐变、膨胀、不均匀沉陷等引起的裂缝。其特点是新浇结构体需要经变形趋于稳定，当受到约束限制时产生内应力，应力超过混凝土的强度时则出现裂缝，当裂缝产生后变形得到满足时内应力放松。由变形引起的裂缝一般宽度较大而内应力较小，对荷载力影响较小，但对耐久性则构成大的损害。

2）由荷载原因引起的裂缝：由使用过程中的动、静荷载引起的裂缝。从国内外许多调查资料分析得知，混凝土结构产生属于因变形引起的裂缝约占 80%；而因荷载引起的裂缝只占 20%。

（2）按裂缝的形状划分

裂缝外观形状多种多样，有表面的微裂纹、龟裂、弧形、连贯的、断续的、横向和纵向、对角及斜向、十字形等长短不一的表面裂缝；裂缝深度从表面直至贯穿性的；形态上宽下窄、下宽上窄、外宽内窄的等；一般情况是当裂缝宽度 < 0.2mm 时，不会造成危害，深度未到钢筋表面时，经表面处理也是安全的。

（3）按裂缝所处环境状态划分

裂缝的存在可出现活动变化、稳定、闭合等状态。对处于活动变化和不稳定扩展状态的裂缝，要采取补强加固措施处治。而对已经稳定、闭合、自然愈合的裂缝则可不预处理。例如：一些水工混凝土池子、防水墙等结构在最高水压 2MPa 时，持续 48h 则出现 0.2mm 宽的裂缝，缝处会出现轻微的渗透水，但经过一段时间后缝处只析出少量白色物质，不再渗漏，这是由于水泥中析出 $CaOH_2$，与大气中 CO_2 作用，形成 $CaCO_3$ 结晶，封闭和自愈合了裂缝，这种裂缝是稳定的，阻止了缝处的渗漏，因而，不会造成对结构耐久性的不利影响。

2. 对裂缝的预控制

（1）温度缝的控制

水泥在水化过程中释放出大量的热，集中在浇筑后的 3～5d，1g 重的水泥可释放 50kJ 的热量，如果单位水泥用量 350～550kg，则每 $1m^3$ 混凝土可释放 17500～27500kJ 的热量，使混凝土内部的温度升至 70℃或更高。尤其是升温对大体积混凝土而言，其后果是严重的，因此，控制大体积混凝土内部的升温，对防止裂缝尤其关键。因为大体积混凝土的厚度达 1m 以上，内部同表面的散热条件不同，中心温度高同表面形成温差梯度，造成温度应力和温差应力，当这种应力超过混凝土的抗拉强度时就会出现裂缝。裂缝开始很细小，随着时间的延长而扩展很快，甚至形成贯穿性裂缝。

对因温度裂缝的预控措施，由于混凝土内部温度与水泥品种、用量、混凝土体积大小有关，因此，防止大体积混凝土出现裂缝最根本的措施是控制其内部与表面温度的温差值。

1）对水泥的选择首先考虑用低水化热水泥，如矿渣水泥、火山灰质及粉煤灰质、大坝水泥等；同时，进行合理配合比设计，减少水泥用量，每 $1m^3$ 混凝土水泥用量每增减 10kg，其水化热使混凝土内温度升高或降低 1℃。因此，用优质粉煤灰替代相同量的水泥，不但能提高强度且能降低温度降低成本。在混凝土内部掺入部分碎块石、冰块，也能降低温度。由于控制混凝土温差梯度有许多措施必须采取，材料及人工费用较高，有时还达不到预期的效果，为此应考虑采用56d或90d的后期强度代替28d的设计强度。许多大体积混凝土的基础工程、高层建筑施工周期较长，一般达几年施工期，在设计的28d时间内不可能对混凝土施加设计荷载，将试验混凝土标准强度龄期推迟至56d或90d是可行的，正是基于这样的考虑，国内外建筑专业人士及许多技术论文都有类似的建议。如果充分利用混凝土的后期强度，可使每$1m^3$混凝土减少水泥用量50kg左右，则混凝土温度相应降低5℃，对减少裂缝、提高结构耐久性极为有利。

2）在混凝土中掺入一定量的外加剂，使拌合物具有减少水用量、增加和易性、延长凝结时间、改善拌合物中气泡含量的作用。外加剂能改善拌合物的流动性、和易性和控制凝结时间。由于其减水和分散作用，在保证强度和降低用水量的前提下，可降低水化热，延缓放热峰值的集中或过早出现，对减少温度裂缝是很有效的。

3）对大体积混凝土或高温季节浇筑混凝土，要控制混凝土料的入模温度，并安排避开当天的高温时间施工。加强对已成型混凝土的保温和保湿工作。保温和保湿是在混凝土浇筑抹压后的2h以内进行，对成型后的结构表面用湿材料覆盖，夏天在6h后浇水，春秋季在浇后8h以内浇水保湿，如果对浇水时间不好掌握时，结构表面轻微发白并有白色物质泛出应立即养护。并对大体积混凝土测温每2h实测一次，采取相应的措施来改善养护和降温需要，防止温差过大和表面蒸发，缺水而开裂。

（2）混凝土结构裂缝的控制

1）沉降和塑状收缩裂缝

①沉降收缩裂缝：目前大量混凝土是用泵送来浇筑，泵送混凝土为满足输送的需要，水灰比、坍落度较大，并掺入多种外加剂和泵送剂，泵送混凝土浇筑的结构中，特别是楼板、墙表面系

数大的结构件，容易产生一些早期裂缝。这种裂缝深度未到钢筋表面，缝宽达 0.2 ~ 1.0mm，呈中间宽两端窄梭状。如果不采取早期预防处理，将会造成钢筋的腐蚀。

沉降裂缝的控制措施是：由于用水量大更容易引起沉降产生裂缝，严格控制水灰比，使混凝土单位用水量 < 170kg，泵送混凝土的水灰比 < 0.6；采用高效减水剂或缓凝型高效减水剂，大幅度减少用水量；用连续性级配粗细骨料和普通硅酸盐水泥施工；经试验配合掺入质量好的泵送剂和掺合料，改善拌合物和易性，减少坍落度；掌握拌合时间，有外加剂的拌合时间应长，达到拌合均匀，减少沉降；浇筑时，入模速度不能过快，分层不能厚，防止振捣不充分，振捣要避免不到位和过振，一个振点以 15s/次为宜，过振会造成胀模和石子下沉，使混凝土不均匀；对截面较大结构体，应先浇下方部位，待静停 2 ~ 3h 后再浇上层，接缝处进行二次振捣；在高温或有风天气施工，要防止表面蒸发过快缺水，并注意遮挡覆盖，保温保湿。

②塑性收缩裂缝：塑性收缩裂缝是在浇筑后暴露在空气中的表面裂缝，裂缝较浅长短不一，缝长 0.2 ~ 2m 不等，宽 0.3 ~ 3mm 且不相互连贯，类似干燥的泥浆面。

影响混凝土塑性裂缝的原因及预防措施是：降低混凝土表面的游离水蒸发速度、减小混凝土表面的干缩量、加强混凝土表面的早期抗裂能力。具体做法是：水泥品种要进行选择，如硅酸盐或普通硅酸盐水泥，早期强度高，控制水泥用量和合理的外掺合料量，选择级配良好的石子和中砂，砂率不小于 38%。气温较低时施工要掺入促凝剂，加速混凝土的凝结和强度增长。也可掺入一定量的各种纤维增强抗裂性；浇筑前，将基层或模板浇湿，减少基层模板对混凝土中水分的吸收；振捣要密实，可减少混凝土的自身收缩量；振后对表面的抹压在初凝前进行，最好在终凝前完成；抹压提倡至少两次成活儿，对防治表面裂缝十分有效；重视防风和太阳直射混凝土表面，关键是预防表面水分蒸发过快，造成早期失水开裂。覆盖保湿和保温，在大面积施工时边振抹边进行，防止早期失水开裂。

2）干缩裂缝控制

干燥收缩是由于混凝土中水分蒸发引起的结果。干燥收缩由于粗集料的体积几乎不缩小，而是由水泥浆干缩造成的。混凝土的水分蒸发干燥过程是由外向内、由表向里逐渐进行的。由于混凝土蒸发干燥速度较慢，产生干燥收缩裂缝在数月后开始，且裂缝产生在表层较浅的范围，裂缝较细，呈平行线状或网状，有时不引起人们的注意。但众多教训说明，由于碳化和钢筋锈蚀的作用，干缩裂缝不仅损害薄壁结构的耐久性能，也会造成大体积混凝土表面裂缝的继续发展，形成更严重的裂缝，影响结构的正常使用、耐久性、承载力和设计年限。干缩裂缝的控制措施：

①选择干缩性小的水泥和用量：在正常情况下，水泥的需水量越大混凝土的干缩也越大；不同水泥品种浇筑混凝土的干燥收缩按其大小排列为：矿渣水泥、普通水泥、中低热水泥、粉煤灰水泥等。所以，从减少收缩来选择，宜采用中低热和粉煤灰水泥。干燥收缩是随水泥用量的增加而有所增加，但裂缝增大量不明显，配制 C30～C80 混凝土的单位水泥用量一般以 300～600kg 为宜。

②混凝土的干燥受用水量的影响较大，在相同水泥用量前提下，其干燥收缩和用水量成正比。综合水泥用量和用水量来考虑，水灰比越大则干燥收缩量越大。因此，在混凝土配合比设计和试配时，$1m^3$ 混凝土用水量控制在 180kg 以下，尤其是表面系数大的薄板，更需限制用水量。

③对外掺料如矿粉、粉煤灰、火山灰等细料掺入混凝土中，一般都会增大混凝土的干缩量，但对提高强度、减少水泥用量和水化热、降低成本大有好处。由于填充料中含有大量球状颗粒，内比表面积小，需水量也少，从而可降低混凝土的干缩性。

④掺用减水剂，同时掺入粉煤灰的双掺配合比的应用不会增大混凝土的干缩量。但必须选择与水泥适应性好的外加剂，对引气型减水剂，有时因引气作用，有增大混凝土干缩量的趋势。

⑤浇筑成型的结构表面，在自然环境中受日照风吹，表面失水很快，受到模板和内部混凝土的约束，表面产生拉应力而开裂。如果表面在终凝前未再次抹压保护，那开裂是严重的。进行混凝土表面的早期保湿养护，对减少干燥收缩至关重要。

3. 产生裂缝的一般处理

混凝土裂缝出现后，其缝无论是有害或无害，为了保证使用的安全和外观感质量都应进行处理，但要区别裂缝的程度采用不同的方法进行处理。目前常用的裂缝处理方法主要是：

（1）混凝土置换法：该方法是将严重损坏或失去作用的混凝土凿除去掉，浇筑新的混凝土弥补其缺陷部位。其具体做法是：剔除损坏混凝土、处理面层及钢筋、冲洗干净、刷 1:0.5 水泥素浆一道、浇筑新混凝土、养护及保护、表面恢复处理。目前，置换的材料主要是混凝土或砂浆、聚合物或改性聚合物混凝土砂浆等，要考虑其结构的具体部位、环境及耐腐蚀、与基层的粘结强度及耐久性。

（2）表面封闭法：表面封闭处理是对裂缝宽度 < 0.2mm 细微缝的表面处理。一般对表面涂抹封闭微缝，以提高防水能力和耐久性，是一种简单、极普遍的方法。通过密封裂缝表面达到防止水分及有害气体的浸入，使裂缝不再扩大，钢筋不受腐蚀。但表面修补的缺点是浆无法渗入到裂缝内部，对有水压作用的表面不能使用。主要材料为水泥砂浆、聚合物砂浆或弹性密封胶等。表面封闭法见图 39-1。

（3）堵漏法：通常采用的堵漏方法有下列几种：

1）化学灌浆法：该方法是采用化学灌浆材料来处理混凝土的渗漏部位，化学灌浆材料能快速凝结，并配以膨胀水泥砂浆效果更好。当需要对裂缝全深度范围进行处理时，多采用化学灌浆的方法，适用于渗漏较严重的部位。目前，自动压力灌浆技术应用广泛，经验已成熟，如灌浆机具“YJ-自动压力器”和灌浆专用树脂“AB-灌浆树脂”。

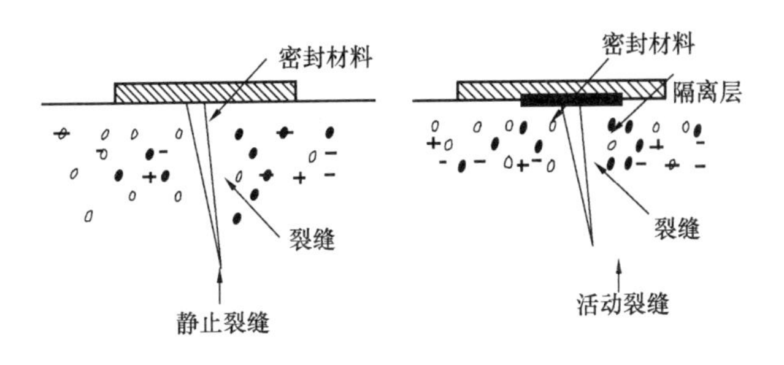

图 39-1　表面封闭法

2）嵌缝法：嵌缝是采取沿裂缝剔槽、并在槽中嵌填刚性或柔性止水材料，达到密封的作用。一般对变形缝处采用弹塑性止水材料，在迎水面采用塑性止水材料，而背面则采用弹性止水材料；非变形缝则可采用刚性止水材料。弹性密封材料如聚氨酯材料、丙烯酸酯材料、有机硅材料等，使用较普遍。塑性止水材料，以往常用的如聚氯乙烯胶泥等，施工很不方便，也污染环境。SR 塑性止水材料是为较大面积伸缩缝止水用的嵌缝材料，适应变形能力强、耐老化、抗渗性好、与混凝土面粘结力强、冷施工简便、材料价格低，在大坝等水利防水工程作密封用十分广泛。

3）封堵法：封堵是对孔洞或较大粗糙缝面的封堵。此法适用于在涌水条件下的裂缝、孔洞、缝隙的快速封堵。在漏水部位实施封堵难度较大，有时效果不尽理想。封堵用材料多为快速堵漏剂，即 PBM 聚合物。该聚合物混凝土系高分子材料，具有能在水中快速固化、提高强度迅速、与基层表面粘结强度高的优点，在水中能自流平、自密实，也可薄层施工，适用于水中孔洞快速封堵。

4）涂膜堵漏法：该方法是将混凝土表面出现渗漏的部位经过干净处理后，直接在表面进行防水处理。这种方法适用于混凝土结构施工振捣不到位或漏振而造成内部的不密实，这种现象容易出现。但不能用压力灌浆法和嵌缝法处理，由于松散面积大、漏点多，用涂膜法较适宜。但具体操作时，必须严格控制，处理时表面的浮尘和杂物必须彻底干净，最好扒成毛面；否则，会影响涂膜效果，降低堵漏防水效果。

(4) 电化学防护法：电化学防护法主要有以下几种：

1) 阴极防护法：在灌浆堵漏的混凝土中，灌浆锈蚀的主要原因是在混凝土和钢筋的结合面上，水、空气中的氧气、二氧化碳及氯化物等环境介质的浓度不同，使灌浆表面处于活性状态，容易发生电化学反应。阴阳极保护法的原理就是利用外加电场，阻止或减弱可以引起钢筋锈蚀的电流。

这种方法的优点是：适合于受氯盐浸蚀较严重的钢筋混凝土结构，其方法受环境因素的影响较小；即使混凝土结构出现裂缝也可以使用；也可用于新建工程、重要建筑工程长期的钢筋混凝土防腐蚀。同时，阴极保护方法由于电场的存在，易引起钢筋周围碱离子的增加，可能导致碱-集料反应，使混凝土膨胀开裂，而正极附近混凝土因酸性增大而受到损坏的不利影响。

2) 氯盐提取法。

3) 碱性复原法：这两种方法的工作原理均和阴极防腐保护法相似，即利用外加电场在介质中的电化学作用，改变混凝土或钢筋中的离子分布状态，提高钢筋周围的 pH 值，纯化钢筋达到防腐的目的。

电化学防腐蚀是一种应用时间较短的方法，其作用及工作参数见表 39-1。

三种电化学防护法的作用及工作参数　　表 39-1

防护处理方法	阴极防护法	氯盐提取法	碱性复原法
主要应用	阻止氯盐侵蚀	除去碱性侵蚀的诱因	改变碳化
应用时间	长期	不多于 3 个月	不多于 20 天
电流强度	0.01A/m^2	不大于 3A/m^2	不大于 3A/m^2
工作电压	10～40V	10～40V	2～30V
正极装置	钛金属网；可导包层	钛金属网；低碳钢	钛金属网；低碳钢
电解质	混凝土基体	纤维基体或外壳中的水或石灰	纤维基体或外壳中的碳酸钠

（5）仿生自愈合法：

自愈合是模仿生物组织受创伤部位，自动分泌某种物质，而使创伤得到自然愈合的功能，在混凝土的组成材料中，复合一些含粘结剂的液芯纤维或胶粒组分，在混凝土内部形成智能型仿生自愈合网络系统，当混凝土结构出现裂缝时，部分液芯纤维可使混凝土缝自行愈合。混凝土的自修复系统对基本微裂缝的修补和有效地延缓潜在的危害，无疑是一种较好的方法。具有机智性自愈合能力的材料由以下几部分组成：

一种内部损坏的因素，如一个导致开裂的动力荷载；一种释放修复化学制品的刺激物；一种用于可修复的纤维；一种修复用的化学制品，能对刺激物产生反应，发生位移或变化；在纤维内部，能推动化学制品的因素；在交叉连接聚合体的情况下，使基体中的化学制品易固化的一种方法或在单体的情况下干燥基体的基本功能。

现在这种仿生自愈合法还存在一些问题需要解决。例如：选择修复粘合剂的品种、封入的方式、流出量的调整、释放机理的研讨、纤维或胶粒的选择、分布特性、与混凝土开裂匹配的相容性、自愈合后混凝土的性能及耐久性等，还需深入应用实践。解决好这些具体技术问题，对自愈合混凝土的发展会产生深远意义。

4. 简要小结

混凝土结构的裂缝是一种世界性的问题，经历了混凝土耐久性不良给人类带来的巨大损失后，工程界科研人员对混凝土裂缝的形成和发展进行了深入探讨，提出了防治裂缝的方法措施，上述具体方法措施经实践表明，对预防裂缝出现、提高混凝土耐久性有重要作用。对混凝土结构裂缝的控制还需更深入的研究，使之更加完备，方便施工应用。

40. 框架结构施工过程质量如何控制?

目前，房屋建筑的结构形式多以框架填充墙为主，而钢筋混凝土的柱、梁、剪力墙、楼板在框架结构中承受和传递荷载的骨架作用。框架结构各构件的质量不仅影响到楼房的整体安全性，而且影响到楼房的抗震和耐久性能。由于框架结构的每一结构件是按工序逐一进行浇筑施工的，控制好这些结构过程质量极其重要，在正常施工条件下，应重点控制好以下几个方面:

1. 切实控制好原材料的进场质量

选择使用的各种原材料是保证混凝土强度的基础，尤其是使用量最大、质量稳定性较差、进场量有限、有时边进场边使用、对结构混凝土强度及稳定性影响最大的土产砂石料，虽然许多城市由集中搅拌站拌合混凝土，但许多小城镇仍是在施工现场拌合，不论采取何种搅拌形式，对砂石料的质量要求是相同的。因此，对进场的原材料必须由专业监理工程师对承包方报来的拟进场材料、土产材料、成品、半成品、构配件、设备等报审表、质量证明书及自检合格证进行审核，并对进场的必抽检材料如钢筋、水泥、砂石料等土产材料，按照委托合同约定或现行的抽查比例，按取样方法和数量见证取样抽取样品，按要求贴封或会同监理人员送至当地，由国家认可有相应资质的试验机构进行复试，材料经试验合格后方可使用，而砂浆、混凝土配合比也必须按试验室的试配结果进行施工。

(1) 水泥进场质量控制。对进场后的水泥应核实其生产厂家，出厂合格证及检验报告，出厂时间及批量是否相符，其批号与合格证上的批号是否一致，检验指标中几项必须合格的项目是否符合要求。按规定，进场水泥在 3 个月内用完，超过 3 个月的水泥重新复验，按复试结果重新配合混凝土。水泥的复试是按同一生产厂家、同一品种、同一批号、同一强度等级连续进场，以袋装 200t 为一个检验批抽取样品，取样数量为 20kg，即在 20 装内的不同部位各取水泥 1kg，拌匀后送检，当使用水泥超过 200t 时，必须重新抽取样品送检，重新试配混凝土。

（2）钢筋进场质量控制。钢筋质量的优劣对建筑结构的安全、正常使用是关键性的。对进入现场各种型号的钢筋，监理工程师要检对生产厂家、强度等级、直径、数量，按报验表查。查验其出厂合格证、出厂检验报告、出厂批号及钢筋挂牌号是否相符；热轧钢筋必须查验同一炉号、同一批号、同一规格的钢筋量 60t 为一检验批，按试验规定抽取样品送检。要特别强调的是：在查验出厂化验报告时，必须重点查验其力学指标及化学成分是否合格，抽查复试的化验报告也要查化学成分与力学性能。

（3）进厂粗骨料（石子）质量控制。进厂的各粒径石子应有预检证明书，根据用量按批检验粒径、针片状、含泥量；对粗骨料的要求是：当混凝土的强度 > C30 时含泥量小于 1%；当混凝土强度低于 C30 时，含泥量不超过 2.5%，抽样复试合格后才准许使用；否则，要采取清洗措施后才准使用。

石子进场应按同产地、同规格分开堆放和验收，一般以 $200m^3$ 或 300t 为一个检验批，数量不足者也以一个检验批取样。对于含泥泥块量的取样数量，规范 GB/T 14685—2001 第 6.4.2.1 条规定，含泥量试样数量按表 9 取，烘干分为大致相等的两份备用，例如：连续粒径 5 ~ 40mm 的卵石含泥量按表 9 规定取 10kg 烘干分两份备用，而在同一规范第 6.4.2.2 条中规定按表 9 规定数量的试样一份，精确到 1g，即称取 10kg 试样，两次试验共需取样 20kg。显然上述两条文的概念不清，按此取样数量偏多，将第 6.4.2.1 条改为称取烘干后试样一份，精确到 1g 较准确。

（4）砂的进场质量控制。工程用砂以中粗粒径较好，装饰抹灰用干净细砂较为适宜。进场后，监理工程师应根据工程的需要在施工单位有质量证明书时，再按批进行质量检验并按规定抽取试样。对含泥量的控制，当混凝土强度大于 C30 时，含泥量小于 3%；如果是有抗渗要求的混凝土则小于 1%；混凝土强度等级低于 C30 时，含泥量可放宽至 5%。

砂也按产地、粒径分开堆放，并按检验批验收。在正常情况下，以机械化集中生产的天然砂以 $400m^3$ 或 600t 为一检验批，人工生产的砂以 $200m^3$ 或 300t 为一检验批。不足上述用量时，也按上述要求抽样送检。如果是含盐渍超量的砂，要检验其氯离子含量；当超过允许含量时，必须冲洗干净再用。

2. 地基基础检查验收

建筑物定位放线、标高确定后开挖基础，基础开挖到设计基底后要进行验收。首先，由施工单位按照有关技术规范和建筑工程强制性标准要求，合理布置钎探点，并按需要进行钎探，自行检查合格后填写隐蔽工程报验申请表，由本施工单位相关人员签名后，报项目监理机构，由监理工程师（或建设单位技术负责人）组织施工单位项目专业质量、技术负责人、地质勘察单位、设计单位、监理单位、施工单位有关人员参加，重点检查地基承载力能否满足设计要求、土质是否有变化、存在软弱层、基坑内及钎探下层是否与地勘报告相符合等。在确认地基符合设计要求后，共同在地基检查记录上签名确认，才能进行基础的隐蔽施工。

3. 钢筋工程的隐蔽验收

钢筋分项工程的隐蔽前验收，主要是合理地设置质量控制点，与政府安全质量监督部门设置的停检（必检）点相一致。项目监理机构在监理实施细则中，根据重要程度排出质量控制点，并制定出相适应的预防措施，在施工过程中提前给现场技术人员交底，未经验收不准隐蔽。工程项目部应在钢筋工程自检合格后、隐蔽施工前的 48h 报验。

（1）框架柱钢筋质量控制点的设置。柱的钢筋质量控制点设置应在每层框架柱或地基梁顶面支模之前，检查核对控制的重点是：柱主筋的直径数量是否符合设计要求；柱的纵向钢筋接头

(搭接焊、夹渣压力焊或绑扎）的质量及长度、接头错位是否正确；柱加密区箍筋绑扎间距及数量是否正确；钢筋绑扎是否有松扣、丢扣现象，与填充墙拉结筋预埋的位置及数量等。

(2) 框架梁板质量控制点的设置。梁板质量控制点的设置应按楼层分段设置，在每工序段梁板钢筋绑扎完后浇筑混凝土之前检查。检查的主要内容是：梁的截面尺寸、纵向钢筋接头焊接质量、纵向钢筋的数量和布置位置、直径、箍筋间距、加密区绑扎、梁底部及侧面保护层厚度、梁主筋在支座内锚固长度、抗剪抗弯矩筋的位置是否符合设置要求等；现浇板钢筋的控制点是：受力筋的品种、直径及数量、布置间距绑扎是否牢固，双层筋时检查底部保护层厚度、上下层间距、马蹬高度、边跨及中间梁上部的加强筋等。

(3) 承重剪力墙的质量控制点设置。剪力墙在中高层建筑中多数是设在地面以下的基础部位，与柱一起施工，共同承担结构的荷载，检查的质量控制点是：墙的水平及竖向筋的直径、数量及绑扎是否符合设计要求；板内设置暗柱的钢筋搭接及数量、与框架柱的钢筋搭接及锚固、双层墙板筋的间距、保护层厚度、预留洞口处加强筋的绑扎是否符合设计等。

4. 模板工程的施工质量控制

模板的制作与安装质量，直接影响到钢筋混凝土结构与构件的外形尺寸，同时，对结构的强度、刚度及观感造成大的影响，由于不参与分部的评定，在结构工程成型并有一定强度后即予拆除的因素，往往容易被检查时所忽视。由于模板安装尺寸超标多、固定不牢、刚度差而造成的质量问题为数不少，加强对模板工程的质量控制是时刻不能放松的，其质量控制的重点是：

(1) 要求模板及其支架必须具有足够的承载力、刚度和稳定性，能保证承载自重及浇筑过程中的静、动荷载，并可靠地支撑侧向压力，确保现浇结构的几何尺寸准确、不变形，拼缝严密、不漏浆。

（2）在浇筑混凝土前，必须对模板工程进行检查检收。验收的主要内容是：模板的支撑间距、夹固措施、支撑材料的直径及刚度、结构件的外形尺寸、钢筋保护层的厚度、板缝的宽度及贴封质量等。当符合施工要求的施工过程中，应有专人对其支撑及外模观察维护，及时处理振捣产生的异常情况，保证混凝土施工的正常进行。

（3）按照施工规范要求，对于跨度等于或大于4m的现浇梁必须起拱，起拱高度一般按设计进行；当无设计要求时，应按跨度的1/1000～3/1000起拱。起拱是在梁支底模时，在底模中部将模板抬高所需的高度，再拉线至柱处，使底模垫支顺畅，中间提高的最高点即起拱高度。这样将梁主筋放入模板内，主筋底部保护层垫块按要求垫好，拆模后梁自沉降仍中间略高，给人一种安全的感觉。需要特别注意的是，由于梁底起拱高度一般为10～30mm，梁的有效高度必须保证，这就出现一个问题，梁高于板，使楼面或屋面接触处不平，这也容易解决，在楼面找平或屋面保温层时处理。

（4）模板拆除时的质量控制

模板拆除并不是随随便便可以进行的，对此专业设计和施工规范都有严格的要求。

1）对于框架柱的拆模时间，在正常温度（15℃以上）浇筑后48h以上即可拆除。但拆除时，必须保证混凝土表面不损伤及缺棱角。

2）对于梁的拆模时间在正温下（20℃以上）必须养护7d以上，以同构件同条件养护的试块抗压强度作为拆模依据。在正常情况下的拆模时间，以梁的净跨距离（长度）和混凝土的强度比值作为可拆模的安全时间。当梁的跨度小于或等于8m时，拆模时的混凝土强度要大于或等于设计强度的75%；当梁的跨度大于8m时，混凝土的强度达到设计强度的100%才可拆模；而悬臂构件拆模时的混凝土强度，必须达到设计强度的100%才能拆模。

3）现浇板的拆模时间也是按跨度控制的。当板的跨度小于等于2m时，拆模时混凝土的强度应大于设计强度的50%；当板的跨度大于2m且小于等于8m时，拆模时混凝土的强度应大于等于设计强度的75%；当板的跨度大于8m时，拆模时混凝土的强度应达到设计强度的100%才可拆除。

5. 浇筑混凝土的质量控制

影响浇筑混凝土质量的因素有多种，但万变不离其宗，以下对最关键的几个控制质量的要素浅要说明：

（1）对组成混凝土的原材料数量按要求严格计量，称量误差1%～3%，倒料顺序应是：砂子-水泥-石子；搅拌时，严格控制用水量，搅拌时间不少于90s，掺入外加剂时不少于120s；

（2）对施工缝的留置要严格控制，一次可以浇筑的绝不留二次浇筑；对柱的留槎，应在梁底50～100mm范围，梁、板的留槎应在跨中的1/3范围留直槎；现浇施工缝时，除清洗干净、刷素浆、铺砂浆外，还需在缝处设置钢筋网片，防止产生裂缝；

（3）冬期施工按要求掺入防冻早强剂，并采取保温措施防止早期受冻；夏季气温高凝结快，有时振后来不及抹压、收光即初凝，需要掺入缓凝成分外加剂来延长凝结时间，便于施工操作；

（4）柱的拌合料入模厚度＜500mm，防止漏振（蜂窝麻面）和过振（胀模）；梁高度超过500mm时，分两层浇筑；对浇筑后的混凝土表面，要及时保温保湿，避免早期失水过快，养护时间不少于7d。

框架梁、柱、板混凝土拆模以后，若表面存在蜂窝、麻面、孔洞缺陷时，施工人员不得擅自修补隐盖，应由监理人员实地查看，按有关程序进行处理。

6. 基础及主体结构验收

基础及主体结构分部在进行隐蔽施工前，要由工程总监理工程师（建设单位项目负责人）组织勘察、设计、施工、监理及监督部门的负责人进行验收，检查的重点是：基础主要检查混凝土的外观及轴线尺寸、防腐等；框架柱、梁、板混凝土的外观感缺陷、截面尺寸、中心、柱轴线间距是否符合设计允许的偏差范围；填充墙轻质砌块的组砌形式、砂浆饱满度、压槎搭接长度、同柱的拉结筋设置、门窗洞口留置、混凝土构造柱的设置及混凝土现浇带、梁底砌块的组砌等。如对混凝土的强度有疑问时，用回弹仪进行直接抽查，结合施工留置的试块抗压强度进行对比检查，在确认各项检查内容符合设计要求，砌体的砂浆水平饱满度 >90%、竖向 >80%时才准许进行隐蔽施工。如基础回填土、墙、柱抹灰等。

为确保建筑的结构质量，监理人员的监督作用是十分重要的，严格履行材料及工序的检查力度，按检验批、分项工程、分部工程的报验程序，未经验收或验收不合格的工序坚决不予签认，并严格要求不允许进行下一道工序施工。在监理过程中，重点对地产原材料严格检查抽检；对隐蔽工程质量控制点严格验收；对混凝土的施工全过程进行检查，并严格控制拆模时间；按照设计图纸、国家施工规范和强制性标准，综合、有效地进行质量监控，严禁不合格分项工程存在，确保所建工程的安全耐久性。

41. 大跨度预应力空心板如何制作及应用?

我国传统工艺与设备生产的短跨预应力空心板近年来倍受冷落，尽管在几十年内跨度为 2.6 ~ 6.2m 的空心板（厚度 120 ~ 180mm）地区及省市均有供设计施工用的图集，但近年来这一传统工艺生产的预制厂几乎处于停工的状况，究其原因是多方面的，以下就预应力空心板在建筑工程中存在的问题，以及工程结构需要大跨度板的生产制作工艺及应用作浅要探讨。

1. 传统预应力空心板的主要问题

传统工艺设备生产制作了几十年的小跨度空心板，不能生产制作跨度＞6.2m 长的空心板，这对目前流行的大跨度、大开间的各类建筑显然是不能满足的；由于较短的板生产工艺和设备相对简单，使一些技术低下、不懂结构安全的人认为制作简单容易，在生产过程中不注重质量与技术管理，更有甚者偷工减料，使空心板在使用后出现裂缝，严重的产生断裂，严重影响对空心板的推广应用；板的应用构造不尽人意，尽管各地都有相应的地方标准，但构造并不统一，有的构造也不合理；另外，施工时又没有按标准图施工，标准与应用之间存在着差异；开发商与建设（施工）单位为防止出现质量问题而基本不采用空心板，使空心板几乎没有了发展的空间。

商品混凝土在大中城市得到了迅速发展，商品混凝土的极大使用构成了对预应力空心板的极大冲击，有许多（设计）使用单位和施工单位以现浇混凝土结构质量好、跨度大、整体承载力高、利于抗震为由推广现浇混凝土，使预制空心板的应用越来越少；是不是预制构件被淘汰？回答是否定的。从国家提倡建筑节能产品出发，预制构件现场装配，可节省大量模板、缩短工期、加快速度，保证工程质量。由于结构件在工厂提前预制而成，所有质量检验已在进入施工现场之前完成，因而质量不存在问题，综合单价也不高，因此，预制装配始终是衡量各国建筑工业化水平的标志之一。

2. 大跨度空心板的生产制作

为了创造预制板材的发展空间，扭转传统空心板因跨度小等被淘汰的现状，一些企业通过考察学习国外大跨度空心板，目前国内已引进 20 余条预应力生产线，这些板材不论其板型、配筋、承载力还是刚度，均优于传统的空心板，且能实现大跨度（板厚 380mm 跨度可达 18.6m），但费用也是昂贵的。尽管板材各项性能均可满足应用要求，但设备折旧费高，用户还是要考虑到。期望能生产制作大跨度空心板的中国成套设备早日问世。

国内混凝土行业已研制开发出具有中国自主知识产权、适合国情的大跨度空心板生产设备。研制出 GLY（G-高强度、L-大跨度、Y-预制预应力）板材，设备的生产宽度为 900mm、1200mm；板高为 180mm、200mm、240mm、300mm、350mm、380mm；所有空心板型均为非圆孔，目的是使板材受力更合理、均匀。生产时用强制式搅拌机搅拌均匀，计量准确的原材料配合比转载于料斗内，由于斗内设有破拱装置，拌均匀的混凝土可顺利落入成型腔内。经移动滑块往复运动，将混凝土推挤入模并挤压成型，特制的振动器在板带上部施加强大的激振力；同时，随着底部芯管往复摆动及装在成型面后部的压光系统的工作，可将板材表面压光且使混凝土高度塑化，并达到密实的要求。利用滑块推挤混凝土还可使所产生的反作用力克服整机的磨阻力，并沿着预应力钢丝向推挤的相反方向前进，机后便生产出一条尺寸准确、外型标准的预应力空心板的板带（以台座长度 100m 左右较好）。最后，按照设计要求，采用专门的切割机械将板锯成所需的长度用于工程。该生产线已安装在辽宁、山东等地，使用效果非常理想，受到当地用户的好评。

3. 建筑工程对楼板的选用

目前涉及楼板一般认为现浇板能保证质量，事实上现浇板的工程质量问题也不少。由于现浇板采用商品混凝土，通过诸多工序环节才能完成，影响混凝土质量的原因十分复杂，其中任何一个工序质量控制不好，板材裂缝不可避免。也有一些设计人员误认为：混凝土强度等级越高越安全，于是一些建筑工程选择使用高强度水泥；为保险起见对混凝土强度等级在满足要求的前提下再提高一个等级；有的工程为使施工方便，将板采用了同梁柱相同强度等级的混凝土，却不知提高混凝土强度等级，采用增大水泥用量降低水灰比的做法，意味着水泥中 C_2S 和 C_3A 含量大，水化热升高和收缩变形的增加，在约束状态下的混凝土因温差收缩、自身收缩、干燥收缩和较大的弹性模量产生的内应力，早期徐变不能缓解这种应力而产生的早期裂缝，并造成在使用荷载长期作用后，这些内部肉眼看不清的裂缝在干燥环境中不断扩展，影响到外观及结构的耐久性能；另外，混凝土使用的粗骨料应该是连续级配好的，一般 5~31.5mm，而一些建筑工地只要求石子强度和最大粒径，对从细到粗的连续级配往往不引起重视，这也是构成混凝土板收缩越来越大、最终开裂的重要原因。在施工中发现，一些现浇板的实际厚度往往未达到设计板厚，使板的刚度降低，当应力较大时，在薄弱处产生开裂；也在一些工地发现由于钢筋保护层过厚，而导致板正负受力钢筋之间的有效高度不足，造成钢筋应力得不有效发挥板即开裂；有的施工措施不当，人员踩踏负筋下沉移位，沿板支座边缘顶部出现开裂；还有为了赶工期，加快模板的周转，过早拆模，在板上堆放材料，造成板的开裂等。

在现浇板面找平层过厚，一般 > 40mm 且不设钢筋的素混凝土层，抗裂性差，因而在温差干缩应力作用下易产生开裂；许多预埋管采用 PVC 塑料管材预埋板中，材料光滑、弹性大、外径粗，与混凝土的粘结差，埋管走向即是混凝土的薄弱带，振捣混凝土时容易上浮或下沉移动，使板的上部或下部保护层过薄，从而导致沿 PVC 管埋设方向的裂缝，当板厚在 90mm 时，裂缝会贯穿板厚。同时，模板支撑的刚度也是不容忽视的，在施工过程中各种荷载及振捣应力作用，当支撑出现变形使板在混凝土硬化前就产生了塑性裂缝，这种裂缝在拆模后因气候干燥收缩变化而使裂缝加宽。

泵送混凝土在正常情况下有较大的流动性和黏聚性，促使现浇板的塑性裂缝较过去普通混凝土更加突出，施工中若模板松动、位移、振捣不到位、过振均会引起沿钢筋方向或与构件形状相关的塑性沉降裂缝，许多工程用 PO.32.5R 以上水泥配制 C20 混凝土，仍采用过时的水泥标准，由于受最小水泥用量的限制，只好采用 0.6 以上的大水灰比，从而加大了裂缝的产生。综合上述分析，现浇板的裂缝原因是错综复杂的，已经引起各有关方的高度注意。由于混凝土工程是一项涉及面广的系统工程，需要从设计、施工、材料、管理齐心协作，影响混凝土开裂的质量问题是会解决的，但并不是说现浇混凝土板就开裂，裂缝不仅存在于预制混凝土板中。

由于预制混凝土板材在工厂进行制作，全部预制过程均按操作规程进行，预制板采运至施工现场时，其强度已经检验达到设计要求，施工时只要严格按规范及标准图集检查是完全可以做到不裂的。但GLY技术提供的预应力混凝土空心板不论从制作还是在应用方面均进行了系统开发，板材的孔型及建筑连接构造设计，都认真地做了板的结构受力性能及板材经拼接后的不开裂，可以说该预制空心板是目前各类新型建筑所提供的大跨度、大荷载、不开裂的理想构件。GLY高强大跨度预应力空心板还有以下优越性：

（1）大跨度：以前各地区标准图给出的板长度，对于板厚为120mm板，其板长度为2.10～4.00m；当于板厚为180mm时，板长可达6.30m。而采用GLY大距度空心板时，当板厚为130mm时，板长可达6.30m；当板厚为180mm时，板长可达8.10m；当板厚为200mm时，板长可达9.0m；当板厚为250mm时，板长可达12.3m；板厚为300mm时，板长可达14.4m；板厚为380mm时，板长可达18.60m。这就较好地解决了传统小跨度板（$L<6.30$m）所无法达到的跨度，能与城市各类建筑的框架、大开间结构体系相匹配，圆满地解决了传统短板的局限性难题，由于板的折算厚度较薄，节省材料重量也轻，易安（吊）装、速度快，且不用模板支撑，使施工进度大大提高，无裂缝质量更可靠，孔内还可以穿设预埋管线，方便埋管。BLY板与传统的空心板重量及折算厚度见表41-1。

空心板重量厚度折算表 **表41-1**

板厚 h（mm）	130（120）	180（180）	200	250	300	380
板重（kN/m²）（含60mm板缝）	2.42(2.15)	3.17(2.62)	3.23	3.65	4.66	5.02
折算厚度（mm）	95（78）	124（99）	126	141	181	192

注：括号内数字为传统的空心板。

从表中可以看出，传统的空心板跨度是较小的，而GLY板在厚度130mm时的跨度已达6.30m，比传统板长2.10m；而板厚为380mm时，跨度达18.6m，是传统板无法比拟的，这就是该板的优势所在。

（2）经济效益好，由于GLY大跨度预应力空心板的强度为C40级混凝土，其配筋为钢绞线（$L=15\sim18.6$m）或螺旋肋钢丝（$L<15$m）时，而传统空心板配置的钢丝为冷轧带肋钢丝，两者价格相比大致为1.5倍，单从钢材这一点便认为GLY板的成本价格高、经济不合算，但却忽视了一个重要的对比因素——钢筋强度的对比。预应力钢绞线的抗拉强度可达1860N/mm^2，螺旋肋钢丝的强度则是1570N/mm^2，其强度是普通冷轧带肋钢丝的3倍以上，即采用高强度预应力钢丝后的强度是很可靠的。若采用钢绞线按6200元/吨计、则强度应力比为3.33元/（N/mm^2）；而冷轧带肋钢丝以4300元/吨计、则强度应力比为6.94元/（N/mm^2），其经济性很明显，这应是花钱买强度和品质。同样，GLY预应力空心板制作采用C40级混凝土，其强度设计值为19.1N/mm^2，比传统的空心板制作采用的C25级的混凝土强度提高了60%，抗拉强度设计值也提高了35%。采用高强度品质钢筋和高强度混凝土，不但充分发挥了两种材料的强度优势，保证了混凝土构件的高质量和安全性；同样，又可使构件生产厂能获得一定经济效益。

从使用者出发，GLY大跨度混凝土板的经济及实用性是明显的，以10m×10m方形框架现浇大跨楼板为例，若楼板采用现浇无粘结预应力构件时，板厚度按现行规范规定，应不小于1/45板跨，按此要求估算，则板厚度不小于220mm，再加上找平层最小40mm，其板的总厚度达到260mm，自重则达6.5kN/m^2；而采用新型GLY预应力空心板，查应用图可知板厚为250mm，由于板是空心的，其折算厚度仅为140mm，如再浇50mm厚的找平层，其总厚度只不过190mm，自身质量为3.65kN/m^2，两种板材的效益更加明显。另外，在施工速度上也存在更大的优势，方便快捷，节省了从模板支设到浇筑养护的很长时间，安全性能及耐久性好，是加快工期、保证质量的可靠板材。

4. 技术成熟，设备完善，应用方便

GLY 预制板投用已近 5 年时间，东北建筑设计标准化办公室组织专家对其力学性能进行了系统研究试验，其各项指标均满足设计与施工规范要求，其强度、刚度及延性破坏形态理想，可以广泛推广使用。专家结合推广预应力大跨度板材的应用成果，对 GLY 板从生产到使用又进行了多项改进，针对以往大板生产中出现的反拱过大、板端易出现裂缝的弊端，通过工艺控制及必要的构造措施得到较好解决。现在已编制出与新规范接轨的设计软件，并制定出适用的构造图集，为企业正常生产提供技术保障。同时，研制的 GLY 板材成型机已通过技术鉴定，推广使用水到渠成。

国内自行研制的 GLY 高强大跨度预应力空心板成套生产与应用，将会促进建筑技术的创新与发展。但需要强调的是，预制企业必须要进行科技投入，要编制企业标准，对生产场地按要求进行改造，达到生产场地标准化，防止由于省工料而张拉台面不平、开裂，张拉固定不稳定，张拉台面长度不够，钢材的配置、振捣、锚具的滑移等，均会影响到预制板的生产质量；否则，后果是严重的。并不是有好的设备就能生产出优质板，而是必须按要求进行施工才能获得好的效益，生产出质量优良、性能满足设计要求的预制产品。

42. 大体积混凝土结构温度裂缝如何控制?

混凝土在当代工程建筑中占有极其重要的位置，基础设施、桥梁隧道、水利工程、工业建筑工程中几乎都采用大体积混凝土结构。而大体积混凝土结构的共同特点是：体量大、结构厚、技术要求高、工程条件复杂。在大体积混凝土结构施工中，混凝土中由于水泥水化时产生的早期内部水化热，由于体积大而不易散发出去，形成内外温差梯度过大出现的裂缝是较普遍的，也是大体积混凝土施工质量控制的技术关键。如何采取有效措施预防混凝土温差裂缝的产生，是大体积混凝土施工必须解决的重要问题。

1. 大体积混凝土温度裂缝的产生

一般说来，混凝土结构产生裂缝是较普遍的，而产生裂缝的原因是多种多样的，如浇筑后温度和湿度的变化、混凝土的脆性和不均匀性、结构配筋不当、原材料的不合格、碱-集料反应、基础不均匀沉降、模板变形、养护不及时等。而大体积混凝土裂缝的主要原因是混凝土内外温差过大的结果。一方面，大体积混凝土由于内外温度及昼夜气温差别过大而产生温差应力和温度变形；另一方面，结构内外的约束限制阻止这种变形。当温度应力超过混凝土当时能承受的极限抗拉应力时，即会产生开裂。

大体积混凝土在硬化期间水泥会释放出大量水化热，厚大体积内难以释放出去，促使内部温度急剧升高，在表面引起很大的拉应力。后期在降温过程中，由于受到基础混凝土或模板的较大约束，又在混凝土内部形成拉应力。环境温度的降低也会在混凝土表面引起很大的拉应力。当这些拉应力超过混凝土当时的抗裂强度时，即会产生开裂。大体积混凝土内部的温度变化很小或变化很慢，但表面湿度可能变化很大或急剧变化。如无保温保湿措施、时干时湿、夜间不浇水，表面早期干燥收缩变形受到内部混凝土的较大约束，也是造成裂缝的另一因素。

由于混凝土组成材料的原因其自身属于脆性无疑，决定了抗拉强度不足抗压强度的1/10，在钢筋混凝土中拉应力是由钢筋来承担，混凝土只是承受压应力。在素混凝土内或钢筋混凝土的边缘无筋处，如果结构内部出现了拉应力，上部压力只能由混凝土自身来承担。在设计中，一般要求不出现拉应力或只出现较小拉应力。但在大体积混凝土施工中，混凝土由升温最高冷却到环境温度时，在混凝土内部形成相当大的拉应力。有时温度应力会超过其他外荷载所引起的应力，因此，控制温度应力的变化规律，对于进行合理的结构设计和施工质量控制至关重要。

2. 混凝土温度应力的计算依据

大体积混凝土内部升温的最高值，在结构四周没有任何散热和热损失的情况下，是混凝土的浇筑温度与水泥的水化热温度的总和。但在实际施工中，由于混凝土与外界气温间有温差存在，而结构体周围又不可能完全绝热，在新浇筑的混凝土与周围环境之间就会出现热交换（吸热或散热）。所以，大体积混凝土内部的最高温度，实际上是由浇筑温度、水泥水化热引起的绝热升温和混凝土的散热温度三部分所组成。在这三部分温度的组合中，由水泥水化热引起的混凝土升温是最关键的，当环境温度为15～20℃时，初期升温约占总升温的70%。由水泥水化热引起的升温，虽然会延续较长时间，但内部温度的峰值一般出现在浇筑后的2～5d以内。因此，减少水泥水化热引起的升温速度，是大体积混凝土控制的关键。

工程应用实践及理论计算表明，温度应力与温差成正比关系，即温差越大温度应力也越大；其次，温度应力的大小，还与结构物的内外约束限制条件有关。

不同龄期混凝土的温度应力计算公式是：

$$\sigma = E(t) \times \alpha \times T(t) \times S(t) \times R/(1-\nu)$$

式中 σ——混凝土的温度应力（N/cm^2）；

$E(t)$——混凝土计算龄期的弹性模量（N/cm^2）；

t——混凝土的龄期（d）；

α——混凝土的膨胀系数，$1.0\times10^{-5}/℃$；

$T(t)$——混凝土水化热、收缩当量、温差与气温差的代数和；

$S(t)$——徐变的松弛系数（按表42-1取值）；

R——混凝土的外约束系数，岩石地基，$R=1$；可滑动垫层，$R=0$；一般地基，$R=0.25\sim0.50$；

ν——混凝土的泊松比，取 $0.15\sim0.20$。

混凝土的徐变松弛系数 $S(t)$　　表 42-1

龄期	0	1	3	7	14	28	60
$S(t)$	1	0.617	0.57	0.502	0.411	0.366	0.288

根据上式计算出混凝土的温度应力，如超过混凝土的抗拉强度时，可采取调整混凝土的浇筑温度及改善施工工艺和提高混凝土的抗拉性能，改善约束限制条件，采取内部降温等措施，使混凝土的升温应力控制在允许范围内，防止结构体出现有害裂缝。

3. 施工中控制裂缝的措施

（1）控制原材料的质量

水泥质量：水泥活性和强度等级越高，其收缩量明显增大，收缩变形时间也长。不同品种的水泥的水化热和收缩量相差较大，大体积混凝土必须选择水化热低的水泥，且控制水泥用量，选用外掺合料代替水泥用量，尽量避免使用早强水化热高的水泥。粗细骨料：砂、石子含泥、含杂质的，能明显降低混凝土的抗拉强度，必须严格控制砂石料的含泥和含杂质量，并采用连续级配好的骨料。坍落度和水灰比：泵送混凝土加快了施工进度，但泵送混凝土对和易性、流动性要求迫切，大坍落度和大水灰比使水泥用量加大，而水化热也大幅度提高。采用适应性好的外加剂，降低水灰比，达到流动性泵送的需求。

（2）施工中控制混凝土温度

大体积混凝土施工关键的施工技术措施就是控制混凝土的升温和降温。混凝土结构体允许的内外温差与采用材料的抗拉强度有关，如混凝土结构质量好则抗拉强度高，能抵抗较大的温度应力。根据混凝土龄期的抗拉强度来确定混凝土内外温控的标准。通过大量工程实践及理论研究，得出这样的结论：当混凝土结构内外温差控制在 25℃以内时，混凝土结构一般不会因温度应力而使结构体发生早期开裂。因此，应有针对性地控制混凝土内部的最高温度，目前的控制方法主要以内部降温法和外部保温法为主。

1）降低混凝土内部的升温

在大体积混凝土结构体中预埋冷却水管，混凝土浇筑成型后通过埋管内循环的冷却水降低温度，以减少混凝土的内外温差梯度。如化工厂 120m 高火炬基础，1.80m 厚的混凝土内埋设直径 48mm 的钢管两层，通过在不同部位留置的测温孔，定时测出内部的实际温度、表层温度和环境温度。监测表明，与计算的原来未埋设管时内部温度变化大致相同，初期温度升值很快，浇筑结束后 36h 达到最高值 65℃，及时保湿养护，可降到 50℃左右。混凝土浇筑 48h 后，水化热释放量最大；4d 内温度有小幅度上升趋势，5d 后温度呈下降走势，10d 后温度下降速度减缓，且逐渐接近环境温度。而埋设了冷却水管以后，混凝土内部提前 24h 降温，内部降温达 12～18℃。通过对流量及出入口水温的调节，达到了混凝土降温速度为 4℃/d、内外温差小于 15℃的目标，效果是明显的。现场监测结果表明，结构降温主体混凝土没有出现较大的裂缝，更没有出现贯穿性的有害裂缝，只在表面产生由于塑性沉降及失水过快的微细裂缝。拆模防腐回填，经过几年冬夏季的考验，露出地面的基础无任何裂缝产生，达到了控制降低温度裂缝的目的。

2）保温预防内外温差梯度过大

保温措施是在大体积混凝土浇筑成型后进行，通过用麻袋、草帘、塑料布等保温材料或定时喷热措施，来提高混凝土表面及周围散热面的温度。其基本原理是：利用混凝土的浇筑温度加上水泥水化热的升温，在缓慢的散热过程中，控制混凝土的内外温差，从而降低混凝土因温度变化而引起的开裂机会。工程中用简单保温隔热材料的施工方便，材料价格低，来源广，效果良好是较有效的方法。正常施工方法是在结构混凝土浇筑振捣后的表面，在初凝后到终凝前，用铁抹子拍压表面几次，最后用木抹子二次压抹，使沉降裂缝抹压不愈合。随后立即在混凝土表面覆盖塑料布，使混凝土内蒸发出的自由水聚积在上表面，进行保湿养护。在塑料布上再盖上草帘或麻袋，进行保温养护。现场监测表明，结构混凝土表面未出现裂缝。

3）蓄水养护

结构表面条件具备时蓄水养护混凝土，既降温又保湿，效果最佳。其具体做法是：先在混凝土表面覆盖双层麻袋，洒水湿润。待混凝土初凝后在基础周围砌挡水短墙，蓄水深度150mm左右，保持补充水不下降，养护28d。为及时了解混凝土内部温度与表面温度的温差值，在基础周围的不同部位埋设测温点，深度分别设在结构体中及距表面以下100mm处，用来测量中心最高温度和表层温度，测温管口露出混凝土表面150mm。

根据工程应用实践和理论分析，大体积混凝土要取得理想的温差控制效果，还要重视混凝土的入模温度。大体积混凝土的入模温度不低于10℃，因为混凝土入模温度过低，就无法控制混凝土内外温差在20～25℃之间的要求。夏季施工应尽量降低混凝土的原材料温度，如对骨料加设遮挡阳光棚，喷洒冷水降温，用冰水拌合料，这样经过搅拌及运输，入模温度不会太高。

（3）控制工艺和约束

合理选择浇筑工艺流程，对混凝土浇筑方向尽量从短边开始，倒退分层分台，一次浇到顶部，这样浇筑面暴露在阳光下的距离小，不存在接槎，也便于覆盖，防止因大面积摊铺，分层的过程时间过长，产生过多的结合槎。

改善外部约束条件通常是改善边界的约束，当外约束力小于混凝土当时的抗拉强度时，混凝土就不会出现裂缝。如果结构设计在不坚实的地基上，对混凝土的约束力较弱，此时产生裂缝的机会很少；如果设置在坚硬的地基上，对结构混凝土有较大的约束力，这时就要考虑地基的约束产生的影响。应在基础下面设置缓冲滑动层，其减轻约束效果好。

改善内约束力通常是设置后浇带，既减轻混凝土前期自身的约束，又有利于混凝土温差应力和早期收缩应力的自由释放。后浇带的间距不超过30m为好，二次补浇时间按规范要求不少于42d，混凝土中掺入适量膨胀剂以抵消收缩裂缝。当条件允许时，后浇带补浇60d或90d更好。

工程实践表明，大体积混凝土结构施工最关键的技术问题是如何防止和有效控制温差应力引发的结构开裂，经验表明，目前的常用措施是：加强对原材料温度的控制，降低入模温度，改善内外约束条件，降低混凝土内部温度、提高混凝土自身强度及抗裂性，能有效防止和减少裂缝的产生。

43. 工程结构施工中混凝土耐久性主要控制哪些方面？

混凝土结构的耐久性是一项重要的检验指标，由于现在建筑结构的需要高层建筑、大跨度、高强混凝土的大量应用，这样的混凝土必须要有大掺量的水泥作胶结材料，而大用量的水泥使用后所产生的高水化热，造成混凝土结构的大量开裂，直接影响到混凝土的耐久性能。工程施工中如何控制结构混凝土的开裂，是保证耐久性技术措施的关键所在。

1. 水泥的选择

一般工程结构都要求选用硅酸盐水泥或普通水泥，但要求水泥中的C_3A含量$<8\%$、水泥细度不超过$350m^2/kg$、大体积混凝土宜采用C_2S含量相对较高的水泥。水泥中C_3A经实际应用含量低于5%以下更好，产生裂缝明显减少；水泥细度在$350m^2/kg$以下时容易出现泌水，在$375m^2/kg$以上时效果较好。水泥中C_2S含量高的水泥不仅是大体积结构混凝土，就是任何水工混凝土、高性能混凝土也是适用的。

配制耐久性混凝土所采用的硅酸盐类水泥，其强度等级多采用P.O.42.5，目前42.5级普通硅酸盐水泥的比表面积为330～$420m^2/kg$之间；C_3A含量在1%～10%之间；C_3S在55%～65%

之间波动；C_2S 含量在 15%～25%之间；混合料掺量 6%～15%的都有。应该认定，只要检验强度和稳定性合格，这些范围内的水泥都是合格的。但在施工现场的表现结果却千差万别。水泥同混凝土一样，在 200 年来只是以强度这个单一指标作为检验的标准。现在混凝土根据发展需要又提出了耐久性问题，对水泥的品质提出了要求，单从水泥强度，对水泥提出了耐久性要求，那么混凝土的耐久性问题实际上难以从根本上得到解决。单从强度等级出发，就工程质量而言，低强度水泥的耐久性能并不比高强度水泥差，只要满足设计的强度等级，普通硅酸盐低强度水泥的耐久性能满足工程质量要求。

2. 耐久性混凝土对骨料的要求

目前混凝土质量不如发达国家，骨料的粒形和级配不连续且骨料自身质量差。对骨料的产品有强制性标准，但用于工程的骨料符合标准的却很少，工程人士看重的也只是与混凝土强度有关的骨料强度与含泥量等指标，而忽略了粒形与级配的重要性。一般天然骨料的强度对常用的中强度（C60）及以下混凝土是足够的，与卵石相比，碎石与混凝土的结合更好，抗渗性也好，这些是目前的基本要求和看法。

但从骨料自身分析，世界的岩石都是由火山岩、沉积岩、变质岩组成，中国也不例外。粗骨料中针片状不能满足规范要求，主要是用锷式破碎机破碎，粗骨料中针片状较多，达不到规范要求。从国外引进锤式和反击式破碎机已解决了这一问题。河卵石的耐久性并不比碎石差，上个世纪的绝大多数工程都是以卵石做粗骨料的，其耐久性能并未存在疑问，经历了几十年后工程仍在投用，并不比碎石差。凡认为卵石不如碎石，主要是在压试块时，容易在光滑面处先坏。事实上，28d 抗压强度卵石与碎石是没有区别的，工程上几十年来常用的 5～40mm 的卵石与碎石比，其空隙率明显偏少。其堆积密度卵石可达 1700kg/m³，而同条件下碎石很难达到 1600kg/m³。地下防水工程卵石比碎石更优良，同样强度等级时，卵石可降低水泥用量和水灰比，卵石混凝土坍落度在振捣作用下的扩展度远大于碎石，应该说卵石混凝土的耐久性优于碎石混凝土的耐久性。

许多试验表明，粗骨料的优劣对抗压强度影响一般不明显，但对抗折强度的影响是十分明显的。随着岩石自身密度的增大、吸水率的降低，在同等条件下抗折强度以20%的速度增长，抗渗抗冻性能的影响也是明显的。花岗岩、石灰岩、玄武岩在水泥用量、水灰比、砂率相同的情况下，抗冻次数、抗压强度、抗折强度玄武岩均高于石灰岩和花岗岩，其综合性能最好。对普通混凝土而言，目前的各类工程规范对粗骨料的要求完全能满足工程质量的强度要求，不必划分过细。对有耐久性要求的混凝土结构工程，现行规范的规定不是很全面的。应根据当地的石料优劣进行划分，在高性能和高强度混凝土中，由于粗骨料的用量不是太大，其自身强度对混凝土强度尤其是抗压强度的影响很小，但在普通混凝土中，对抗冻、抗渗、抗折的影响比较明显。为此，必须对现行规范中要求的粗骨料按对耐久性影响的大小更进一步细分，以利于更好地满足耐久性的需要。有人认为，满足混凝土耐久性要求的粗骨料划分为三个等级较好，即一等岩石：密度 $2.80kg/cm^3$ 以上，5～20mm规格石子、吸水率0.6%以下为优；二等岩石：密度 $2.68kg/cm^3$ 以上，5～20mm规格石子、吸水率为1%以下为良：三等岩石：密度 $2.55kg/cm^3$ 以上，5～20mm规格石子、吸水率1.2%以下为合格。

3. 混凝土浇筑后养护控制

一般要求对浇筑后的混凝土应立即用塑料薄膜紧密覆盖，防止表面水分蒸发，待进行搓抹表面工序时，卷起塑料薄膜，抹压后再覆盖，终凝后浇水养护；当使用钢模时，应及早松开模板并覆盖浇水养护。混凝土浇筑后，用塑料薄膜覆盖这种方法在高温刮风时必须用，在气温偏低和夜间则没有必要。混凝土开裂与覆盖有所减少，但混凝土的塑性开裂主要是在终凝前失水过快的瞬间产生，早期失水过快的原因如高温、大风是主要的，因此，在高温大风情况下覆盖有效。正常情况下，混凝土浇筑后表面有一层浮水泥浆，若覆盖不让水分蒸发，难以消除塑性裂缝，反而有害。混凝土早期失水不能过快，这是人人都知道的常识，只要根据当时气候灵活掌握就能实现。对于松开钢模侧面养护的问题，事实上现场不好控制，钢模对混凝土表面的保护同塑料薄膜的效果是一样的，都起到阻止同大气进行水分交换的作用，顶部覆盖养护而侧面钢模保护，同样起到养护的效果。

4. 耐久性混凝土质量控制措施

什么样的混凝土才属于耐久性混凝土？有两个问题是比较难回答的问题，一个是裂缝，许多规范都没有说绝对不允许出现，只是对裂缝宽度进行限制；另一个是，什么样的混凝土才具有良好的耐久性，如何做才能生产出较耐久的混凝土，这是一个涉及面很广的复杂问题，关键还是从设计、监理、施工、材料选择几个方面共同努力来实现。

(1) 设计对建筑结构起到重要的作用，施工单位有对重要构件进行耐久性的技术保证措施。对结构中有耐久性要求的构件，从施工角度提出耐久性设计原则，防止因施工原因危害到耐久性。

(2) 坚持配合比设计原则。由于同样原材料、同样坍落度和强度的配合比成百上千，究竟哪一个配合比耐久性是最好的要选择。在选择最佳配合比时必须坚持：粗骨料用量不能减少，最低水泥用量、用水量和坍落度最小。对不同构件和不同钢筋密度用不同的配合比和浇筑方法，确保实现耐久性。

(3) 水灰比和坍落度控制。施工单位在任何情况下都不能增加用水量，有减小水灰比的权利；坍落度要根据结构的形状尺寸、钢筋密度、施工方法，提出不同坍落度要求，供配合比设计时使用。还要根据当天气候条件，提出对坍落度的调整选择，达到施工坍落度的正确调整应用。商品混凝土的负面影响是，拌合同样强度的混凝土坍落度较现场自行拌合的大得多，增加了裂缝产生的机率。商品混凝土搅拌站是质量管理的空白，是出现问题较多的生产部门；另一个是泵送混凝土，其坍落度也是造成混凝土开裂的关键。

（4）原材料的选择使用，切实按程序对进场材料进行检查和复检。水泥厂家必须提供详细的水泥矿物掺量化验结果报告和工艺生产、出厂合格证及批号产量等，当核查这些矿物含量波动在允许范围内时，不危及混凝土的质量稳定和耐久性，方可用于工程；当使用量超过 300t 时，重新抽样检验。

（5）坚持低温入模的原则。对有耐久性要求的混凝土结构，施工时间必须选择尽量在夜间施工，太阳落山开始（冬季除外）；并与气象部门取得联系，了解施工阶段的气候资料，在结构耐久性要求的部位施工时，要调整施工组织设计，将混凝土的浇筑时间安排在最低气温的几天夜间施工。如果在高温季节施工，同监理协商，采取必要措施使拌合料温度降低，防止裂缝的产生。

（6）保证强度不受影响。如某些构件由于施工组织设计工序安排等原因，暂时不受外力或承受的外力远小于设计强度，施工单位应征得设计人员同意，将常规的 28d 强度延长到 60d 或 90d 的强度，以期进一步降低胶结材料用量，减少裂缝产生的可能性。

（7）振捣到位的原则。混凝土的振捣是达到密实度的关键，只有密实的混凝土其强度才能保证。对耐久性混凝土的振捣必须分层进行，以彻底排出混凝土内空气不再下沉为止，振动棒慢慢拔出，使浆自然愈合，防止因过快而形成砂浆的振动棒直径的洞。同时，防止在振点的过振使粗骨料下沉，且胀外模；插振动棒间距过大出现漏振。过振和漏振是影响耐久性能最大的弊病。

（8）外加剂和矿物掺合料不能少。外加剂已成为组成混凝土的另一组分，根据混凝土的质量需要，掺入不同成分的外加剂，对减水、早强、防冻、抗渗、泵送，有十分重要的实质性作用，但要考虑同水泥的适用性，外加剂已成为耐久性混凝土不可缺少的材料；对于矿物掺合料的作用实在太多，对减少水泥用量、降低水化热、提高混凝土强度、减少结构件开裂，效果非常显著，是耐久性混凝土不可缺少的又一重要材料。

44. 混凝土结构实体合格性强度检验评定的问题有哪些?

为强化对混凝土结构实体强度验收的要求，《混凝土结构工程施工质量验收规范》GB 50204—2002 第一次列入了对结构实体混凝土强度检验评定的要求，并以同条件养护强度作为验收的依据。在各分项工程验收通过以后，要通过混凝土工程的实体检验，才能进行子分部工程验收。在建筑工程界，有实体混凝土强度可测而不可评的说法，这是几十年来建筑行业没有建立实体混凝土强度验收与合格性评定标准的缘故，对实体混凝土质量验收的科学性和客观性带来不利影响。多年来，混凝土设计强度是实体混凝土强度合格性评定的惟一标准，以下就混凝土设计强度等级与实体混凝土强度之间的合格性评定作浅要探讨。

1. 混凝土强度标准值与实体混凝土抗压强度值

混凝土抗压强度标准值 $f_{cu,k}$是指按照标准方法制作养护的，边长为 150mm 混凝土立方体试块在标准养护 28d 龄期，用标准试验方法测得具有 95%保证率的抗压强度。$f_{cu,k}$是确定混凝土强度等级的依据，也是混凝土结构设计各种力学性能指标的代表性值。

实体混凝土抗压强度值 $f_{cu,e}$是指采用检测仪器按照现行的技术规范要求，在实体混凝土工程中进行实际测试，并计算所测出的强度值。$f_{cu,k}$是已有混凝土结构能否满足结构安全性的重要参数。

由于采取钻芯法检测具有直观、可靠的优点，在结构实体中钻芯取样进行芯样的抗压试验，与其他形式判定强度比较，芯样强度接近工程实际。实体混凝土由于材料性质及施工过程多种不利因素影响，其强度值会出现明显的离差特征和随龄期增加而提高的趋势，也就是设计相同的混凝土在浇筑后的不同部位，或测试时间的差异会得出强度值不一致的结果。

2. 混凝土强度标准值与实体抗压强度值的区别

$f_{cu,k}$与$f_{cu,e}$两者之间都是混凝土抗压强度的力学性能指标，$f_{cu,k}$主要用于强度等级的确定及结构设计的计算；而$f_{cu,e}$用于已有结构工程中实体混凝土强度测定及结构安全性的评定与处理。其主要区别是：

（1）强度标准值。$f_{cu,k}$具有多个标准的特征，是在许多既定条件约束下确定的，并不等同于实体混凝土强度。如标准规定的尺寸：150mm×150mm×150mm立方体；标准养护：温度为（20±2）℃、相对湿度>95%的环境；标准养护龄期：28d；试块标准制作：按《普通混凝土力学性能试验方法标准》（GB/T 50081—2002）；标准试验方法：按GB/T 50081—2002。

（2）实体混凝土抗压强度值。$f_{cu,e}$除了具有标准试验方法和标准的试块尺寸外，其他均无标准的特征，而是代表着实际施工形成的混凝土结构实体的同条件体，是实体混凝土强度的代表值。

（3）标准强度值。$f_{cu,k}$针对同一混凝土配合比，除配合比设计规定的属于正常范围内的质量控制因素外（1.645σ），标准值$f_{cu,k}$的确定不再额外考虑其他施工因素和人为因素的影响，而实际施工过程中的影响混凝土的因素及不确定因素要远远大于理论上已确定因素。如粗骨料颗粒级配的变化、含水率、外加剂和掺合料的变化、振捣、养护及人为因素的影响等。

标准强度值$f_{cu,k}$和实体强度抗压值$f_{cu,e}$在施工实施过程中，配合比、原材料的稳定、气候环境、施工过程控制、养护龄期诸多方面有着很大差别，其中环境因素及龄期的影响最大，因此，$f_{cu,k}$与$f_{cu,e}$在结果上存在差异是正常的，其差值要在一个允许的范围内，超过这一范围会危及安全。

3. 强度标准值与实体强度值之间的联系

$f_{cu,k}$与$f_{cu,e}$均是以同一配合比配料下反映混凝土抗压强度和力学性能指标，两者存在必然联系。根据国内外资料介绍，当$f_{cu,e}>k_0$（折减系数）$f_{cu,k}$时，就可以认为结构工程中实体混凝土的强度满足设计强度等级和结构安全性能要求，在技术规范中有明确的要求。如发达国家美国标准 AC1318—92 和德国 DIN1085 中取 $k_0=0.85$、丹麦和挪威国家标准分别取 k_0 为 0.90 和 0.70，现行的《混凝土结构设计规范》（GB 50010—2002）中对折减系数 k_0 取 0.88；而《混凝土结构工程施工质量验收规范》（GB 50204—2002）中要求对标准养护试件与同条件养护试件强度之间的折算系数取 1.10，相当于 $k_0=1/1.1=0.909$。

4. 折减系数 k_0 取值问题

折减系数取值国内外是不一致的，但差别不是很大，在 0.70~0.909，均小于 1.0。k_0 取值的大小取决于各国对结构安全度及实体混凝土施工质量控制水平要求程度不同的差别。国内一般认为，由于实体混凝土强度有随龄期增长而增加的特性，对同一强度等级的混凝土在同一配合比施工期内，不同龄期测得的$f_{cu,e}$是不相同的，$f_{cu,e}/f_{cu,k}$在不同龄期可能会出现 <1 或 >1 的实际，因此，k_0 确定为 $0<k_0<1$ 范围内的某一个定值是值得探讨的。

（1）标准强度 $f_{cu,k}$是设计人员进行结构受力及结构安全性计算的依据，按照结构设计的一般规律，在进行整个建筑结构受力计算时，并不考虑混凝土的后期增长的强度（即标准试件在 28d 以后的强度增长量 $\Delta_{cu,k}$）列入设计计算强度值中。由于 $\Delta_{cu,k}>0$，设计人员只重视 $f_{cu,k}$而并不关心 $\Delta_{cu,k}$，因为 $\Delta_{cu,k}>0$ 并不会降低其设计的结构安全度，并将 $\Delta_{cu,k}$视作为额外的混凝土强度安全系数 R_r，$\Delta_{cu,k}$越大，R_r 就越大，对结构安全性来说，安全性越高。

（2）对实体混凝土强度合格性评定时，将实体混凝土后期的强度增长值 $\Delta_{cu,k}$列入评定标准应是不合理的，因为只从混凝土强度指标而论，合格性评定的标准只能是 $f_{cu,e}>k_0f_{cu,k}$，即只要求下限而不需要有上限；如果取 $k_0>1.0$ 这肯定是不合理、不科学的。会使建筑施工质量控制的要求超过标准，脱离行业的需要。因此，取 $0<k_0<1$ 是科学合理的。

（3）在《混凝土配合比设计规范》的要求中，配制强度是按 $f_{cu,0}>f_{cu,k}+1.645a$，这是经过认真统计，总结了材料变化、施工因素等诸多不利因素影响情况下，其配合比设计的强度标准值具有不小于95%的保证率。而在具体的安全性设计时，强度按 $f_{cu}=f_{cu,k}-1.645\sigma$ 取值（是指不小于95%的强度保证率），其目的是要求结构的安全性至少达到>95%保证率，从这个出发点考虑，取 $k_0>1$ 也是不合理的。

（4）由于 $f_{cu,k}$与 $f_{cu,e}$是在不同条件下形成的两个概念，就环境条件 $f_{cu,k}$是在标准温湿度条件下增长的，而 $f_{cu,e}$则是在完全的自然条件下增长的。在通常情况下，自然条件要比标准养护条件下对混凝土的强度增长更加不利，《混凝土结构工程施工质量验收规范》（GB 50204—2002）中，对同条件试件与标准养护试件强度值的折算系数为1.10，就认为是考虑到实际混凝土结构及同条件养护试件可能失水等不利于强度的因素，仅就从养护上说，取 $k_0<1$ 是合理的

（5）由于实体混凝土始终处于不利的自然环境中，取得 $f_{cu,e}$又在龄期概念上很难达到统一，在不同的时间季节气候差异获得 $f_{cu,e}$也是不同的。GB 50204—2002 规范中提出的600℃·d等效养护龄期的概念，即引入气温与天数双因子来界定实体混凝土的龄期，从检验评定意义上讲是合理的。但随着高强度混凝土的需要，集中预拌、粉煤灰、外加剂的大量应用，使混凝土28d的强度不能满足设计要求或偏离现实状况，为此，希望大多数设计人员要采用60d或90d作为 $f_{cu,k}$的龄期，例如《粉煤灰混凝土应用

技术规范》(GBJ 146—90)中规定可用28d、60d、90d或180d的不同龄期来确定$f_{cu,k}$的值。对于不同掺合料的混凝土龄期，按照混凝土强度发展的规律和实体混凝土强度验收与评定的实际，将$f_{cu,e}$的积温龄期(TD)分为(20d+40)~3×(20d+40)两段是可取的(d为设计所要求确定$f_{cu,k}$时的标准养护龄期来考虑)。

(6)折减系数k_0取何值较合理，根据许多资料和规范的成果，应在0.7~0.909之间，很难确定某一数值。事实上只针对实体混凝土强度的验收评定来说，已不是必须要解决的问题。可以根据工程重要性，在0.70~0.909之间选择一个，适合本行业特点的折减值k_0。可以看出，k_0值是很重要的，关系到混凝土设计强度等级与实体混凝土强度值之间的计算问题，更是关系到如何建立实体混凝土强度合格性评定标准的问题，解决当前工程质量验收过程中客观存在又需要妥善处理的问题。长期以来，建筑工程缺乏实体混凝土强度合格性评定标准的问题应得到尽快解决。

5. 实体混凝土强度的检测

为有效检测混凝土的实际强度，无损检测技术的发展为实体混凝土强度的合格性评定创造了条件。对结构工程中的实体混凝土强度已有较成熟的检测(包括无损或有损)技术，建立了相应的技术标准体系，如回弹法、超声回弹综合法、拔出法、钻芯法检测混凝土强度等技术规程，基本可以满足实体混凝土强度合格性评定的需要。就已有的检测方法从实用和检测精度看，回弹法检测相对方便、快捷、无损和直接，费用也低。因此，在以往的实体混凝土强度抽样检测中被广泛使用，同时受回弹法原理的限制，其测试精度受混凝土材料组成、表面均匀程度的影响因素较大，测试精度相对较低；钻芯法(仅限于标准芯样)是国际上应用最广泛的检测方法，也是其他无损检测方法的参照标准。由于钻芯取样工艺对试件混凝土扰动引起的累积损伤，芯样强度一般略低于混凝土结构的实际强度。对比试验已证实了这种影响，而且对于较为脆性的高强混凝土，这种影响更为明显。正是由于这些原因，钻芯强度也难以用作结构混凝土实体强度的普查手段，由于用其检测量不是很大，一般多与推荐并用，作为其复核手段而求得推定强度的折算系数。

就实体混凝土强度的检测技术来说，现在的无损检测技术可以满足强度合格性评定；应根据不同结构工程验收或鉴定的需要，灵活选择检测方法，兼顾现场检测的方便性、检测时间、检测费用等因素，对新浇筑混凝土表面均匀、平整、干燥的结构工程的质量验收应优先采用回弹法，对于各方存在有争议或需取得比较准确的混凝土强度时，采用钻芯法取得比较准确的强度值。

6. 实体混凝土强度的合格性评定标准

针对实体混凝土的客观实际及建筑工程中要求对实体混凝土强度验收与合格性评定的需要，结合实体混凝土强度现场检验的特点，用以下方法建立实体混凝土强度合格性的评定标准：

（1）对于同一验收批，即同强度等级、同一配合比、相同龄期、相同工艺和同条件养护的实体混凝土强度，在具备检测条件时，应优先采用回弹法、超声回弹综合法、拔出法和钻芯样法进行检测，回弹仪要采用数字化回弹仪。对地下结构、桩基工程及其他不具备无损检测或微破损方法，进行实体混凝土强度检测时，应采用同条件养护试件结合的方法进行合格性评定，要提前作出约定。

（2）当回弹法、超声回弹综合法、拔出法及小芯样钻芯法检测所得出的实体混凝土强度同时满足下列公式时，判定实体混凝土强度为合格。

$$m_{fcu} > 1.15 f_{cu,k}$$

$$f_{cu,min} > 0.95 f_{cu.k}$$

式中　m_{fcu}——除标准芯样外，用其他方法测得实体混凝土强度平均值；

$f_{cu,min}$——除标准芯样外，用其他方法测得实体混凝土强度平均值；

$f_{cu.k}$——混凝土强度标准值。

按此检测若结果不能满足合格性评定要求，或对该方法的测试结果有怀疑时，应按钻芯样法的标准重新取样检测，标准芯样不少于3个，取样位置随机抽取。

(3) 采用标准芯样评定实体混凝土强度合格性评定的标准按下列方法确定：

$$k_0 = f_{cu,ei}/f_{cu,k}$$

当（$20d + 40$）$\leqslant TD \leqslant 3 \times$（$20d + 40$）且满足：$k_{0.m} = 1/n\Sigma k_{0i} \geqslant 0.85$　$k_{0.min} \geqslant 0.75$时，评定结构工程中实体混凝土强度满足设计强度等级和结构安全性要求；否则，应视为不能满足设计强度等级和结构安全性能的要求。

式中 $f_{cu,k}$——混凝土强度标准值（MPa）；

$f_{cu,ei}$——用钻芯法测的实体混凝土强度值。芯样直径＞95mm（MPa）；

k_0——各测点实体混凝土强度实测值与混凝土强度标准值之比（折减系数）；

$k_{0.m}$——平均折减系数；

$k_{0.min}$——最小折减系数；

TD——积温龄期（℃·d）是实体混凝土自浇之日至抗压检测之前一日逐天＞0℃平均气温的累计值；

d——设计要求确定$f_{cu,k}$时的标准养护龄期（d）。

当按同条件养护试件进行实体混凝土强度检验，其结果不能满足GB 50204—2002要求时，必须采用无损或钻芯取样（微破损）的方法进行检测与评定。

7. 检测的实际效果

已经引入的实体混凝土强度抽样检测与合格性评定措施是提

高混凝土工程质量的有效手段，也是治理“偷工减料”，防止存在质量隐患和豆腐渣工程的有力保证，它不仅能在检验中发现存在的质量缺陷，更直接的是能使工程质量实体及验收评定更科学合理。目前，已有不少地区根据规范要求开始了对实体混凝土强度的抽样检测，并将检测结果作为评定实体混凝土是否满足设计要求的依据，应用效果十分明显。以某地为例，在2000年以前的工程质量投诉每年100多起，现在已降至不足10起。

现行的《建筑工程施工质量验收统一标准》(GB 50300—2001)及《混凝土结构工程施工质量验收规范》(GB 50204—2002)同时对实体混凝土强度质量的验收提出了要求，并被列入强制性条文，标志着我国建立以“实体检验”为基础的工程质量验收与评定标准体系的完善，为规范全国各地检测行为和标准操作作出努力。

45. 集中搅拌混凝土中矿渣细料如何应用？

矿渣作为水泥混凝土的掺合料在国内的应用已有近50年的时间，在以前是将矿渣和水泥熟料一起磨细应用，由于矿渣与水泥熟料的磨细不一样，与水泥熟料磨后的矿粉较粗，其比表面积约为300m^2/kg，在水泥水化时矿渣的活性不能得到充分发挥。因此，掺入混合料的水泥几乎是早期强度偏低，凝结时间较长。若将矿渣经过研磨细粉，比表面积在400m^2/kg以上时，微细粉的活性可以得到充分的发挥，这种较细的研磨矿渣就是掺合料矿物。

国内矿粉都是作为活性混合料掺加在水泥熟料中，成为硅酸盐水泥、普通或矿渣硅酸盐水泥。而国外对矿渣的应用几乎所有混凝土工程都掺用，随着国际上对矿粉研究的深入和更大规模的利用，在20世纪80年代，随着建设规模的飞速发展，集中预拌混凝土的崛起及对环境的保护，对矿粉的研究应用走向规范化进程。1998年，上海市首先制定《混凝土和砂浆用粒化高炉矿渣微粉》地方标准、2000年国家标准《用于水泥和混凝土的粒化高炉矿渣粉》（GB/T 18046—2000）颁布实施、2002年国家标准《高强高性能混凝土用矿物外加剂》颁布、该标准正式将矿渣微粉定名为“矿物外加剂”，纳入混凝土的第6组分。磨细矿粉作为一个独立产品进入混凝土中，已被广泛接受和逐渐成熟，用于各类建筑工程中，年使用量已达到上千万吨之多。

1. 细矿粉对混凝土性能的影响

（1）矿粉细度对混凝土强度的影响

磨细矿粉细到一定程度（比表面积），才能充分参于水泥水化反应提高强度。矿粉颗粒大小直接影响自身强度的增长，总的趋势是颗粒越细效果越好，但太细，研磨越困难成本越高。目前的水平细度 > 450 ~ 600m^2/kg较理想。但在实际使用中，由于矿粉细度难磨细，考虑到磨机效率磨细到400 ~ 500m^2/kg基本可以达到使用要求。标准GB/T 18046—2000要求矿粉细度比表面积在420 ~ 450m^2/kg即可满足标准中P95级要求。这样，即可满足集中预拌混凝土站配制 < C60级混凝土的需要。除非配制C70以上的混凝土；否则，没有必要研磨细度比表面积达600m^2/kg的矿粉。另外，只用比表面积作为矿粉细度的质量指标是不严谨的，因为不同矿物磨细的，即使比表面积相同，其活性指数也不一定相同，见表45-1。

不同比表面积矿粉在不同龄期的强度　　表45-1

水泥（%）	矿粉（%）	矿粉比表面积（m^2/kg）	抗压强度（MPa）		
			7d	28d	90d
100	0		38.3	51.3	64.1
50	50	400	24.2	59.3	77.8
50	50	485	41.2	71.4	91.5
50	50	538	43.2	72.3	92.1
50	50	674	60.1	74.4	87.4

（2）矿粉对混凝土耐久性的影响

矿粉掺入减少水泥用量降低水化热。混凝土在硬化过程中水泥的水化热反应产生大量水化热。由于混凝土的热阻较大，热量聚集在内部不易散发出去，而表面散热速度很快，致使混凝土内外形成较大的温差梯度，当温差超过某一值（即 > 25℃）时，由于当时的混凝土强度难以抵抗温差应力，造成混凝土的开裂。这种温差裂缝是混凝土早期开裂的重要原因，往往会产生贯穿性的有害裂缝，对混凝土的耐久性是极为不利的。实践表明：混凝土中掺入矿粉可降低浆体的水化热，单掺量小于 50% 时，水化热降低不明显；当掺量为 70% 时，3d、7d 的水化热有一些降低，矿粉和粉煤灰复合使用，可明显降低 3d 和 7d 的水化热。对于大体积混凝土的降低水化热措施，目前最主要的是掺加矿粉和粉煤灰，以减少水泥用量，降低水化热。

矿粉能提高混凝土的抗渗性能。磨细矿粉对混凝土的抗渗性能提高主要取决于两个效应，即火山灰效应和微集料效应。火山灰效应：矿渣改善了胶结料与集料的界面粘结强度，普通混凝土的浆体与集料的界面粘结，受水化产物 $Ca(OH)_2$ 定向排列的影响而使强度降低。矿渣细粉吸收水泥水化热时形成的 $Ca(OH)_2$，并进一步水化，生成更多的 C-S-H 凝胶，使界面区的 $Ca(OH)_2$ 晶粒变小，改善了混凝土的微观结构，使水泥浆体的孔隙率明显减少，加强了集料界面的粘结力，从而提高了混凝土的抗渗性能。微集料效应：混凝土的结构体系可以认为是粗细料连续级配堆集的结构体，粗集料空隙由细料填充，细料空隙由水泥颗粒填充，水泥空隙由更细的微粉粒填充。矿渣微粉能起到填充水泥空隙的微集料作用，从而改善了混凝土的孔隙结构，降低了孔隙率，使混凝土形成密实填充的堆积体，较大幅度提高混凝土抗渗性能的同时，也有效地防止离析和泌水。

（3）矿粉和粉煤灰合掺对混凝土力学性能的影响

为使混凝土有良好的可泵性，集中搅拌混凝土要求有较大的流动性，必须使坍落度 > 120mm，泵送混凝土的坍落度一般在

110mm。在水泥水化初期，矿粉分布并包裹在水泥颗粒的表面，起到延缓和减少水泥初期水化物相互搭接的隔离作用。使坍落度的延时损失有所改善。在相同混凝土配合比、相同掺入高效减水剂的条件下，矿渣混凝土的坍落度延时损失比普通混凝土的小，有利于集中搅拌混凝土的泵送施工；同时，矿渣会造成混凝土凝结时间的延长，所以混凝土早期的强度增长没有普通混凝土早期的强度高。

矿粉和Ⅰ级粉煤灰复合掺入，两种细料的火山灰效应、形态效应和微集料效应相互叠加，形成工作性能互补和强度互补的效应，使混凝土具有较好的可泵性和抗渗性能。混凝土的工作性能互补效应对新拌混凝土，发挥粉煤灰的形态效应。粉煤灰中含有较多的球状玻璃体，对浆体起润滑作用，增大了拌合料的流动性，减小流动阻力，改善由于矿粉的掺入所导致的混凝土黏聚性加大，而泌水性增加的可能，使新拌混凝土得到较好的流动性和黏聚性。混凝土强度互补效应，粉煤灰等量取代水泥时，28d的强度一般都比空白混凝土要低，而矿粉在适宜掺量下会使混凝土的28d强度略有提高，因此，两者有较好的强度互补效应，复合使用还可兼顾混凝土早期强度与后期强度，能较早发挥矿粉的火山灰效应，改善浆体和集料的界面结构，弥补由于火山灰效应滞后于水泥熟料的水化，从而使得火山灰效应生成物和水泥水化生成的凝胶数量不足，导致与未反应的粉煤灰之间因界面粘结不牢引起早期强度损失；后期发挥Ⅰ级粉煤灰的火山灰效应带来的孔径细化作用及未反应的粉煤灰颗粒内核作用，使混凝土后期的强度得以持续提高。

2. 矿粉在集中搅拌混凝土中的应用

由于矿渣微粉具有较好的混凝土适应性，等量代替水泥已得到各类建筑工程的验证。全国每年的矿渣产量达0.6~1.5亿吨左右，如果全部用来代替水泥可少生产水泥1亿吨，节省不能再生的石灰石资源、煤炭资源、减少排放二氧化碳1亿吨，建筑物的寿命也可延长，矿粉的应用对水泥工业的可持续发展具有重大的现实意义。

矿渣和粉煤灰复合掺入混凝土，细矿粉取代混凝土中部分水泥，同样能提高混凝土的强度，改善可工作性，降低升温，延缓凝结时间和提高耐久性。国内这项技术的应用更趋于完善，但使用中需重视一些问题。

（1）对使用的矿粉应加强检测，严格控制矿粉的细度。大型立磨矿渣生产线研磨的矿渣细粉的细度均控制在 400 ~ 500m^2/kg 的范围内。由于设备工艺先进矿渣微粉的细度非常稳定。而球磨机研磨的矿粉细度难以达到 400m^2/kg 以上，也难以达到长期的稳定。一旦矿粉细度有大的幅度变化，会给混凝土带来不良影响。如黏度下降，产生离析泌水、凝结时间延长、早期强度低、28d 的强度也不同程度地降低等。因此，对进场的矿粉加大抽检力度，严格控制矿粉细度，以保证结构体的质量。

（2）控制矿粉的掺量，单掺普通混凝土矿粉的掺量必须 <40%，而大体积混凝土的掺量可以在 50% 或更多，主要是降低水泥用量和水化热。同粉煤灰复掺时，也控制在 50% 以内，即矿粉在 30%，粉煤灰在 20%。

尽管试验室试配时，矿粉掺量在 70% 以内对混凝土强度影响极小，但过多的掺量在实际应用中有较多的问题。一个是混凝土的凝结时间，掺量过大时，薄壁结构由于混凝土温度很快降至环境温度，但凝结时间明显延长，不利于施工；对于竖向结构，由于混凝土塑性时间较长，造成较大沉降收缩，常出现沿箍筋的裂缝；对于大体积混凝土，由于能积聚水化热，凝结时间会比试验时间短。因此，采用大掺量矿粉、矿粉和粉煤灰复配，能降低水化热，延缓凝结时间，对大体积混凝土是最适用的。另一个是混凝土的黏聚性，随着混凝土强度的提高，混凝土的黏聚性也在提高，这样会给配制混凝土带来一定困难。低强度等级混凝土黏聚性差，需要提高其黏度，减少混凝土离析和泌水；高强度等级混凝土黏聚性大，需要降低其黏度来方便施工操作。由于粉料细

度达到 $400m^2/kg$ 以上的矿粉可提高混凝土的黏度，因此，它有利于低强度等级混凝土而不利于高强度等级混凝土的掺加。配制高强度混凝土时，需要矿粉和能降低混凝土黏度的优质（1 级）粉煤灰复合配制。

复合掺入时，根据不同等级粉煤灰选择适当的比例。矿粉在集中搅拌混凝土站使用，经常会出现同粉煤灰复合掺用的情况。这是由于粉煤灰来源更广泛廉价，单掺矿粉混凝土成本不降低。但单掺粉煤灰可以大幅度降低造价，但掺量不能超过 30%。同时，两种掺合料复合使用能充分利用其互补作用，改善混凝土的性能。

（3）复掺时针对不同等级粉煤灰，采用不同的比例。矿粉与 2 级粉煤灰复合使用，粉煤灰的取代量应控制 15% 内，矿粉控制在 25% 内。由于 2 级粉煤灰较 1 级粉煤灰数量充足，因此，集中搅拌站会大量使用。2 级粉煤灰的质量稳定性较差，会造成混凝土的稳定性波动。矿粉的质量稳定性远高于 2 级粉煤灰，在配制混凝土时可以选择，当条件允许时可以多掺入矿粉，减少 2 级粉煤灰的质量波动带来的不利影响。另外，由于 2 级粉煤灰和矿粉同样具有增加混凝土黏度的性质，因此对高强度混凝土少用。矿粉与 1 级粉煤灰复合使用实际是最佳配制，粉煤灰掺量在 20%、矿粉掺量在 35% 以内，它们之间的比例可以根据不同等级、不同技术要求适当调整配用。

（4）重视掺入复合料对混凝土的养护。自然环境下当养护温度合适，湿度较大时，混凝土中水分蒸发慢，水化充分，孔隙率及孔隙尺寸减小；同时，由于水化产物隔离了水流通道，使同外界通道孔隙数量减少，因此，良好的养护措施对提高混凝土的抗冻、抗渗性很有利。

矿粉和粉煤灰混凝土对养护的要求极为苛刻。集中搅拌混凝土要求现场施工人员确保混凝土的养护必须规范。往往受施工进度、结构形式、养护手段和素质因素的影响，混凝土的养护得不到应有的重视。尤其是竖向结构的剪力墙、独立基础、柱等构件，由于水流失过快，一些单位只包裹一层塑料薄膜或涂刷养护剂，而养护剂的效果在短期内无法验证，塑料薄膜内也难保证混凝土有足够水化的用水，造成混凝土养护出现许多问题。在矿粉和粉煤灰复合使用的情况下，更需要加强保湿养护，只有充分养护才能真正发挥掺合料的作用。

重视用水量的调整和混凝土的凝结时间。细矿粉料与高效减水剂复合使用时，具有较好的减水功能，同掺高效减水剂的普通混凝土相比，在保证坍落度不降低的情况下，尽可能减少用水量。细矿粉对混凝土的凝结时间，与不掺矿粉的普通混凝土相比，具有一定的缓凝作用。混凝土拌合料的初凝、终凝时间较基准混凝土推迟 2h 左右。为此，集中搅拌商品混凝土站必须重视调整混凝土的凝结时间，尤其是气温较低时，更应调整混凝土的配合比，控制混凝土中矿粉掺量和选择更适应的减水剂。

3. 简要小结

随着建筑业对混凝土要求向更高强、大跨度发展，对混凝土的耐久性更应引起重视。而配制高强耐久性能混凝土的主要措施就是掺加包括矿粉在内的矿物掺合料。大型立磨矿渣技术在国内发展很快，能保证细度在 400m^2/kg 的矿粉达到广泛的应用。矿粉的大量使用改变了过去仅用粉煤灰作为单一掺合料。对于集中搅拌站的商品混凝土来说，矿粉的质量有保证给混凝土的配制带来极大的便利，混凝土的质量会得到大的提高；其次，矿粉的大量使用可以克服只掺粉煤灰取代相应水泥的局限性，可以复合掺入，进一步降低水泥用量，减少水化热对混凝土造成的结构开裂，提高混凝土的耐久性能；同时，可以降低成本、节省能源、改善环境，为混凝土的发展发挥更大的经济和社会效应。

46. 泵送混凝土发生堵塞的原因是什么？如何控制？

采用输送泵送拌合混凝土料，泵自身的结构、管道的布置、拌合料的稠度、和易性直接影响输送的效果。混凝土拌合料是一个多变的因素，受诸多因素（如水泥品种、粗细骨料、外掺合料、外加剂、水灰比、搅拌均匀、运距等）的影响。输送管道的堵塞主要因混凝土的可泵性差、摩擦阻力过大引起。可泵性混凝土必须具备一个起码的条件，即在压力作用下进入管道内的混合料在管壁形成一个砂浆润滑层，在润滑层所包围的是组成混凝土的混合柱体。混合柱体在泵送压力作用下沿管壁作悬浮运动，形成不变的柱塞状流。可泵性混凝土的这种流动状态，从混凝土进入管道口输送至管末端出口始终保持不变。可泵性差的混凝土一般多是由于泌水过多，具有破坏悬浮运动不能推进的功能。

1. 混凝土拌合料可泵性因素

混凝土的组成在目前一般认为有 6 种组分，即在水泥、砂、石、水之外，又增加了掺合料（矿粉、粉煤灰）、外加剂（各种早强、减水、抗冻抗渗、缓凝、泵送）等。为使拌合料在输送管道内顺利流动，其配合比必须符合输送要求，其掺合料及外加剂的作用极为重要。

（1）水泥对泵送的影响

水泥的输送影响不是其黏聚性，而是起减少骨料与管道之间的摩擦阻力。水泥用量通常是根据混凝土强度和水灰比确定的，需泵送时还考虑必须满足水泥浆用量以润滑管壁，克服管道摩擦阻力，使粗细骨料黏聚，不离析、分散。在输送时，砂浆具有承受和传递压力的作用。若水泥用量偏低，粗骨料容易集中，泵送压力将会经过石子来传递，造成骨料颗粒相互挤紧、卡死、挤碎，不可避免地增大阻力，处理不当导致堵塞。如水泥用量偏高，对混合料各层面的机械阻力起相反的作用，加大了混凝土的内摩擦力，泵送压力增大，对输送不利。

同时，由于各品种水泥特性不同，其硅酸盐水泥的保水性较好，混合黏聚性强；而矿渣水泥的保水性较差，泌水性也大，表现在混凝土浇筑后，在凝结前粗骨料下沉水分上浮，并在混凝土表面形成一薄水层为泌水；同时，混合料沉降收缩，泌水的结果是表面混合料含水量增大，产生一层浮浆。硬化后，上层混凝土无粗骨料而弱于下部混凝土，表层产生容易剥落的粉尘。如采用混凝土矿渣水泥，在泵输送的情况下必须降低坍落度、防止离析、掺入适量掺合料（矿粉或粉煤灰）、提高保水性，也可提高砂率。

如采用最少水泥用量时，必须视输送距离、骨料粒径、水灰比、坍落度、砂率和外加剂掺合料情况而定。正常泵送混凝土的水泥用量不少于280kg/m^3，最低也不能少于250kg/m^3，事实上水泥用量在很大程度上是根据含砂率高低来定的，水泥浆的数量足够使砂料、石子分开并包裹一层，使泵送压力通过未被挤压实松散拌合料正常传递。

（2）砂的含量对输送的影响

混凝土中砂率的大小对泵输送和水泥用量都会产生较大的影响，砂的含量富余，可使混凝土输送速度大大加快，泵送时主要是水泥砂浆包裹石子，使石子悬浮在砂浆中前进，砂浆中的水润滑管壁。要有良好的可泵性，尤其是低水泥配制的混凝土，砂中应含有一定量粒径小于0.2mm的特细料，占砂含量的10%左右，现在的通常方法是掺入20%～30%的矿粉及粉煤灰，增加和起到弥补水泥不足、加大砂浆的作用，在管壁上建立一层润滑层，泵送混凝土的砂率一般为0.39～0.44，碎石混凝土的砂率略大于卵石，泵送混凝土的砂率要比非泵送混凝土的砂率高10%左右。

（3）石子对输送混凝土的影响

采用卵石子由于没有棱角，表面光滑，其形状和管道之间的摩擦力很小，适合管道输送。碎石子由于表面棱角多不规则，外形状与管壁接触不规则，会破坏由水泥砂浆所包裹的润滑层，且外表形状变化大，在相同体积时碎石表面积较卵石表面积大。为使泵送顺畅，需要较多的水泥砂浆才可覆盖所有石子表面，水泥用量和含砂率就需要增大。对泵送混凝土的粗骨料，级配要求必须连续性好，才能节省水泥，便于输送。混凝土所需要的石粒不大于输送管道的1/3，骨料一般为5~31.5mm的碎石，若较大粒径的石子少于总用量的10%，那么骨料的粒径可略大一些。

(4) 水对输送管道的影响

含水量对混凝土的强度和坍落度泵送极其重要。为了获得和易性好的混凝土，便于管道输送，往往需要超过正常混凝土所需要的含水量，不论在任何情况下，混凝土都必须用最小的含水量配制，以确保可施工性和保证不降低强度。泵送混凝土的坍落度首先考虑的是满足输送时的需要，以防止堵塞和提高输送速度。混凝土坍落度过小，输送时混凝土被吸入泵缸筒内困难，造成进入缸内的混凝土量少，容积不够。在泵送压力不变的情况下，实际泵出量减少，会加大摩擦阻力，容易吸入空气，增加泵送时的压力。坍落度过大，在泵送管内停留时间稍长，造成混凝土泌水严重，产生沉淀、离析，堵塞管道。为便于输送，确保最佳坍落度，水灰比对泵送流动阻力造成不利的影响，试验表明，当水灰比小于0.45时，泵送流动阻力就会急剧增加，适宜泵送的水灰比值一般为0.60左右，对此不能一概而论，还必须根据混凝土的运距、气温来定。

2. 混凝土在输送管道摩擦及堵塞原因控制

(1) 拌合料在管道内的摩擦原因

拌合料在泵送压力下，受挤压和剪切等作用影响，拌均匀的料与管壁流动时产生摩擦，这种摩擦随混凝土骨料的性质、接触面的光滑程度、水泥浆的黏聚性、水灰比、移动速度、内部温度及压力大小而发生变化。管道的堵塞首先是流动阻力的增加，大多数骨料的流动受较大的摩擦阻力，流动滞慢，加剧了拌合料的内摩擦作用，使附近骨料逐渐集结较多，产生扩容现象，破坏了拌合料柱塞悬浮运动的润滑层，使管壁与混凝土摩擦状态的改变，增大了摩阻力，最终拌合料在管道中出现堆积而堵塞；这时，再提高输送压力是无济于事的，还会造成更长管道的堵塞。

(2) 拌合料堵塞润滑层的控制

降低混凝土在管道内的摩擦阻力提高输送效率，防止产生离析，使拌合料在泵送压力下始终保持顺畅的流动，是工程施工所期望的。泵送的失效绝大多数是拌合料初送阶段易产生堵塞，主要原因是润滑层没有形成。管壁干燥，将拌合料中水分吸附于上离析所致。因此，在正式输送前，要首先在管壁上形成一层便于悬浮运动的润滑层，具体做法是：向料斗内加入一定数量的清水湿润料斗、混凝土缸；再向料斗内加入一定量的 1:2 水泥砂浆，用泵送至整条管道内，使管内能得到充分的湿润，具体要求参见表 46-1。

湿润管道的水及砂浆配合比　　表 46-1

管道内径（mm）	管道总长（m）	用水量（L）	砂浆量（m^3）	砂浆配比（水泥:砂）
125	< 100	15 ~ 20	> 0.3	1:2.0
125	100 ~ 200	20 ~ 30	0.5	1:2.0
125	> 200	30 ~ 40	0.7	1:2.0
150	< 100	15 ~ 20	0.4	1:2.0
150	100 ~ 200	34 ~ 40	0.6	1:2.0
150	> 200	50 ~ 50	0.9	1:2.0

新投用的泵及管道因管壁锈蚀而引起粗糙及氧化皮等，由此产生摩擦阻力的增大，因此可以在砂浆泵入管道后再输送部分混凝土来冲刷。按表 46-1 冲洗完再输送混凝土正式施工，一般堵塞现象在初始阶段基本上可以避免。

（3）适宜的坍落度是输送顺畅进行的保证

在工程施工过程中需要泵送能正常进行，而输送时混凝土的坍落度相对稳定（变化幅度 < 3cm），使拌合料在管道内形成柱塞流运动，是减少堵塞的重要因素。实践表明，如果坍落度 < 5cm或 > 22cm 时可以泵送，但容易产生离析和泌水而堵塞；8 ~ 18cm 时的坍落度对泵送十分有利；坍落度在 10 ~ 16cm 时的泵送混凝土效果最佳。在设计泵送混凝土的配合比时，必须重视坍落度大小，并根据气温变化随时调整，确保施工的正常进行。

（4）控制粗骨料粒径和输送距离

当输送管径为100mm时，骨料的粒径应为5～25mm；管径为125mm时的骨料粒径为5～31.5mm；管径为150mm时的骨料粒径为5～40mm。混凝土泵的最大输送距离系指水平管道的距离，在实际工程的现场，输送管道是由直管、弯头、弯管和锥形管连结组成，造成每节管道内阻力的差异，为了较可靠地计算出混凝土泵的输送距离，应该将各种（节）管道换算成水平直管的状态，大致是4m长的管，折算为3m左右合适。

（5）混凝土泵的安装调配

混凝土泵的出料形式是脉冲式的，一般混凝土泵都有两套缸体左右并列且交替出料，通过“S”形导管送入同一管道，使出料比较稳定。对泵位置的选择，要认真按施工组织设计安装，靠近浇筑的最近处，并组织好交通，便于运输车辆通行，使输送至浇筑地距离最短。根据泵的输送能力配备相应的搅拌设备供料，使混凝土泵能不间断地输送，尽量减少或避免泵运送时的停歇。保持拌合料柱塞流不变，充分发挥泵送施工的优势。如发生因停料迫使混凝土泵停歇，则混凝土泵必须每隔20min进行4个行程的运动，如果停止泵送超过45min，或混凝土出现离析情况，应立即用压力水或其他措施排除管壁粘结混凝土，经认真清理干净后，在拌合料供应充足时开泵输送。

当泵重新开启时，注意观察泵的液压系统和各部位有无异常，一般在泵的出口处S形管和管径变化处最容易产生堵塞现象，当出现堵塞，应立即将泵反转运行，使泵变径处堵塞离析的拌合料能倒返回料斗，重新拌合后再同新料一同输送。经过几次倒转仍不回料，应停泵拆除清理。在正常输送混凝土时，要注意不能把料斗内剩余混合料降低到缸口以下，若余料过少，不但会使泵送量减少，而且很容易吸入空气造成堵塞。泵送混凝土施工泵是最重要的设备，为了能使泵送顺畅，必须按操作规程操作，注意保养维修，使泵的各部位处于良好的工作状态。

（6）泵输管道的安装

输送管道的布置应遵守“线路短、弯道少、接头多”的原则。水平输送或向下输送的水平段，在布设管道时，应整条水平段管道微向上，即混凝土输送管水平管的末端略高于泵的出口，防止水和砂浆自流进管。因此，能在管壁均匀地形成一润滑层；反之，出现水和砂浆自流，只能在管壁下半截面形成润滑层，当混凝土坍落度较低的拌合料进入管道时，很容易产生堵塞。

在向地下或基坑输送混凝土时，拌合料在下行管道也容易产生堵塞。管道倾斜度在5°~8°时，内部拌合料会在自重下流动，使粗细骨料分离，形成堵塞。为防止自流，应在倾斜管前端设一水平配管，长度相当于$3d$落差，以减少拌合料的离析。若施工场地较小，条件受限制，无法设水平管，可采用改装弯管的办法阻止自流。当倾斜>8时，除在斜管下端设置$5d$于落差长度的水平管外，可在下行管上部装一个排气阀门，在开始输送后按需要随时排气。

敷设管道前，认真检查管内有无开裂、漏点、内壁光洁、接头密封缺陷。输送管内不允许存有结块的混凝土残渣，清理干净是最重要的。

（7）出现堵塞的处理

管道堵塞前应有预兆，可以从泵送压力表反映出，也可以从泵的负荷声辨别出。在主油路压力表上显示的泵送压力是与泵送管道内的拌合料所需的泵送压力成正比的。这种压力的总和是泵送管内摩擦阻力加上拌合料的质量，反映的是泵送阻力。其阻力的大小既受拌合料类型的影响，也受输送距离的影响。当油表压力比正常输送升高时，应迅速进行反转泵，操作几次再正常输送，轻微堵塞时，这种方法一般容易及早排除。如堵塞比较严重，反转泵也无任何效果时，及时检查堵塞的位置，用手锤或铁棒从较远处向堵塞段在管外敲击，尤其在弯头弯管处敲打、振动。如管道外敲打声音清脆则未堵塞，声音沉闷则是堵塞的部位，应尽快卸下这段管道，清除堵塞的骨料并用干净水冲洗，立即安装，及早恢复输送。若堵塞管段较长，应全部卸下清理、冲洗、安装，并恢复输送。

47. 结构混凝土裂缝、坍塌的原因是什么？如何应对？

建筑业的快速发展、新技术、新材料、新结构、新工艺的开发应用，建筑层由低层向多层、高层、超高层发展，建筑结构的跨度也在增加，混凝土工程越来越显示出它在当今社会建设中的重要作用。但随之而来的混凝土结构的裂缝、坍塌质量问题也在增多，这些问题已引起各方的密切关注。因此，对混凝土工程结构的宏观和微观监督控制不能轻视，要了解和熟悉国家标准规范的要求，严格按混凝土工程的特点程序进行管理控制，将影响结构使用功能的如裂缝、坍塌等，消除在施工过程中。

1. 混凝土的特殊性能

混凝土的应用极为普遍，它是用水泥作胶结材料、粗细骨料、水及必要时掺入的矿物混合料及化学外加剂，按一定比例配料经拌合成塑性状混合物，随着时间的延长而逐渐硬化，在塑性阶段可以浇筑成所需的各种形状、强度较高的结构体。混凝土属于多相分散强化型复合建材，钢筋混凝土是把混凝土作为均质材料看待，所以，钢筋混凝土是一种由混凝土和钢筋组成的二相纤维强化型复合型材料。这种组合后的结构体具有其自己的特殊性。使用不当或方法不对会造成均质性差，二相结合差，性能低，结果是产生严重裂缝，对使用功能造成影响甚至坍塌。对此，在实际应用中就会出现由于设计原因、施工原因、材料选择不当及使用原因造成结构裂缝、坍塌等质量问题，造成不应有的损失和严重后果。

随着混凝土应用技术的快速发展，需要参与工程建设各方的技术及管理人员，加深对现行规范标准的学习理解，特别是对混凝土组成材料的特性、配合比变化、工艺过程、环境气候、水灰比变化的影响要有一定的了解；对容易造成质量问题的原因进行分析，制定出切合工程实际的对策，将工程施工质量通病控制在允许的合格范围内，达到设计的耐久性年限。

2. 精心设计减少质量隐患

建筑工程的设计质量对工程质量具有重大的影响，工程质量的安全可靠性在很大程度上取决于设计质量。一些工程由于结构体系选择、计算方法、构造措施的失误或不周密而造成的裂缝、坍塌问题在整个质量事故中占有较大比例，因此，对工程结构的设计文件质量控制已纳入工程的监理工作中。加强对设计内部的监管力度，实行第三方质量控制，认真做好设计交底、参建各施工方的图纸会审。对于推广使用新材料、新技术、新工艺、新结构方面，由于没有实践经验，对可能产生的质量问题知之甚少，政府主管部门应有针对性地加强培训，对重要工程请专家论证再确定。通过加强内部管理，监理部门的质量监控及学习培训，对混凝土结构工程产生的质量问题，尤其是结构裂缝、坍塌的可控性质量通病得到防治。

3. 施工阶段的质量控制

施工阶段是混凝土的生产过程，也是产生裂缝、坍塌影响因素最多、暴露问题最多的阶段，具有工序过程时间长、控制难度大、涉及面广、参与人员多、动态活动强的特性。对此必须从材料选择到混凝土浇筑、拆模养护等一系列工序过程进行系统监控。

（1）使用原材料的质量控制

混凝土中最重要的水泥在硬化过程中要释放出大量水化热，明显提高了结构内部的温度，混凝土温度裂缝的原因主要是由水泥水化热的聚集而引起的。在常温下，不同品种水泥在不同龄期的水化热是不相同的，如高水化热水泥前3d水化热为70～85kcal/kg，中水化热水泥前3d水化热为50～70kcal/kg，而低水化热水泥前3d水化热为40～60kcal/kg，可见前3d为高温释放期。混凝土体积越大越厚，内部热量越不能散失而聚集，使温度越聚越高，产生的温度应力越大，其后果是产生的温度裂缝越严重，随着时间的延长，裂缝加大甚至贯通。因此，对大截面混凝土必须选择使用中、低水化热的矿渣类水泥。资料表明，每立方米混凝土每增加或减少 1kg 水泥，则混凝土的温度提高或降低 1℃，可见水泥用量对混凝土温度的影响是十分明显的。另外，前 3d 混凝土在 60℃条件下养护混凝土温度是 20℃时的 10 倍以上，随着养护温度的不同，混凝土的水化热释放也不同，养护温度越高，水化热释放的越高；反之，则越低。根据水化热释放前 3d 最高的特性，因而对大体积混凝土早期外部要保温保湿，防止内外温差梯度过大而产生温差裂缝。当然，控制大体积混凝土温度的具体措施很多，在此不一一叙述。

加强对粗细骨料的质量控制同样重要。粗骨料粒径大、连续级配好、孔隙率小、总表面积也小，每立方米混凝土用水泥砂浆少，相应地减少水泥用量，水化热降低，混凝土收缩量也小，达到混凝土裂缝减少的需要；同时，要控制粗骨料的含泥量和形状，这种含量的增加会降低混凝土的强度和增加水泥用量。尤其是含泥量会造成混凝土水泥浆的收缩量增大，水泥浆与粗骨料的粘结强度差，裂缝也随着增多。混凝土强度要求越高，使用石子的质量要越好，还要控制石子中二氧化硅、活性碳酸盐的含量，会造成混凝土产生碱-集料反应而过早开裂、坍塌。混凝土中采用的细骨料宜用级配良好的中粗砂，由于中粗砂空隙率小、总表比面积小，拌合混凝土的用水量和水泥用量也相应减少。同样，含泥量大收缩变形量也大，裂缝也严重，细骨料含泥量的控制也是很重要的。

降低用水量是配制混凝土的主控项目。用水量大则水灰比大、混凝土流动性大，易造成沉淀、分层、泌水；形成不同层面的含水泥量、含水量、含砂浆量的不同，收缩变形产生的裂缝也不同。为满足操作，加大的流动性要尽最大限度降低，最有效的方法是引入减水剂，减少用水量但仍有好的流动性，便于施工操作，不会产生分层造成的干燥收缩裂缝。

（2）对建筑设备、环境的控制

对计量器具定期校验和检查，必须计量准确，减少误差，严格按配合比称量，防止因计量不准使混凝土不均匀而产生裂缝；对搅拌、振捣设备控制是要求拌料均质性好，不会因粗骨料和砂浆不匀产生的收缩变形不一致；振动棒、平板震动器的好坏直接影响振捣效果；对垂直和水平运输设备及输送过程要保持水不流失、不沉淀、不分层，确保混凝土的均匀性，以防因不匀和分层造成的裂缝。

浇筑混凝土时的气候环境很重要，气温高、湿度小、风速大会使塑性混凝土表面失水很快，而快速产生塑性干缩龟裂，甚至因水分流失过快而来不及收压表面，引起水化反应低微，混凝土强度降低，造成开裂。当温度较低、风速较大，混凝土会停止水化而冻裂、酥松，强度不增长而坍塌。必须采取保温、防风措施，加盖草帘塑料布保温。对混凝土早期防冻要掺入防冻剂降低冰点，同时掺入早强剂，加快混凝土的早期强度，抵抗冻胀力。外加剂复合使用还要检查其适应性；防冻、保温可同时用几种方法综合进行。

（3）施工过程质量控制

1）施工前的准备：按照进入现场同批原材料做好抽检取样工作。经试验全部合格后按试配比例，对装料次序、搅拌时间、出料口坍落度、入模温度及运输、吊装方式提前规划；对浇筑方向、留槎部位、接槎措施制定方案，周密考虑，对可能引起的裂缝、坍塌采取相应对策。

2）加强对模板安装加固的检查验收。模板及支架同时受垂直压力、水平推力、振动冲击、弯扭力等作用力，因此对模板的检查除按照图纸检查轴线、平面位置、标高及截面尺寸外，还要检查其牢固、稳定、严密是否合格。首先，检查模板本身侧模之间、侧模和底模之间、侧模和底模与小横方木之间、小横方与大木楞之间是否接缝严密，安装牢固，形成坚固的整体；水平支撑间距是否 <500mm、平整坚实，确保不移位；如果是梁模，还要检查起

拱高度是否符合规定。其次，检查竖向支撑是否有所需的刚度、牢固性和稳定性，立柱与斜撑的长细比、垂直度是否合格，间距是否符合要求，立柱及斜撑下垫长板等。浇筑现场的水平运输是否同模板分开，运输平台是否安全可靠、浇筑时是否影响已浇混凝土。这些情况的不规范均可能导致混凝土在施工过程中或浇筑后产生裂缝、坍塌，模板的质量直接影响到混凝土的质量。

（4）混凝土施工过程的质量控制

混凝土浇筑过程中，要经振捣才能达到密实，如果漏振或振捣时间短则会不密实；振捣时间长，过振则会造成混凝土离析、分层、石子下沉、漏浆和胀模，结构内不均匀，强度相差大，因而也引起混凝土的开裂。因此，混凝土振捣时间不超过30s、表面不再出气泡和泛浆；插振动棒的间距要匀，以500mm为宜。振捣时不要扰动钢筋，防止其移位，振捣后的表面要及时抹压收光，防止干燥收缩裂缝。浇筑时，不要堆放过多材料，要有专人检查钢筋、各种埋管位置、模板和支撑的变形，防止浇筑过程中的移位变形，后期难以纠正。尤其是浇筑时模板的跑模和胀模、漏浆，更是容易产生的质量问题。浇筑过程中，按照现行规范要求抽取混凝土试块，一个工作班或100m^{3}混凝土随机抽取两组试块，一组标养、一组与构件同条件养护，以便拆除模板和评定混凝土质量，作为事后控制混凝土质量的惟一证据。

（5）拆除模板的质量控制

钢筋混凝土工程的模板拆除必须按现行的施工规范要求进行，混凝土强度不足时过早拆除支撑、加荷载、超堆建筑材料，会造成混凝土梁、板的开裂、坍塌。按照《混凝土结构工程施工质量验收规范》（GB 50204—2002）的规定，底模拆除时的混凝土强度：梁、拱、壳、悬臂构件跨度>8m时，混凝土的抗压强度达到设计强度的100%才可拆除；板、梁、拱、壳的跨度<8m时，混凝土的抗压强度达到设计强度的75%才可拆除；跨度<2m的板，抗压强度达到设计强度的50%才可拆除。对后张法预应力混凝土结构件，侧模宜在预应力张拉前拆除，底模支架的

拆除应按施工技术方案执行。当无具体要求时，不应在结构件建立预应力前拆除；后浇带模板的拆除和支顶应按施工技术方案执行。对于大模板工程，在常温条件下墙体混凝土的强度达到1.2MPa以上，以不碰撞、不开裂为宜。冬期施工的外板内模结构、外砖内模结构的墙体混凝土强度达到4MPa以上才可拆除。全现浇混凝土结构的外墙混凝土强度达到7MPa以上，内墙混凝土强度达到4MPa以上才可拆除模板。拆模时，要以同条件养护试块的实际抗压强度为准。

拆除模板要考虑混凝土结构的承载能力，拆模后不能因外力作用而使混凝土结构构件受到破坏、开裂和坍塌，也不应造成混凝土表面的损伤。冬期施工混凝土不因拆模后保温养护不到位而冻裂。如果需要构件受力时，必须在混凝土中掺入一定比例的早强减水剂，以提高混凝土的早期强度，早拆模、早投用。

由上可知，混凝土工程是一项涉及面广、应用范围广的系统工程，影响因素多、事故随机性强、严重程度大、处理麻烦且费用高，所以，从事建筑行业的工程设计、施工及相关人员，对从设计到施工的各个大小环节，必须按照国家现行的有关规范、标准，认真做好每一项工作。特别是施工单位，要把画在纸上的东西实实在在地落实在地面上，这就需要从使用的原材料采购、施工过程各工序环节，直至成品保护的管理。除施工企业的质量控制外，工程监理单位在施工现场跟踪监理；同时，混凝土工程也是政府监督管理部门宏观控制的项目，其控制重点也是在混凝土施工程序环节上。混凝土结构工程已得到各有关方的高度关注，在各方的共同努力下，影响质量问题的裂缝、坍塌通病也在减少和消除中，混凝土的质量也在有效地得到控制。

48. 混凝土同条件养护及标准养护对结构强度有什么影响?

为了能真实有效地反映出施工过程中混凝土的客观实际，

《混凝土结构工程施工质量验收规范》（GB 50204—2002）中规定了“结构实体检验用同条件养护试件强度检验”，对试件留置方法和取样数量、自然养护等效龄期等作了明确规定。何为同条件养护试件？即在混凝土浇筑相应的部位或结构件由监理在场、现场施工人员按抽查取样要求，制做3组以上的混凝土试件（块），在24h后拆模，置于靠近相应部位或结构件的适当位置，并与结构体相同的养护方法养护，在同等条件下养护至标准养护时间，即第28d送试验室进行有关指标的破坏性试验。此试验值反映了相应结构及构件部位的真实混凝土强度。根据现行的混凝土工程规范及标准，就同条件养护、标准养护及结构强度的差别原因简要探讨。

1. 同条件养护的适用范围

世界各国都将混凝土的养护时间确定为28d，并以此作为检验混凝土强度的标准龄期。对于某一特定的混凝土，由于其原材料、配合比已试验确定，结构施工强度的发展主要取决于水泥的水化程度，即取决于养护湿度、温度及养护时间。对于湿度已定的环境，可以认为对强度影响最大的是养护时的温度和时间因素。在一定条件下，混凝土强度也可用混凝土的成熟度来评价。成熟度可表示为养护时间与温度的函数，表达式为：

$$M = \Sigma a_i \times T$$

式中　M——混凝土的成熟度（℃·d）；

a_i——混凝土养护时间，d或h，国内常用d；

T——混凝土养护时温度，℃。

可以看出，在湿度相同的条件下，对于同一配料拌合的相同混凝土，从理论上讲，相同的成熟度对应相同的强度。对于试验室中标准养护的混凝土试件，由于养护温度已定20±2℃，养护时间为28d，其成熟度应为560±56℃·d。

按照现行《混凝土结构工程施工质量验收规范》（GB 50204—2000）中“结构实体检验用同条件养护试件强度检验”

的规定，同条件自然养护试件的等效养护龄期及相应的试件强度代表值，宜根据当地的气温和养护条件，按下列规定确定：等效养护龄期可按日平均温度逐日累计达到 600℃·d 时所对应的龄期，0℃及以下的龄期不计；等效养护龄期不应小于 14d，也不宜大于 60d。同条件养护试件应在达到等效养护龄期时，进行强度试验。如按等效龄期为 600℃·d 计，相当于在 21.4℃的平均气温下养护 28d。0℃及以下的龄期不计入是考虑到 0℃及以下水泥的水化已停止，这一点是很重要的。等效养护龄期不应少于 14d，意味着养护龄期内的平均气温在 42.9℃；养护龄期不应大于 60d，表示在养护龄期内的日平均气温在 10℃以上，这些要求在自然养护时必须严格执行。

2. 同条件养护与标准养护的强度关系

（1）养护条件对强度的影响

在《混凝土结构工程施工质量验收规范》（GB 50204—2002）附录 D 中规定：同条件养护试件的强度代表值应根据强度试验结果，按现行国家标准《混凝土强度检验评定标准》GBJ 107 的规定确定后，乘折算系数取用：折算系数宜取为 1.10，也可根据当地的试验统计结果做适当调整。对于折算系数 1.10，主要是考虑到自然养护的相对湿度偏低，结构的实际强度相当于标准养护试件强度的 90%。混凝土的标准养护的温度是 20±2℃，相对湿度 >95%；但自然养护的湿度是无法达到的，即使养护人员再认真，不可能每天 24h 能保持湿度在 95%以上。混凝土的水分只在饱和情况下水泥水化进行的速度较快，养护时的相对湿度越低，则混凝土强度增长越慢。养护条件对混凝土强度的影响见图 48-1。

从上图可以看出，如在绝对湿的环境中养护 28d 的强度为 100%，在同样环境湿度下养护 7d 后再在自然条件下养护至龄期，再在相同环境湿度下养护 3d 后在自然养护至龄期的混凝土强度分别是：92%、83%和 55%（图中未标明自然养护的温湿

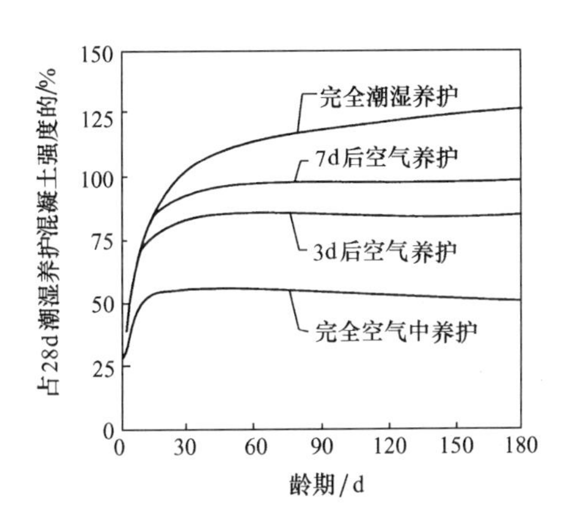

图 48-1　养护条件对强度的影响

度）。工程施工的混凝土结构绝对不可能在 28d 中在潮湿环境中养护，能采取早期覆盖白天洒水（夜间几乎不浇水）已经不错了，一般只养护 7d。现浇混凝土的实际养护同标准养护相比，时间太短，湿度相差更大，在 7d 以后的 21d 当中是在自然天气中养护。认真地讲，同条件养护混凝土的强度应区别相对湿度不同地区、同地区相对湿度不同的季节，折算系数也应不同。根据不同季节的不同湿度情况，应制定出更准确的自然与标准养护折算系数。

（2）混凝土强度与成熟度的关系

一般认为在成熟度相同的情况下，不同温度养护的混凝土试件的抗压强度也不同。不同养护湿温度对混凝土强度的影响见图 48-2。

从图 48-2 可以看出，在成熟度相同的情况下，低温养护（30℉）混凝土强度高于高温养护（70℉、110℉）的混凝土强度。这是由于在温度比较高的情况下初始水化速度快，已离开水泥颗粒的水化产物来不及扩散，也没有足够的时间使其在内部均匀沉淀。因此，水化产物在水泥颗粒周围聚集，减慢了以后的水化速率。另外，因水化产物只填充水泥颗粒的表面，大部分空隙仍保持原来的状态而留下较多的空隙，即使水泥浆体结构的胶体

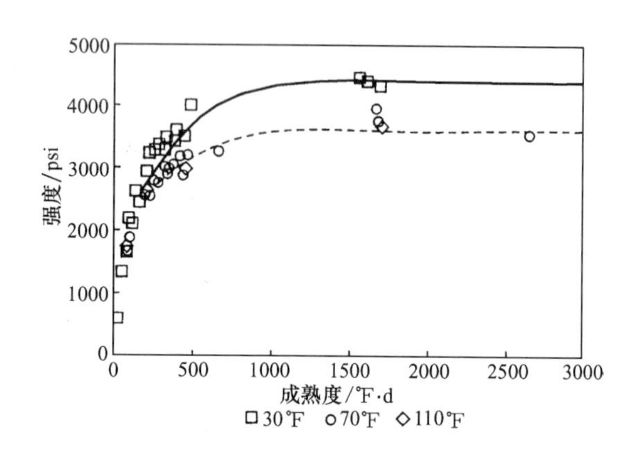

图 48-2　混凝土强度-成熟度关系

空隙小，水泥浆体仍不均匀；相反，养护温度低，水化速度虽很慢，但水化产物能有充分的时间扩散到较远处毛细空隙，使水泥浆体结构均匀致密，后期的水化作用不受影响，因此，能形成均匀的水化产物，其强度更高。

（3）组成材料对混凝土强度的影响

水泥矿物及粒径的组成、掺合料的品质和掺量、外加剂的掺合等对同条件养护混凝土试件的强度也会构成一定的影响。根据水泥的原材料组成品质和水化原理，由水泥及掺合料组成的混合料，只有在充足的水分条件下，才能（增长）发挥应有的强度。上述在同条件养护的湿度环境远比标准养护差，实际上其同条件养护试件强度要低于普通水泥或不掺混合料的混凝土，折算系数应偏大一些。需要强调的是，对于相同的养护条件（湿环境），较高的温度养护能进一步促使混合料再次水化反应。在一定条件下采用不同温度养护、其成熟度与强度由于混凝土组成原材料的变化，其中某些因素会成为主要因素，各种因素的共同作用会影响成熟度与强度的关系。

3. 同条件养护试件与相邻结构部位混凝土强度的关系

抽取试块在同条件养护与结构实体的混凝土，虽然原材料配合比、搅拌时间、施工过程和养护温度相同，但混凝土的成型、捣实至养护条件存在一些差别，因而两者的强度也会存在一定的差异。对于同条件养护的混凝土试件，按标准 GB/T 50081—2002 规定的制作方法制作 ，在限定的试模内充分均匀捣实，但对较大体积的混凝土构件，则不会同试件制作那样认真。板类结构在垂直方向厚度很小，厚度多为 100 ~ 120mm，振捣浇筑方便，较容易形成均匀的混凝土，凝结水化过程中养护条件（浇水、蓄水方便）好，因此，与同条件养护的试件强度相似，故结构工程实际混凝土的强度应与同条件养护混凝土试件强度基本相近。而对于竖向结构的构件，例如混凝土设备基础、框架柱、承重剪力墙等，由于垂直方向长度大而水平截面较小，配筋率相对较高。混凝土浇筑中，拌合料在垂直方向自由落体时，与水平箍筋、模板碰撞会导致拌合料的离析，振捣有时出现漏振或过振；对于分层进料浇筑的，在分层接槎处也易造成粗骨料集中离析现象，使结构体的均质性比制作的同条件试件要差；从养护实际看，所有竖向结构的侧面浇水湿度和湿环境，明显不及楼面、平板和同条件养护试件。在总体上，竖向结构构件实际强度可能会比同条件养护试件的强度偏低。值得注意的是：水泥的水化热会使大体积混凝土内部升温过高，对强度造成影响，水化热使结构体内温度同外部相差很大。如 2.0m 厚基础，用硅酸盐水泥浇筑，内部升温在 40℃以上，而同样混凝土掺入 25%的粉煤灰升温在 30℃。在相同的龄期下，大体积混凝土的成熟度比同条件养护的要大，强度自然会比同条件养护的试件高。对于掺入矿物掺合料、粉煤灰的大体积混凝土更加优良。因此，在同一条件养护龄期的大体积混凝土（掺合料）的结构实体，混凝土的强度要高于同条件养护的强度。

如上所述，混凝土的同条件养护试件的强度可以反映出结构实体相应部位的基本强度，但与标准养护条件的试件强度有一定差异，也不等同于工程混凝土实际强度，强度差异的主要原因是拌合料浇筑、成型和养护条件不尽相同；同条件养护试件的强度与标养试件的强度差别主要是湿度相差的原因；对于大体积有掺合料的混凝土，由于水化热导致混凝土内部温度升高，结构混凝土强度会高于同条件养护试件的强度。

49. 混凝土路面及场站地坪质量问题如何防治?

现在混凝土路面、工业场站及住宅小区场地及道路，用水泥混凝土现浇是十分普及的。但现浇混凝土路面及地坪的施工质量往往被忽视，一些工程存在严重的质量隐患，在施工中和投用后很短时间内即出现开裂、塌陷、掉角、起灰的质量问题，严重影响了正常使用。为避免和减少这类问题的再次发生，根据工程实践及某工程施工所存在的质量问题进行分析总结，提出一些有针对性的防治措施。

1. 质量问题表现形式

(1) 混凝土质量：路面、场地坪混凝土出现多条横向裂缝、纵向裂缝和不规则裂缝，有些板块横向裂缝已贯穿断开；混凝土浇筑的板厚度不够，个别板块比较严重，对正在施工的截面及现场抽取芯样结果实量，250mm 厚的混凝土路面最薄处仅有 190mm 厚，芯样混凝土的实压强度有 35% 以上不合格；混凝土实际强度不够，从抽取芯样试验结果看，达到设计 C30 的试件不足 60%，最低试件达不到设计强度的 65%。

(2) 基础处理：石灰含量严重不足，从现场随机抽样的 18 组灰土试验结果看，将近 50% 不符合要求，大多数试件的石灰含量在 15% ~ 20%，达不到设计要求 30% 的掺量要求；基层灰土夯实度严重不够，从现场随机抽样的 18 组灰土试验结果来看，有 50% 以上达不到设计密实度标准，从已支好场地坪边缘模板准备浇筑混凝土实地察看，结构混凝土下基层夯实松软，没有多少强度；另外，还存在没有设置伸缩缝、防滑层等，影响正常的使用功能。

2. 质量问题原因分析

（1）建设方存在问题

场站地坪及道路在主体及配套工程完成后，忽视了地坪及道路混凝土工程的项目管理工作，主要存在的问题是：违反基本建设程序，在未办理任何建设手续的情况下自找施工单位擅自开工，使该建设工程脱离了政府监督和工程质量监理的监管之下，成了空白管理项目；为节省投资加快工期，未委托设计单位正式设计，只是在承包合同中约定该工程的技术要求和做法；自选无道路施工资质和设备的建筑施工单位承包，既无混凝土施工资质，更没有道路场地地坪的施工知识和经验；为了节约费用，在无条件管理的情况下，未委托监理机构对该工程实施全过程的质量监控；并对施工企业实行了压级、压价的不合理政策。

找到了问题的根源，致使该工程在整个施工过程中完全处于失控状态，施工过程中的实际操作随意性和无人检查要求工程质量是很正常的。

（2）承包方存在的问题

用建筑工程的施工队伍去修道路地坪，是严重的违规无证的承包工程行为，承包方无资质、无技术、无能力、无施工知识和经验也是造成该工程质量低劣的原因；在最低造价下，施工队伍为减少亏损，将主要材料用量降到最低限度，节省人员及机械未夯实地基是工程质量低劣的另一原因；同时，该工程处于业主对工程质量完全失控的状态下，这是承包方任意偷工减料的必然结果。

（3）混凝土路面早期裂缝的原因

1）原材料质量低劣

水泥安定性差是由于水泥成分中的游离氧化钙超标准量，水化速度慢，硬化后继续起水化作用，破坏已硬化的混凝土，使抗拉强度降低；另外，水泥的水化热高，干缩量大，容易引起混凝土路面的开裂，粗细骨料含泥量及有机物含量过大，导致混凝土早期开裂。

2）基层土质及夯填不合格

基层未按要求拌合均匀的3:7灰土分层夯实，只用不到一半的石灰拌合回填，夯压遍数不够，整体性差，造成基础不均匀，其透水性和抗变形能力差而导致开裂；基层标高未进行控制，高低不平，高差超过允许范围，造成混凝土表层板厚差值超标，当混凝土板干燥收缩或翘曲变形时，就容易在厚度不均匀的薄弱处开裂；基层干燥，吸收摊铺开混凝土的水分，使混凝土底层过早失水，振捣不实，强度低，导致开裂。

3）混凝土配合比不当水灰比大

水泥用量偏大则混凝土的干燥收缩量也大，如果水泥用量偏低则强度达不到要求，水泥用量的大小均会导致混凝土的开裂；水灰比偏大，将增加拌合料初期石子表面水膜厚度，使混凝土强度降低，引起混凝土路面早期开裂；同样，砂浆的多少对混凝土强度的影响是直接的，砂率低砂浆包裹石子厚度太薄，容易离析，和易性差；如砂率过大，砂浆层过厚，将造成水泥浆的浪费，对混凝土强度不利，故选择合适的配合比极为关键。

4）施工过程质量控制的影响

混凝土原材料的计量和加料顺序必须正确，原材料不同品种计量的误差超标，会改变材料的合理级配，加料顺序颠倒，影响拌合的均匀；而搅拌时间的不足或过长，都会造成粗骨料下沉、细骨料滞留上部，使拌合不均匀的混凝土入模振捣后强度亦不均匀，容易造成混凝土早期开裂或断板；入搅拌机的材料温度高，拌合的混凝土混合料温度也高，加之水泥的水化热会促使混凝土在硬化过程中温差收缩，加大开裂；整体浇筑后的切缝时间掌握不准，切缝深度不足，位置不当，工序不当是造成混凝土板开裂的主要原因。因停电停水或机械原因，天气变化等间断正常施工，重新浇筑时必须按施工缝处理，接槎混凝土结合措施不当、收缩不同步也会开裂；养护不及时或措施不当、开放交通过早，也是混凝土板裂缝的影响因素。

5）环境温度的影响

混凝土在干燥失水、温度变化、干湿交替作用的影响下会产生变形，路面及地坪混凝土板块因温度降低而缩短，板块上下因温差呈温差梯度而翘曲。混凝土白天浇筑时气温较高、空气干燥，但太阳落山时开始降温，较大的温差使混凝土板块产生收缩或翘曲，由于受周边混凝土的约束限制，混凝土板内产生拉应力和拉弯应力，当这些应力超过混凝土板块的强度时，就会导致裂缝的产生，严重的会出现板块断开现象。此外，在混凝土凝结硬化过程中，水泥释放出大量水化热，造成混凝土内外温差较大，当保湿保温不及时或环境温差较大时，会产生收缩裂缝，严重的会产生贯穿性裂缝。

6）伸缩缝的影响

无论是混凝土场地还是道路混凝土，一般板块的最大尺寸为6m。混凝土板块的长、宽度尺寸较大时，会造成板产生较大的翘曲应力，容易产生裂缝。一般板块的宽度为4m，长度为6m。但在一些工程中板的长度和宽度对裂缝的产生会造成较大影响，如4m×6m的板块较3.5m×4m的板块产生裂缝的比例明显增加。混凝土板的长度越大，产生应力也越大。当应力在某一局部超过极限抗拉、抗折强度时，混凝土板块即在此处出现开裂。伸缩缝设置的目的是将板块的收缩或翘曲应力控制在某一限值范围内，而某些工程未设置伸缩缝，这也是造成开裂的主要原因。

3. 混凝土板控制裂缝措施

该工程混凝土裂缝的产生同时受到多种因素的影响。不但施工过程应采取“预防为主、综合防治”的原则，还应对参与施工建设各方的行为进行规范化管理。

（1）控制基层回填质量

基层回填土质量是确保混凝土面层整体质量的基础。在基础按要求施工检查合格后，灰土必须按比例拌合，分层回填，主要控制灰土比例、厚度和夯实度，并按规定现场检测，在下层检查合格后再进行上层施工。大面积整体碾压回填是最好的施工方法，在实际工程中要杜绝薄层补贴找平的错误施工，以达到基层处理具有优良的整体性和抗变形能力的目标。

(2) 原材料及配合比的控制

选择合格的原材料是确保混凝土质量的根本保证。在施工过程中首先严把材料进场关，要坚持原材料合格准入制度，在原有合格证的基础上，材料按规定抽样的复检复试工作，要实行三共同（业主或监理和承包商的取样员共同取样、共同抽样、共同送样和取试验报告）的程序，以达到控制原材料质量不作假、真实之目的。施工过程中，严格按配合比施工是保证质量的重要环节。原材料采用重量比，并根据现场材料实际确定施工配合比，配料计量不超过允许误差，不能任意增加用量；同时，严格控制水灰比，防止拌合料的不均匀，对预防裂缝十分关键。

(3) 加强振捣和切缝及交通开放

混凝土的振捣是保证密实的重要工序。面层振捣应用振动棒和平板振动器相结合的振捣方法，对边角或不易振捣处认真操作，每一振点时间不少于 15s，更不能漏振；表面用平板振实拉平，便于人工抹压。

切缝是在面层混凝土收压，常温下养护 3d 左右，强度达到设计强度的 30%左右进行，过早则切缝易掉边，开裂不规则，过晚则刀片割不动，掌握最好的切缝时间是最重要的。切缝的深度必须达到板厚的 1/3 以上，两端贯穿连通，确保变形裂缝出现在切缝处。对于大面积混凝土的养护要切实引起重视，当抹压后用指压不留印痕时，根据对养护的要求进行保湿养护。

开放交通时间不能过早，在养护期间不允许有任何车辆通过，在正常情况下混凝土强度达到60%（即养护 10d 以上）以上时，逐渐开放车辆通行，并在周边采取防护措施。

(4) 规范施工方行为

建设行政主管部门应加强对包括场地地坪及道路混凝土的管理，规范各建设单位的行为。严禁无证设计、无证施工的失控状态，严格行政规范和政府质量监督，施工过程必须实行质量监督，避免和减少场地和道路混凝土工程质量事故的发生，使人民财产遭受不必要的损失。

实践表明，无论任何建筑工程，在实施过程中业主和承包商都要依法办事，严格按基建程序规定履行手续，杜绝无资质施工的私雇队伍做法，执行标准、规范施工、科学管理、从严要求，就会避免和减少场地混凝土断裂及其他质量问题的发生。

50. 如何提高混凝土预制构件的质量？

我国住宅建设每年以数亿平方米的速度发展，特别是大开间住宅的需求量越来越大，与之相适应的混凝土预制构件的生产规模和质量，应保证满足住宅商品化大开间形式的需要。预制板的跨度达 8～9m、荷载在 $10kN/m^2$ 左右，但现有的预制板类构件均无法适应这种大跨、重载的要求。

1. 传统预制构件存在的问题

我国传统住宅开间一般在 3.6～4.2m，预制板用冷拔低碳钢丝制作多孔板；板长在 4.2m 以上时采用冷拉钢筋配制，最大跨度在 6.6m 以内，荷载在 $5kN/m^2$ 左右。传统预制板跨度小，承载能力低，不能满足现代住宅的需要，关键是钢筋强度低等原因所致，主要原因是：

(1) 现有的冷拔低碳钢丝和冷拉钢筋的强度只有 650～835MPa，且圆孔板截面形式无法满足较多的配筋率；存在延性差、易脆断的缺点，它通过人幅度降低伸长率来提高其强度，往往应力不到即被拉断。预应力筋在张拉过程中，强度已损失 60%～70%，造成构件在变形挠度不大、裂缝不明显时，因钢筋拉断而发生无预兆的破坏。

(2) 握裹力较差容易造成滑丝。冷拔低碳钢丝表面光滑直径小，粘结锚固性较差，预应力传递长度大，如果构件跨度较小时，有效预应力长度短，容易滑丝，失去锚固而造成破坏。

(3) 质量控制不稳定合格率低。钢筋冷加工由施工单位进行，进场母材不稳定，质量控制不到位且合格率低，由于延性差加之预应力值超张拉，构件脆裂情况较为严重。

(4) 加工制作容易，但质量令人堪忧。冷加工钢筋预应力多孔板工艺相对简单、技术含量较低容易制作。目前生产厂家达十余万家，不少厂家规模小、技术力量薄弱，造成产品质量整体水平下降。

2. 冷轧带肋钢筋的应用问题

近几年，国内以标准图更新的形式取消冷拔低碳钢丝而推广冷轧带肋钢筋的使用，使其成为短向多孔板的主要钢材。冷轧带肋钢筋对预制构件质量及应用存在以下不利影响：

(1) 冷轧带肋筋作预应力筋的不足。从性质上看，冷轧带肋钢筋仍属于冷加工筋，存在强度低、延性差和易脆断的缺点。由于横肋削弱受力基圆面积达 6% ~ 11%，其强度略低于冷拔钢丝。标准规定，其伸长率微高，但实质性能与冷拔钢丝水平接近，其明显的特点是握裹力较强，裂缝控制性能较好。但带来的不良作用也明显：预应力传递长度短，剪力筋放张时，端部应力集中锚固端开裂，当构件混凝土强度等级为 C25 时更为严重；靠横肋间混凝土齿咬合维持锚固，受载滑移较大时，易被挤碎、切断，失去锚固，无延性；握裹力强，裂缝不易发展，但当宽度未达到 1.5mm 时，钢筋拉断，出现脆断现象。

(2) 加工质量不稳定，效益较差。冷轧钢筋母材不稳定、标准规定的伸长率指标不易达到，其合格率低。据资料介绍，550 级和 650 级伸长率不合格率占 22.2% 和 23.8%；800 级强度不合格率占 30% 等。这些不合格产品流入市场，给工程留下严重隐患，质量不稳定也给预制构件厂造成产品质量问题。

按照国际标准化组织 ISO10144:1992 (E) 标准规定，冷轧钢筋只限 550 级，用作非预应力钢筋，且均匀伸长率不小于 2%。目前生产的冷加工筋均达不到此值，却要应用在预应力构件上，与国际通用技术要求不相适应，其结果使构件脆断。为此，国家标准《混凝土结构设计规范》不再列入冷加工钢筋，这样修订同国际接轨。

3. 发展需要高效的预制构件

高效大跨预应力混凝土构件的关键是应有高效的钢筋作保证；否则，构件仍满足不了使用的需要。

为了同国际接轨，冶金系统已生产出高强低松弛钢丝和钢绞线，对标准也进行了相应修订。把强度分为中强（800～1370MPa）和高强（1470～1860MPa）两个系列；按外形分为钢丝（光面、三面刻痕和螺旋肋）及钢绞线（2 股、3 股和 7 股），详见图 50-1。

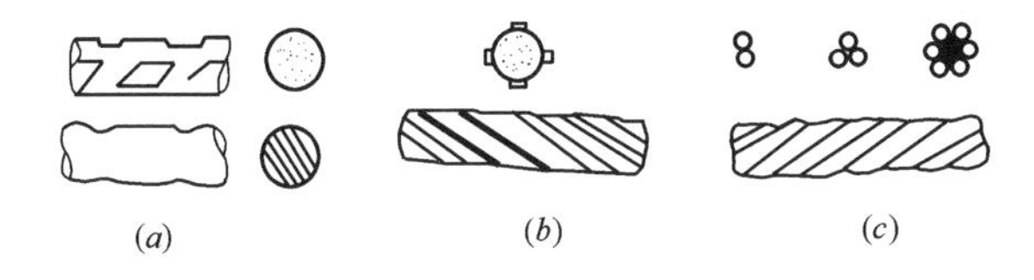

图 50-1　高效预应力钢丝、钢绞线

（*a*）刻痕钢丝；（*b*）螺旋肋钢丝；（*c*）钢绞线

这些钢丝强度高且价格适中，用于制作高效预应力构件，可降低配筋率，能满足大跨重载楼板的需要；同时，因外形合理，较少削弱基圆面积而能获得较好的锚固性能。生产工艺相对简单，采用先张自锚而不用锚夹具即可制作预应力构件，目前可广泛应用。

（1）高效钢丝构件的生产分类。现在采用 7 股钢绞线生产的 SP 板的跨度可达 18m（图 50-2）；对传统长线法生产工艺设备进行改造，采用 3 股钢绞线生产 6～9m 的多孔板也较理想（图 50-2（*c*））。这两者荷载都达到 10kN/m^2，已被商场、写字楼、厂房、仓库等建筑所广泛采用，6～9m 多孔板对大开间住宅应用更为适宜；4.5～6m 的多孔板可用高强钢丝制作，而 3～4.5m 多孔板用中强钢丝作预应力筋制作（50-2（*a*）、（*b*））；对于抗震设防要求高的楼盖，可用高强钢丝、钢绞线制作成叠合板，以增强整体性（图 50-2（*e*））；另外，工业或民用建筑需要的双 T 板或槽形板（图 50-2（*d*））均可制作，高效钢丝将全部替代冷加工钢筋制作预应力构件。

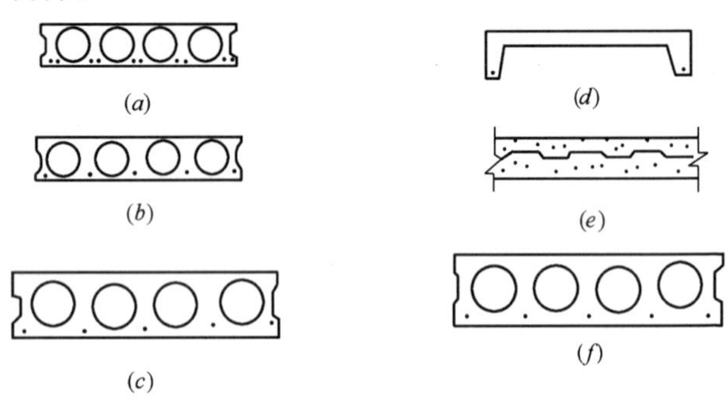

图 50-2　高效预应力预制构件类型

（*a*）短向板（3～4.5m）；（*b*）长向板（4.5～6m）；（*c*）大跨板（6～9m）；（*d*）双 T 板、槽形板；（*e*）叠合板；（*f*）超长板（9～18m）

（2）高强钢丝预应力构件的优缺点：跨度大、承载重（最大跨度已达 18m、荷载超过 10kN/m^2），是冷拔预应力构件无法达到的；延性好、不脆断，避免了因钢筋拉断的脆性断裂；因预压应力高和锚固性好，裂缝出现迟且细小，不扩大，故裂缝易控制；刚度小，反拱大。跨度加大后挠度增加量大，控制变形是主要问题；同时，反拱大上部找平层宜加厚及板间出现位差（图 50-3（*a*）（*b*））；因预应力大，传递长度短，构件端部应力集中易出现纵向劈裂（图 50-3（*c*））；有集中荷载作用时，容易发生剪切破坏（图 50-3（*d*））；荷载除去后变形即刻恢复，挠度和裂缝不产生。

4. 发展高效预制构件应注意的问题

由于建筑业的发展和科技的进步，人们对住宅需求观念的改

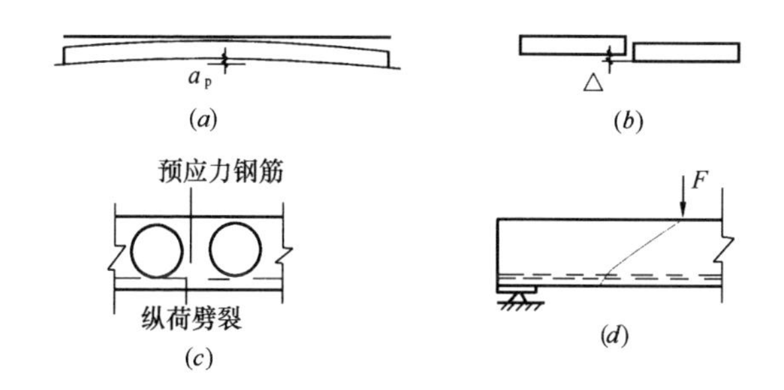

图 50-3　高效预应力构件的弱点

（a）反拱及找平层加厚；（b）反拱不均造成位差；

（c）端部纵向劈裂；（d）跨边剪切破坏

变，大开间可移动隔墙成为住宅建设的发展方向。高效预应力构件因冷加工预制构件无法比拟的优势，成为不可替代的产品，将全面进入各预制构件生产厂家。但在推广应用中需注重的主要问题是：

（1）生产厂家必须优化中高强钢丝的外形及拓宽强度范围，并同生产技术部门试验确定各种技术参数，为修订标准做好准备。

（2）开发适用于高强钢丝、钢绞线的预应力锚夹固具，连接及应力测试仪器。

（3）通过实践总结和制定预防构件端部开裂的技术措施，从设计构造方法、工艺张拉及施工混凝土生产全过程的控制措施。

（4）研究防止反拱及刚度问题，应从单块板的试验与实际应用后的加荷，从结构受力的差别及设计控制方面提出要求。

（5）研制适合高强预制构件制作的张拉设备及配套的模具、相应工法和操作规程。

（6）推广应用标准设计图。由具备资质的技术科研部门编制的标准图是生产高强预应力构件的关键保证，生产厂家必须以标准图为依据进行制作。

51. 如何改进混凝土结构配筋及排列的不规范?

在一些钢筋混凝土结构工程的设计施工中，因钢筋锚固长度及排列穿插不到位，造成质量隐患或引发事故。其中一些是由于不正确的习惯作法造成的，现根据国家标准及工程结构实际，对存在的配筋不正确作法及应注意问题加以说明。

1. 钢筋主筋的锚固

主筋锚固的问题主要是如何计算锚固的长度问题。从结构安全性和耐久性需要考虑，钢筋伸入到支座核心部位，才作为锚固长度计算。如现浇梁板的主筋伸入梁顶部箍筋内及板主筋排放在梁上部箍筋外，其伸入支座核心区的水平和弯钩段均可作为锚固长度计算。

(1) 负弯矩筋锚固

负弯矩钢筋锚固在保护层内的作法是不准确的（图 51-1），因为结构体在地震等作用下受扭，使保护层脱落，也会因保护层混凝土太薄或因裂缝进入介质钢筋锈蚀，使保护层失去保护作用，造成锚固失效。事实上保护层的厚度相差很大，多数达不到设计要求，钢筋个别外露现象也常见，其他对钢筋保护不利方面的原因也很多。负筋的正确作法是将其下弯段锚固在支座的核心区内，下弯段前应有一平直距离，其长度规范有要求。如平直段

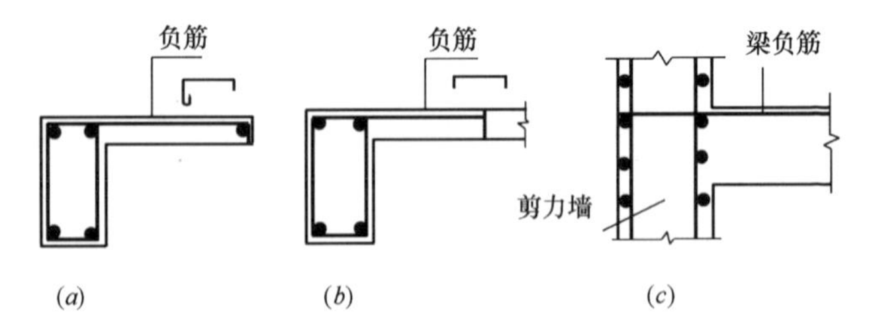

图 51-1　钢筋锚固在保护层内

(*a*) 悬臂构件；(*b*) 端部固定构件；(*c*) 梁负筋在剪力墙内锚固

已伸入支座的核心区域，也应作为负筋的锚固长度。

（2）抗震设防区框架梁纵筋的锚固

地震区和非震区梁的纵向筋受力状态不同，纵筋的锚固也不相同。非地震区框架梁节点上部负筋（纵筋）受拉，应接受拉筋锚固；钢筋在端部节点内的水平长度 l_a 锚固不够时，应在核心区的内侧向下弯曲，下弯长度不小于 200mm 的中部节点处见图 51-2（a），而梁上部纵筋应通长；框架梁下部主筋（正弯矩筋）在支座附近位于受压区，应按受压筋锚固，其伸入支座内长度大于宽度的 1/2、Ⅰ级筋不小于 $15d$ 且应加弯钩（d 为钢筋直径）。

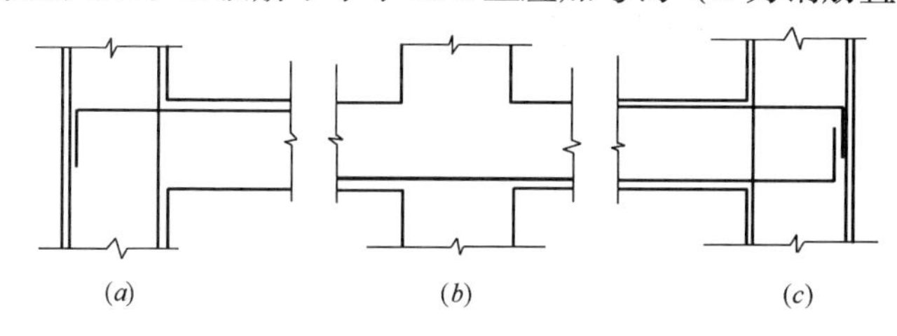

图 51-2　框架梁钢筋锚固

（a）非地震区；（b）地震区中节点；（c）地震区边节点

在抗震设防区，框架两端的上下部纵筋都会受拉，因此，上部纵筋应贯通中间节点，下部伸入中间支座的长度不小于 l_{aE}，伸过支座中心应大于 $5d$，见图 51-2（b）（l_a 为锚固长度，Δl_a 为附加锚固长度，$l_{aE} = l_a + \Delta l_a$）。应明确的是抗震等级为一、二级结构时，附加筋锚固长度 Δl_a 分别为 $10d$ 和 $5d$，三、四级时可不取；若抗震等级为一级时，纵筋在支座内的水平锚固筋长度不够时，可在核心区内沿柱外边下弯，下弯长度不应小于 $15d$，且不应把下弯段放在箍筋之外，见图 51-2（c）。

（3）剪力墙水平筋锚固

剪力墙水平筋起拉结隔墙和稳定墙体的作用，水平筋的锚固应安全可靠，正确的作法应把水平筋两端锚固在拐角柱内，但也存在长度不够而锚固在保护层内，如保护层开裂，水平筋失去锚固作用，对抗震或自身稳定不利，成孤立受力状态。

剪力墙设连系梁不但承受较大内力，且在地震时为保证墙体的整体性和延性，其锚固要可靠。在施工中，有按图 51-3（*a*）的不正确作法，而正确的作法应按图 51-3（*b*）绑扎。如纵筋下弯前的水平段满足不了 $0.45l_{aE}$的需要，应采取加强措施。

钢筋锚固不规范在短期内不一定发生问题，但从可靠度和设计使用年限考虑，还应引起重视。尤其对抗震设防区、处于恶劣气候环境的结构、水工冻胀循环的露天结构更应注意。

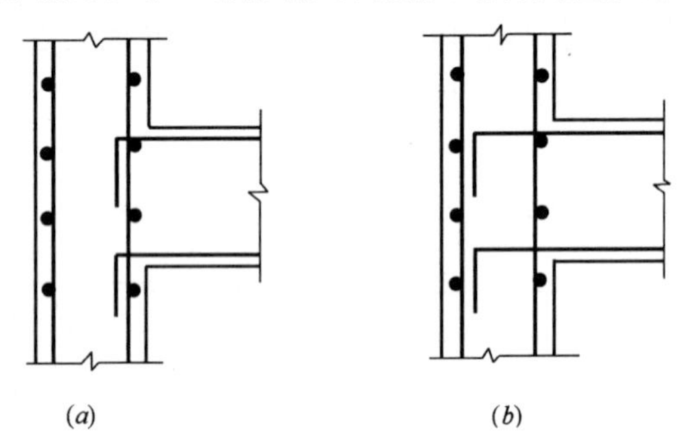

图 51-3　剪力墙连系梁钢筋锚固

（*a*）错误作法；（*b*）正确作法

2. 梁、板钢筋的排列问题

一些设计单位在施工图上很少注明钢筋的排列及保护层厚度，更缺少在节点核心区的排列及锚固长度。施工人员对钢筋的翻样，如对梁箍筋的肢高，常取梁高减上下保护层的厚度，绑扎时常将板、小梁次、主梁的负筋一层层重叠，保护层尤其是主筋伸入核心区的长度存在质量隐患。

（1）主次梁筋问题

设计有时把主梁和次梁截面高度相等，但主次作用依然存在，如果施工人员经验不足或其他原因，将主梁纵向筋置于次梁纵向筋之下，如图 51-4 所示。

还有的将主次梁的交接处采用习惯作法，梁主筋保护层厚度按正常环境下取筋≤25mm、板面及箍筋直径≤10mm，保护层厚

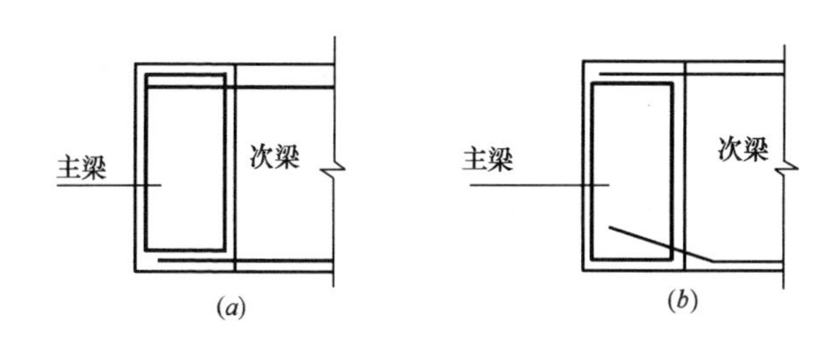

图 51-4　主梁、次梁主筋位置颠倒
（a）错误作法；（b）正确作法

度和箍筋肢高的取值见图 51-5。为使上层板的有效高度不减小，在主梁上加 2ϕ6～8mm 垫筋，图 51-5 所示为有附加箍的主梁，其正常箍筋的位置。

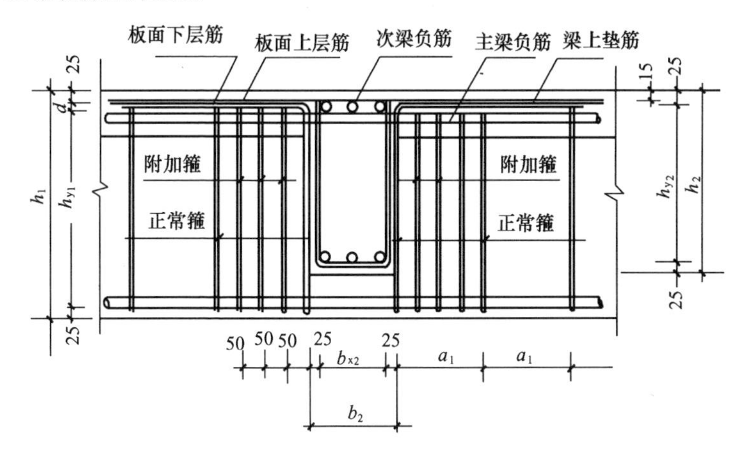

图 51-5　单向板肋梁楼盖主梁次梁交接处

（2）双向板肋梁的保护层取值

支承梁交接在柱上，无论 $h_1>h_2$ 还是 $h_1\leqslant h_2$，梁筋保护层厚度和箍筋肢高均可按图 51-6 取值，以保证其有足够的厚度。

对于次梁与次梁交接处，梁筋保护层厚度和箍筋肢高的取值见图 51-7。当短跨梁为连续梁时，也可与图 51-7 的标注相反，即短跨梁筋在上、长跨梁筋在下。为使次梁箍筋肢高一致，梁底用

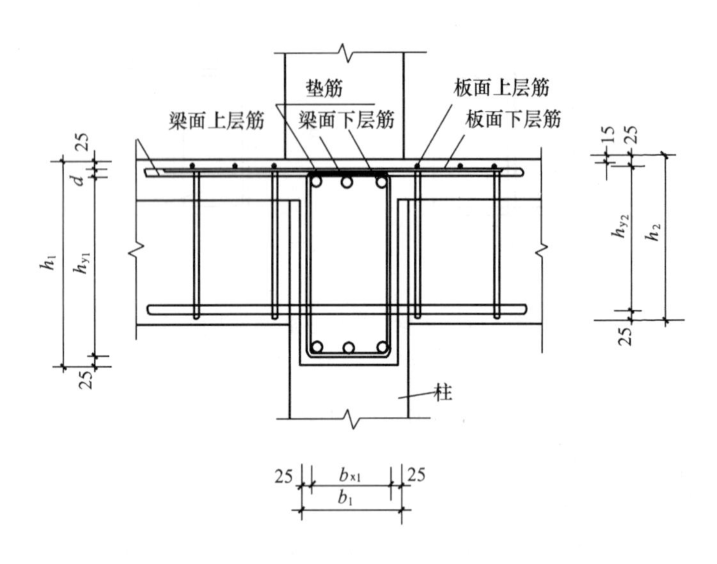

图 51-6　双向板肋梁楼盖支承梁交接处

注：$h_1 > h_2$ 或 $h_1 \leqslant h_2$

不同厚度垫块控制保护层，次梁上下纵筋 d_1 和 d_2 应一致或接近。

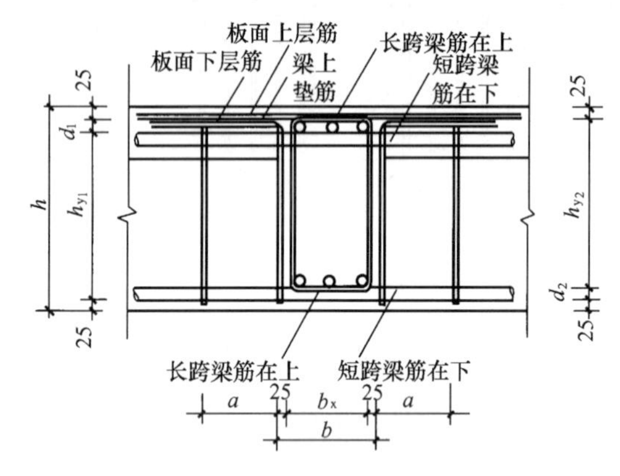

图 51-7　井式楼盖次梁与次梁交接处

（3）无梁楼板主筋位错

钢筋检查中发现，将无梁楼板跨中板带的正弯矩钢筋排放于柱上板带的正弯矩筋之下（图 51-8），出现这类问题的原因是设计图表示不清，施工人员技术素质低，对无梁楼板的柱上板带与跨中板带的主次关系分不清。

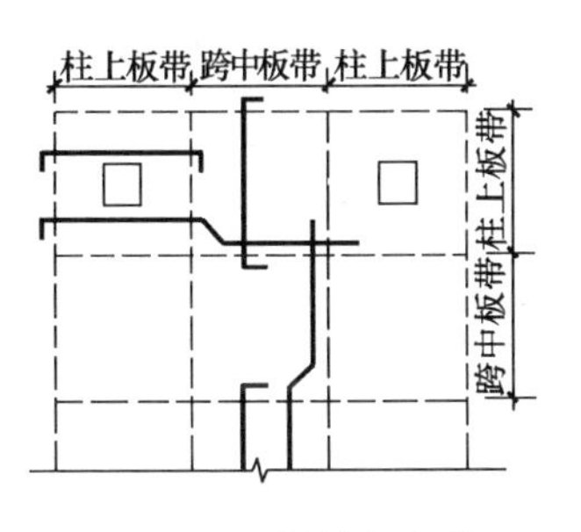

图 51-8　无梁楼板主筋位置颠倒

(4) 操作不当使负弯矩筋降低

民用建筑现浇板都不厚，所设负弯矩钢筋直径也较小，施工中多采用预制小垫块或用负弯矩筋两端直钩支于模板上。由于浇筑混凝土时较难保护，操作人员踩踏或工具挤碰，使负弯矩筋很难保证在混凝土中应有的高度，甚至主负筋挤压在一起，使负弯矩筋不产生作用。有些现浇板在拆模后及使用短期内，即在支座上部出现超标准多倍的裂缝，就是由此原因引起的。为避免发生不该存在的质量问题，施工人员对钢筋正确位置的保护和控制不容忽视，必须采取有效措施防护。如设置可靠的防钢筋位移支架、浇灌混凝土设临时操作平台、专人保护浇筑位钢筋位置的准确等，确保负弯矩筋位置和高度。

(5) 现浇框架楼板筋的排列

楼盖现浇常会发生主梁、次梁之间排筋的交叉、梁面、板面上层钢筋的上下排列顺序一般可按图 51-9 进行，也可按排列顺

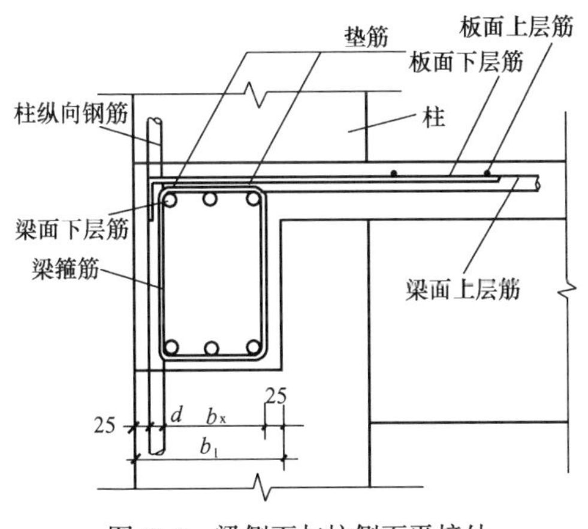

图 51-9　梁侧面与柱侧面平接处

序相反进行，但应注意的是：

先确定梁筋。如梁上层筋 X 方向一律在上，Y 方向一律在下，则板的负筋交叉处，Y 方向一律在上，X 方向一律在下，无论板的长短向，其有效高度 h_0 取值应按此考虑。

或先确定板筋。板的负筋交叉处，如 Y 方向在上，X 方向在下，现浇层应统一排列，则梁的上层筋 X 方向一律在上，Y 方向一律在下，设计主梁或次梁时，h_0 取值应按此考虑。

梁钢筋保护层厚度取值，应根据钢筋直径及交叉排列，一般应取 25～50mm 来计算梁的有效高度、箍筋及弯起筋高度。为减少负筋交叉，同时方便在楼盖中埋设电气管线，应多采用双向板肋梁楼盖，少用小梁及次梁构造。

3. 钢筋搭接位错及变截面筋不规范

设计规范要求，受弯构件的正弯矩筋不允许在跨中搭接，受拉构件不允许接头采用搭接处理。但施工中容易忽视规范的具体要求。受弯构件正弯矩钢筋不允许在跨中1/3跨度内有焊接接头，框架柱和剪力墙的纵向搭接位置必须按要求比例错开，这一点极为重要。

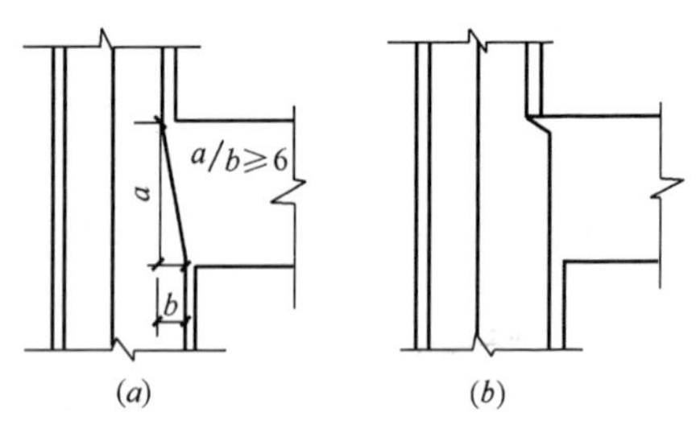

图 51-10　变截面构件纵向钢筋的内收
（a）正确作法；（b）错误作法

多层和高层建筑有时采取变截面柱和变截面剪力墙处理同上部的延续性，变截面柱的钢筋应采取图 51-10（a）的方法内收变径，而不能按图 51-10（b）所示的方法，在变径处将主筋弯成 90°或近似 90°内收。

52. 如何防治现浇混凝土框架施工中的质量问题？

随着建筑业的飞速发展，多层和高层建筑技术的日趋完善，由于框架结构整体性好、抗震能力强、坚固耐用，适用于各类工程中，现浇钢筋混凝土框架结构的应用也更加广泛。但由于施工现场作业工序繁多，具体操作一般难度较大，管理和监督不到位现象普遍存在，同时追求进度而不能严格按操作程序进行，致使一些质量问题长期延续下来，形成带有普遍性的施工质量通病。为切实保证工程质量，对经常出现的控制不严和容易忽视的带有普遍性的质量问题，防治措施如下：

1. 柱纵向位移错台

多层框架与楼板处板上下不垂直，容易错台，防治措施如下：

（1）在建筑物平面位置控制放线时，应有精确的轴线引桩作为轴线控制依据；对较长建筑物的控制应分段进行；分间尺寸线应以中控轴线向两侧分量；垂直向上延伸，应用经纬仪控制纵向轴线，保证从下至上的垂直。

（2）柱模下端应准确且应有固定措施，不使其移位。可按柱子准确位置，在楼板上划出断面尺寸，用木框先浇一高度50~80mm的台，以固定柱模下端不产生位移。支本层柱模应随时吊直校正，纵横两个方向用拉杆和斜撑夹固。采取柱与柱间横向拉结时，浇筑柱内混凝土的顺序，应从角柱、边柱向中间柱的方向进行，以避免中柱浇筑时产生的推力使边角外部柱倾斜或位移。对于边角柱的固定拉结，周围无固定依托物时，应在楼板合适部位设拉结环，并采用刚性拉撑固定，防止柱模倾斜变位。

（3）柱内混凝土必须分层浇捣，每层厚度不能超过振捣棒长度的1.25倍，即 < 55cm。更不能允许进料高度 > 2.0m，一次装浆一次振捣到顶。

（4）随时校核，防止变动。一般可采取的方法是：柱与柱之间平行丈量底部的轴线；折线丈量柱根部，以下段柱几何中心线为起点校核；将柱根部中心对准下柱中心和轴线校核。

2. 柱主筋偏移

柱主筋上部难以固定，自然摆动不能垂直，容易造成主筋偏移。

防治措施：

(1) 基础部分的插筋位置要正确，绑扎方正吊直，箍筋不能少；底端定位牢固，也可焊固位。

(2) 主筋保护层厚度要满足要求，周围应一致，一般采取分段加设预制垫块或用钢筋支撑。也可采用在基础或横分段上口用木框或钢筋焊接的井字套箍框住模板、固定钢筋的方法。

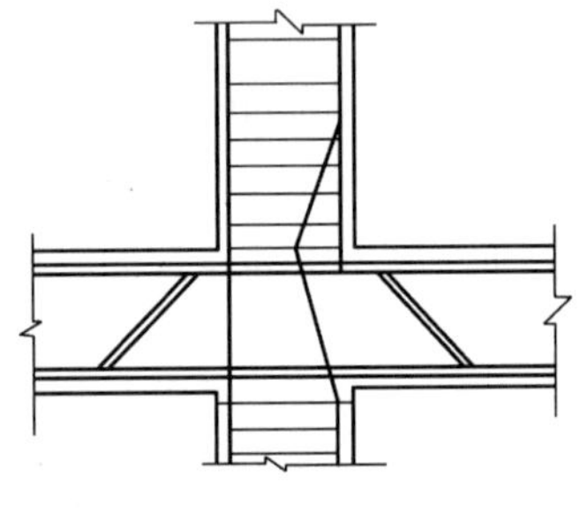

图 52-1 楼层柱插筋位移处理图

(3) 当基础柱定位插筋位移在允许偏差范围内时，调整的方法可按1∶6 的斜度，使其准确定位，在此调整范围内加密箍筋以保证需要。如偏差尺寸较大，地面以下部分，可以在一侧再插入筋做一准确平台，使主筋在位。

(4) 伸向楼层柱筋在柱截面范围以内偏差可以调整时，可允许按1∶6 的斜坡处理。但出现偏差较大，按 1∶6 的坡度调整可能会影响到结构的受力性能，采取钻孔锚筋也实施困难时，可按图 52-1 加筋的方法处理。

3. 梁柱交接部位漏箍筋

框架结构的梁柱节点是受力的核芯区，该处的箍筋对于保证框架有足够的强度至关重要，但该处的箍筋数量和绑扎质量容易被忽视。

防治措施：

(1) 如果钢筋在模外绑扎整体就位时（$h<700$mm），其工序应是：底部筋、箍筋、架立筋绑扎→放入模板内→核芯区箍筋安

装→主次梁负筋安装。

（2）该节点钢筋纵横左右数量很多，有时会造成相互在一部位无法复位时，应按受力状态向上或向下移位。因抗震要求，箍筋往往在端头加工成135°弯钩，不易穿进，但无论采取何种方法绑扎箍筋，弯钩角度应保证。

4. 柱截面不标准（变形）

如柱身弯曲部分偏离轴线，虽中心线位不变，但柱截面发生平面扭转。截面较大的独立柱在施工中也出现胀模、大肚及窜角等问题。

防治措施：

（1）柱模应进行设计，包括强度、刚度和稳定性，安装时工序不能减少，尤其是横向拉结及斜支撑应可靠。

（2）柱外模箍梁夹具间距应与柱截面大小、模板材质及施工高度有关，一般间距在500~800mm，柱底部模箍间距还应小。

（3）截面一边尺寸大于500mm的柱，一般应通过计算来确定是否在柱箍中加入对穿紧固螺栓，不应用8号钢丝拉结。浇筑时振动棒不要碰振模板，以防胀模等。

（4）加强对柱模上下端的固定，如采用钢组合模板时，因整体刚度小的柱根段容易在振动作用下产生马蹄状放大，根部要加设外模箍件。

5. 柱板夹渣烂根

柱下端及现浇板底部容易夹渣烂根，其预防措施为：

（1）柱子钢筋绑扎合格后，在主柱外模前，先将柱脚做好的方台周围清洗干净并抹平。板墙根部支模前，也应把底部用砂浆抹平，如板支设后仍有缝隙，应用材料堵严。

（2）浇筑混凝土前，先用同强度等级砂浆铺模内一层，厚度30~50mm，第一层混凝土进料厚度在400mm以内，认真振捣但不过振，根部外观及内部均可标准、规矩。

53. 钢筋混凝土梁的起拱有什么要求?

钢筋混凝土梁在自重和加载的长期作用下即产生挠度，随着使用时间的延续，其挠度还会增加。梁的允许挠度值主要是满足结构的使用需要和人的感觉可以接受，对此钢筋混凝土结构设计规范早有规定。虽然挠度大小的决定在于设计，即采用梁截面大小、配筋量多少及要求的混凝土强度等级及结构形式等主要参数，但与施工关系密切。如对梁模支设时应预先起拱，这样可减少挠度。支设模板的刚度不够或支撑加楔不紧，在施工动载和梁的自重作用下，梁中的挠度也会增加。对起拱问题，《混凝土结构工程施工质量验收规范》（GB 50204）亦做了具体规定，应切实执行。

施工时如何对梁进行起拱，笔者认为首先是不能减小梁的截面高度。在模板的安装上不能减小梁的截面高度、上下主筋相对位置及保护层厚度，以达到设计要求，如图 53-1 所示。这是因为：

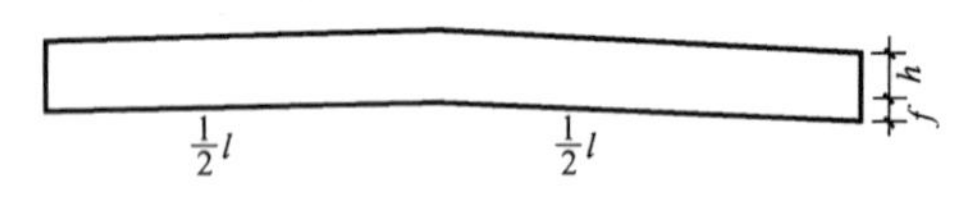

图 53-1　起拱形式一

（1）设计计算梁的承载力和配置纵向受力筋并不考虑因梁起拱而造成的截面高度的影响。在简支梁中，跨中的弯矩最大，从梁承载能力计算公式 $M = Abh_0^2$ 分析：梁的有效高度 h_0 的变化，对梁的承载能力影响较大。现以 12m 净跨的矩形梁为例，按设计构造的常规作法要求，其梁高在 800 ~ 1000mm 范围内，如果因起拱，使其中部截面高度减少了 36mm（起拱按跨度的 3‰考虑)，会使跨中承载力降低约 5%，这是不符合设计要求的。

（2）规范规定，对混凝土梁截面尺寸的允许偏差现浇为 + 8 或 – 5mm，预制允许偏差 + 2 或 – 5mm，假如因起拱，使梁的中部截面高度减小 36mm，将超出规范允许值。对钢筋绑扎骨架的高度，规范允许偏差值也是 ± 5mm，混凝土钢筋保护层厚度允许偏差是 + 10 或 - 5mm，如要保证钢筋骨架的高度不发生误差，则不能减小截面高度，如按图 53-2 起拱，保护层的厚度是无法保证的。

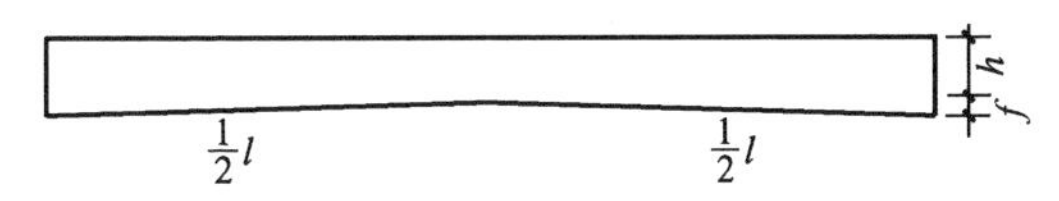

图 53-2　起拱形式二

f—起拱值；*h*—梁的截面高度

（3）按图 53-1 方法起拱，可以达到规范的要求，施工也没有较大困难。这里存在的问题是梁的上下部钢筋都是平直的，钢筋是在模板外部绑扎成型后入模的，骨架会不会有变形余地，对这个问题，施工人员容易理解。梁的钢筋骨架绑扎所用的钢丝是 18 ~ 22 号，在入模的抬动中总会松动。钢筋也是柔性材料，在自重作用下会随模底板形状变形，但因变形很小，对结构几乎没有影响。

1. 现浇梁施工起拱的做法

规范 GB 50204 规定，整体式钢筋混凝土梁，跨度等于及大于 4m 时模板应起拱；如设计无要求时，起拱高度宜为全跨长度的 1/1000 ~ 3/1000。对梁的起拱高度，规范所确定的值，施工时应按梁长严格控制，如采用木模做梁底模时，图 53-1 的形式比较好；如采用钢模板时，图跨中位左右两侧的钢侧模，因开叉的变形角度过大，扣件无法连接，可按图 53-3 形式支模起拱，这样，侧模的 V 形叉口角可以减小，达到起拱目的。

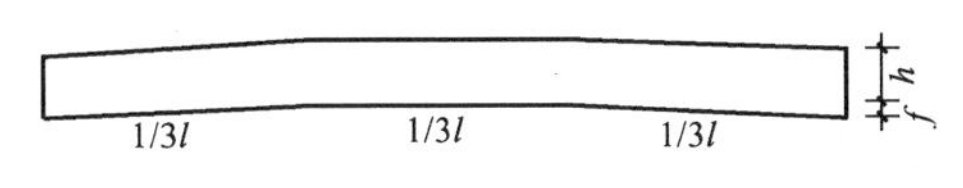

图 53-3　起拱形式三

起拱会不会出现楼面因起拱而抬高的现象，回答是肯定的。随着模板支设的刚度、施工动荷载和自重的增加，混凝土浇灌振捣的差异，即使跨度和起拱高度一致，拆模后的实际拱高也会出现差别。但只要不超过规范要求值，质量不会发生问题，因为长期使用和荷载的影响，挠度仍会增加。

对于起拱后的楼地面处理，施工可以调整解决，如6m进深房间1/1000的起拱在地面高出6mm，如有隔声层或找平层时，只要厚度大于20mm，即能较好处理。主要的问题是：梁的起拱幅度，必须按照实际，在规范要求允许的范围内，既减小挠度，起拱量又小，这样达到地面高度一致是更有利的。有些情况却并非如此，如会议室、教室和娱乐厅等，由于清洗地面、利于排水和视线的需要，有时也会要求地面中部略有抬高，这时1/1000的模底就显得小了，可取3/1000。

2. 预制梁起拱的施工要求做法

现行施工规范对预制梁的起拱高度未有具体要求，一般由批准的标准图提供。在一些标准图中，对6m以下的预制梁均未有起拱的要求，这同现浇梁存在较大差别，所以预制梁的模板就不存在任何影响。如果预制梁考虑起拱，在起拱后梁的抗弯强度不减弱的情况下，也应按图53-1的方法起拱。但有个别图集规定是采用减小跨中截面高度的办法起拱，如GG121工字形薄腹梁就是这样做的。在图中明确注明截面高度、箍筋高度因起拱而变化了的尺寸，施工时应按图施工。假如是9m跨的单坡梁，起拱后梁中截面高度从860mm减至830mm，使梁的承载力降低了近7%，起拱在梁底有效，而梁顶却无效，结果会使梁顶“坍腰”下弯，这样起拱作用不大，还会对施工造成很多不便。对双坡梁的起拱，转折处不利，会削弱整体承载力，可考虑将起拱转折点改在梁的最不利截面处，这样既不会降低承载力，也不会造成材料浪费，如图53-4所示。

标准图G415预应力钢筋混凝土折线形屋架，在其屋架几何

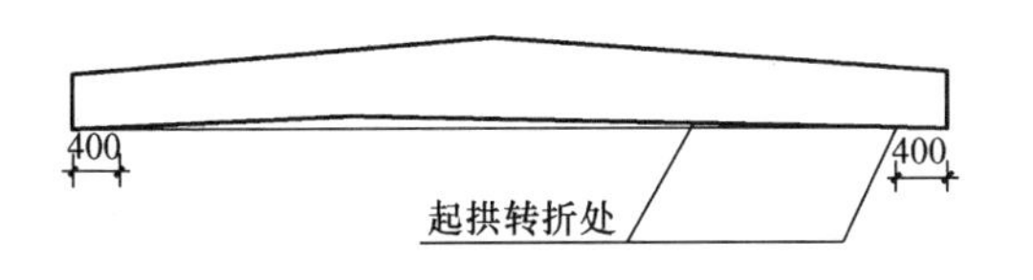

图 53-4　标准图起拱线

尺寸的标注中，起拱后的屋架比屋架模板图标注尺寸有所减小。由于屋架较矩形梁高度要大，起拱减小一点高度，对屋架的承载力影响甚少。但在施工现场放样时，若起拱后屋架高度与模板图标注尺寸一致，其预制腹杆按图中长度制作，放入模内正合适；若起拱减小，屋架高度按标注几何尺寸施工，则预制腹肝过长，两端钢筋伸入上下弦后保护层减小，但起拱后屋架的高度不宜减小。

3. 设计施工起拱应加以重视问题

设计图应满足规范对起拱的要求，施工切实严格按设计图或指定的标准图施工，各项尺寸控制在验收规范允许的偏差值以内，确保各类梁的施工质量。

事实上，起拱的高度并不是越大越好，超标的后果将给下一道工序的施工或将来使用造成不良后果。若房间梁起拱过高，地面找平会发生困难，单坡屋面梁起拱过高，屋面排水不利，吊车梁起拱过高，找平铺轨会出现问题等。

另外，施工技术人员必须根据实际情况，合理设置拱高。如原设计的预制梁变化为现浇时，应考虑起拱后的影响；当现浇梁改为预制时，起拱高度值宜小些，反之，略大些为好；焊接骨架有别于绑扎骨架，整体刚性好，不易变形，焊前对主筋、架立筋应按拱高预先变形起拱；否则，无法进入模板，保护层厚度更谈不上。

54. 钢筋张拉应力对预制件有什么影响？

预应力的作用主要是增强预制构件的抗裂性能，减小构件的开裂与变形。对采用极广泛的冷拔钢丝预加应力制作的各类混凝土构件，其预压应力 σ_{pc}是建立在构件的受拉区，当受到荷载产生的拉应力时，如 $\sigma > \sigma_{pc}$时，则拉应力 σ_c 不仅会抵消预荷载力 σ_{pc}；同时，也会产生拉应力，这时的构件下边缘的混凝土处于受拉状态。如截面下边缘的拉应力小于混凝土的抗拉强度时，构件不会出现开裂；当截面下部的拉应力大于混凝土设计的抗拉值时，构件将会出现开裂。由此可知，预应力 σ_{pc}的建立大小程度，将直接关系到构件在使用后裂缝出现的频率大小，而构件的外形尺寸及设计强度等级正确时，预应力 σ_{pc}建立的确定和张拉控制应力 σ_{con}的关系有很大影响。

1. 张拉应力 σ_{con}的大小影响

在预制构件的混凝土浇筑前，对冷拔钢丝的张拉控制应力 σ_{con}，是指钢丝张拉时必须达到的预加应力值，也就是张拉设备应控制的总张拉力除以预应力钢丝截面面积的实际应力值。张拉时，控制应力 σ_{con}值的大小将影响到预应力构件的使用效果，在结构性能的检验中，最大的问题是影响到抗裂值。施工中，为防止张拉控制应力 σ_{con}的正确建立，现行的预应力构件标准规范中对张拉应力 σ_{con}的建立都作了明确规定。如《冷拔钢丝预应力混凝土构件设计与施工规程》（JGJ 19—92）规定："预应力冷拔钢丝的张拉控制应力值 σ_{con}不应超过 $0.7f_{ptk}$且不宜低于 $0.4f_{ptk}$"（f_{ptk}为预应力冷拔钢丝强度标准值）。规程明确要求了张拉应力的控制范围和标准。但在具体实施中，发现一些中小型预制构件厂不能有效地控制张拉应力，也没有相应的检测设备来测定应力值，出现了随意性的过高或过低的预应力张拉，所建立的控制应力 σ_{con}也不标准，致使混凝土构件的预应力 σ_{pc}偏差过大，在结构性能检验中，尤其是抗裂性太差，容易出现异常现象。

（1）张拉超值对结构的影响

钢丝张拉控制应力 σ_{con}值越高，混凝土中建立的预压应力 σ_{pc}值就越大，这时构件的特性是张拉后反拱很大，抗裂性也会很高。也就是构件的抗裂检验系数实测值 σ_{cr}^{o}大于构件的抗裂检验系数容许值 [γ_{cr}]，有时会出现达到承载力后不出现裂缝的反常现象。但有时，当荷载与破坏荷载相接近时，裂缝一出现则宽度发展很迅速，甚至刚出现裂缝构件就同时断裂，没有明显的破坏前兆，属于典型的脆性破坏。在现阶段，一些预制构件厂对这种张拉过高的构件缺乏一定的检验，认识上也不甚清楚，存在盲目的不负责任。误认为 $\gamma_{cr}^{o} > \sigma_{con}$ [γ_{cr}] 时，构件的安全性好，保险系数大。但不知超值过大生产的构件，破坏前无明显预兆，隐蔽性和潜在危险严重存在，危害性很大。如偶然冲击或超载时，构件塌落将危及下层楼板及人员安全，必须引起足够的重视，并采取必要的控制措施，以防范不合格的超张拉。

(2) 张拉应力过小对构件性能的影响

在张拉时，控制应力 σ_{con}值越低，混凝土预制件中所建立的预压应力 σ_{pc}就越小，没有达到在构件受拉区建立预压应力的目的。此种构件在抽检结构性能时，有时会同非预应力构件相似，抗裂性很低，达不到抗裂要求，也就是构件的抗裂检验系数实测值 γ_{cr}^{o}小于构件抗裂检验系数允许值 [γ_{cr}]，由于应建立的预压应力 σ_{pc}值太小，裂缝出现的时间较早，使这类预制件在结构性能检验的初期就非常脆弱，混凝土不能受力较早而使钢筋过早承担所有应力，构件很快破坏，使构件的承载力大大降低。试验中构件的外形将出现很大的变形，即挠度和裂缝宽度较大，遭受延性的正常破坏。承载力检验的核定标准是：(*a*) 破坏：受拉主筋最大的裂缝宽度达 1.5mm，表明钢筋已经屈服，或挠度已达 $l_0/50$，此时，钢筋及构件变形过大，不能正常使用，即使还可加荷，也应认为已丧失了承载力。(*b*) 破坏：主筋已被拉断，这是最明显的。主筋在拉断前，构件产生了较大的裂缝和变形，破坏前有明显的预兆，不同于脆性破坏。张拉应力过小的构件，在挠度、抗裂及承载力检验中，抗裂性不能满足，其结果在后期导致挠度和承载力不合格，此类构件的结构性能达不到要求，是不合格产品。

2. 控制应力的措施

（1）建立健全的质量保证体系，尤其是预制构件厂，更应层层把关，切实按质量控制程序运行，防止流于形式，有章不循。

（2）组织所有操作人员认真学习标准、规范和相关的应力知识，使大家明白为什么要这样做。操作人员应认真控制张拉程序和张拉应力，使经检验已建立的预应力值及偏差符合现行标准的要求。

（3）张拉应力所使用设备和仪表不能出现问题。这些在露天自然环境下的设备，应定期检查校对，保养维修，使其操作能正常进行。受控合格率应保持在95%以上。

（4）对应力的测定应进行监督，钢丝拉完一批后，应力实际是多少、损失多少，达标或超欠多少，应能在测定仪中逐根反映出来。并对应力测定仪定期校验，使其处于标准状态。

（5）构件制作后，在出厂前的抽检是对性能的评定，其检验结果涉及产品的合格与使用的安全，为此，对产品批量抽检不只是从外观几何尺寸和观感，而更应从性能上作出评定。

综上所述，预制构件钢丝的张拉应力 σ_{con} 的建立是至关重要的，过大或过小对构件的结构性能影响特别大。虽然试验中构件的破坏表现形式为两种状态，即脆性破坏和延性破坏，但都严重地影响着建筑的安全使用和寿命。为此，预制构件厂都应按规范要求，控制钢丝的张拉应力 σ_{con} 是保证质量的根本，也是检验性能合格与否的关键，所以，应做好张拉控制及记录，仪表校验及时，使张拉控制应力 σ_{con} 常处在受控制状态，使结构性能因应力大小造成的隐患不致存在，达到预制构件内外的真正合格。

55. 混凝土假凝有什么危害？如何预防？

组成混凝土的材料加水拌合后，起胶结作用的水泥在遇水情况下，随着时间的延长在正温环境下，逐渐失去流动性，这一由塑性变为固态的水化现象则是混凝土的凝结过程。混凝土初凝时间不宜过快，从而可保证施工时有足够的时间来进行拌合、运输、停放、入模、振捣及收光的程序。但混凝土的终凝也不宜过快，在一定时间内凝结并达到正常的强度，以便于下道工序的进行。

水泥在凝结前，可能会产生异常的现象，其主要形式为：假凝、瞬凝和过分缓凝。假凝是在水泥和水拌合后的较短时间内发生，温度无明显变化，此时如再继续拌合仍会是塑性状态，继续施工仍会达到正常凝固；瞬凝的特征是水泥与水接触后水泥浆很快地凝结成一种粗糙、无流动性和塑性很差的混合体，放热后很快凝结，其危害性较大；缓凝是指混凝土浇筑后超过终凝时间（10~12h）或更长时间不硬化，或硬化但强度很低。

1. 异常凝结的危害

混凝土发生异常凝结的现象虽不是广泛存在，但在工程施工中偶尔也会碰到。随着混凝土外加剂的广泛使用，品种数量的增加，以及高强或特种混凝土在建筑工程中的采用，出现拌合物异常凝结的现象也会较过去有所增加。发生的后果轻则使结构质量存在隐患，严重的话会引发预想不到的事故。在现阶段，混凝土异常凝结在工程中的危害性，一般表现为以下情况：

（1）容易形成冷缝

水泥混凝土在施工过程中出现异常的凝结，对于大面积浇筑的混凝土极容易产生冷缝。如刚性屋面中如掺用防水剂不当产生的快速凝结，将会造成大面积漏水。结构件出现冷缝或桩基工程中发生速凝，容易造成裂缝、断桩等。

（2）大体积结构易产生温度裂缝

水泥水化过程中的放热一般在浇筑后的2~4d最快，温度最高。对于体积较大的结构，则应采取推迟混凝土的凝结时间，使放热峰值延长，减少集中放热时间。由于混凝土导热能力很低，凝结迅速放热速度快，会使结构内温度升高很大，造成硬化时体积膨胀，冷却时体积收缩，这种内外形成的较大的温差梯度，使结构体开裂，造成质量隐患。

（3）灌注混凝土容易发生事故

当石油固井时堵管造成损失，钻井后的护壁固井时将小于油井内径的钢管吊入井内，用导管将拌好的混凝土灌注井内，并使混凝土浆体沿钢管外壁与井壁面的夹层上返，在油井内形成现浇的薄壁混凝土管，防止钻孔壁的塌堵。混凝土终凝后，再在钢管内一定深度炸裂钢管和混凝土壁，藏入岩层中油则流入管内采出。如灌注混凝土未到位即凝结，损失将是巨大的。

（4）泵送混凝土堵炸管

高层建筑混凝土的输送十分重要，施工要求拌合料有较好的流动性，坍落度不小于160mm。如浇灌中产生速凝，输送中极容易引起堵管以至炸管，影响正常施工的进行，工程质量也无法得到保证。这种现象在许多地区均出现过，已造成一定损失。

（5）终凝期太长，质量差

混凝土由于气温过高或过低，加入的外加剂品种或用量不当时，常会产生过分的缓凝现象。缓凝不仅影响后续工序的正常进行，还会导致结构强度的降低。在混凝土中掺入的木质素减水剂用量超过标准一倍时，不仅会过多地延续凝结时间，而且会使混凝土强度降低30%以上。

2. 异常凝结原因及预防

（1）外加剂的品种、用量和掺法的影响

外加剂品种：在很热或很冷的气温下进行混凝土浇筑，水泥中的石膏掺量就难以保证正常的凝结时间，需掺入外加剂。外加剂与水泥在组成上不相适应时会发生速凝，这是因为水泥中 SO_3 含量相对于 C_3A 过高或过低的反应。如 SO_3 太低，将含有糖类的减水缓凝剂与硬石膏类溶解较慢的硫酸盐水泥一同使用时，则会发生速凝。此时，可不掺或改掺外加剂，重新选用水泥品种或另外掺加石膏等。当 SO_3 含量太高时，掺入减水剂的水泥浆会因外加剂而早凝，相当于二水石膏反应，形成假凝，此时可改变外加剂品种、选用其他品种水泥、推迟外加剂掺入时间和掺量、另加水泥浆二次搅拌等。

目前，建筑工程中大量使用的高效非木钙类减水剂有时也会促使混凝土速凝，这是由于混凝土中掺入高效减水剂后，其表面电荷在一定条件下异常集中而造成，所以在运输和浇筑中应加强振捣，延缓电荷集中。另外，某些外加剂本身具有促凝作用，若措施不当也很容易造成速凝，使结构体出现大量冷缝。

外加剂掺量：设计要求外加剂在混凝土中分布均匀，效果较好，但施工中掺量不准、搅拌不匀，其准确性误差很大，过多或过少均会引起拌合料异常凝结。如本应早强的构件因外加剂掺过量而形成缓凝，影响质量和工期。

外加剂掺法：外加剂应选择合适的品种，掺加时间早晚也会导致假凝或缓凝。对于容易引起水泥颗粒表面电荷异常集中、产生假凝的外加剂，应推迟掺入时间；对需掺入缓凝的混凝土外加剂，因在拌合过程中被水泥或石膏成分所吸附，降低了缓凝效果，应后掺，避免因早掺而引起的不正常凝结。

（2）水泥影响

合格水泥的初凝和终凝一般在限定时间内，出现异常凝结的原因是：当熟料与石膏一同研磨时，温度升高，引起部分二水石膏（$CaSO_4 \cdot 2H_2O$）脱水生成半水石膏（$CaSO_4 \cdot 1/2H_2O$）或可溶性无水石膏（$CaSO_4$）。加水拌合时，半水石膏和可溶性的无水石膏较 C_3A 能更快地溶解，形成硫酸钙过饱和溶液；同时，转化为二水石膏结晶析出，从而表现出假凝状。

同时，假凝现象还与水泥中含有较多的碱类有关。碱类碳酸盐能与水泥中的 Ca（OH）$_3$ 反应，沉淀出 $CaCO_3$，这种具有促凝剂性能的碳酸盐的生成，能使水泥很快凝结。

拌合料发生的瞬凝主要是因熟料中 C_3A 含量过多，水泥中未加石膏或所掺石膏中 SO_3 过低而引起。另外，熟料过烧使 C_3A 矿物大量结晶析出，易于水化，熟料中碱含量过高，熟料生烧或游离氧化钙含量过多等原因，均会形成瞬凝。

防治水泥发生异常凝结可通过改变熟料组成、磨细、配合比例调整、拌合方式等方法来预防。

（3）水泥掺料

目前，混凝土拌合时大都掺加一定的掺合材料，不仅可以改善混凝土的某些性能，而且降低了工程费用。当所掺料的品质或用量不当时，则容易出现异常凝结现象。如掺量过高，可能引起缓凝，某些掺料也会引起速凝。某工地因掺和料中含有还原钢渣成分，形成大量速凝性矿物氟铝酸钙，导致泵送混凝土突然爆管，影响工程的正常进行。

（4）温度

夏天施工应避开炎热时间，但特殊情况下必须在炎热气候施工时，混凝土会提前凝结，当温度从 15℃上升到 30℃以上时，初凝时间会加快一倍。

（5）混凝土拌合

当拌合水中含有如油类、酸、糖，或者成品养护覆盖物含有这几类物质时，也会产生异常凝结的情况。为此，施工拌合用水规范规定，应使用可饮用水或经化验合格用水。

某糖厂预制了一些混凝土构件，7d 仍未硬化，其原因经查，因养护覆盖用旧麻袋为装糖用袋，浇水使袋中糖分随水掺入构件中而使混凝土构件迟迟不凝结。糖在混凝土中为什么会促使缓凝呢？这是由于糖能吸附在水泥颗粒表面上，形成同种电荷的静水膜，使水泥颗粒相互排斥分散，不致相互聚合成较大的粒子而起到缓凝作用。

56. 混凝土密实度对耐久性有哪些影响？

混凝土的耐久性是指组成混凝土的材料在长期的自然环境中较少腐蚀，可安全使用。对结构耐久性的探索，多年来一些建筑研究部门采用许多手段和科学方法深入研究，结合工程实践积累了较丰富的经验。一般认为，在自然环境下结构的破坏首先是从表面开始逐步向深度发展的，说明混凝土结构体表面的密实程度对其耐久性的影响是直接的。

由于混凝土是一种松散、多孔的易渗透材料，它的特性在很大程度上与结构体孔体积密实性的渗透相关。结构的表面受混凝土的保护而起作用，自然环境对混凝土结构体的物理化学侵蚀是从表面开始的。因此，结构表面施工质量的优劣将影响整个结构件的耐久性。一些工程施工和投用后，处在不同环境的混凝土表面，浇筑不密实容易受有害气体和液体的侵蚀渗透，这是影响耐久性的主要原因之一。下面结合工程实际对影响耐久性的原因加以分析探讨。

1. 水工混凝土原材料选用

材料选用：水泥：42.5 级普通硅酸盐水泥；砂：采用中砂，含杂质 < 2%；石子二级配，5 ~ 20mm，40%；20 ~ 40mm，60%，含泥量 < 1%；外加剂采用加气和减水剂复合使用，掺量随气温变化调整，含量 4% ~ 5.5%；水灰比：0.5；砂率：38% ~ 42%；坍落度 20 ~ 30mm。实际水泥每 m^3 用量在 320 ~ 350kg 之间。用上述配合比在克拉玛依石化厂工业循环水和污水工程建设中的用量达 1 万 m^3，其实际极限抗压强度 > C40，抗渗等级 P > 12 级，抗冻等级 > 250 次循环不损坏。

试验项目选择：不同用途的混凝土试验方法均按试验规程内容进行；试件制作按水工抗渗试块进行，即一组 6 块；在无标准养护条件时采用同条件养护。抗冻混凝土经若干次冻融后，以其重量损失之比得出结果；而抗渗则在一定时间内以水压不渗漏为原则，其渗透深度将试件从中劈开直观其深度；表面碳化深度按标准做快速碳化及模拟试验；冻融试验采用“慢冻法”或“快冻法”。

2. 混凝土的一般特性

实践表明，水灰比的增大使密实度大大降低而增加了空隙率和渗透性。适量增加引气剂，可减少混凝土的吸水率和渗透深度。碳化则随渗透性的增大而不断加深，一般表面渗透会影响碳化速度。一些工程的渗透原因是：水灰比增加后，表面吸水率和渗透也增大，使抗渗能力下降幅度更大，掺入引气剂可明显提高抗冻胀能力。这是由于引气剂形成大量封闭的气泡，降低了表面的渗透而减少了进水通道。

影响混凝土耐久性的因素很多，但最直接、最关键的仍是自身的密实度。表面的碳化是因 CO_2 气体长期作用，同其中的 $Ca(OH)_2$ 反应的结果；钢筋锈蚀是因保护层碳化钢筋表面纯化膜破坏逐渐形成；结构自身腐蚀是环境中有害气体长期浸入造成，在北方季节性冻融破坏是由于渗入内部的水在低温下冻结循环而引起。建筑体表面长期处在环境中，不密实而容易使各种气体、液体和可溶性有害物质浸入，这是影响耐久性的主要原因。

3. 工程应用分析

组成混凝土的原材料基本性能是耐久的，但因设计、施工采用配合比及浇筑、养护方法欠妥，有时会在短时间内出现质量问题，尤其在干湿交替频繁和环境恶劣条件下更易损坏。在克拉玛依油田盐渍土含量较高，大量的混凝土电杆下部、地坪、混凝土框架、建筑物墙体下部，损坏都是从表面开始逐渐加大加深的。许多室外混凝土地面施工未按抗冻混凝土进行，其冻胀造成开裂、掉皮，露出骨料较快破坏。

除自然因素外，所选用的原材料质量不稳定，含有可溶性物质，施工过程各工序环节控制不严，早期保护及养护差，失水早，表面压抹不到位、不密实等，也会使面层渗透性加大，留下质量隐患。

如 1984 年施工的某循环水塔底框架梁端接头处，采用二次浇灌，因量小未按上述配合比进行，经一个冬季的冻融后，8 根梁端二次补灌的混凝土，冻胀酥松深度 30 ~ 50mm，主筋外露，而梁则完好无损，因为预制时采用防冻混凝土。这一简单例子表明：由于采用配合比、浇筑和养护不同、同样设计但质量控制不同时，同一构件的损坏程度也不相同，特别是水工混凝土结构表面密实程度的影响更是显著。

4. 提高密实性的改进方法

混凝土的密实性除原材料即水泥、骨料、填充料及外加剂的质量、用量、配合比例、用水量、浇筑方法、气温及结构类型需认真考虑外，还必须对表面的密实度引起重视并采用有效措施，因为破坏首先是从表面开始的。

对采用粗细骨料的品质、抗冻渗颗粒、含有害杂质对耐久性有较大影响；限制用水量、减小灰水比，对结构抗渗性有很大的提高；适宜的和易性为振捣密实提供条件；掺入引气和减水剂能减少用水量并改善毛孔内部结构；施工过程中，必须按工艺操作条件严格施工；结构表面必须采取同抹地面的方法，分三次抹压收光；消除面层的浮水，不允许撒干水泥，而待终凝前抹压紧密，降低透水性；施工后对成品及时养护，提高保水性，避免早期脱水等措施。有效减少表面渗透性的措施应是密闭外露表面，采取浸渍和涂刷，如用沥青及其他涂料涂覆表面，使浸蚀气体、液体不能接触等。

5. 应重视的问题

混凝土的空隙多不密实，尤其是表面因受砸碰、工业有害气体和可溶性物质的浸入的多少而决定碳化的速度和深度，保护层损坏后钢筋直接受到腐蚀；同时，北方地区的冻融破坏也是影响耐久性的一个主要原因。干燥环境下结构耐久性较潮湿及水中容易控制，所以，环境和恶劣气候均对耐久性危害极大。

在盐渍土地区，地表以上建筑外部受环境不断影响，损坏都是从结构的外表面开始，逐渐开始剥落、风化、露筋，导致深度破坏。

57. 钢筋混凝土水池裂缝的主要原因是什么?

现代社会经济的发展对石化产品的需求量在不断增加，要求石油产品质量更加精细，随之而来的是炼化污水的处理和排放，环保部门对此作出了严格的检验标准。目前石油化工厂的污水处理池，基本上采用的是钢筋混凝土结构。大中型石化厂的污水处理池，采用边长 > 100m、圆形池壁直径 > 60m 的已屡见不鲜，为使水质排放达到合格标准，发挥着较好的作用。

然而，由于钢筋混凝土污水池多建在地面或半地下，池壁顶部受环境温度的影响较大，在施工中和使用后往往出现裂缝，不仅有损外观，而且破坏整体刚度，引起内部钢筋锈蚀，影响耐久性。这种以温差应力形成的裂缝形式，多从池顶开始逐渐向下延伸，严重者缝从池内壁贯穿至池外壁。克拉玛依石化厂第一污水调节池就是这种隔 4 ~ 5m 距离一条竖向裂缝，缝宽 > 0.2mm 时即出现渗漏。严重者将影响正常生产，一般渗漏只有待停产检修时再处理，有时修补达不到预期效果。为有效解决和预防这种裂缝的影响，笔者根据对几十个大中型钢筋混凝土污水池的施工及对裂缝的防治，浅要分析如下：

1. 池壁竖向裂缝的一般原因

池壁裂缝的原因是多方面的，一般有温差裂缝、收缩裂缝、沉降裂缝、干缩和冻胀裂缝等。现对低温环境下主要因温差原因造成的裂缝进行浅析。

（1）水池构造

大型钢筋混凝土水池的底部同池壁交接处有放大脚的加固，结成一体。施工缝也按规范要求留置在池壁 > 200mm 以上的高度处，这部分因保温和工艺所需会埋入土中，因多数污水池的外填土高，占池壁高度的 1/3 ~ 2/3，其余池壁则露在自然环境中。排入池中的污水温度经管线输送变化幅度较小，很少受四季变化和气候的影响，池内壁处于较稳定的温度中。而池外则受环境影响变化较大，池壁板同底板结构整体性好，不会产生任何方向的变化，而池外顶部无防护段，直接受气温影响，上下结构体温差相对较大，存在着结构体同使用环境的不同。

（2）季节性温差引起的温度应力

季节性温差引起的应力大小与池壁的约束状况有关。如池子较小，周围不受任何约束，温差不会使池壁竖向开裂，也不会形成应力，这种温差应力实质是“胀缩应力”，其最大胀缩应力近似计算公式为：

$$\sigma_{\max} = E\alpha TH_{t}$$

式中 E——混凝土弹性模量；

α——混凝土的温度线膨胀系数；

T——季节温差；

H_t——应力松弛系数，混凝土的徐变特性会引起温度应力的松弛。

由于季节性环境温差较大，按公式计算出的胀缩应力也大，池壁开裂基本接近这种情况，所以池壁长度 > 30m 时设后浇带，只要间距超过要求，池壁仍会开裂，这种情况设计时考虑较少，实际存在开裂、渗漏现象较多。

从池壁本身看，侧向刚度不够，池壁过长或内侧无隔墙分隔，外侧在温差应力下出现开裂，随使用时间延长或底部微量下沉，裂缝不断开展延深。从该厂对几个水池外部管线挖开检修情况即可证实这一分析。外壁竖向裂缝从几十厘米至几米间距一条竖向裂缝，多数缝从顶至底，裂缝特点是外宽内窄，因外部温差应力大所致。

对于敞口大型水池裂缝的机理从另一方面分析，因池口顶部无加固措施，刚度欠妥，容易变形，如果在敞口处加一道加强圈，在一般情况下会减缓开裂。

（3）伸缩缝设置

《混凝土结构设计规范》（GB 50010）和给排水工程结构规范

中有关对混凝土水池的构造要求：沿池壁每隔 20m 设一道伸缩缝以解决应力裂缝。对于池壁竖向较高刚度偏小，沿高度水平方向温度不同，上下部位支承方式不同的结构，设置伸缩缝不一定能彻底消除裂缝。规范是一个总的指导，我国地域大情况不同，应因地制宜按地区特点设置。以该厂的大型污水池为例，虽然设伸缩缝但仍然有裂缝出现，因这种变形同壁板的侧向刚度和壁横向长度比、连接方式有关。对这一构造问题，只需增加池壁上口的侧向刚度，如在外侧加设一道与上口水平方向一致的加强圈或加设平台，给敞口一个较强的约束，减少变形量。

2. 预防池壁的竖向裂缝对策

（1）设计上采用预应力措施

如采用圆形池时，在外壁设上、中、下三道预应力箍，在施工方法和经济上是可行的；对预制矩形水池，也可采用预应力约束上口；无论是圆形或矩形池，当直径或边长 > 25m 以上时，必须加设水平加强圈，最好按水平卧梁考虑，水平钢筋设 $4\phi18\sim20$ 钢筋。

（2）设置后浇带

这种特殊构造缝能较好地消除混凝土在硬化时因各种不利因素引起的开裂，因水池多系防水混凝土，对原材料均应按防水混凝土的标准配制，以确保防水性能。

对后浇缝的施工，待池壁施工后 6 周沉降趋于稳定再行浇筑；缝口留置槎应以企口型较好，并埋设止水带；必须注意的是：因留置槎口时间较长，清理必须彻底；工程量太小，在配置、拌合、运送及灌捣时质量会不稳定，对后浇带的施工必须特别重视。

（3）选择合适的浇筑温度

从施工方面，控制的方法在于选择合适的浇筑温度和混凝土表面温差，防止表面急剧冷却：冬期施工采取保温、缓拆模、加热养护、脱模，加强覆盖回土；另外，从控制混凝土入模温度、改进工艺、改善混凝土性能等方面减小应力。

(4) 池外壁用土回填

不同环境温度直接接触，强度也会在后期提高；但填土土质不应带有腐蚀性质的；否则，对外壁涂刷防腐层予以保护；填土厚度在寒冷地区以保证池壁不受冻胀为宜，既保温又防止变化中气温的影响。实践表明，这样处理效果较好。

(5) 设计小型污水池

如污水处理量小、工艺条件允许时，可设计直径或边长 < 20m 的水池，这样可不设后浇带，较好地预防开裂，上敞口也减少加强圈的材料，施工方便，质量易得到保证。

综上浅析，钢筋混凝土污水处理停放池通常的平面尺寸都会超过结构应设置伸缩缝的最大限度，按规范必须设置多道伸缩缝。从已投产多年的污水工程中观察到，即使按规定设置了伸缩缝或沉降缝，施工极认真负责，投用后不久也会发现裂缝现象。为保证结构的正常使用和耐久性，采取设置后浇带、加强圈或敞口加强边、预应力构造、埋入土中等措施来减少开裂，在已应用的大型水池中效果明显；同时，施工时在施工缝处埋设止水带、混凝土中掺入微膨胀剂，使在硬化时体积微胀，以阻止后浇带或洞口处产生渗漏，预防裂缝的产生。

58. 处理混凝土路面质量有哪些技术措施?

在建设规模日趋扩大的今天，道路建设也在加快。随着水泥混凝土路面施工所用原材料品质的提高和工艺的不断改进，路面一般可达到强度高、抗冻性好、使用寿命长和养护维修少的效果。机场、公路、城市道路、地坪及高速公路，均采用水泥混凝土为主要结构形式。加快车速对平整度的要求更高，同时为防止板块开裂的不利因素存在，按照不同水泥品种掺入适量外加剂来加以克服。下面浅谈一下在水泥应用中的一些改进技术措施：

1. 选用合理工艺保证平整度

按照水泥混凝土路面验收规范的有关要求，对道路场地平整度施工选择有效工艺必须达到质量标准。目前，混凝土路面修筑有以下几种施工方法可采用：①简易机具摊铺振实和人工抹平；②常用机械摊铺整平配套施工；③滑模式摊铺机；④轨道式摊铺机；⑤上振下碾施工等五种，其常用机械配套施工工艺是今后水泥混凝土专业施工的有效方法。在工厂中小型地坪施工多采用简易机具人工配合施工，也是非专业性施工所适合的。

常用机具道路配套施工其工艺方法是：

（1）支模：模板质量是确保路面成型达到平整的第一道工序，在模板安设前后都应使用经纬仪和水准仪检查其纵向顺直、宽度、横坡、垂直度、纵缝的设计标高。一般在模板上 4 ~ 6m 距离长点上拉线，拉线点用小钉控制中心和标高，板顶与线留空隙 > 5mm 用以调整。模板下部用较长钢筋控制下边线位置，板两侧用斜支撑控制上口边线，确保横板在进料、振动和砸击时能保持不超标准。

（2）摊铺：路面或地坪的初期平整度与摊铺时的均匀关系很大，如摊铺中厚度掌握不匀或拌合料运输后产生分层离析等弊端，将产生不均匀下沉、收缩，影响表面平整度。为确保能达到理想摊铺效果，用人工操作已无法满足平整要求，改人工摊铺为机械摊铺，可提高工效和质量，据介绍，由温州工程机械厂研制的小型布料机适用性较好。

（3）振实：水泥混凝土路面密实成型一般采用插入式振动棒，配以平板振动器为主，用制作振动梁刮振至平。

当浇筑厚度 ≥ 200mm 时，宜先用 ϕ50 振动棒振实，再用平板振动器成型；当厚度 < 200mm 时，可直接用 1.5 ~ 2.2kW 平板振动器成型，在板边及接缝处，振实由人工配合完成。

振动刮平可采用刚度较大的槽钢振动梁来振平，有机械设备时可采取真空脱水工艺复振提浆机械抹面，进一步获得快硬、早强、防裂，增强耐磨、抗冻和耐久的有效工艺。最后确定路面抗滑和平顺的关键工序是饰纹，方法常采用拉毛拉槽、压槽和刻槽法工艺饰纹，掌握时间，按路面等级和场地使用标准进行。

2. 施工中路面容易出现的问题

以前施工多采取单块支模施工，目前逐渐改进为成条连续浇筑，对提高表面平整度、加快进度有一定作用，但存在的问题是成条连片浇筑后，由于分块切缝不及时，使板块容易出现不规则断裂；为防止断裂，通常采取预埋板条起预切缝处理。这个方法对控制板面裂缝有一定效果，但在提取板条或校直平直操作中，容易使板边角受暗伤，日后有振动即掉边角。现浇的路面和场地板块隔离缝处掉边角经实地检查达45%以上，情况比较严重，一方面是施工处理不当，但最主要的原因还是由于水泥在凝结过程中出现的收缩所致。要彻底解决板块掉边角，除加强施工管理外，关键是应采取技术措施，使混凝土在凝化过程中不出现体积收缩，在成条连片浇筑时，不预埋板条和切缝。

例如，在临近冬期时浇筑的一车队地坪，经过一个冬季使用，春节过后气温上升，即出现大面积酥松、掉皮，只得凿除松散层，在其上再覆盖一层混凝土。经分析，主要原因是表面积水冻融和水泥中含碱量增高出现的碱-集料反应造成的，在装置路面和地坪均不同程度发生，这种自身腐蚀现象已成为道路质量的通病。几种质量问题存在和在一些工程施工改进技术措施的处理结果可知，在水泥混凝土拌合中掺入少量膨胀剂，可解决路面在凝固过程中的少量收缩，并可解决矿渣水泥的不适用性。含碱量低掺入活性材料能使各项技术指标达到普通硅酸盐水泥拌制混凝土的水准，又可防治路面收缩和含碱量较高时出现的腐蚀问题。

3. 混凝土中掺膨胀剂的机理

混凝土中掺膨胀剂可为补偿成型后在强度未达到前的体积收缩，使膨胀的速度与收缩速度几乎一致，施工中选用平缓型膨胀剂，适于矿渣水泥的特性。

（1）膨胀剂的选用

膨胀剂一般选用不经熔烧的天然明矾石与天然石膏，按比例磨细径 80μm 方孔筛，筛余量 < 10.0%。明矾石膨胀剂是因明矾石的有效成分硫酸铝与水泥水化析出的氢氧化钙相结合生成钙矾石，体积增大约 2.4d 即产生膨胀效应，和天然石膏与水泥中铝酸三钙作用生成钙矾石。它的膨胀主要是硫酸离子起作用，膨胀指标是：膨胀剂中三氧化硫含量应达 26% ~ 28%；其天然明矾石中三氧化硫含量不少于 16%，石膏中不少于 48%，以此确定膨胀剂中明矾石与石膏掺量比例。由于膨胀剂与水泥在水化中生成一定量的钙矾石，使体积产生微膨胀，对混凝土中的毛细孔填充，减少开放性孔隙，增强了抗渗和抗冻性能。

国家建材中心测定了混凝土中不同膨胀剂掺量出现的体积膨胀，以及在硅酸盐水泥和矿渣水泥混凝土中抗冻性、耐磨性的综合对比后得出，对道路混凝土只能以收缩和自身强度作为限制条件，掺量 < 8% 为宜。

（2）膨胀剂中有害成分含量问题

一般认为硫化物和碱对混凝土有害，在水泥含量成分中有限量要求，水泥厂按国标 GB 175—1999 和 GB 1344—1999 的硅酸盐和矿渣水泥标准配料，只要达到标准，有害元素含量会在规定的范围内。

施工规范要求，道路混凝土中原材料三氧化硫（SO_3）含量 < 1%，按立方混凝土中砂石含量 1950kg 计，允许含硫量 < 19.5kg。根据测试，砂石中 SO_3 含量一般 < 3‰，实际 < 6kg。明矾石膨胀剂的技术标准规定，SO_3 在 26% ~ 28% 之间，每 m^3 混凝土用膨胀剂约 25kg，其掺入 SO_3 为 25 × 27%（中数）= 6.75kg，则砂石料及掺膨胀剂后 SO_3 含量为 12.75kg，是允许掺量的 50%，可以认为由于掺膨胀剂所增加的 SO_3 路面混凝土强度不存在问题，因掺膨胀剂出现的均匀膨胀与收缩率是在允许范围内的。

膨胀剂中明矾石与石膏的比例大约是7:3，石膏自身不含碱，以氧化钠（Na_2O）计，膨胀剂掺量为6%，以温州明矾石为例，其相当于在水泥中增加碱量<0.20%。由于水泥中含碱量较高（0.60%），将导致在混凝土中产生碱-集料反应。一般认为，水泥中碱含量在0.60%以下是安全的，膨胀剂中即占<0.20%显然是不容忽视的，但这是一个综合问题，尤其在矿渣水泥中掺膨胀剂必须慎重。

(3) 不同品种水泥掺膨胀剂的膨胀性能

水泥中掺入膨胀剂，其有效成分在水泥中生成钙矾石，这种反应程度并不是在所有水泥中相同。一般在混凝土拌合料中，凡有硫酸离子即可在混凝土中生成钙矾石膨胀，但水泥中还含有钾、钠等与钙性质大体相同的碱性物质，当钾钠含量较高时，会与硫离子干扰钙矾石生成。而水泥中钾、钠成分均来自水泥的熟料中，而以硅酸盐熟料为主的水泥是与明矾石膨胀剂不稳定的根本原因。硅酸盐水泥与明矾石膨胀剂共同使用时，须掺入一定数量的粉煤灰含活性的材料，这些活性材料可以吸收钾、钠碱性物质并生成凝胶体，使其不易在拌合中移动，减少干扰钙矾石生成的因素。为此，硅酸盐水泥中不宜直接掺明矾石膨胀剂外，可根据含活性材料的多少，与普通硅酸盐水泥配合使用，更适宜与含活性材料较多的粉煤灰水泥和矿渣水泥使用。

4. 水泥掺膨胀剂在混凝土中的效应

按照水泥混凝土路面施工验收规范的规定：公路、城市道路、地坪混凝土应采用硅酸盐水泥或普通水泥，强度不应低于32.5级；当条件受限制时，可采用矿渣水泥。但当前除要求确保混凝土的各项标准外，必须解决路面收缩和避免出现碱-集料反应的腐蚀，对道路用水泥应进行评估。

(1) 硅酸盐水泥的优劣

硅酸盐和普通硅酸盐水泥用料基本是熟料，具有早期强度增长快，和易性、抗冻性好的优点，一直被认为是道路混凝土的理想用料。规范也是如此规定，采用新标准生产水泥，熟料中含碱量有所增高，形成混凝土的碱-集料反应，增大了危险。对含碱量控制水泥标准中有指标，为防止道路用水泥的特殊需要，生产厂家应改变原材料的含碱量和工艺条件，在水泥中掺入适量活性材料，吸收水泥中的碱，生成无害的凝胶体。在当前施工条件下，在硅酸盐水泥中掺活性材料是可行的，这样可减少混凝土自身腐蚀，应以粉煤灰和矿渣水泥逐渐取代硅酸盐水泥，以解决浇筑后出现的体积收缩和开裂问题，硅酸盐水泥在道路工程中使用已不能满足新的需要，所以在应用中，采取一定技术措施适应道路面层的要求。

（2）矿渣水泥的优劣和应用

矿渣水泥的缺点是前期强度增长慢，和易性较差，容易泌水。以前由于施工条件限制，认为不适用于道路工程中，现阶段施工机械和工艺水平提高很多，振实工具改进很多，采用矿渣水泥时水灰比也可降低0.50以下，操作正常，不会出现泌水。许多道路工程使用矿渣水泥浇筑的混凝土，其强度和抗冻性与普通水泥混凝土基本相同，施工条件随着施工工艺水平的提高已得到解决。由于矿渣水泥对克服道路面层混凝土的断裂和腐蚀前景广阔，逐渐可代替硅酸盐水泥的条件。按规范要求，满足路面混凝土的各项指标，应满足操作方便，早期强度增长快，抗冻性、耐磨性好，浇筑后体积稳定耐腐蚀等方面需求。矿渣水泥在路面使用性能虽然和硅酸盐水泥基本一致，但早期强度和抗冻仍达不到硅酸盐水泥的指标，因硅酸盐水泥不掺膨胀剂浇筑后体积不稳定和易腐蚀，从使用要求看，对路面混凝土的要求是多方面的，单一性水泥无法达到各项指标同时满足，为此，掺入外加剂已成为达到各项指标的惟一技术措施。

（3）矿渣水泥掺膨胀剂问题

矿渣水泥中掺膨胀剂后，使混凝土在水化中微量膨胀补偿体积收缩，较好解决收缩断裂，使切缝工序有一定时间进行，减少掉边角通病并达到硅酸盐水泥混凝土的质量水平，掺膨胀剂后的性能明显改善。①改善和易性克服泌水现象，因明矾石粉有一定塑性，可降低水灰比 0.45 左右，在形成钙矾石时吸收一部分水转化为结晶水，能消除施工中容易出现的泌水。②可提高路面早期强度，由于膨胀剂掺入开始水化即可产生膨胀，使混凝土易致密，相应提高了早期强度，据资料介绍，比同期硅酸盐水泥混凝土高 15%以上。③耐磨性与普通水泥相同。④抗冻性有一定提高，当明矾石膨胀剂掺量在 8%时，其抗冻性超过硅酸盐水泥，以抗冻 50 次循环后强度损失百分率计算，掺 8%时为 6.9%，不掺时为 18.3%；抗渗性能也明显好转。

(4) 防止碱-集料反应问题

路面混凝土碱-集料反应（AAR），分碱-硅酸反应，碱-碳酸盐反应；碱-硅酸盐反应三类型。碱-硅酸反应（ASR）被认为是混凝土较常见的一种腐蚀现象，要防止出现 ASR 最好限制水泥中碱含量，水泥生产标准中要求碱含量 > 0.6%，但许多厂生产水泥均 < 0.6%，在 1%左右，普通硅酸盐水泥更高，因此，使用低碱水泥在北方更难办到。

目前，矿渣水泥加上膨胀剂中的碱已达到 1%以上，如何能有效地控制含碱量，一般采取真空吸水工艺，即将拌合料经过摊铺、振实、刮面等工序后，用真空吸水办法将多余游离水从 0.5 水灰比降至 0.44 左右，对吸出水分进行碱含量测试不足 0.2%；各种碱基本被活性材料所吸收，不易形成游离状，可防止 ASR 的生成，符合水工混凝土规范要求，碱含量 < 1%的规定是安全的。

5. 道路混凝土中掺入钢纤维提高质量的方法措施

钢纤维混凝土是在混凝土中掺入随机乱向分布的钢纤维，使混凝土的抗拉、抗弯、抗剪强度及延性、抗疲劳、抗冲击能力得到显著提高，已在建筑、公路、机场等工程中广泛应用。为适应建筑技术的发展，《纤维混凝土结构技术规程》（CECS38）已颁布实施，对材质要求、结构设计与配合比及浇筑有明确规定，尤其在规程中主要对公路路面和机场道面、公路和城市道路、工业建筑地坪的设计与施工要求作出详细规定。

道路用硅酸盐水泥拌制钢纤维混凝土时，可掺用混合料，水灰比宜选用0.45～0.50；对以耐久性为主要要求的钢纤维混凝土，水灰比必须<0.5；其坍落度值比相应普通混凝土要求值小2mm。

搅拌是保证钢纤维在混凝土中均匀分布的重要环节，必须采用机械搅拌。拌合时，防止纤维结团、弯曲或折断等情况；材料必须按重量计；几种投料方法是：钢纤维与干料拌匀再加水；先将其他料湿拌、在拌合中加入钢纤维；先投砂石料50%与钢纤维拌匀，再加其余骨料，和水一起拌匀。

所采用振捣机械和方法除应保证混凝土密实外，必须使纤维分布均匀。对公路、机场和城市道路施工时，应先用平板式振捣器振实，再用振动梁振平，然后用表面带凸棱的金属圆滚将竖起的钢纤维和位于表面的石子压下去，并将表面滚压平整，待表面无泌水时，用铁抹子拉平。经修整的表面不得裸露钢纤维，也不得有浮浆。再在初凝前用刷子和滚压做拉毛处理，注意不带出纤维，不使用木刮板、粗布路刷和竹扫帚，终凝后可进行正常养护，开放交通不宜过早。

在实践中，结合道路施工规范标准的实际应用，对矿渣水泥掺膨胀剂解决收缩裂缝较硅酸盐水泥优良，并采取真空吸水，将矿渣水泥中活性成分的钾和钠多数排除，使其达到低碱水泥，符合水工混凝土标准，通过上述技术措施防止ASR的生成；同时，参照钢纤维混凝土适用于路面工程的特点，使道路工程的技术应用水平达到新的标准。

59. 如何留置与处理混凝土施工缝？

现浇钢筋混凝土结构较大的构件，由于形式的多样性及受劳力、时间、设备和工种配合等因素的限制，连续一次整体浇灌往往有困难，给结构造成缝隙，使该处成为薄弱环节，在外力作用下，破坏常常在该处最先发生。因此，《混凝土结构工程施工质量验收规范》对于施工缝的留置及处理方法提出了明确的要求。现结合工程应用实际，谈几点意见。

1. 施工缝位置留置的原则

规范规定：有主次梁的楼板，宜顺着次梁方向浇灌，施工缝应留置在次梁跨度的中间1/3范围内。在这个范围内预留施工缝是不是可靠呢？有时由于停电、下雨或偶然因素，使施工缝不可能留在预先规定的地方，这时怎样确定施工缝预留的最佳位置呢？混凝土的抗拉强度比其抗压强度低得多，为1/19~1/18，而且抗剪取决于抗压强度。显然，施工缝留在结构受剪力较小部位最佳。规范要求，次梁施工缝设在跨中，是考虑到次梁在均布荷载作用下剪力较小，是合适的。同样，在均布荷载作用下的简支梁、连续梁、板、楼梯结构，当沿着与梁板平行方向浇筑混凝土时，应在跨中留置施工缝。习惯将施工缝留置在跨中1/3范围内，但应考虑留在跨中更合适。

2. 预留施工缝应考虑施工顺序

规范对柱的施工缝留置位置规定：柱子施工缝应留置在基础的顶面、梁或吊车梁牛腿的下面。一些柱子由于埋深较大，留在柱子顶面会影响柱基的回填；柱子钢筋要求伸入基础内锚固，如果预留钢筋过长，容易错位，施工不便。把施工缝移至地面以上，可以使刚性地面的混凝土对柱子起一定嵌固作用，加厚柱断面周围地面，在受力、施工上都较为有利，也满足了受剪较小的要求。虽然与规范要求的预留位置不完全相符，但技术上是允许的。

3. 施工缝处可以继续浇筑混凝土的规定

对新浇筑的混凝土进行振捣，将影响原有混凝土强度的增长，新旧楂结合不好，因此，要求施工缝附近已浇筑的混凝土抗压强度不应小于1.2MPa，才可以继续浇筑混凝土。事实上不少工程施工现场缺少检测手段，难以满足这一条件。一些工程施工缝处实际强度未达到1.2MPa，也安排继续施工。对这一问题，施工中普遍重视不够，应该引起注意。

4. 施工缝处理的技术要求

施工缝的处理关系重大，必须认真采取措施达到质量标准。对于水平缝，通常做法是：将表面凿毛，清除浮渣后铺一层高强水泥砂浆，然后再浇筑混凝土，主要靠接触面粗糙和在重力作用下产生的摩擦力，提高水平施工缝处混凝土的抗剪能力。而对于垂直施工缝，依靠较好的粘结及凸凹不平的表面产生的咬合力来提高混凝土的抗剪能力。

施工缝受多种因素的影响，其主要影响因素是：

（1）时间与温度因素：混凝土的硬化与气温关系较大，一般混凝土初凝按2h考虑，是指气温在20℃的条件下，随季节的不同差异较大。混凝土线膨胀系数在（0.01～0.014）$\times 10^{-3}$之间，表面温差的开裂一般集中在结构薄弱处，施工缝是首要位置。日夜温差较大时，也应考虑采取防裂措施。

（2）收缩对施工缝影响：混凝土收缩应变是（0.2～0.4）$\times 10^{-3}$，此值超过它的抗拉极限应变（0.1～0.15）$\times 10^{-3}$，出现收缩裂缝是很容易的。收缩应变量在60d内，可达总量的70%以上。施工缝处新、旧混凝土收缩量不同，加上接缝处水泥用量大，开裂较多，所以应加强养护。

（3）结合层对施工缝影响：接槎处结合方法极为重要，施工前往往忽略了旧槎表面的湿润程度，只简单洒些水的做法是不可取的。必须保证旧混凝土不吸收新浇筑混凝土的水分，以利于水泥水化。因此，对旧槎必须提前1d浇水，使其含水率达到饱和状态，外模也同样浇湿。

（4）混凝土振捣：混凝土在振捣过程中骨料下沉，水泥浆上浮，形成上下强度不同的情况，尤其是水灰比过大时，对施工缝更不利。在操作时，对骨料和用水量要认真掌握，振捣时间不宜过长，以解决泛浆问题。

(5) 施工缝留置形状：规范要求，柱和梁的施工缝表面应垂直于构件的轴线；板和墙的施工缝则应与其表面垂直，对传递压力有利，不宜自然塌落，形成斜坡形。

为保证留槎处断面的垂直，应设置一隔板，在板上预留出钢筋位置缺口，将板插至底部。也可在垂直施工缝处插入一些短筋，控制混凝土收缩和增强混凝土表面粘结性能。

5. 预留施工缝位置应经设计认可

规范要求，留置施工缝位置也只是明确一个范围，因为留置位置的准确合理性，受荷载、结构形式、受力特点、施工方法等因素的影响而有所不同。例如简支梁的施工缝，规范要求应当在跨中 1/3 范围内，如设计跨中有集中荷载，1/3 范围内就成为剪力较大区，留置施工缝显然是不合适的。施工规范也要求某些结构的施工缝应由设计单位确定。这是一种对规范不能反映其合理性时的补充措施，对正确执行规范标准、合理留置施工缝位置和保证结构安全是有益和正确的。

60. 如何确保混凝土保护层厚度的准确?

为保证建筑工程水平的不断提升，建筑工程质量的验收有了更进一步的要求。现行的《混凝土结构工程施工质量验收规范》(GB 50204—2002) 结构实体钢筋保护层厚度检验中，对钢筋保护层厚度的检验作了明确规定，并要求提交混凝土结构实体检验记录。在近年来对许多建筑工程混凝土保护层检验中发现，很多施工现场管理人员（技术人员）对控制钢筋混凝土保护层的目的及钢筋保护层的作用不是很清楚，在施工中对保护层厚度的控制不重视，造成在工程现场检测时，能达到规范要求合格点率的部位不是很多，许多工程及部位的混凝土保护层检测合格点率达不到规范要求 90%的标准，而规范要求的检测误差不应大于 1mm。

1. 要求保护层厚度的作用

保护层厚度最直接的作用是保护钢筋不被损坏，与混凝土共同承受建筑物的承载能力，而检测钢筋保护层的目的，是为了查明钢筋混凝土结构构件的实际厚度是否符合设计施工图和施工规范的要求。控制钢筋保护层厚度的作用是：满足结构承载力要求，如受弯构件受拉主筋保护层过厚，将使构件横截面的内力臂减小，从而使截面的抗弯承载力降低；满足结构件耐久性的要求，如混凝土构件的保护层过薄，则混凝土碳化深度易到达钢筋部位，钢筋的抗锈蚀能力降低，构件的耐久性能也相应降低；满足防火的要求，混凝土将钢筋包裹在内，就不会因火灾而使钢筋很快达到软化的危险，从而导致结构的破坏。

只有掌握理解钢筋保护层厚度的作用，才能认识到它的重要性，并在施工过程中加以认真控制。

2. 钢筋保护层厚度的影响因素

（1）现浇板底部钢筋保护层厚度的影响因素，主要还是人员、机械、环境、材料、工艺、测量等方面，见因果分析图（图60-1）。

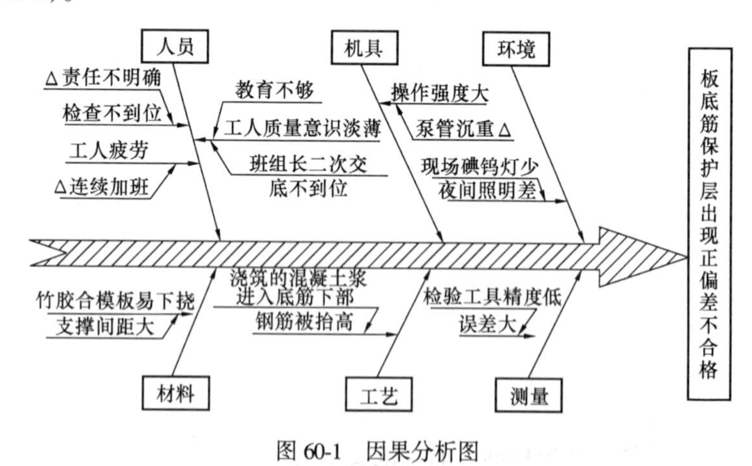

图 60-1　因果分析图

目前现浇板的受力筋多数选用直径 8 ~ 10mm 的。由于钢筋直径较小，其骨架绑成后刚度很低，很容易产生变形移位，使钢筋保护层厚度很小。

(2) 悬挑板负筋保护层厚度的影响因素

现在一些工程的设计，阳台的标高比室内地面低，但在施工中由于顶板和阳台钢筋同时绑扎，混凝土也同时浇筑，很容易因控制不当使阳台标高和室内地面标高浇成相同，造成阳台钢筋负弯矩筋保护层过厚，使该构件所有检测点保护层厚度不合格，造成总评的板类构件难达到 90% 的要求，这是需要加以严格控制的质量问题。

(3) 梁构件纵向受力筋保护层厚度的影响

梁类结构件纵向受力筋保护层厚度的影响因素，除了上述 4M1E 因素外，所不同之处是在于梁类构件截面相对较窄，最下层受力筋配置较多时，容易造成钢筋间距过小，不符合规范和设计文件要求，使实测时钢筋探测仪误将两根钢筋探测为一根，造成保护层检测点两点变为一点，而另一点判为不合格。因为梁类结构件的检测点总数较少，如出现这种情况就容易造成误测，使检测点的合格率达不到合格要求。

3. 施工过程中的质量控制问题

为了防止露筋，将钢筋垫得过高，超过了允许偏差；对垫块的质量必须引起重视，但实际上一些施工现场，开工后不预制钢筋垫块，随意用石块作代替用，有的垫块强度低，受挤压容易碎；垫块数量不够，造成一些部位达不到需要；梁、柱构件的垫块绑扎不牢或在支模时移位，失去应有的作用；由于计算和制作偏差，加工的箍筋尺寸不标准，导致梁、柱钢筋骨架尺寸也不符合要求；在浇筑混凝土时，操作人员不注意对钢筋位置的保护，随意在上部踩踏，使钢筋骨架变形；在振捣混凝土时，振动棒振动钢筋，使受力钢筋在振动中产生位移，偏离正确位置。

4. 钢筋保护层的材料

现浇板底部筋的保护层厚度控制，可以用常规的砂浆垫块、塑料成品钢筋保护层垫块等。但在许多工程实际检测中发现，采用塑料成品垫块保护层的垫块，检测的准确度较高。如厚度采用砂浆垫块，在施工前按要求的厚度以混凝土同配合比的砂浆制作垫块，垫块中埋置22号镀锌钢丝，尺寸以50mm见方为宜。对悬挑现浇板的负弯矩筋，保护层厚度控制可采用钢筋马蹬，多数用10mm热轧钢筋。对梁、板类构件的纵向受力筋，保护层厚度控制可采用砂浆垫块。钢筋保护层厚度控制工作需要切实引起重视，认真控制，这是一项看似简单但确实重要的工作，要细致、耐心，有责任心，只有加强现场控制、提高操作人员素质，才能使钢筋保护层厚度的合格率达到规范要求的合格水平。

61. 大体积混凝土裂缝的原因有哪些？如何预防？

建筑业的快速发展使多高层建筑日益增加，这类建筑的基础底板的厚度、混凝土的强度等级及混凝土水泥单方用量也随之增大及提高，这对大体积混凝土的裂缝控制提出了更大的挑战。现就大体积混凝土的裂缝产生原因分析探讨的同时，结合多年工程实践，提出了大体积混凝土的应用中控制裂缝产生的有效措施。

1. 大体积混凝土裂缝产生的一般原因

（1）水泥水化热高

水泥水化都会产生热量，一般情况在水泥水化开始后的若干小时，就会形成一个放热高峰，使水泥水化热量释放加快，表现为混凝土最高温度的峰值，混凝土内部就会形成较大的温差梯度（或温差）由下式表示：

$$\varepsilon_{\Delta T} = \alpha \Delta T$$

式中　$\varepsilon_{\Delta T}$——混凝土的温度应变；

α——混凝土的线膨胀系数；

ΔT——混凝土的温差。

由上式可知，温差将会引起混凝土产生应力变化。混凝土应力变化将受到外部各种力的约束，又受到内部各部位不同变形的约束，当混凝土的应变受到内外约束产生的较大拉应力，大于混凝土当时的抗拉强度时，混凝土则产生裂缝。

(2) 环境温度

外部环境温度由下式表示：

$$\Delta T_{内外} = T_{max} - T_{表面}$$

式中 $\Delta T_{内外}$——混凝土的内部和外部温差；

T_{max}——混凝土的最高温度；

$T_{表面}$——混凝土的最低温度。

由上式可知，如果要减小混凝土的内外温差，除要减小由水泥水化热而导致的混凝土最高温度外，并要提高受外界气温影响的表面温度。为此，大体积混凝土浇筑后对结构的外部保温工作必须加强。

(3) 内外约束条件

混凝土的内部由于水泥水化热形成中部温度最高，热不易散发出去，热膨胀量也大，因而在中心产生较强压应力，在表面产生拉应力。当拉应力超过混凝土的抗拉强度值和钢筋约束作用时，即产生开裂。

(4) 混凝土的收缩

1) 混凝土塑性收缩，指混凝土在硬化前的塑性阶段时所产生的沉降收缩。一是当混凝土的均匀沉降受到钢筋等的限制时，就会造成不规则的裂缝；二是混凝土在组合拌后状态下，混合料中颗粒间充满着水，当蒸发过快，水分得不到及时补充，失水率超过内部水向外迁析的速率时，形成毛细管中的负压，使混凝土在塑性时出现收缩开裂。

2) 干燥收缩开裂，指混凝土表面缺少水分干燥，在湿度很小的空气中失去内部毛细孔和凝胶孔的吸附水而发生的不可逆收缩。混凝土表面收缩快、中心收缩很慢；由于表面干燥收缩受到结构中心部位混凝土较强的约束，不可避免地在表面产生拉应力而出现开裂。

3）自身收缩，混凝土浇筑以后其内部的水分即使不向外部蒸发，也会因水化的消耗而有所减少，造成毛细孔中的水分不饱和而形成负压，引起混凝土的自身体积收缩而开裂；同时，由于某些部位比较复杂，结构上部留有预留洞的混凝土结构，也会因为应力集中而开裂。

2. 控制大体积混凝土裂缝的措施

通过工程实践，对大体积混凝土裂缝产生的原因分析及裂缝产生规律的探索，逐步掌握了较切合实际、可行的控制大体积混凝土裂缝发生的综合处理措施。

（1）掺入粉煤灰

经验证明，掺入外掺合料粉煤灰不仅能改善混凝土的可工作性，而掺量偏大时能显著降低大体积混凝土的绝对升温。粉煤灰掺量最多可达水泥用量的40%。由于粉煤灰掺量的增大和相应水泥用量的减少，对混凝土早期的强度发展不利。因此，大体积混凝土掺量粉煤灰较多时，通过设计允许，可采用60d或90d的强度作为混凝土结构的验收评定强度。

（2）掺缓凝剂减缓升温时间

外掺缓凝剂减缓升温过快，控制水化速度。这样，不仅可以降低水泥水化升温时间集中，防止温差过高，应力产生裂缝，因而可延缓凝结，消除施工冷缝。大体积混凝土的凝结时间依据工程需要进行调整，初凝时间一般在12h左右，如隔夜时间需要更长，可调至所需时间。

（3）改变浇筑形式

结构底板厚度 <2.8m 时，一般施工方法是先浇筑低处和厚的部分，再浇薄的部分，浇筑过程多数采用分层分台赶浆一次到顶的方法。从端点开始用后退方式，在每层均由混凝土振捣形成

斜坡层，然后沿长方向按层向前推进，直浇至终端。在浇筑方向呈“之”字形后退施工。在浇筑过程中，注意斜面上下覆盖不要超过终凝时间，防止形成冷缝。当底板混凝土厚度超过 3m 时，常采用“夹芯法”浇筑。“夹芯”即上下两层的入模温度相同，中间层入模温度低于上下两层的入模浇筑方法。

(4) 采用补偿混凝土

在混凝土中掺入膨胀剂可以起到补偿作用。由于大体积混凝土的体积大、厚，收缩应力包也大，混凝土水化热造成的温差冷缩也较大，因此，采用膨胀剂来补偿收缩极为重要。

(5) 重视夏冬季的保湿保温养护

加强混凝土的养护，尤其是掺入掺合料和外加剂时，对大体积混凝土的保湿保温是减少裂缝的重要措施，最有效的方法是：夏季采用蓄水养护，冬季采取保温养护。蓄水养护是底板混凝土在浇筑抹灰时，按施工顺序分块进行，抹平后及时用塑料薄膜覆盖，并在块的四周用砖或方木筑坝，待混凝土达到一定强度后即在塑料薄膜上蓄水养护，水深以测温和计算为准，控制内外温差 $<20℃$；连续养护 5d 的蓄水养护，达到预定强度后再洒水养护。保温养护即采用塑料薄膜与岩棉或草帘覆盖养护。首先，按混凝土的浇筑顺序，在混凝土表面收压后，及时覆盖塑料薄膜为密封层，塑料薄膜边的搭接 $>100mm$；然后，在混凝土初凝时间的 1/2 范围内掀起塑料薄膜，对产生的裂缝予以抹平，并闭合处理。抹平后及时覆盖塑料薄膜，并在塑料薄膜上覆盖岩棉或草帘保温，其厚度根据环境气温而定。在混凝土升温和早期降温过程中，应有控制地搞好保温。在混凝土降温中期，为加快降温速率，采取白天掀开保温层，晚间重新覆盖养护；在混凝土降温后期，采取逐步取掉保温层的方法。降温速率以每天 2～4℃为宜，不能过快。

需要注意的是：在采取养护措施时，要加强大体积混凝土四周及边角的保温措施，该边角处是整个大体积混凝土结构中温度梯度最大的部位，是温度控制的重点部位，也是容易出现裂缝的薄弱处。

（6）温度监控

在大体积混凝土中埋置电阻温度计，测试结构中心温度和表面温度，还要测环境温度。测温点布置均匀，根据结构体具有代表性，当厚度不大时，每处测温点分上、中、下三层布置；若平面尺寸较小且厚时，应三维对角线等距布置。测温一般在混凝土浇筑后 12h 后开始，升温阶段每 4h 测温一次，降温阶段每 8h 测温一次。内外温差小于 25℃后，可每天测温一次，最终测温至 14d 以上。

3. 混凝土温差的计算

一般情况下，大体积混凝土的内部温度在 2～3d 内达到最高峰，对混凝土内部最高温度的计算系数为临期 3d 的值，计算公式如下：

$$T_{max} = T_{入模} + T_h (1 - e^{-3m}) \cdot \xi$$

式中 T_{max}——混凝土内部的最高温度（℃）；

$T_{入模}$——混凝土的浇筑温度（℃）；

m——浇筑温度系数；

T_h——混凝土的最终绝热温升（包括配合比中各种矿物掺合料的作用）（℃）；

ξ——不同的浇筑厚度、不同龄期时的降温系数。

根据施工过程中的实测数值，m 值和浇筑 3d 时 ξ 值修正见表 61-1、表 61-2。

修正后的 m 值　表 61-1

浇筑温度（℃）	20	25	＞30
m（1/d）	0.396	0.415	0.426

修正后 3d 的 ξ 值 表 61-2

浇筑厚度（m）	1.0	1.25	1.50	＞2.0
ξ	0.75	0.81	0.93	0.99

在实际工作中，将计算参数和公式进行处理，进行温差最大计算，可提高控制效率。掺入粉煤灰和膨胀剂，合理浇筑和养护，加强温差控制，是避免大体积混凝土开裂的有效措施。

62. 混凝土结构用钢筋如何正确选择应用?

建筑工程用钢材占国产钢量的20%以上，混凝土结构工程主要仍是采用钢筋或钢丝，品种有热轧钢筋（带肋、光圆、余热处理)、预应力用钢丝、钢绞线和冷加工钢筋（冷拔钢丝、冷轧带肋钢筋、冷轧扭钢筋)。现在钢筋的抗拉强度在110~1860MPa之间，且性能及强度差异很大，直接影响到混凝土结构及构件的可靠性及耐久性，因此，对钢筋材料进行分析比较，经济合理地用于不同钢筋混凝土结构工程是十分必要的。

1. 钢筋混凝土结构设计规范对钢筋的要求

（1）现行规范对钢筋的要求

《混凝土结构设计规范》（GB 50010—2002）中规定钢筋尽量采用HRB400（即Ⅲ级）钢筋作为我国混凝土结构用的主要钢筋；用高强的预应力钢绞线、钢丝作为预应力混凝土结构的主要钢筋，以提高钢筋的整体强度等级，具体规定是：

1）普通钢筋宜采用HRB400级和HRB335级钢筋，也可采用HPB235级和RRB400级钢筋；

2）预应力钢筋宜采用预应力钢绞线、钢丝，也可以采用热处理钢筋。

（2）同原规范对比有较大的提高

1）表示方法有所改变，将过去按强度划分的Ⅰ、Ⅱ、Ⅲ级钢筋修改为HPB235、HRB335、HRB400和RRB400级钢筋。未列入热轧Ⅳ级钢筋，从而直接反映钢筋的加工状态、表面特征和强度标准值。另外，预应力钢筋的符号也增加了反映钢筋加工状态和表面特征的符号，如消除应力钢丝采用ϕ^{P}（光面和ϕ^{h}（螺旋肋）表示。

2）以屈服点为400MPa的HRB400钢筋替代屈服点为370MPa的热轧Ⅲ级钢筋；增加了用余热处理的RRB400级钢筋；而未列

入冷加工钢筋（即冷拔钢丝、冷轧扭钢筋、冷轧带肋钢筋），具体应用按相应的规范执行。

3）调整钢筋强度标准值。例如 HPB235 和 HRB400 级钢筋的设计值按原规范取用，而 HRB335 级钢筋的设计值修改为 300N/mm^2，使这 3 个级别钢筋的材料分项系数相统一。对预应力钢丝、钢绞线和热处理钢筋，条件是屈服点由 $0.8\sigma_b$ 调整为 $0.85\sigma_b$，材料分项系数取用 1.2。例如 $f_{ptk}=1470N/mm^2$ 的热处理钢筋，强度设计值 $f_{py}=0.85\times1470/1.2=1041N/mm^2$，取整为 1040N/mm^2。

4）调整了预应力混凝土用钢丝、钢绞线的品种和性能。例如增加了螺旋肋钢丝、直径 7mm 的刻痕钢丝等预应力新的钢材。钢绞线也由原 3 个直径（$d=9.0$、12.0 和 15.0mm）增加至 7 个。除了对强度调整外，刻痕钢丝和钢绞线的弹性模量由 $1.8\times105N/mm^2$ 分别调整为 $2.85\times105N/mm^2$ 和 $1.95\times105N/mm^2$；同时，还增加了直径为 6mm 的细钢筋。

5）对钢筋的疲劳验算作了修改或增加。对原有规范的钢筋疲劳强度设计值改为应力幅，并规定出考虑应力比的钢筋疲劳应力幅限值，增加了钢绞线的疲劳应力幅限值。

2. 混凝土结构对钢筋性能的需要

（1）结构对强度的要求

强度是钢筋的最基本性能，包括抗拉强度和屈服强度。其抗拉强度是安全储备性的，而屈服强度则是混凝土结构设计计算的主要依据。采用高强度等级钢筋可以减少钢筋用量，取得好的经济效益。但钢筋强度过高时，过高的应力会引起大的变形，从而影响结构的正常使用，如裂缝较宽、挠度过大等。要想提高钢筋强度，一方面改变钢材的化学成分（即加大碳和锰的含量，加入微合金元素铌、钒或钛），生产新的品种；另一种方法是采用热处理或对钢材进行冷加工。总之，为提高钢筋强度时，不能使钢筋的其他性能（塑性、可焊接性）受到一些影响。

(2) 结构对延性的要求

延性（即延伸）是反映钢筋的变形能力，要使混凝土结构件在将要破坏时能给人以预兆，要求钢筋在断裂前应有足够的变形能力，通长用伸长率及强屈比来表示。其延伸率越大越优异，但强度会有所降低。以前，以测量断口区域的伸长率采用多种方式表达（$f5$、$f10$、$f100$），而且难以真正反映出钢筋的延性，目前已采用与国际标准接轨的均匀伸长率 f_{gt}，即钢筋在最大拉力下的总伸长率。《钢筋混凝土用热轧带肋钢筋》（GB 1499—1998）规定 $\delta_{gt} \geqslant 2.5\%$。同时，延性对结构抵御地震作用是非常重要的，现行规范规定“按一、二级抗震等级设计时，钢筋的抗拉强度实测值与屈服强度实测值的比值不应小于 1.25”。而《高强混凝土结构技术规程》（CECS104：99）则要求，要保证高强混凝土受弯构件有一定的延性，宜限制梁的最大配筋率，取界限配筋率的 75%。

(3) 结构钢筋冷弯性能

冷弯性能是为了满足钢筋在制作加工时的要求。在实际工程中钢筋需要弯折各种形状，局部位置要反复弯折，应保证在弯折时避免裂缝或脆断。衡量冷弯性能的两个重要参数是弯心直径（即钢筋直径）D 和冷弯角度；弯心直径越小，冷弯角度则越大，钢筋的冷弯性能就越好，延性也越好。

(4) 钢筋的焊接性能

工程结构中钢筋的可焊接性是连接的主要形式。要求钢筋在施焊后不出现裂纹及过大的变形量，保证焊接后的接头处性能良好。由于钢筋焊接时产生的高温使焊口处软化，引起强度的降低，因此，冷拉钢筋应先施焊接头后再冷拉。影响钢筋焊接性能的主要因素是碳含量，当其超过 0.55%时就不能焊接。规范规定的 HRB335、HRB400、HRB500 级钢筋的最大碳量分别为 0.52%、0.54%和 0.55%，并给出了碳含量的计算公式。

(5) 钢筋与混凝土的粘结力和耐久性能

钢筋同混凝土的粘结强度是共同工作的基础，由摩擦力、机械咬合力和化学胶结力所组成粘结力。钢筋的表面形状对粘结力有很大的影响，光面钢筋主要依靠粘结力和摩擦力、搭接长度，粘结力较小；而钢筋表面形状不规则时则依靠机械咬合力，粘结强度高。影响变形钢筋外形的因素主要是横肋高度、肋面积比（横肋投影面积与表面积之比）和混凝土的密实咬合状态。

混凝土结构的耐久性与结构的安全、设计使用寿命密切相关。由于混凝土在空气中的碳化、碱-集料反应引起的胀裂等，会引起钢筋的锈蚀，从而减小钢筋的有效面积降低承载力。影响钢筋锈蚀的主要原因是外部环境，而混凝土保护层厚度和钢筋表面防护也有影响，细直径钢筋对腐蚀相对敏感。

（6）抗疲劳性能

对承载重量重复受力的结构，要特别重视钢筋的抗疲劳性能。钢筋表面凸凹变化大，容易在形状变化处产生应力集中而首先产生裂缝，从而出现疲劳损坏。影响钢筋产生疲劳强度的因素是应力值幅度、最小应力值、钢筋外表几何尺寸等。此外，钢筋的规格、骨架刚度等对结构也有影响。钢筋品种多、规格齐全、方便施工，避免施工现场再加工（如代替或冷拔）。钢筋的骨架刚度大，可防止施工中位置的偏移，减少质量问题的发生。

（7）耐低温性能

在北方广大地区的混凝土建筑对钢筋应有低温性能的需要。随着温度的降低钢材的强度会提高，而塑性及韧性性能增加。如钢材有初始缺陷，易产生脆性断裂。因此，要求钢筋在低温下具有一定的塑性和韧性，以增强其脆断能力。钢筋的韧性用 a_k 表示，即反映在塑性变形和断裂过程中吸收能量的能力，一般情况是 a_k 越高，抗脆断能力越强。影响钢筋低温性能的因素有化学成分、冷拉、焊接和工艺缺陷等。另外，还要考虑钢筋的经济性，经济性可用强度价格比来反映，强度价格比高钢筋用量少，节省钢筋还减少运输及加工绑扎量，缓解梁柱接头处密度过大的施工困难。

3. 普通钢筋的正确使用

(1) 热轧光圆钢筋

表面光圆钢筋 HPB235 级是由低碳钢 Q235 轧制而成，强度较带肋钢筋低，但延伸率却较大（$f_{gt}>20\%$），可焊性能好，便于加工制作。由于表面光圆，与混凝土的粘结性能差，用于受力筋时，两端必须加弯钩。光圆筋一般用于梁板的受力筋、构造筋、箍筋、锚固筋及埋件吊环等。按高强混凝土结构技术规程的条文要求，该钢筋不宜用于高强度的混凝土结构构件。

(2) 热轧带肋钢筋

热轧带肋钢筋有 HRB335 级和 HRB400 级两种，表面呈月牙肋，属于低合金高强度结构用钢。HRB335 级钢筋牌号为 20MnSi，而 HRB400 级钢筋是在 20MnSi 中加入微合金元素铌（Nb）、钛（Ti）或钒（V）研制配合而成。因而强度较高（335MPa 及 400MPa）、延伸率大（$f_{gt}>10\%$ 和 $f_{gt}>15\%$），可焊性能、冷弯性能、抗疲劳性能均好。钢筋表面带肋与混凝土的粘结强度高，且咬合齿较宽，锚固后的延性也好。用于受力筋时端头可以不加弯钩，多用于梁柱的受力筋。目前，HRB335 级钢筋用量约占在建工程钢筋总量的 80%，由于存在强度略有偏低，在许多主要受力结构件中，钢筋密度过大而造成绑扎困难。而 HRB400 级钢筋克服了 HRB335 级钢筋的不足，应用范围更加广泛；同时，小直径带肋钢筋的生产量也在增加，该钢筋的用量将更加变为主导性。

(3) 余热处理钢筋

余热处理钢筋为 RRB400 级由原牌号为 20MnSi 的 HRB335 级钢筋，通过余热处理后达到 HRB400 级钢筋的标准，生产成本低但缺陷明显。例如，焊接后接头处强度降低，延伸率较 HRB400 级钢筋要低，使用范围受到一定的限制。

4. 预应力钢筋的正确使用

（1）钢绞线的应用

钢绞线是由冷拉钢丝捻合而成，并进行了消除应力的热处理，属于冷加工钢筋。其捻合时用3根或7根钢丝两种，应力松弛等级分为Ⅰ级（普通）松弛和Ⅱ级（低）松弛。钢绞线强度高，施工时可以截取。3股捻合的钢绞线可以用于中等以上跨度的预应力构件，预应力损失较大。7股捻合的钢绞线的锚固性能较差，可以用于大跨度、荷载较大的预应力构件，自锚或用锚具锚固。

（2）消除应力钢丝的应用

消除应力钢丝是由优质碳素结构钢盘条经过索氏体化处理后冷加工而成。外表面有光圆、螺旋肋和刻痕三种，也属于冷加工钢筋。应力松弛等级分为Ⅰ级（普通）松弛和Ⅱ级（低）松弛。钢筋强度高延伸率（$L_0=200\text{mm}$）f_{gt}不小于3.5%、且韧性也好。适用于中等以上跨度的预应力结构件。

（3）热处理钢筋的应用

热处理钢筋是用氧气顶吹转炉或电炉冶炼的$40Si_2Mn$、$48Si_2Mn$、$45Si_2Cr$的螺纹钢筋，经淬火和回火的调质热处理而制成。提高钢筋强度的成本是很低的。其钢筋外形有纵肋和无纵肋两种，属于高强度钢筋。但伸长率却偏低（δ_{10}为6%），与混凝土的粘结强度较高，但咬合齿易断裂，后期延性较差，可以用于高强混凝土结构件中作预应力钢筋。

5. 冷加工钢筋的正确使用

冷加工钢筋主要指用强度较低的钢筋盘条经过冷拉、冷拔或冷轧（扭）后，截面缩小、外形改变而形成的冷拉钢筋、冷拔钢丝、冷轧带肋钢筋和冷轧扭钢筋的简称。钢筋经过冷加工后设计强度提高不多，但延性却下降较大，均匀性、伸长率低。使用范围受到一些限制。

（1）冷拔钢丝

冷拔钢丝分冷拔低碳钢丝和冷拔低合金钢丝。按照建设部行业标准《冷拔钢丝预应力混凝土构件设计与施工规程》JGJ 19 的规定，适用于一般工业及民用的中小型预应力混凝土结构的预应力钢筋、非预应力钢筋，主要用于焊接骨架、焊接网、架立筋、构造筋等。冷拔钢丝几十年来对发展中、小型预应力混凝土技术起到重要作用。因表面光圆、与混凝土的粘结锚固性能较差、延伸率低等缺点，已逐渐被冷轧带肋钢筋所代替。

（2）冷轧带肋钢筋

冷轧带肋筋有 LL550、LL650 和 LL800 三个级别。按照国家标准《冷轧带肋钢筋》GB 13788 的规定，冷轧带肋钢筋 650 级和 800 级适用于中、小型预应力混凝土结构件，而 550 级只用于普通混凝土的结构件，也可用于焊接钢筋网，在应用时必须遵守行业标准 JGJ95 中的相应规定。

（3）冷轧扭钢筋

冷轧扭钢筋按截面形状分Ⅰ型（矩形）和Ⅱ型（菱形）两种。虽其均匀伸长率低，但具有钢筋骨架刚度较大、与混凝土的粘结力强、锚固性能好、施工应用方便的优点。主要用于中小型混凝土梁板类构件。因冷加工钢筋质量受母材的影响较大，质量波动也大，伸长率低，只有严格控制质量、提高延伸率，才能有发展空间。

四、地下工程、抗震及防水等

63. 建筑底部框架抗震墙设计应重视哪些问题?

建筑底部框架抗震墙房屋在中小城镇比较普遍，各地对这类建筑的设计人员，由于存在对现行规范的理解不同，产生了一些不规范的现象。为了能深入理解和正确按规范要求进行设计，保证建筑底部框架抗震设防目标的实现，必须对抗震建筑设计的具体要求加以明确，使设计者自觉遵守，统一到规范要求的具体落实措施上。

1. 概念设计及一般要求

（1）概念设计问题

为了达到合理的抗震设防要求，必须进行“概念设计”。因此，底部框架抗震墙房屋的建筑设计从方案设计就必须与结构设计紧密结合，贯彻概念设计的理念，根据建筑的抗震设防类别、抗震设防烈度、建筑物高度、场地条件、地基、结构材料和施工等因素，经技术经济和使用条件综合比较，选择符合底部框架抗震墙房屋的合理结构体系。这主要是：结构体系具有明确的计算简图和合理的地震作用传递途径，使结构构件必须具有恰当的延性设计。

（2）一般性要求问题

地震灾害表明，设计不合理的建筑底部框架抗震墙房屋一般因“上刚下柔”而破坏的建筑均发生在底部框架部位，特别是独立柱顶及柱底。从“概念设计”理念出发，为了防止地震使建筑产生扭转和应力集中，或因塑性变形集中而形成薄弱部位，对底部框架抗震墙房屋的抗震设计提出一些基本要求：

①平、立面布置应规则对称；②房屋高度要限制、高宽比要适当；③控制建筑侧向刚度、要限制抗震横墙的最大间距；④底部钢筋混凝土抗震墙的高宽比要适当；⑤结构体系要符合：底层或最多底部两层为框架抗震墙体系；适当加强过渡层的抗震能力；上部砖墙的纵、横墙布置均匀对称，沿平面宜对齐，沿竖向应上下连续；同一轴线上的窗间墙宜均匀。

(3) 强制性要求要点

①严格控制建筑的层数和总高度；②严格控制建筑的规则性和结构布置的合理性；③重视底部框架的地震作用效应调整；④采取防止底部框架抗震房屋倒塌的构造措施。

2. 规范中的重点规定

(1) 最小墙厚的规定

最小墙厚是指结构抗震验算对能够承担地震作用的最小墙厚。小于此厚度的墙体，只能计入荷载而不能作为承担地震作用的墙体分配地震作用。

(2) 横墙较少的规定

横墙较少是指全部楼层均符合横墙较少的条件，对个别不符合横墙较少条件的楼层，可按具体情况采取局部加强措施，而不需减少层数和高度。《建筑抗震设计规范》第7.3.14条仅适用于横墙较少的多层住宅楼，不适用于医院、教学楼等横墙较少的建筑。

(3) 对半地下室的规定

对嵌固条件较好的半地下室指以下两种情况：一是半地下室顶板（指现浇钢筋混凝土）与室外地面的高差在1.50m以下，地面以下开窗洞处均设有由内横墙延伸的窗中墙而形成加大的半地下室底部；二是半地下室的室内地面至室外地面的高度大于地下室净高的1/2，无窗井，且地下室部分的纵横墙较密，具有良好的嵌固作用。

(4) 阁楼的高度和层数规定

一般建筑的阁楼层应按一层计算，房屋的高度计算到山尖墙的一半，若阁楼的平面面积较小，或仅供储存少量杂物用，无固定楼梯的阁楼可以不计入层数和高度。

（5）房屋的错层规定

对于坡地建筑的层数和高度，应按室外地坪低处计算；对较大错层的房屋，若超梁高的错层或楼板高差在500mm以上时，应视为两层楼，房屋层数相应增加一层，但总层数不得超过规范要求；当错层高度不超过梁高时，该部位的圈梁或大梁应考虑两侧上下楼板水平地震作用形成的扭矩而采取抗扭措施。

（6）顶层加层的规定

当建筑的层数高度已达限值的房屋，在其上再加一层轻钢结构，因上下阻尼比不同而刚度突变，属于超规范加层，应由省级以上有关部门的专家委员会审定。

（7）抗震横墙和砌体局部尺寸规定

对于一般矩形平面的建筑，因纵墙间距不致过大，所以仅对横墙间距进行规定：对于塔式房屋。纵横方向均应作为抗震横墙对待；砌体墙段的局部尺寸一般应满足规范限值。当采取局部加强措施时，限值可适当减小。承重窗间墙最小宽度限值，如果是“一”字形或“T”字形无限制。

（8）结构布置的规定

①要求大部分砌体抗震墙由下部框架主梁或抗震墙支承。每一个单元砌体抗震墙最多有两道，可不落在框架主梁或抗震墙上，而由次梁承托。因上部结构减少而无法上下对齐的抗震墙，最好改为由次梁支承的非拉抗震墙。

②底层抗震墙不要求全是钢筋混凝土抗震墙。在有较多墙体落地和保证层刚度比的条件下，抗震墙的材料由设计确定，但可采用抗震墙的构造措施，应严格执行规范第7.5.5和7.5.6条的规定。

③建筑的侧向刚度，纵横两个方向应分别计算，并应注意单方向抗震刚度应基本均匀，以减少或避免扭转的不利影响。规范

中对侧向刚度比的控制，主要是为了减少底部的薄弱情况，防止底部结构出现过大的侧移而遭到严重破坏或倒塌。若底部刚度大于上部砌体结构刚度，则可能使薄弱转移至过渡层而产生脆性破坏（由于过渡层延性较底层低）。

④抗震墙应设置条形基础、筏形基础或桩基础。

(9) 现浇构造柱的规定

现浇钢筋混凝土构造柱的设置，构造柱的截面不需很大，但要与圈梁等水平混凝土构件组成对墙体的分割包围，以充分发挥其约束作用；建筑层数如少于《建筑抗震设计规范》（GB 50011—2001）表7.3.1规定时，对构造柱的设置不作要求，是否设置构造柱根据实际来确定；大房间的尺寸，应以长度7.20m为限；较大洞口尺寸对内纵墙和横墙指2.0m以上的洞口，对外纵墙可由开间和门窗洞口尺寸的具体情况定；内墙交接处已设置构造柱时可适当放宽，以避免在不大的窗间墙段内设置多根构造柱；内墙的局部较小墙垛宽度在800mm左右，且高宽比小于4墙，应增设构造柱，以提高结构的整体抗震拉应力。

(10) 混凝土圈梁的设置规定

在所有要求的圈梁间距范围内无横墙时，可利用梁或板缝中的配筋来代替圈梁。

(11) 混凝土托墙梁规定

钢筋混凝土托墙梁支座上部的纵向钢筋在柱内的锚固长度按框支梁的有关规定进行。但不要求框架柱与托墙梁的结点满足“强柱弱梁”，因此，框架柱不能按框支柱要求设计。

64. 如何处理好地下停车场建筑与静态交通问题？

居住区汽车的大量增加使得停车场的问题显得更加突出，已建住宅小区用地紧凑，没有考虑在地面停置车辆的位置，由于汽车发动行走会产生较大噪声，影响居民的正常生活，为此建设地下停车场势在必行，如何处理好地下车库的建筑设计，处理好在静态条件下的交通设计，是设计人员必须认真解决的技术问题，能为居民和车辆提供方便及安全保证。

1. 地下停车场基本形式

地下停车场按建筑空间来划分，有单建式及附建式两种类型。单建式地下停车场在地面之上除少量汽车出入口装有采光通风设置外，没有其他建筑配套设施。单建式地下停车场建成覆土回填以后，地面仍为开敞空间，对于地面的环境景观不会造成任何影响。由于单建式地下停车场的静态交通及结构柱网尺寸，在设计布置时仅考虑车辆空间的基本要求，技术处理容易实现；附建式地下停车场是在建筑物下布置地下车场，建筑物的结构要求及其他地下设施的要求等诸多因素都将影响附建式地下停车场的设计，使得建筑静态交通组织难度增大，尤其对高层建筑及大型地下停车场更是如此。地下车库设计的处理原则及解决措施更需要认真研究及正确掌握应用，才能适应急需解决的汽车消费的宏观环境要求。

2. 地下停车场设计重点处理的问题

（1）综合规划设计总平面布置

汽车存有量较少时，停车场设施可以处在自发展状态，但当车辆达到一定数量后，静态交通的矛盾将更加突出，在这种情况下应将地下车场纳入城市整体及建筑群体中统筹规划是必须的。国内与外国的汽车消费观念是不相同的，但用发展的眼光去看，两者的差距将会逐渐减小，甚至会超过发达国家。因此，借鉴外国的发展经验，应改变将汽车停车场作为单体建筑对待的理念，不能将停车场作为临时停放需要进行个别设计，而必须结合整个建筑静态交通环境与城市动态交通系统统筹规划协调，并使建筑静态交通系统成为调节与控制动态交通系统的杠杆，目前许多城市这方面的经验还较少，需要引起高度重视。

地下车场的总平面设计必须根据情况区别处理。单建式地下停车场的设计项目比较简单，而附建式地下停车场由于与地上建筑物相关联，因此，在进行总平面布置时应注意处理好车库出入口与地上建筑物环境的协调，主要包括出入口交通视线、地面交通流线及景观美化等方面，还要考虑城市道路的路网连接状况。

(2) 确定地下车场适应各类型车停放

确定地下停车场的规模，即停车场的总容量，一般对于300辆容量以下的车场所涉及的问题较少，对于容量大于300辆以上，尤其容量在500辆以上的中、大型地下车场，应对停车需求及静态交通组织作出调查论证，以使地下车场建成后的停车量有一定的保证，从而提高车场的利用效率。地下车场适用车型的确定即是设计必须注意的问题，一般来说，除非有专用车库，大型车辆不能混停于地下车场。以使车库的层高不至于过高，从而提高地下空间使用效率。地下车场一般适用于中、小型汽车停放并应以小型汽车为主，这应是地下车场建筑设计应遵循的主要原则。

影响地下车场建筑的层高包括室内净高、结构构件尺寸高度。室内净高主要由停车及行走空间尺寸高度及设备管线尺寸高度等因素决定。根据小型汽车为选择车型的原则，一般净高定为3.0m较为合适，中型客车的层高则为3.90m。层高对于地下车场的基础埋深和工程造价有直接的关系，同时也关系到通风、采光、上下水、防火等因素。因此，减小结构构件的尺寸及合理布局，合理布置各种管道是设计时需重点考虑的内容。在地下车场设计中，尤其是附建式地下车场设计中，要结合设备布置等要求，认真确定好层高。

地下车场的建筑层数受车位容量、建筑容积率、基地使用条件、地质情况及施工技术水平等因素影响。一般来说层数少时，进出车场比较方便，其他相应设施也容易处理控制，是比较理想的工程设计首选目标。

(3) 柱网间距的确定及构造

单建式地下车场的柱网间距设计主要是满足停车及行车要

求。柱网单元中，柱网间距分为停车位跨距和行车所占的车位跨距，设计时相对简单；附建式地下车场由于受到上部建筑构造因素及地下设施诸多因素的影响，其柱网设计选择要相对复杂和困难得多。因此，在进行地下车场设计时，设计人员对柱网间距的确定应给予高度重视。

无论是单建式还是附建式地下车场，在进行建筑结构设计时，对车库的柱网设计总体应符合交通组织的原则。在停车跨距的选择时可采用单车位跨距柱网、双车位跨距柱网和三车位跨距柱网，共3种尺寸，一般4车位跨距的尺寸比较大，实际设计中应尽量少采用。理论分析论证，3车跨距停车的经济指标较好，在具体应用中要广泛使用。按小车停放3辆的净跨为7.5m，这时柱中距一般依柱径尺寸选择7.8m或8.1m较为合理。以前地下车库柱网停车跨距固定为8m，这是不合适的，不符合建筑基本模数尺寸，也没有考虑柱径变化的因素。例如：柱直径尺寸为800mm×800mm时，选择8m为柱中距尺寸，则停车净跨仅有7.2m；当柱径尺寸为400mm×400mm时，选择8m为柱中距尺寸，则停车净跨为7.6m，两种都是不合适的。因此，柱网间距尺寸的大小就应由停车净距和柱直径来决定，而不能固定为某一数值。

柱网设计时，应要特别注意的是以下一些情况的处理：在附建式地下车道设计时，由于地面上建筑功能的影响，地面上首层的柱网在很多情况下与地下车库的柱网尺寸不相符合。当出现这种情况时，不能将首层柱网简单地作落地处理，而应加设转换层措施，这种转换层在结构技术中是完全能处理，达到使用要求的。虽然在技术措施上有些复杂或造价略有提高，但其带来的地下车库整体效益会更好。从实际分析，做转换层处理后的地下车场的单车占用面积达30m^{2}左右，而不按转换层处理时，由于柱网占地影响，使得停车空间排放困难，一般每年占用面积会在45m^{2}左右，两种处理方式的占用面积相差50%左右；同时，促使车场静态交通组织较难，优劣差异是明显的。因此，对于地下车场设计时，认识转换层并加以具体应用是有实际价值的。

3. 地下车场静态交通设计措施

（1）车场的合理交通组织

地下停车场的交通组织是地下车场静态交通设计的重要环节，车场交通组织的设计方案同时也是建筑设计和以后车场管理的基础。交通组织设计是交通工程理论实施的具体体现，而不是简单的车位排放安排。地下车场正确的设计方法是交通组织方案，在建筑设计过程中就应认真执行，而不是在建筑设计做完后再做。对于较大车场，在交通组织设计时应该结合车场智能管理系统选择适宜的方案，车场的交通组织和智能管理系统对整个车场的运营起着重要的作用。车场交通组织应做到车辆行驶路线便捷明了，避免交叉干扰，利于交通安全；同时，还要做到与停车空间联系方便合理，方便车辆进入。地下车场是以机动车辆为主，而人员相对较少，在投用中一般不专门设置人流交通，对少量人员置于次要的地位。对车场组织交通时，特别是中大型地下车场的交通组织都必须遵循车场整体单向循环与分区局部循环相结合的组织原则，而且在非整体单向循环线路上的行车道允许双向行走，保证车场交通的畅通。在行车道与停车位设计时，为提高车场的停车面积利用率，需依照一条行车道服务两侧停车位的思路进行车辆排放。停车方式采用前进停车后退出车、垂直式或后退停车前进出车垂直形式，车场安排一般不宜采用斜放式停车形式。在地下车场交通组织合理顺畅的前提下，车辆的运行效率是可以达到正常需求的，进出停放的时间相对较短。

（2）进出口坡道的设计处理

地下车场的进出口分机械式和坡道式两种，机械式占用建筑面积较少，而建设及营运成本则高；坡道式虽然占地较多，但建设成本及运行成本较低。在车场设计时，应优先选择坡道式进出车道。车场单层建筑面积较小时，坡道与车场交通循环线相结合，布置成中间式是比较适宜的，但对于大型车场的坡道，应布置在车场边界则更为合理。由于坡道与各层的出入口联系频繁紧密，设计时应结合出入口综合认真处理。

地下停车场出入口的设计也是车场静态交通设计的重要组成部分。影响进出口设计的主要因素有视线视距、进出速率、车场容量、交通流线等静态交通因素，除此之外尚需考虑建筑规划、城市道路交通系统的统一协调。在具体进行静态交通系统设计时，一般考虑的是出入口的数量、位置等。在多层地下车场设计时，特别要处理好出入口与地面、出入口与本层车场、出入口与下层坡道的交通流线的关系，避免互相干扰发生不安全因素。地下车场车辆进出的概率分布规律对出入口的设计有着重要的影响，不同的概率分布规律将决定出入口的进出速率和排队等待时间。因此，了解掌握相应的分布规律也是处理好出入口设计工作的重要准备内容。

(3) 车场静态交通标志设计

当人处于地下空间时，由于没有明显的参照物体，通常都缺乏方向感。因此，在地下车场设计时，交通标志等静态交通设施的正确设置就显得尤其重要。在地下车场静态交通标志标线设计时，设计人员应采用交通部门统一规定的各种静态交通标志、标线符号，做到设置位置合理、符号应用正确、识别辩认清晰、引导作用明确等要求，使得地下车场形成完善的交通诱导系统。实践表明，完善的交通诱导系统的设置，对地下车场的正常运行起重要的作用，熟悉掌握应用相应的静态交通标志、标线符号，对于地下车场的正确设计是必须的。

4. 其他地下车场设施

地下停车场尤其是大、中型地下车场的设计在认真处理好上述问题时，仍需考虑其他相关联的问题，这些问题主要包括交通安全保障措施、地下车场防火防烟、车场采光照明与通风换气、防止水患、车场的智能管理、场内车辆维护维修服务等，这些都是必不可少的内容，需要设计人员综合考虑解决的实际使用问题。

地下车场是为解决住宅区机动车静态停放问题的有效措施，根据实际需要和工作实践，对地下车场的建筑设计、静态交通设计所涉及的建筑及静态交通问题进行综合分析考虑，文中所探讨的建筑及静态交通设计的解决措施及方法，对许多城市设计地下停车场有较多的借鉴作用。随着建筑规划设计人员的理论研究和工程实践应用，相信建筑静态交通环境会得到整体提高，从而适应现在以至今后汽车发展对停车场建筑提出的挑战。

65. 地下室剪力墙体裂缝原因有哪些？如何处理？

多层建筑为了充分利用基础较深的空间部位几乎都建了地下室，由于地下土中往往都有水，对混凝土结构的抗裂防水抗渗是极其关键的，尤其是混凝土的裂缝关系到地下建筑的正常使用和工程的耐久性。在众多工程的地下室施工中，混凝土浇筑后不久剪力墙经常会产生上下贯穿的裂缝。地下结构有其自身的特点，在设计时已考虑：①混凝土具有防水防渗的能力，需控制不出现裂缝，不存在承载力不足的问题；②结构形式采用超静定结构，温差和收缩变化作用较复杂，约束作用大容易引起裂缝；③混凝土强度等级设计较高，水泥用量大墙壁较薄、收缩变形也大；④水化热升温较高、降温散热较快，收缩和降温同时作用是引起混凝土裂缝的主要原因。裂缝的出现不仅影响结构的强度和整体性，还会降低建筑使用功能的要求。对此，应采取有效措施减少和避免裂缝的产生并控制裂缝的发展，保证结构的正常使用功能。结合工程施工实践，就地下剪力墙结构出现裂缝原因及预防措施浅要介绍。

1. 工程结构及地下室施工

(1) 工程地下概况

某建筑工程共 17 层，多属于筒外柱结构，筒为剪力墙结构，外为框架柱结构，剪力墙厚为400mm，柱墙处厚度为600mm；地下二层全高为6.10m，底板厚1.80m，墙内配双排双向筋，间距200mm，直径12mm，混凝土强度等级为C40级、抗渗等级P8。采用泵送混凝土、分层浇筑在后浇带处分开施工，其余部位不设施工缝。混凝土施工配合比由试验室提供，施工中严格按配合比对原材料和外加剂进行计量，搅拌时间、泵送及振捣抹压均按要求正常施工，平面混凝土浇筑后早期覆盖至终凝后蓄水养护，立面混凝土拆摸后挂塑料薄膜保湿。

（2）地下室施工

混凝土浇筑首先进行的是地下室厚1.80m的整体底板，从后浇带分开从两个方向同时浇筑，四周剪力墙及柱处留槎；底板钢筋绑扎一次完成（剪力墙及梁同），但在后浇带处用模板分开。底板混凝土浇筑后检查，未存在裂缝质量问题。剪力墙底层浇筑拆模后发现墙板外侧有较小裂缝，数量不多，经检查与配筋及混凝土强度无关，收缩变形产生的微裂对使用不会有影响。地下室二层剪力墙面竖向裂缝内外墙均有，但外墙面较内墙面多；多数裂缝从墙面延伸至顶板，缝宽0.1～1mm；深裂缝贯穿板厚；长度从200～1500mm，总计43条之多，裂缝还是比较严重的，不处理不能正常使用。

2. 裂缝产生的主要原因

（1）塑性及干燥收缩

工程设计采用C40混凝土，强度属于中等级，强度较高、延性差、脆性差、胶凝材料比低等级混凝土胶结材料用量大。由于水泥用量大，增加了混凝土的收缩变形量，易产生混凝土收缩开裂，剪力墙面的裂缝是混凝土早期收缩裂缝。裂缝主要由自身收缩、塑性收缩和干燥收缩三种原因引起。

体积自身收缩：混凝土在水化凝结过程中由化学作用引起的体积收缩，是化学结合水与水泥的化合结果，是硬化时的体积变化，这种自身收缩与外界湿度变化无关。

塑性收缩：混凝土浇筑后 3～14d 水泥水化反应很快，分子形成的胶结体逐渐形成，产生泌水和水分加快向外蒸发现象，引起失水收缩。在浇筑后的初凝阶段，由于表面失水开始产生收缩，此时，骨料同胶结料也会产生不均匀的收缩变形，这种变形都出现在终凝之前，无任何强度的塑性阶段，一般称为塑性收缩。

干燥收缩：即干缩当混凝土内的水分不断析出蒸发，引起体积的收缩，其早期干燥收缩量占总体积收缩量的 85% 左右，水泥石在干燥和水饱和的环境中要发生干缩与湿胀现象，混凝土的干缩是一个复杂、长时间的变化过程，影响因素较多。在现实建筑中，混凝土结构体在自然环境中呈自由状，收缩量较小，一般不是很明显，对使用不会造成影响。但当这种收缩受到较大约束时，就会在混凝土内部产生较大应力，当这种应力超过混凝土当时的极限抗拉强度时，就会导致在薄弱部位的开裂。

（2）施工配合比的影响

建筑结构采用 C40 中强度混凝土施工，我们知道，对于单位水泥用量（$400kg/m^3$）较高的混凝土，由于自身体积收缩及干燥收缩产生的初始收缩速率是较高的，与低强度混凝土相比，其差异是很大的。当在完全受约束条件下，中强度高水泥用量配制的混凝土，在受约束时的反力在早期几天里几乎是直线上升，在最初的几天内达到约束应力的顶峰，而普通混凝土要平缓得多。因此，同低强度混凝土相比，中强度较高水泥用量配制的混凝土在浇筑后的几天内，更容易产生自收缩裂缝。

采用了早强水泥，水泥中 C_3A、SO_3 含量大，对混凝土早期收缩影响很大。水灰比大水泥用量多，在混凝土水化凝结过程中水化热也高，加大了混凝土内部温度的升高，内外温差大，外部降温速度快，从而使混凝土的温差收缩应力加大，加剧了裂缝的产生。由于胶凝材料用量的增加，对结构混凝土强度的提高是有好处的，但也增大了结构的早期收缩裂缝。

（3）结构选型和配筋影响

外框剪力墙结构形式不利于混凝土早期抗裂。地下室底板厚

1.80m，柱距 6m，截面 0.8m，对位于柱间墙体而言，完全处于约束状态，而混凝土水泥用量相对较高，初始收缩速度快，裂缝严重，这类结构可以认为不利于释放热，产生干燥变形。为了减少裂缝，在设计时往往采用增加配置构造筋的措施防裂。实践表明，适当配筋无论对于收缩应力还是温度应力，都能提高结构的抗裂能力；同时，对提高结构的极限抗拉强度、约束裂缝产生有利。

(4) 养护条件影响

剪力墙、柱采用钢制模板，模板保水性很差，混凝土在浇捣过程中必然会损失一些水分，使混凝土在初凝时缺少足够的水分，而随着水化反应的继续，水分蒸发加剧，水化热不断升高，墙板柱大面积由模板覆盖，无法补充水分，引起混凝土早期塑性收缩的加快。在墙柱拆模后，侧面只用塑料布挂护，养护水又尽快流失，保湿效果差，这也是导致干燥收缩裂缝产生的原因。与墙内侧相比（有顶盖封闭），墙外侧需要回填，受处界环境影响更大，墙体中与外侧面的温差梯度大，降温速率也大，温度应力相应更大，由于未采取有效的养护措施，外侧裂缝多于内侧是可以理解的。对结构的养护工作，往往施工现场要求多、督促多，但施工单位认真执行少、有效措施少，加剧了结构裂缝的增加和扩展。

3. 裂缝的修补处理

(1) 裂缝的处理方法措施

地下室剪力墙中的柱是重要承重构件，而混凝土墙的主要作用是围护和挡土，只要对墙的裂缝进行有效处理，可满足结构的正常使用要求。由于地下室一层表面，只有少量微裂，简单抹刷一下素浆即可，而对地下室二层混凝土墙面的裂缝根据情况，主要采用化学灌浆方法进行处理，恢复防水抗渗的整体功能。依照混凝土墙的裂缝宽度和实量数值，对现有裂缝的修补方法是：当缝宽 <0.2mm时，为保证使用功能，裂缝实测浅而细并多条聚集在一处时，用环氧树脂液进行表面封闭处理；当裂缝宽度 >0.2mm时，用流动性较好的环氧树脂液灌注；当裂缝宽度在

1.0mm 左右时，在环氧树脂浆液中掺入一些水泥灌注处理。

（2）施工技术措施

1）采用环氧树脂浆液表面封闭的具体要求：首先，对结构表面＜0.2mm 的细裂缝，用钢丝刷清除缝周围的灰尘、浮浆及松散污物，再用清水冲洗干净并晾干燥缝处；环氧树脂浆液的配制按照其使用说明的凝结时间和涂刷速度，再确定配制的数量；将配制好的环氧树脂浆液自下而上，用毛刷涂刷一层环氧树脂浆液，涂刷必须均匀、平整。

2）采用环氧树脂浆液灌注的要求：当剪力墙面裂缝宽度＞0.2mm时，用钢丝刷清除缝两侧的灰尘、浮渣及松散污物，再用干净水冲洗干净晾至缝干燥；埋设注浆嘴，灌注浆嘴布置在裂缝交叉处、缝宽处、缝端部及裂缝较深或贯穿处，用钻孔的方法埋设。埋设间距为：当裂缝宽度＞1.0mm 时，为 300～500mm；当裂缝宽度＜1.0mm 时，为 400～800mm。在一条长度＞500mm 的裂缝上，要设有注浆嘴、排气嘴和出浆嘴。

3）为便于控制施工质量，灌浆嘴宜布置在同一个平面上，若裂缝是贯穿性的，在另一侧面上用环氧胶泥封闭缝隙，质量可靠。如裂缝较深但不是贯穿性的，只需在嘴与嘴之间的裂缝处用环氧胶泥认真封堵，使封闭牢固。

4）裂缝封闭后要压气，试验其处理效果，试验前沿缝隙涂一道肥皂水，从灌浆嘴通压缩空气，凡是有漏气点应再注浆，封闭至不漏气为止。

5）灌浆前，要检查灌浆设备及压力管的正常使用，然后接通管道，打开所有灌浆嘴上的阀门，用压缩空气将缝内灰尘吹扫干净；灌浆时顺序自下而上进行，当下一个排气嘴挤出浆时，立即关闭转芯阀，把排气嘴出浆处作为一个进浆嘴，如此顺序不停进行。注浆压力一般为 0.2～0.3MPa，基本保持压力稳定，防止忽低忽高，灌浆质量不稳定。

6）灌注浆停止的标准应该是吸浆率小于 0.1l/min，再续续压注 1min 即可停止注浆，关闭进浆嘴上的转芯阀门。灌浆结束后，应立即拆除管道，用丙酮清洗干净。

7）检查，待缝内浆液达到初凝不向外流时拆除注浆嘴，再用环氧树脂胶泥将注浆嘴处封闭抹平，清洗灌浆嘴上的浆液，可用烧烤的方法清洗干净，以备再用。

（3）灌浆配合比常用的环氧胶泥和环氧树脂浆液的施工配合比见表 65-1 ~ 表 65-4。

环氧胶泥配合比　　表 65-1

材料名称	规格型号	配合比（重量比）
环氧树脂	E44	100
二丁酯	工业用	15
甲　苯	工业用	9 ~ 11
乙二胺	工业用	10
水　泥	42.5R	300 ~ 320

环氧树脂浆裂缝宽 < 0.2mm 时配合比　　表 65-2

材料名称	规格型号	配合比（重量比）
环氧树脂	E44	100
二丁酯	工业用	10
甲　苯	工业用	30
乙二胺	工业用	10

环氧树脂浆裂缝宽 > 0.2mm 时配合比　　表 65-3

材料名称	规格型号	配合比（重量比）
环氧树脂	E44	100
二丁酯	工业用	9 ~ 11
甲　苯	工业用	45 ~ 50
乙二胺	工业用	10

环氧树脂浆裂缝宽 > 1mm 时配合比　　表 65-4

材料名称	规格型号	配合比（重量比）
环氧树脂	E44	100
二丁酯	工业用	100
甲　苯	工业用	45 ~ 50
水泥	42.5R	300 ~ 320

（4）灌注浆安全措施

灌注浆树脂类材料属于易燃有毒品，未使用前要密封储存，远离烟火；在配兑及现场使用要有良好的通风条件，操作人员要穿工作服，戴口罩、手套和眼镜，并注意在上风口工作，不能随意进食；在施工结束后，立即用水洗干净，方可进食；工作场地严禁烟火，配置防火器材，注意环境保护。

4. 需要重视的几个问题

（1）施工混凝土配合比：在保证混凝土强度的前提下，可适当调整试验室配制的施工配合比，降低水泥用量和水化热。如果就近有粉煤灰，可以优选掺入，由于粉煤灰与水泥析出的 $Ca(OH)_2$ 发生化学反应，产生一部分胶凝物质，而粉煤灰的质量密度较低，当用等质量替代部分水泥时，使拌合料的浆体数量增加。由于胶凝总量的增加，对混凝土的强度会有提高，起到代替部分水泥，减少水泥用量，降低水化热的功能。另外，在混凝土施工过程中，加强对原材料用量、水灰比、坍落度的控制极为重要。加强泵送混凝土的入模速度，控制好浇筑方向、分层厚度，振捣时防止漏振和过振几个工序环节很关键。

（2）设计控制问题：为有效抑制中强混凝土高水泥用量时的干缩及自收缩，结构设计时要调整配置抗裂缝筋，将剪力墙的钢筋改为水平构造筋布在外侧，受力筋布在内侧，并增加处墙的水平分布筋，要大于 14mm，间距 150mm。

（3）施工养护问题：浇筑后，要严格控制松模和拆模时间，改善养护方法。在未拆模前，应在墙模板外挂一层塑料薄膜，向松开模板浇水养护；外墙外侧要挂一层草帘保湿。拆模板后，在侧面改挂草帘养护，外墙外侧的草帘上再挂一层塑料薄膜，利用墙面上的对拉螺杆、横放钢架管，将草帘塑料薄膜与墙面紧密压在一起，保证浇水时水能浸入草帘，渗到混凝土表面。养护应 24h 进行保湿，现在的养护实际是白天洒水夜间几乎不养护，根本达不到充分水化、增长强度的要求，这一现象各地普遍地存在着。

66. 底层框架房屋与框架结构相比有哪些不同?

砖砌体建筑在大城市中会逐渐被框架结构房屋所代替，而在中小城镇砖砌体建房仍在大量兴建。临街建筑底层常需要大开间，因此底部使用混凝土框架-剪力墙、上层采用多层砖砌体，这种结构形式称为底部框架-剪力墙建筑。在砖砌体建筑仍在大量使用的时间内，底部框架建筑不会全被框架结构代替。底部框架房屋不同于框架结构，也不同于砖砌体建筑，在结构的设计与施工方面，有许多特殊的要求。为能使工程技术人员更加深对这种结构形式的理解，本文通过对比方式对这种结构的特殊性作出分析，力求避免出现工程质量问题。

1. 对建筑形式的限制构造上的要求

(1) 对建筑高度的限值

框架结构非抗震设计最大使用高度可到70m，设防烈度为6、7、8度时，最大适用高度为60m、55m、45m；而底部为框架房屋，设防烈度总高度限值为22m、22m、19m。

(2) 建筑层高的限值

框架结构对层高无明确的限制；而底部框架房屋底部的层高不应超过4.5m，上部砖砌体层高不应超过3.6m。

(3) 建筑高宽比的限值

框架结构非抗震设计适用最大高宽比为5，设防烈度为6、7、8度时，适用的最大高宽比为4、4、3；而多层砌体建筑设防烈度，总高度与总宽度的最大比值为2.5、2.5、2。

(4) 剪力墙的设置要求

框架结构没有设置剪力墙的具体要求，所有墙体均作为维护结构或分割建筑的空间使用，不作为承重墙体。而底部框架房屋必须设置剪力墙，对其最大间距有严格的要求。设防烈度为6、7、8度时，底部剪力墙的最大间距为21m、18m、15m。设防烈度为6、7度而总层数不超过5层的底部框架房屋，允许采用嵌砌于框架之间的砌体剪力墙，其余情况房屋应采用钢筋混凝土剪力墙。

由上述简介可以看出，底部框架房屋设计时受到的限制比框架结构严格得多。但框架结构优于底层框架结构的房屋是明显的，底层框架房屋将逐步被框架结构代替是不可避免的。

2. 水平地震作用的计算要求

（1）对水平地震作用的计算，框架结构当高度不超过40m时，以剪切变形为主而且质量和刚度沿高度分布比较均匀，可采用底部剪力法：底部框架房屋属于上刚下柔的结构，层数不多，仍可采用底部剪力法简化计算，还要考虑地震作用效应的调整，使计算接近实际。

（2）底层框架房屋的纵向和横向地震剪力值均应乘以增大系数，其值应允许根据第二层与底层侧向刚度比值的大小，在1.2～1.5的范围内选用。

3. 地震剪力在楼层的分配

（1）框架结构剪力分配

假设结构件处于弹性的工作状态，用结构力学方法作内力分析，得出的结论是框架结构楼层地震剪力按柱的侧移刚度比例分配。柱的侧移刚度常采用由 D 值法对侧移刚度的修正值。

（2）框架-剪力墙地震剪力分配

将建筑中的所有框架综合成为一个总框架，将所有剪力墙也综合成为一个总剪力墙。假定整个在弹性状态下工作。以总框架和总剪力墙之间的作用力为未知数（量），用结构力学的方法解无限次超静定体系，得出总框架与总剪力墙各自分担的水平作用力。

总剪力墙分担的作用力按剪力墙抗弯刚度比例分配到各片剪力墙；总框架分担的水平作用力按框架的抗侧移刚度比例分配到

各榀框架。最后，再按柱的抗侧移刚度比例进行分配。

（3）底层框架地震剪力分配

底层框架建筑是属于上刚下柔结构，底层将发生变形集中。底层的地震剪力分配不能按混凝土框架结构的分配方法，也不能使用混凝土框架-剪力墙结构的分配方法，而要采用另一种既近似又保守、很简单的分配方法。

底层纵向或横向水平地震剪力应全部由该方向的剪力墙承担，并按各剪力墙侧向刚度比例分配。底层框架柱承担的地震剪力，可按各抗侧力构件有效侧向刚度比例分配确定。有效侧向刚度的取值，框架不折减，混凝土墙可乘以折减系数 0.30，砖墙可乘以折减系数 0.20。

计算底部框架房屋底层地震剪力所用的方法，是一种粗略的估算法，应以观察和实验为基础，其目的是保证建筑物在地震作用下的安全可靠性。

4. 结构性能比较

框架结构是属于高次超静定体系，承重体系的整体性能好。建筑物的荷载全由框架体系承担，墙体只作为维护结构或作为分割建筑空间来使用。缺点是填充墙容易开裂，造价比砖砌体建筑略高。

底部框架房屋属于砌体结构，优点是施工方便，墙体开裂比框架填充墙要少，工程造价相对低；缺点是砖砌体属于脆性材料，强度相对低，底层抗震结构存在薄弱环节。

墙体是底部框架房屋抵抗水平地震作用的主要受力构件，混凝土构造柱和圈梁能显著降低砖砌体的脆性，提高砖砌体的延性和抵抗地震作用的能力。底部框架房屋底层必须按规定设置足够的剪力墙，上部多层砖砌体必须设置足够的混凝土构造柱和圈梁。

综上所述，底部框架房屋是目前各地广泛采用的一种结构形式，由于施工方便、工程造价比较低，在现在经济条件下不会完全被框架结构所取代。这种结构形式的不足之处是底层抵抗地震作用的能力存在薄弱环节。结构受力分析不能用常规方法，需要设计和施工人员特别注意。设计时，必须设置足够的剪力墙、圈梁、构造柱，以满足抗震的需要。

67. 地震多发地区节能保温建筑技术的应用与发展如何?

新疆地域广大，属于典型的大陆性气候，早晚温差大，冬季采暖时间长，平均达165天。且属于地震多发区域，境内城市抗震设防烈度在7~8度，气候寒冷和地震多发性是该地域的特征。在当今世界，出于对节约能源与保护环境的需要，建筑结构保温日益受到重视，在城市全面执行国家规定的居住建筑节能达标50%，其中又以外墙保温技术发展最快。在住宅外形上受国家示范工程的影响，采用坡屋顶、落地窗、飘窗的时尚。经过近10年的使用也存在一些问题，结合地区特点总结适合节能体系材料和外形是刻不容缓的工作。

1. 目前节能建筑存在的一些问题

(1) 外保温材料选择适应性差

目前采用的外墙保温材料有：GKP、JB、XPS、ABW、EPS板等，采用较多的如EPS板薄抹灰外保温、聚氨酯喷涂外墙外保温和外墙夹芯保温材料。从使用情况看，在非地震区EPS板保温外饰面层在环境条件下，产生的细微裂缝较多，但绝对多数都是≤0.2mm的无害裂缝，聚氨酯和夹芯墙保温外饰面层产生的细微裂缝较少。地震多发地在遭遇5~6级地震后，夹芯墙120mm厚的外护墙产生的裂缝最多，聚氨酯保温外饰面层产生的裂缝也多，几种墙体材料均产生>0.2mm的有害裂缝。EPS板保温外饰面层产生的裂缝相对较少，且裂缝多是无害的。

造成外墙保温饰面层开裂、脱落、渗水的主要原因是：

1) 温差引起的应力，温差大引起材料的热胀冷缩，导致外围护结构不同构造层的体积变化。由于结构层在保温层的内侧，受外界温度影响小，变形较稳定。外保温面层的开裂主要是由于保温层和饰面层的温差和干缩变形引起的。EPS 板软质保温层与保护层之间的温差和干缩变形，比聚氨酯和夹芯墙的变形要大，所以 EPS 板保温外饰面层产生的细微裂缝较多。

2）地震引起的应力，地震应力导致外保温层产生的挤压、剪切、扭曲变形，保温层材料刚度越大引起的破坏则越重。由于聚氨酯外保温层是整体现浇施工，与结构层粘结紧密，承受来自结构振动时的变形能力比装配式 EPS 板差，所以，地震后外饰面层产生的裂缝较多，夹芯墙的外侧护墙是 120mm 厚的薄层墙，虽然与承重墙之间有拉结，但刚度还是较差。因此，夹芯墙的外护墙产生的裂缝最多。一旦保护层出现裂缝，保温层外露，保温层很容易受到损坏，保质时间达不到设计年限。

（2）外窗的选用适应性差

1）窗洞留置过大，开发建设者为迎合使用者追求时尚的心理需要，不按自然环境的客观需要，在节能建筑中大量采用落地窗和外飘窗，其结果一方面大大削弱了主体结构的抗震能力，当遭遇震动后，窗间墙会产生许多裂缝；另一方面，窗墙比例严重失调，外窗成为建筑中最大的“热桥”。

2）窗玻璃面积过大，建筑外窗常使用的是 3 ~ 4mm 厚的平板玻璃，业主和开发商为迎合使用者对窗户大气派的需要，常采用框少幅面大的玻璃，使用时窗扇开关不便，易使框角下垂、变形，关后缝不严，热损失量大；由于多属单框双玻的塑钢窗，当遇震动时，大幅面玻璃因产生共振而破碎，会造成安全隐患，由于玻璃幅面大，更换也不方便。

3）外窗质量较差，从使用中和调查时了解到，目前所使用的外窗多数是当地产单框双玻璃塑钢窗，价格一般不超过 200 元/m^2,外观感粗糙、简陋不规矩，不同程度地存在着尺寸偏差大、不方正、合缝不严、衬里钢材截面小或不衬里、刚度低、胶条安装不规范等。

（3）混凝土坡屋顶支撑墙裂缝多

国家康居示范工程和“平改坡”的推广应用，西部地区许多城市近年来为美化市容面貌，修建了一些钢筋混凝土结构的坡屋顶节能型建筑。经实际应用表明，坡屋顶下部支撑墙水平裂缝较多，而造成裂缝的主要原因经分析是：

首先，钢筋混凝土坡屋顶对支撑墙体产生较大的水平推力，由于新疆地区昼夜温差大于20℃以上，钢筋混凝土结构的线膨胀系数远大于砖砌体，因此，在钢筋混凝土坡屋顶与下部支撑砖砌体之间，存在着较大的温差应力，倾斜的混凝土坡屋顶在温度应力和自重的双重作用下，对砖砌体产生较大的水平推力，使砖墙增加了附加弯矩，该处受弯压作用而产生水平裂缝；其次，由于钢筋混凝土坡屋顶与砖墙在振动时频率相差较大，坡屋顶的高跨比常在1/6～1/4之间，顶层高度远大于标准层高度，地震时坡屋顶的鞭梢效应与下部支撑砖墙的振动频率相差较大，造成屋盖对砖墙的弯压作用而开裂。

2. 西部地区节能建筑的适用性选择

（1）外墙保温材料的性能比较

从长用的几种外墙外保温材料使用效果分析，EPS板薄抹灰外墙外保温材料、装配式的EPS板能有效的分散和减小地震力对外饰面层的剪切作用，所产生的震害最小，且造价低工期短；而整体现浇的聚氨酯和胶粉聚苯颗粒外保温材料容易随墙体结构的变形而变形，而振动后的裂缝从外饰面层延伸至保温层，导致保温层使用时间很短，而且造价较高，工期相对长；对于夹芯墙体系，抗震和节能两个主要性能都相对差，可考虑不用或少用。

（2）外围护门窗的需要选择

1）门窗洞口开设要适应气候要求，西部地区气候寒冷又属地震多发区，建筑外围护门窗不宜留置过大，这样利于节能和抗震，住宅工程既安全耐久性也好，这是对建筑的基本要求。重视地域气候和环境因素应是设计的核心出发点，也是容易做到的。

2）外窗的开启方式，西北地区春秋季节风沙大又加上冬季寒冷时间表，外窗的设置功能应该以采光为主、通风换气为辅，因此，该地区的外围护窗应以密闭的固定窗为主，设置少量的内平开小窗扇便于换气，这样既达到了采光、保温、节能、挡风沙目的，又减小了材料截面尺寸、减少构配件、节省材料和降低造价。

3）外窗材质的选择，随着建筑结构强度的提高满足设计年限的安全耐久性，人们对建筑质量和装饰材料的要求会越来越高，已注重细部的选材和构造形式。目前正在开发低能耗、高舒适的外窗品种，如双层中空玻璃、内充惰性气体、镀膜玻璃、低导热窗框等。

3. 屋顶结构形式及构造

从西北以新疆来看，最适宜倒置式平屋顶。坡屋顶最大的好处是排水迅速防渗性好，西北及新疆总体是干旱少雨，年降水量不足200mm，坡屋顶的优势在该地区并不显得极其必要。而平屋顶在抗震、节能、经济、排水、方便施工、空间利用等方面都优于坡屋面，应该是首选的屋顶形式。目前，建设部大力推广的屋面形式—倒置式屋面，很适合平屋顶，而不宜大量建造坡屋顶建筑。

选用轻钢结构做坡屋（面）顶，为美化城市风景和环境保护，城市需要建造一些形式多样的建筑时，可以选择轻钢结构的坡屋顶，这样能有效地提高顶部的抗震能力，减轻屋顶重量，减小屋盖对墙体的水平推力，防止下部支撑墙产生水平裂缝，由于轻钢可涂多种颜色，其观感质量也是新颖的。

4. 当前外墙保温技术需改进的问题及对策

(1）保温层抗风压问题。由于西北地区风多且大抵抗负风压的问题不容忽视，特别是在背风面上产生的吸力可能将保温板吸落。因此，对保温层的锚固极其重要。设计要计算不同层高处的风压力，及保温层固定后所能抵抗的负风压力，并按标准方法进行耐负风压的检验，以确保在最大风荷载时保温层不被脱落。

（2）保温层防火问题。保温层尽管附加在墙的外侧，材料采用了自熄性聚氨酯板，但对防火仍不容轻视。在建筑内部出现火灾时，大火仍会从窗洞向外延伸，波及窗洞外四周的保温层，如果没有相应的防隔离措施，可能会造成保温层被烧毁的后果。在采用聚苯乙烯板为外保温材料时，应采用阻燃型板材。如采取每隔一层设一防火隔离带，防止火势蔓延。在防火隔断处或窗洞口，用钢丝网砂浆覆面，也可采用20mm厚砂浆层，提高保温层的防火隔离性。

（3）保温层内部结露问题。由于冬季室内外温差较大，室内水蒸气通过毛细作用向外渗透；相反，室外冷空气也通过空隙向里渗透，在保温层内结露冻结。通过长时间的渗透冻融，使该处墙体松动、粉化，直至掉皮损坏。对于室温较低、湿度较小的建筑不是十分突出，而对于室温较高、湿度较大的建筑，就必须采取防范措施。

（4）保温层的耐久性问题。在正常情况下，外保温工程的使用时间不少于25年，但事实上往往达不到设计要求的使用年限。要确保外保温层的使用时间达到设计要求，要求外墙外保温材料无论处于高温或低温，都不应引起墙体有任何的损坏出现。外保温体系各组成材料，必须具有化学与物理的稳定性，应具有耐腐蚀和耐候性。

（5）贴饰面砖要慎重。在中低层外墙贴饰面砖，如果质量控制得当，不会产生大的质量问题。但若用于高层建筑外墙饰面，必须经受温差、冻融、风雨侵蚀、温度变化而牢固不动；否则，面砖掉下会发生安全问题。所以，对于必须要贴面砖的建筑，在外墙外保温隔热层的基底情况下，必须采取一些具体技术措施：①将外保温层形成一个整体，分散面砖饰面层重量，提高基底层的强度；②选择面砖粘贴材料的压折比、粘结强度、耐候稳定性指标，使其同整个保温材料的变形相匹配；③选择外保温材料的抗渗透性及透气性，减轻因冻融循环破坏导致的破损脱落；④提高外保温材料的抗震抗风压能力，避免偶发事故产生的水平方向作用力对保温材料的破坏。

（6）建材市场的规范问题。由于外墙外保温材料的使用量较大，产生了保温企业的无序竞争。有些对保温材料只知皮毛也建立公司，招揽推销产品。往往采取低价促销，抢占外保温材料市场，相互压价的结果只能是偷工减料、降低质量，使工程受到损失。对此，政府质量监督部门应加大监督检查，使不合格的保温材料不能进入建材市场，从源头上切断不合格品流入市场。

（7）设计和施工问题。从应用效果来看，一些设计和施工企业，对影响质量的主要环节了解不到位。主要表现在节点设计和热工计算不周及施工违反工艺程序的一些细节处理。设计时对门窗洞口周边、一层地面及结构挑出部位的阳台、雨篷、阳台外挡板、附壁柱、凸窗、装饰线、外阳台分户隔板、檐沟、女儿墙内外侧及压顶部位，几乎没有考虑保温层处理。在施工时，由于没有设计图要求也就是正常施工，不会采取保温处理。因此，加强对设计构造功能的要求，对设计人员提出采用新材料、新技术的学习培训，提高对细部构造保温材料的使用，能保证建筑整体水平有大的提高。

5. 外围护墙体保温技术的发展

由于我国建筑节能受到能源的影响引起各级的高度重视，外墙外保温材料的使用已被各有关方面认识和接受，保温节能建筑正由北方采暖地区向南方夏热冬冷和夏热冬暖地区延伸，由居住建筑向公共建筑发展。多年来，世界许多国家保温节能技术发展迅速，各种外墙外保温材料应用层出不穷，保温要求也在不断提高，我国已是 WTO 成员的情况下，许多国外的外墙外保温企业将会进入国内建筑市场，会有各种特色竞争力的材料和技术在中国扎下根。这样将促使国内外墙外保温材料的更大发展，保温企业将自力更生，努力吸收先进技术，结合应用实践不断创新，以优质的材料和优良的工程质量，使保温市场占有更大的份额。

科技在飞速发展，外墙外保温节能技术将会更加多样化、更丰富多彩，不同保温材料、不同构造、不同工艺的施工方法并存。保温隔热材料的性能会更优良，使用者的要求也会更高。在建筑节能大力发展的时代，外墙外保温市场会更加具有活力，在建筑节能中发挥更大的社会经济效益。

68. 建筑加层引起下部砖混结构加固应如何处理?

在投用的建筑上再加层是一项比较复杂的工作，它比新建一座房屋难度大，对设计和施工都是一种考验。加层前，必须对原有建筑的结构及现状进行充分、全面的分析，应由有关部门进行抗震能力鉴定，决定是否加固，是进行抗震加固还是进行强度加固，或者同时进行两种加固，并考虑地震作用时加层部分的鞭鞘效应。

加层前必须进行计算，对原有建筑物的承载力进行验算，主要是地基承载力的验算、砖混结构承重墙承载力验算、原屋面板改为楼面板的使用时承载力验算、原顶层楼梯梁的验算等。砖混结构的加固方法有多种，即：扩大砌体截面加固、外加钢筋混凝土加固、外包钢加固、钢筋网片水泥砂浆加固、增加圈梁、拉杆加固等。

1. 对墙体补强加固

(1) 新增设抗震墙

当多层砖混房屋横墙的最大间距不能满足《建筑抗震设计规范》(GB 50011—2001) 的要求时，应采取的措施是：

1) 使用上允许将大开间改为小开间时，在抗震横墙间距超限值处增设新的抗震横墙。当建筑平面不允许增加抗震横墙时，要采取加强楼面及屋面刚度的方法，如在原来楼面上增设 8mm@300mm 钢筋网片，现浇 50mm 厚 C30 细石混凝土面层。

2）若原有隔墙为轻质材料时，可将其拆除后改砌成抗震横墙。原有隔墙为半砖（120mm）墙时，可采取双面夹板墙加固成为抗震墙。

3）新加或改造后的抗震墙，均应自下而上连续贯通，确保荷载向下传递，如上层不需要设抗震横墙时，可以在该层终止不设。

4）若原有建筑平面复杂，质量刚度分布很不均匀的房屋，应重点验算质量中心和刚度中心的偏心距。当偏心率 $2e/L<0.1$ 时，在7度设防时可不计算扭转的影响；当偏心率 $2e/L<0.05$ 时，在8、9度设防时可不计算扭转的影响（L 为房屋的长度）。当偏心率超过上述限制时，可结合加固增加抗震墙或夹板墙，将偏心距减小到允许的范围内，减小扭转的影响力。

若隔墙原来无基础，应重新增设基础。同时，抗震横墙的顶部应采取措施，使其与楼面板或屋面板有可靠的连结。抗震横墙与原有纵墙或壁柱间，应保证拉结牢固，新增抗震横墙与原纵墙交接处应设置拉结钢筋，见图68-1、图68-2。

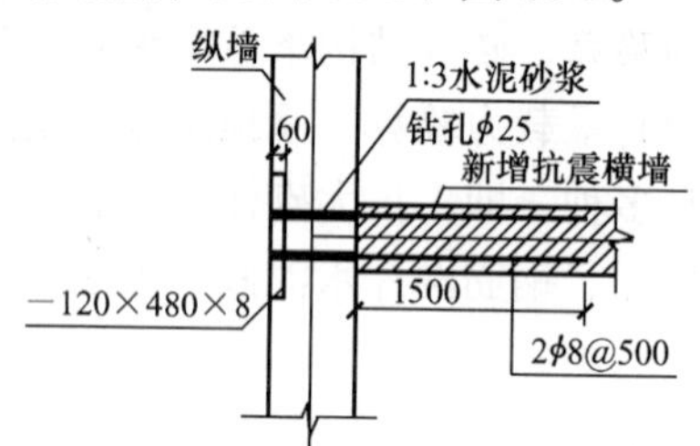

图68-1　抗震横墙与原有纵墙连接一

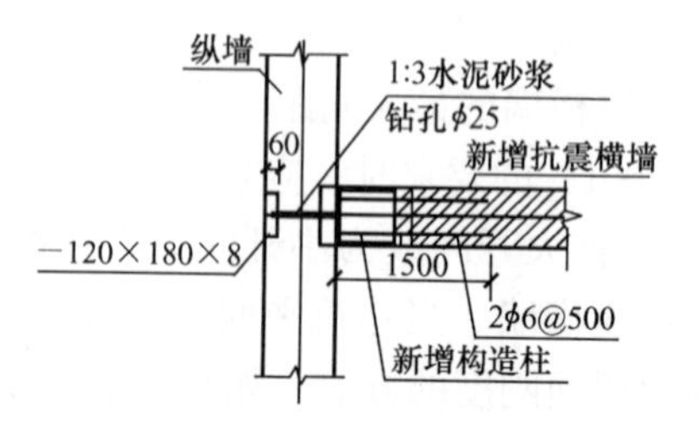

图68-2　抗震横墙与原有纵墙连接二

（2）砌体表面加固措施

采用钢筋网片水泥砂浆对原有墙面进行加固，根据需要对单面或双面墙体进行。钢筋网片的竖筋在楼面板处或伸入地坪时，可在楼面板或地坪上钻孔插入短筋，短筋的截面面积总和应不小于中断竖筋的截面面积总和，短筋与竖筋的搭接长度为 35d 直径，且不小于 400mm，孔洞应冲洗干净，用 C30 细石混凝土捣实，并注意养护，见图 68-3、图 68-4。

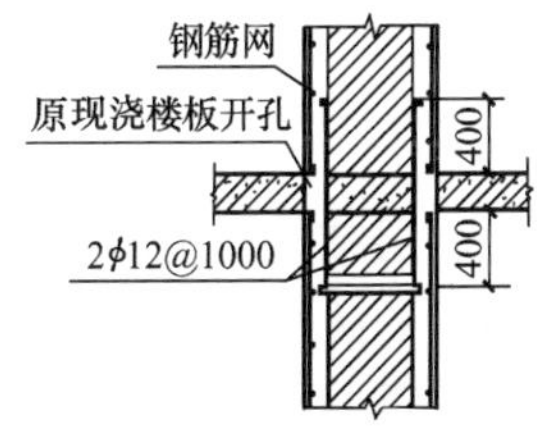

图 68-3　钢筋网水泥夹板墙在现浇楼面处做法

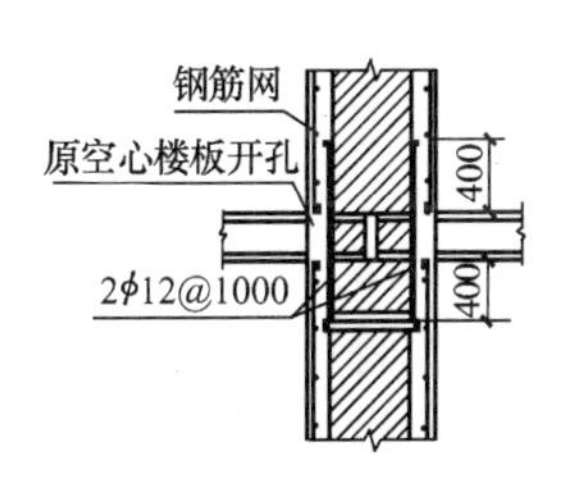

图 68-4　钢筋网水泥夹板墙在空心楼面处做法

（3）增大墙柱的截面面积

根据原有砌体的结构平面布置，可采取不同的加固措施加固：

1）在窗间墙或适合部位增设附壁柱。因门窗留洞过大或洞多时，窗间墙过窄小。加固后墙体承载力仍不足时，如果使用上允许，可适当将门窗洞口减小，用砖砌或用钢筋混凝土浇筑视条件而定；

2）对原有附壁柱的砖墙或独立砖柱，可在砖墙或砖柱的一侧或两个侧面镶砌，以增强截面积；对于刚度较差的房屋，可增设型钢、钢筋混凝土支撑或支柱加固。

2. 墙体增加构造柱和圈梁

（1）多层结构抗震加固采用增加外构造柱

如加层采用轻钢材料后，建筑的总高度超过现行抗震设计规定的 3m 左右时，可隔开间设置外加柱；超过 6m 左右，应在每开间设置外加柱加固；加层后，若墙体抗剪强度不足，且差值率在 20%左右时，可在设有横墙的纵墙外侧设外加柱加固；设有外加圈梁加固的房屋，应在墙的尽端及每隔 3 个开间设置外加构造柱；纵墙承重的砖混结构，如大开间的会议室或教室，由于加层刚架多采用刚接方案，刚接柱脚传递较大的弯矩和剪力，对原有结构的影响较大，应增加外加柱或组合柱加固。

外加柱的截面形式有：矩形式、扁柱、L 形柱等；外加柱与墙体的连接应采用拉结钢筋和销键。

（2）多层结构加固采用外加圈梁的措施

原有房屋的顶层可设置作为门式钢架加层结构的柱脚基础的反梁，代替屋面钢筋混凝土圈梁；纵墙承重的砖混结构原房屋适当部位增设外加圈梁；圈梁应沿外墙及内承重墙设置，但必须交圈闭合，力求在洞口处不断开并绕开。外墙圈梁一般都用现浇钢筋混凝土圈梁，内墙圈梁可采用钢拉杆（型钢或圆钢）代替，钢拉杆应尽可能靠近墙面及顶部位置。

3. 建筑基础的加固措施

按照《砖混结构房屋加层技术规范》（CECS78：96）的要求，当原房屋经长期使用，未出现裂缝和异常变形，地基沉降均匀、上部结构刚度较大，原基底地基承载力在 80kPa 以上地基，结合当地实践经验，对粉土、粉质黏土、砂土、黏土的原地基承载力可适当提高，提高系数 μ_1 在 1.05～1.25 之间。

提高系数：

$$f_k = \mu_1 f_{ok} \tag{1}$$

式中 f_k——加层设计时地基承载力标准值；

f_{ok}——原房屋设计时地基承载力标准值；

μ_1——地基承载力提高系数。

按上海市工程建设规范 DGJ08—81—2000《现有建筑抗震鉴定与加固规程》要求，当建筑物建成年限为 10～20 年时，地基土长期压密提高系数 $S_c = 1.10$；当建筑物建成年限大于 20 年时，

$S_c = 1.20$；其他情况下 $S_c = 1.0$，也可以根据实际情况确定。

其公式为：

$$f_{sc} = S_c f_s \tag{2}$$

式中 f_{sc}——中长期压密地基土静承载力设计值；

f_s——地基静承载力设计值；

S_c——长期压密提高系数。

当加层后地基承载力达到要求时，基础不需再加固。钢筋网片水泥夹板墙的底部标高宜为室外地坪以下 400mm。多层砖混结构的基础多是墙下条形基础，当地基承载力不足时，可加宽原条形基础，加宽部分与原有基础通过钢筋钢杆连接，并将原混凝土基础加宽一侧扒毛、冲洗、使新旧两部分混凝土能紧密结合为一体，并锚固加强。

刚性基础应满足刚性角的要求，柔性基础应满足抗弯的要求。钢筋锚杆应有足够的锚固长度，有条件时可将加固筋与原基础的受力钢筋焊接。基础加宽也可将柔性基础改为刚性基础，条形基础扩大成筏形基础更好。

4. 砖混结构加层加固的应用

以某宿舍楼为例，建于 20 世纪 80 年代，建筑面积为 2440m^2。建筑的一侧为宿舍另一侧为走廊。4 层结构顶部标高 14.80m。结构形式为砖混结构，采用 MU10 砖及 M5 混合砂浆，纵墙承重，采用预应力空心楼面板及屋面板，基础形式为毛石条基，钢筋混凝土底圈梁，场地土为 2 类。由于厂区扩大，需增加 1 层，立面保持原有建筑风貌。

经地震鉴定结果表明，承重墙基础完好，没有出现基础的不均匀沉降现象，可加高一层轻钢结构，但原结构设计不符合抗震设计规范要求，故在加固改造中一并解决整体建筑的 7 度抗震设防。

(1) 由于加层为大开间，在中部跨间无法设置横向柱间支撑，只能在加层两端设置，刚架加层的刚度较小，边柱柱脚采用刚接方案，中柱柱脚采用铰接方案。在原屋面增设反拱，作为门式钢架加层结构的柱脚基础。由于钢接柱脚平面尺寸较大，而且钢接柱脚传递较大的弯矩，反梁在纵横双向设置，在柱脚处局部加大反梁尺寸。反梁与外加构造柱及原楼板应有好的连接。横向反梁用来抵抗刚架柱脚的水平剪力和弯矩。由于横向反梁的设置，必须在原楼面上增设一层木楼层，提高了加层的楼面标高，在设计加层楼梯时应充分注意到。

（2）为确保新旧结构有良好的连接，在加层结构设计时，反梁与原屋面连接植筋要用混合材料结构胶，植筋连接为 2 根 14mm@300，在原屋面结构的植筋深度 240mm，在新增反梁中的锚固长度 > 3600mm、C25 混凝土浇捣密实。并将原屋面女儿墙的构造柱钢筋保留，锚入新增反梁中，保证锚固长度不减少。并在新增反梁混凝土中掺入适量膨胀剂，防止收缩开裂，提高其粘结强度。施工时，要求把与新增反梁连接处的原屋面板混凝土表面凿毛处理。

在楼梯间及外墙四角等部位增设构造柱，构造柱不仅与原有墙体采用销键连接，而且要与反梁可靠连接，施工时加强质量控制极为关键。

（3）对部分产生温度裂缝的墙体进行加固补强处理，采用钢筋网片水泥砂浆对墙体两个面加固。由于宿舍楼一侧增设室外消防钢梯，把走廊端部 1500mm 宽窗洞改为 1000mm 宽的门洞，凿除窗台以下 900mm 高的砖砌体，并用 MU10 烧结普通砖及 M7.5 水泥砂浆，在原砌体上每隔 4 皮砖剔 120mm 深的槽，砌筑扩大砌体时新旧接槎认真处理好，使其成为整体砌体。考虑到后加砌体存在着应力滞后，加固后的砌体承载力计算公式为：

$$N \leqslant \psi(fA + 0.9f_1A_1)$$

式中　N——荷载产生的轴向力设计值；

ψ——由高厚比及偏心距 e 查得的承载力影响系数；

f，f_1——分别为原砌体和扩大砌体的抗压强度设计值；

A，A_1——分别为原砌体和扩大砌体的截面面积。

（4）将原屋面保温层及防水层铲除干净。由于原屋面空心楼板承载力不足，对原屋面板采取板缝加钢筋和空心板圆孔内加穿钢筋并增加钢筋网片混凝土面层加固，同时加强了屋面的整体刚度。

（5）加层的内、外隔墙采用轻质水泥钢丝网夹芯板，屋面采用75mm厚的EPS隔热夹芯板，因此，轻钢结构加层整体质量较轻。考虑到地基承载力经加强后的提高，通过对加层后结构的验算，基础完全满足正常使用需要，对其余的原有基础不再进行加固处理。

5. 简要小结

建筑房屋的加层设计及施工应考虑房屋的抗震加固、强度和刚度加固相结合，施工程序应是先加固后加层；加层后如原有墙体刚度不足时，可采取钢筋网片水泥砂浆层加固及增加墙体截面积的方法处理；增加构造柱及圈梁，应与原有墙体用销键和拉杆有可靠的连接；在原屋面增设作为钢结构加层结构的柱脚基础的反梁，对加层加固起重要作用；加层建筑设计时，应考虑原房屋地基承载力的提高，如满足需要可不加强处理。

69. 高层建筑主楼与裙房关系怎样处理?

城市建设工程中因为功能的需要，绝大多数高层的主楼与裙房连为一个整体，高层的主楼部分因规范的要求和使用功能的需要均设有地下室，因高层部分荷载量很大、沉降量也大；裙房较低，一般不高于4层，荷载相对低，沉降量也小，其总沉降量与连接的高层比较相差量大。因此，高层建筑设计时必须处理好高层与裙房的关系，特别是基础部分的设计，应尽量减少主楼与裙房基础的沉降量，控制在现行标准与规范允许的沉降范围内；否则，因设计考虑不周，会因主楼与裙房的沉降差过大而造成建筑质量存在隐患甚至发生事故。根据许多工程的施工实际总结，设计中可以采用的处理方案较多，但每种方案都有一定的适用范围和使用条件，必须根据所设计工程的特点、地段、工程地质状况的不同选择最佳处理方案，但不论采用哪种设计方案都要使主楼与裙房的沉降差控制在允许范围内，使基础的承载能力满足规范及使用需求。如遇到地下水位高于地下室基底高度时，应满足基础抗浮、抗渗、防水的要求，还要考虑不能因主楼与裙房基础的分离，造成主楼与裙房相连一侧地下室丧失和减弱侧限，降低建筑物的稳定性和抗震能力。

1. 协调高层与低层沉降方法

如基础不设后浇带而高层与裙房基础相连的基础，可采取协调两基础沉降法处理，即采取可靠措施将高层部分的沉降量减少到最低程度，低层裙房部分的沉降在保证基础承载能力和稳定性的前提下增加到设计规范允许范围的最大值，以达到两者的沉降差大幅缩减，控制在满足现行规范规定的限制范围内，亦即上部结构可以承受的程度，以确保高层建筑能力和正常使用极限状态，达到规范标准要求。具体的方法是：在合理构造范围内，宜尽量加深高层建筑的地下室埋深，这样可以把产生高层建筑部分地基沉降的附加应力大大减小，如一座 28 层的高层建筑，设计地下室为两层，基础埋深 9m，所挖出的土重大约在 175kN/m^2，扣除地下室结构包括顶板重量后，基础的附加应力减少了 115kN/m^2,相当于减掉了地面上 7 层建筑荷载在基础上产生的附加应力，这种补偿基础使 28 层的基础沉降减少了近 30%。尽量选择承载能力大、沉降量小的桩基础，并尽可能将桩进入压缩模量大、沉降速度快、沉降量小的中粗砂砾层中，控制工序过程的质量，应在高层部分基础基本完成后，即沉降大部已完成后再施工裙房基础；在满足承载力的设计要求的前提下，尽可能减少裙房基础的面积，以增大裙房基础的应力和附加应力，增大基础的沉降量。这种设计是不留设后浇带，建成后的高层与裙房成为整体，属于无缝设计建筑。待满足上述实施要求后，立即施工裙房基础及上部结构，可以达到裙房部分在高层施工时暂保留不动，既可以满足高层的施工场地、材料、设备、人员调动施工活动需要，又可以满足裙房地上建筑时间工期较紧的工序要求，但在高层建筑的施工，应重视随后与裙房从基础到上部结构相连接槎处理的技术措施。

2. 预留后浇带设计方法

当地基的持力层和主要受力层为现行地基设计规范规定的在100～200kPa压力下，压缩系数 $\alpha_{1-2} < 0.1\text{MPa}^{-1}$ 的低压缩性土质，或处于中密的中、粗砂土层且工程又有将主楼和裙房基础连接一体的需求，高层的体型又不特重、不规则时，可在主楼与裙房基础之间留置临时施工缝的方案处理。开工后在主楼与裙房之间留有彼此可自由沉降的后浇带，并在高层施工中做好随后与裙房相连接的技术处理及高层的沉降观测。后浇带是施工缝的一种，后浇带在主楼施工基本完成后，沉降基本趋于稳定时，用高于基础混凝土强度等级一级的早强微膨胀混凝土浇捣振实抹平。后浇带的留设、位置、形式及钢筋的处理方法规范有详细的规定，应适当减弱高层与裙房上部结构相连接处的低层构件的刚度。对于一般黏土持力层，高层的沉降由两部分组成：一个是施工阶段的沉降；另一个是使用阶段的沉降。并存在一定的沉降滞后效应，但按此项要求实施并满足适应条件采用此方案时，高层荷载已完成80%以上时，相应荷载的沉降也大部分完成。后浇带方案的特点是主楼的下沉大部分已经发生才封闭后浇带，剩余的沉降量已经很小了，将主楼和裙房原应很大的沉降差变为很小，两者沉降差控制在规范允许的范围之内，是安全、可靠、易于控制、方便施工的方案。应用这种方法处理的多幢中高层建筑、大型水池、混凝土构筑物，实际的沉降差值均很小，效果较理想。

以上两种设计方案均为高层和裙房不留永久沉降缝，将基础连接成一体，地上部分不影响高层建筑抗震缝和伸缩缝的设计，也不影响上部连接成一体的要求，均可以作为高层无缝设计的重要技术构造措施，并且可以满足功能和使用上的要求。

3. 高层与裙房基础分离方法

当采用上述两种方案有困难，不具备采用以上两方案条件进行基础的设计，只有采用将高层与裙房基础分离方案，留设永久的沉降缝。这样高层和裙房均可以自由沉降，裙房和高层部分按荷载的沉降要求及地质状况，选择各自的基础方案独立设计，但裙房的基础与高层相接部位宜采用悬挑结构。基础的净距应大于3m，以尽量减少高层对裙房基础沉降的影响；悬挑结构应有足够的强度、刚度和承载力；悬挑梁受力的作用点应尽可能落在梁下基础的中心，避免力作用于其下基础的外边缘上，形成基础大偏心受压，造成基础受力时应力不均匀，基础的外缘处的应力大大超过地基的承载力，产生塑性变形。若沉降量过大，致使悬挑梁向下倾斜，造成裙房上部结构产生变形、裂缝等出现质量问题，将严重危害建筑的安全及正常使用。悬挑梁下应于高层基础留出大于200mm的空隙，亦可在梁下填充松软材料，避免因悬挑梁下沉将荷载压在高层基础上，或改变了悬挑梁设计的受力模式。选择此设计方案，必须对基础的沉降量进行计算，计算时，应充分考虑高层与裙房之间的相互影响。当采用计算软件进行计算时，应输入可靠的计算参数（如附加应力值、压缩模量、压缩深度、经验系数等），并考虑周围邻近建筑和地面荷载状况，沉降滞后的影响因素，使计算值尽量接近实际沉降量，使设计有准确的参数。还应对地基沉降作可靠、系统的观测，如发现情况不符合设计沉降值时，应按观测结果值调整设计方案，使其更符合实际。

70. 如何处理建筑主楼与裙房不均匀沉降

城市的发展和人口的增加，促使高层建筑越来越多，由于功能和造型上的需要，高层建筑往往带有低层裙房。使用功能要求主楼与裙房相连接，而主楼与裙房间荷载的较大差异，必然会导致基础的不均匀沉降；当沉降差过大时，将使结构产生难以承受的应力和变形。然而，影响基础沉降差异的因素是多方面的，如结构体自身的重量、荷载的不同、主楼与裙房刚度的不同、外体形状、基础形式及刚度、地质状况、施工条件质量控制等原因。为有效解决基础沉降差异过大的问题，必须从构造、结构及施工等方面采取措施。

1. 主要处理措施

（1）构造上的措施

在主楼与裙房之间设置沉降缝，使两者之间互不干扰，能自由沉降。沉降缝分割出的两个独立单元具有体形简单、长高比较小、结构类型单一及地震比较均匀的优点，从而使得两个沉降单元的不均匀沉降及因沉降产生的上部结构次应力均很小。沉降缝不但能消除沉降差异，还可消除混凝土的收缩、温度应力和地震对结构的破坏，但同时也带来许多不便，如减少了使用面积，影响使用功能，影响建筑物美观，施工不便及结构复杂，工程造价增加，屋面及地下室防水处理不当，易造成局部漏雨、漏水；出现双墙双柱，使基础处理复杂，设沉降缝时，若两个基础埋置深度相同或高差较小，应采取措施，保证高层部分基础的侧向约束。

（2）结构上的措施

1）加柱间支撑：在主楼与裙房间增加柱间支撑，使高层主体与低层裙房间刚度增大，高层部分将一部分荷载通过柱间支撑传给低层裙房的柱子，调整基础底面积，减小相邻处高层基础的基底面积，而增大裙房基础的基底面积，调整使其沉降差控制在允许范围内。

2）柔性连接：高层主体与低层裙房间采用柔性连接，使高底层房屋的基础或其上部结构连接构件能够承担由于差异沉降而产生的内力，为减少内力值，可采用以下两种局部降低构件刚度的方法：一是高层主体与裙房间以板相连，增加连接部位的柔性，以适应变形的需要，板宽度应在3~4m；二是高层主体与裙房间以梁相连，局部减小梁的刚度。

3）拉结墙：考虑到上部结构对沉降的影响，可采用增加局部刚度的方法来抵抗由于荷载引起的不均匀沉降。在高低层连接部位，采用钢筋混凝土纵向拉结墙来增加局部刚度，抵抗由于不均匀沉降产生的剪力。

4）采用整体基础：高层建筑主楼与裙房采用整体基础，同置于刚度很大的箱基或筏基础之上，用以抵抗不均匀沉降产生的内力；或者基础通过桩支承在基岩或承载力较大的持力层上，这样可使主楼与裙房基础之间不产生不均匀沉降。当地基为软弱土，后期沉降量大时，可将裙房座在主楼挑出的基础之上，使裙房与主楼的沉降量相同。由于悬挑部分不可能很长，因此裙房的面积不能过大。采用整体基础方式的高层建筑，如上海的联谊大厦、深圳云南大厦等。

5）基础采用铰接形式：例上海的金茂大厦主楼与裙房地下室为三层，基础采用桩筏基础，主楼筏基厚4m，裙房筏基厚0.5m，主楼与裙房基础采用铰接，连接部位的弯矩为0，建成后的实测沉降量为70mm。实践表明，用此种基础形式是可行的，基础主楼与裙房铰接形式见图70-1。

（3）施工控制措施

施工工序安排应先施工主楼，后再进行裙房施工，在主楼与裙房之间先预留后浇带，待基础沉降基本稳定后，再用微膨胀混凝土浇筑后浇带，使两者的地梁、上部梁反连接成一整体。如果地基承载力较高，沉降计算较可靠的，可将主楼与裙房的标高预留沉降量，使沉降后两者基本一致。后浇带法不但施工比较复杂，而且

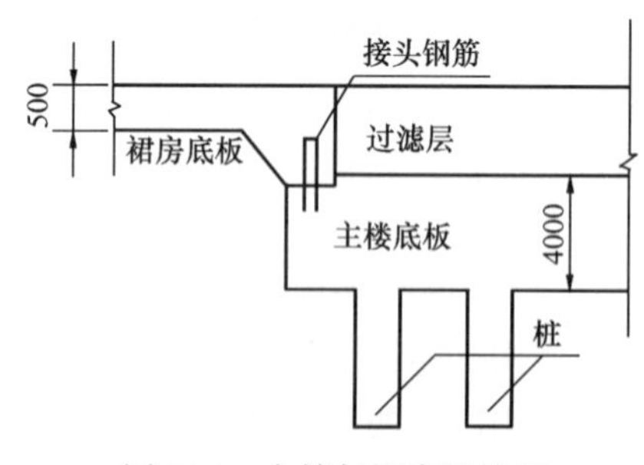

图70-1　主楼与裙房铰接图

适用于变形稳定快、沉降量较小的地基，对变形较大、延续时间较长的地基则不大适用。

2. 基础形式的选择

建筑基础形式的选择既要考虑基础的强度，还要考虑基础的刚度，使其不均匀沉降量控制在允许范围内。主楼与裙房不均匀沉降量的大小，不仅取决于基础本身的刚度，还要考虑上部结构、考虑和地基的共同作用。应根据上部的结构形式、荷载大小、使用条件、工程地质情况等综合需要来确定基础的形式。为减少沉降量不同，高层部分通常利用补偿基础的理念加大基础的埋深，宜采用箱形基础、筏形基础和柱基，也可以设计成桩筏基础或柱箱形基础。裙房部分除了采用刚度较好的箱形基础外，还可以缩小基底面积，加大基底压力，选用十字形加拉梁的基础，需要时也可以将基础埋深减小，使其落在较软的土层上，其目的都是尽可能地加大裙房的沉降量，有利于减少高低层基础间的不均匀沉降量。

3. 地基承载力的确定

主楼与裙房的连接，设置沉降缝与否，主要在于两者之间的沉降差大小。因此，必须认真研究建筑用地的地质条件，合理确定地基承载力，才能较准确地计算主楼与裙房的基础沉降及沉降量。

目前，在高层建筑的基础设计中，地基承载力特征值通常由以下4种方法确定：通过土的物理力学指标或标准贯入实验结果，利用《建筑地基基础设计规范》中承载力表查出；荷载实验确定；理论公式计算；静力触探等确定。规范提供的计算地基承载力特征值的公式是：

$$f_a = f_{ak} + \eta_b \gamma (b - 3) + \eta_d \gamma_m (d - 0.5)$$

式中　f_a——修正后的地基承载力特征值；

f_{ak}——地基承载力特征值；

η_b、η_d——地基宽度和埋深的地基承载力修正系数；

γ——基础底面以下土的重度，地下水位以下取浮重度；

γ_m——基础底面以上土的加权平均重度，地下水位以下取浮重度；

b、d——基础底宽、埋深。

在高层建筑中，由于主裙楼组合就会造成主楼基础的计算埋深的取值出现变化，从承载力和变形角、裙房的基础选择条形基础或独立基础已能满足使用要求，但在这种情况下，计算埋深显然不能从室外地坪算起，如何取值需要对规范进行完善。太沙基地基极限承载力公式是基于莫尔-库仑准则推导得出的，没有考虑中间主应力的影响，不能完全反映地基的实际情况，可利用双剪理论，在3项假定的前提下，依土体整体剪切破坏模式，按如下承载力公式计算：

$$q_u = cN_c + qN_q + 1/2\gamma bN_r$$

式中 N_c、N_q、N_r——承载力系数；

c——土体的内摩擦角。

$q = \gamma d$ 为基底以上基础两侧土体的自重压力。

对照以上两个公式就会发现，规范中对埋深修正来源是基础两侧土体的自重压力对土楔体的滑动阻碍，如果这种阻碍作用不能得到保证，基础深度修正就不能按公式进行计算。

4. 地基沉降量的计算

为减少地基的沉降量和不均匀沉降差，高层建筑多数采用柱箱筏基础。采用柱箱筏基础的高层建筑，竣工时的沉降量可按下列公式进行计算：

$$S = PB_e(1-\mu_s^2)Cm_c/E_0(A_ec + ndB_e(1-\mu_s^2))$$

式中 S——建筑物竣工时的沉降量；

P——建筑物的荷载；

B_e——基础的等效宽度；

E_0——桩土共同作用的弹性模量，取桩长范围内土的平均压缩模量 E_{1-2}的 3 倍；

μ_s——桩土共同作用的泊松比，当桩为中长桩时，在 1.35 ~ 1.4 范围内取值；

n、d——分别为桩数和桩径；

c——桩基的沉降系数；

A_e——基础面积减法取群桩的有效受荷面积。

高层建筑主楼与裙房间的不均匀沉降问题是设计的一个难题，上文给出了设沉降缝、悬挑基础等的常用处理措施，并在上部结构影响基础方面提出柔性连接、铰接及加柱间支撑解决基础的不均匀沉降新方法。同时，给出高层建筑确定地基承载力及基础沉降的理论及经验公式，能较准确地确定基础的不均匀沉降和主楼与裙房间的沉降差异。

71. 如何处理住宅小区外排水常见问题？

住宅小区室外排水的质量如何，仅靠小区给排水规划平面图是不能满足需要的。设计图仅标明排水管道的走向、窨井、化粪池、开关井、消火栓的位置，但缺少细部构造图。例如对排水坡度也有要求，但往往与具体实际不相符，实施过程中会遇到修改变更，有时还会造成损失。为此，设计人员应实地测量，做出精确的详细设计，在施工过程中应再去现场督促，按设计施工，使小区排水工程满足设计要求和达到使用效果。

现就地势平坦且较低洼、室内外高差较小、排水管覆土少的现状，分析解决小区排水常见的一些问题。

1. 排水分干道设置

生活排水总要排入区域主干道内，从小区总平面布局看，首先应确定排水坡度和深度。在地形平坦地面确定的排水坡度不宜小于 0.3%；若小于 0.3% 时，则污水流不畅，易堵塞；大于

0.3%的坡虽对排水有利，但受内外落差的限制而不能挖得更深，因受下游排水主干道的限制，如覆土太少或管线出地面则对保护管线更不利。

每幢楼房的支排水线深度应综合考虑寒冷时的冻结深度及管径。如四个单元住宅楼单元长52m，其排水管长约44m，从上端的第一个窨井开始，ϕ200的排水管埋入地下的深度不应小于700mm。这是因为管上的覆土厚500mm，内设其他管线等；同时，考虑到一定厚度土层对管线及冻结的保护作用。如设化粪池，其落差应大于100mm，化粪池出口落差50mm，为防止堵塞，保证畅通，污水管道上端的埋深不小于800mm为宜。

如果因整段污水管道坡度小而不能加深，这种浅埋沟应做成便于清理沟底沉积物的管沟加盖板的形式，这种采用较少管沟形式的缺点是隔气性较差；当坡度及埋深符合要求时，这种水渠形式加盖板可建成永久性的，只在一定距离内设沉积井清理。

目前，很多城镇的排污管道多采用合流制，污水来自生活、小型工厂废水及地表水。这几种水经检查窨井流入化粪池、管网汇积，处理后再排入河流、湖泊或沙漠中，但其无法处理的有害物质将对污水管网及排入体造成新的污染。其污染程度地下水位越高，土质渗透系数越大，施工质量越差及渗漏点越多，造成的污染范围就越大。若雨水不直接排放，就增大了后建污水场的负担，而住宅卫生间、公厕水冲汇集，将使污水的富营养成分不能进入农田。所以，逐步改造污水使其分流，便于处理合格及排放有针对性，也有利于环境及地下水质的保护。

2. 平坦地面的处理

平坦较低不利于排水地形的排水埋地坡度应取较小值，其主要原因是挖土太多，费用过高。为使这种地面不积存水，地面排水坡度按总排方向，同污水主干道一样，取0.2%～0.3%的坡度值，使地面雨水在地面的纵横向上，都要从地面干道的人行道上引导排出。路缘石及路肩起到疏水的作用，雨水经路肩流入埋设的下水管网中。

小区道路适当填高并应带坡度，住宅楼人行道均应填高并坡向一致。无论是水泥还是沥青路面，均宜使断面成弧形，使雨水能迅速排走，而路面两侧则为明沟，利于汇集排泄。

3. 不同设置标高问题

小区住宅楼的散水标高应高出设计的室外地坪表面 30～50mm，如混凝土等地面时，应略高于 10～30mm，过高或过低都不适宜。总之，不应低于室外地坪，以防止地面水倒灌入基础内。

住宅小区竖向规划布置以住宅群楼为基准，依次设计相关的高度，使其适应需要。

如检查井（窨井）内管的标高：住宅小区的排水设计，埋地横向排水管的弯头标高多为 0.8～1.5m，其目的是在各种管道中使其在最下层。室外检查井中的进污口标高应高于出污口，便于排出，但也存在有少数检查井未按正常的需要做，而做成了如图

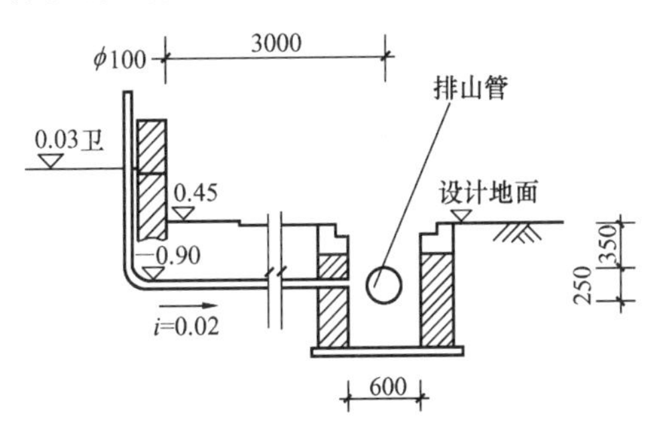

图 71-1　排水井

71-1 的形状。其主要原因是检查井内管口的标高设计和施工都未引起重视，另外是楼房的 ± 0.00 确定不当，使楼房偏低，而导致横向排污管埋置较深，检查井中进污口低于排污口的现象。

图 71-1 排水井存在的主要问题是：进口低于出口会形成倒灌现象，只有排水量大时才会排出；只有大股污水冲击后进入井

内，然后再返回灌入管中；排污口距检查井过深、管口淹入污水中，对疏通不利。为此，设计人员应认真确定楼房的±0.00标高位置，室外第一个检查（窨井）井内的排入口也必须高于排出口，这样不会造成倒灌或淹没排入口，对清理疏通有利。若将检查井加深，使排出口管的弯头在-0.80m时，既可使排入口高于排出口，又保证管线上有防冻的覆土厚度。实践表明，这是对排水上端检查井很重要的一个做法。

4. 检查井中对流问题

对于排水管沟或检查井（窨井）中的对流问题必须加以重视，只要存在进污口低于井中的存水面，就会发生回灌或倒灌现象；同时，也会因埋管进入方向不当，发生对流现象。对流是因井内面积较小，污水流动长度大于水面距离而容易流入到对面。另外，也存在井中污物被大流量水冲进冲出游动，堵住对面管口所致。如室内外排水落差很小，地下水位和外连结管沟内水面较高，化粪池入主干道的管口处在污水淹没之中，若管线上下端成直线对埋，会在主污水渠管的检查井形成对流。如向主干道的靠下游做成斜向埋管，使管接口处成斜交，这样检查井（窨井）就不会发生对流现象。

对于室外检查井内可能发生的对流现象，如图71-2中A检查井，只要排污管口不高于井中的水面，就会发生对流，如将A井位移至B井位，将B井两侧的进污管做成斜线对口埋设，能避免对流出现。

5. 施工质量问题

无论是主污水干道还是住宅小区污水工程，管理人员对其重视程度都低于楼房等主体工程。一方面，人们认为排污工程不需要认真监督也不会出问题；另一方面，认为排污工程是主体建的附属工程而不引起重视。如缺少对埋地管线的质量抽检、防腐的涂层质量、埋管的沟底土质，尤其是纵坡更少进行复测检查核

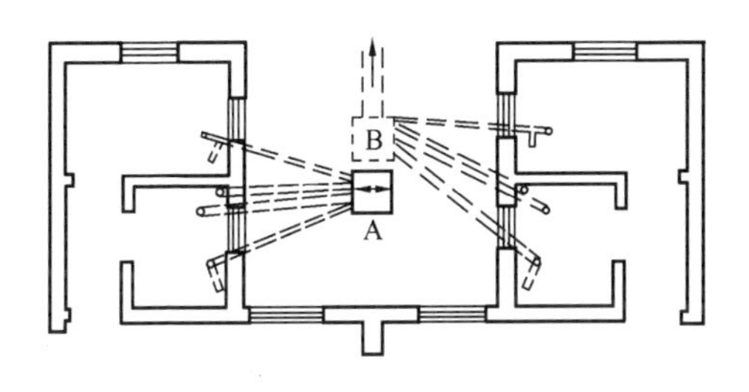

图 71-2　室外检查井

对，造成埋地管坡度不一致或下沉、接口开裂，使其渗漏或堵塞；同时，对检查井（窨井）的砌筑质量检查督促不力；对砌体及抹灰质量是否按防渗要求进行、井底及井顶标高是否符合设计要求、入井各管端标高是否与设计标高相一致等关系排水工程施工的主要问题应分阶段验收，尤其对隐蔽内容更应层层把关，上道工序不合格不得进行下道工序的施工；否则，再好的设计，施工控制监督不力仍会造成排污不畅。

住宅小区排水系统，小至分项工程大到单位排水总系统，多属于地下隐蔽分项且复杂多变，从设计到施工必须高度重视，防止使用后出现质量问题。

72. 如何处理地下工程防水与构造缝？

地下工程较地面工程的防水难度更大，存在着向建筑内渗透的机会更多。探讨防水机理和正确处理好构造留置缝（即变形缝、后浇缝和施工缝），是防治地下工程渗漏的关键。

1. 建筑内防水机理

地下建筑围护结构主体所采用的混凝土，是一种多孔性材料，在地下水压力作用下，其结构内表会有微少渗水现象，这可以认为是正常的。由于墙内表面的渗水与蒸发同时存在，当渗水量小于人工通风的蒸发散失量——约 0.012 ~ 0.024L/（$m^2 \cdot d$）

时，内表面无湿润现象。从表面现象看，一般认为围护墙体是不渗水的，可满足工程的防水要求。而事实上，一些已建成的地下围护结构的表面渗水量大于蒸发量，其表面渗水潮湿，渗水量>0.1~0.2L/（m^2·d）。有时渗水量更大，对有较高要求的工程如医院、商店、旅餐馆等，是不能满足正常使用要求的。如果通过增设可靠的结构内防渗层，可保证达到正常的使用功能，该措施对于一般抗渗等级工程是适宜的。

我们知道，混凝土围护体渗水量（q）的大小与使用材料的渗透系数（φ）、压力水头（h）、墙体厚度（d）有关，其渗水量可按达西渗流定律建立如下关系式：

$$q = \varphi \cdot \frac{h}{d} = \varphi \cdot j \tag{1}$$

式中 h——渗水出逸点 A 处作用水头（m）；

d——围护体厚度（m）；

j——渗透坡降，见图 72-1（a）。

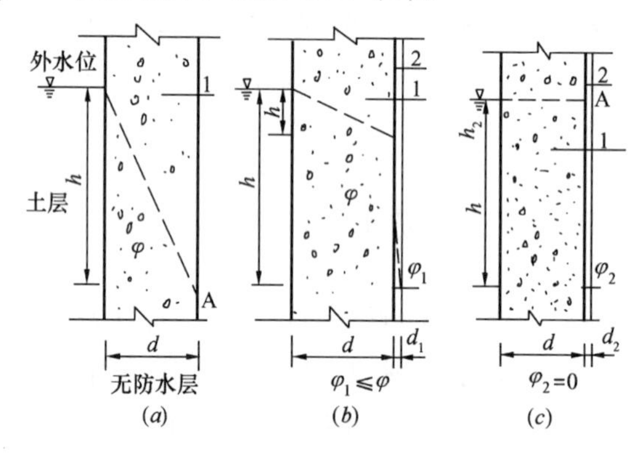

图 72-1　混凝土墙体渗透模型

1—混凝土墙体；2—防水层

从上式中可以看出，在原墙体混凝土渗透系数 φ 值不变情况下，减少渗透的方法是减缓渗透坡降 j。

设在原围护体内壁厚度为 d_1、渗透系数为 φ_1（$\varphi_1 \ll \varphi$），且

与围护体界面完全为一体的防水层。此时，原来透过墙体的渗水当进入防水层后，由于 $\varphi_1 \ll \varphi$，渗透阻力很大，渗流不通时必然造成原内表面渗水出逸点 A 升高，使渗水穿过原围护体的实际渗透坡降减缓为 j_1，即 $j_1 < j$。见图 72-1（b）。因此，上式（1）可以确定，增设防水层后墙体渗水量将因 j_1 的变小而减少。渗透坡降 j_1 可由下式确定：

$$j_1 = \frac{h}{d + d_{代}} = \frac{\varphi_1 h}{\varphi_1 d + \varphi d_1} \tag{2}$$

式中　$d_{代}$——防水层厚度相当于墙体的等代厚度（m），$d_{代} = \frac{\varphi}{\varphi_1} d_1$。

由式（2）中看出，设置抗渗性能优良的防水层后，渗水坡降将明显趋于平缓，防渗较好。

如果选择完全不透水的材料作围护体，$\varphi_2 = 0$，见图 72-1（c）。即使渗入墙体内的水会完全阻住，则出逸点 A 的位置最终抬至与外侧水位相同，$h_2 = 0$、$j_2 = 0$、$q = \varphi \cdot j_2 = 0$。即增设 $\varphi_2 = 0$ 的防水层后，原围护体无渗水通过。

通过上述浅析可知，即使围护体较薄，如果在内设置高性能的防水层，也会起到防渗的作用。

2. 防水层材料选择

防治地下结构的渗水，达到使用要求的抗渗等级，根据以上浅析的防水机理，设防材料的选择应满足：①材料抗渗强度高或材料的渗透系数 φ_1 尽量小。渗透系数 φ_1 越小，防水层厚度 d_1 的等代厚度 $d_{代}$ 就越大，同样的防水可用较薄的防水层解决内面层的渗水，且占用空间小，材料的抗渗等级应 > P10。②选用材料粘结性要好，能保持同结构为一体。从图 72-1 看出，增设防水层后，原墙体内面渗出水逸点 A 的高度随防水层的抗渗性而提高，意味着直接作用于防水层面的水头也提高。由于防水层厚度薄，刚度小，防水层必须靠自身与结构件紧密连为一体，附属共同受力抵御水压渗透及地下产生其他外力。如果粘结不牢固，脱层鼓泡，受水下作用不与结构体变形相协调，防水层就会破坏而失去防水作用。一般情况下，防水层与墙体粘结强度不应低于墙体的抗拉强度，粘结强度≥2.5MPa。③选用材料的热胀性能应同围护体材料的线膨胀系数相一致，固结后收缩性应为零，其耐久性要好。④选择在湿环境下适应性良好材料，因为地下潮湿建成后外侧多浸于水中，适合潮湿可固结且粘力强的防水材料，是保证设防质量所需要的。⑤防水材料考虑在悬空面的效果好，环境温度、湿度变化有时相对大的抗裂性材料。

以上是围护体在无任何缝情况下的防水机理与材料选择。但任何无缝的建筑体是不可能建成的，而地下工程的渗漏均是在未处理好的结构缝处发生的，施工和处理好结构缝是保证地下建筑不渗漏的关键所在。

3. 变形缝的正确施工

同地面工程一样，地下建筑设置的变形缝也具有伸缩、沉降和抗震的作用。变形缝的构造形式如图 72-2 所示。采用埋入式橡胶止水带，在埋设位处将外模板沿水平面剖开，将止水带夹在中间并嵌在钢筋中固定好，埋设好固定件。浇筑时，先施工止水带下部和一侧，铺好压（抹）平，随即浇筑止水带上面和埋件周围混凝土。该处施工应振捣密实，防止错位移动。拆模前后均应养护，根据变形缝的宽高制作沥青木丝板或聚苯乙烯泡沫塑料板，板另一侧嵌一块夹板代替外模，并继续浇筑好另一侧混凝土。养护至强度后，在缝口嵌入两条BW 止水条，然后安装粘贴式止水带，用压板和螺栓固定压牢。

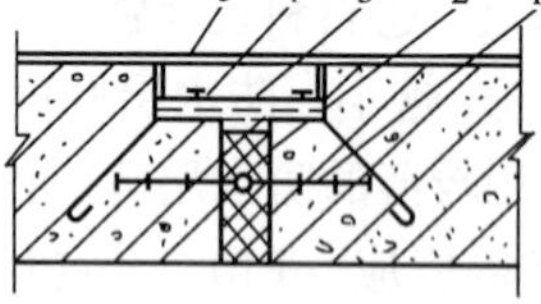

图 72-2　橡胶止水带变形缝

1—沥青木丝板；2—橡胶止水带；3—BW 止水条；4—附贴式止水带；5—可伸缩饰面板

（1）变形缝施工方法

地下围护体墙板变形缝端头钢筋制作安装要留有橡胶止水带嵌入

的余量，止水带端头要用 2 根 $\phi12$ 的钢筋夹紧并固定保持其垂直度。安设好变形缝处的特定模板，在止水带位置处割开、夹紧，不让其移位。浇筑时，派专人负责变形缝两侧混凝土的浇灌，分层两侧均匀逐渐振实，必须保持止水带位置不移动。养护至设计强度后拆除缝中模板，清理干净，待断面干燥后涂刷基层处理剂，填嵌沥青木丝板或聚苯乙烯泡沫塑料板。按照图纸要求，在外侧用防水密封材料封闭或嵌 BW 止水条，再用高分子卷材封闭固牢（见图 72-3）。

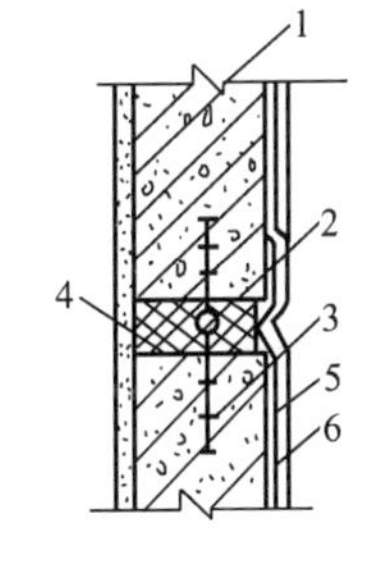

图 72-3　墙身变形缝

1—墙身混凝土；2—沥青木丝板；3—橡胶止水带；4—填嵌密封材料；5—卷材附加层；6—卷材防水层

（2）止水带的选择和对接

变形缝宜选用天然橡胶掺合成橡胶的产品，具有耐久、耐磨和所需弹性，使用温度在 –40 ~ 45℃，可用于地下各类建筑变形缝处防水。选择如图 72-4 所示的橡胶止水带形式较好。埋入缝内后，当混凝土收缩时，产生接触应力的同时产生水密性。若长期变形会因产生应力松弛、蠕变而降低水密性。为减少这种不利影响，应在止水带上多设置几道纵肋。

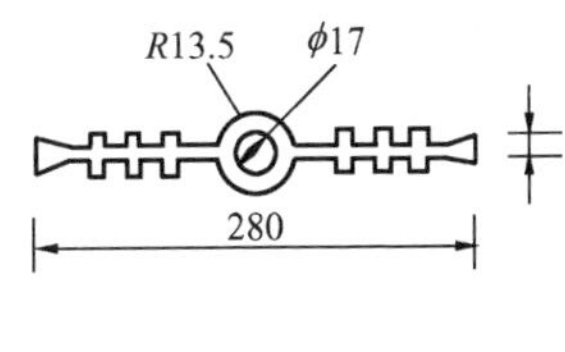

图 72-4　橡胶止水带

止水带的搭接处应锉成斜坡毛槎，用 XY-101 胶两面满涂，并用专用工具压紧固化。在拐角处应做成圆角，但接槎不允许留在该处。

4. 施工缝的留置处理

施工缝的留置必须认真考虑结构体的影响。该处是防水最弱部位，应征得设计的许可。

施工缝的留设位置应在结构剪力与弯矩的最小处或底板上侧板高 200mm 处。如墙体有孔洞时，施工缝距孔洞边缘 > 300mm

处。

施工缝的留置形式一般有企口凸缝及凹缝、高低缝及平缝等。凸缝在墙板厚度 > 250mm 时采用较好，此缝清理容易，阻渗透水线路较长，断面处结合层垂直于水压方向，一般抗渗性好；凹缝重新施工时，难于将凹中杂物清除彻底，也不容易干燥，会影响接槎处质量；高低缝有企口凸缝相似的抗渗效果，适用于墙体厚度 < 250mm 的墙板结构；平缝断面中如果设加 BW 止水条，施工简便，效果也好；如果不设加止水条的平缝，在地下工程中不允许留置，施工缝处将是渗水通道，较难治理。

施工缝处继续浇筑前对接缝处清理必须重视和认真检查验收，切实保证有良好的接触面。立设模板的下口要压紧或搭接在原表面上，保证无漏浆缝隙，并支设牢固，不得在施工中松动。

浇筑前，先在接槎面洒铺厚度 25 ~ 30mm 的 1:1.5 ~ 2 的水泥砂浆，应铺完后即浇筑，中间时间不大于 30min；否则，影响粘结，形成隔离层。浇筑时，第一层的铺浆厚度应在 300 ~ 40mm 为宜，保证充分的振捣密实，不得振动模板漏浆。

5. 后浇缝的质量保证

后浇缝是在两侧混凝土浇筑后基本趋于稳定或 42d 以后进行的刚性接缝，不宜留置其他变形缝的一种结构形式。对地下建筑有防水要求的后浇缝，施工前应有具体的质保技术措施。

(1) 后浇缝的分类

①沉降后浇缝：主要是为防止基础沉降对结构产生不良影响，该缝应在主体结构施工后 35d，即沉降大部分趋于完成再进行缝中浇筑；②伸缩后浇缝：是防止混凝土后期的收缩变形而留置的。该缝在结构混凝土浇筑后的 42d 左右，结构混凝土的各种变形完成 60%以上时再施工缝中，以减少结构的受力状态。

(2) 后浇缝的形状

后浇缝的形状有平直、阶梯、企口及 V 形缝等。平直缝留置及后浇均简单方便，适用于较薄的结构；阶梯形缝抗渗透线路长，界面结合质量好，抗渗性能、施工简易；企口及 V 形缝施工较复杂，不及阶梯形缝好。

（3）接槎（缝）处钢筋必须调直就位，该加强的按设计绑扎好，并用清水冲洗干净，以利于粘结。

（4）模板安设

后浇缝处模板安设要穿过两层钢筋，该处用木模支设较容易；混凝土浇筑应认真捣实。认真清除混凝土侧面的木模残渣，用钢丝刷用力刷干净。清理、拆除模板并支设模板，应分别进行检查。

（5）后浇缝处混凝土的配制，应采用补偿不收缩或微膨胀混凝土，使混凝土有一定的自应力和微膨胀。使浇筑的这部分小体量混凝土不产生收缩开裂，也是后浇缝的质量关键。

（6）后浇缝混凝土的浇筑同一般结构施工相似，分层浇筑振捣密实。所不同的是应选择气温在 10～18℃的环境温度下施工较理想。气温过高或过低均会产生不良影响，收缩及干燥蒸发会产生裂缝。后浇缝处混凝土量小要求高，因此，在进行的一系列工序中均应按工艺标准进行，但养护不应少于 14d。

73. 如何处理建筑物各类缝的防水？

各类建筑物都会出现程度不同的渗漏现象，而渗漏的主要原因是因各种变形缝及防水材料的不能满足环境条件下胀缩的应变幅度发生的。要处理好各类缝在使用后的渗漏现象，正确选择耐候性好弹性大的防水材料，在设计上提出具体要求，应选择防水施工经验丰富的队伍施工，某一方面的不慎都将导致防水的失败。

1. 防水材料选择

一种防水材料的优劣，主要看它适应环境条件下基层变形的能力大小，而材料性能的好坏与材质结构制作的费用相关，这是一个矛盾的两个方面，必须兼顾。

（1）涂料类防水材料

近些年用于防水的涂料品种在增加，质量性能也有提高，改变了过去单一的沥青涂刷防水。建筑材料进入市场对产品开发和提高质量增强竞争很有必要，但采用时需了解它的性能，防止假冒伪劣产品给防水留下隐患。目前，利用材料自身的特性来抵御外界环境变化的涂料较少，如耐老化性能较好的硅胶和聚氨酯等，由于生产价格很高，一些国家或地区规定硅胶只使用在30层以上的楼房，而30层以下的建筑则使用聚氨酯等涂料。据资料介绍上海市使用SDP-851（聚氨酯）涂料已有10多年的经验，耐老化性能优良，可冷作业不加温，两种溶液反应成整体后如同卷材，延伸率好，方便施工，对重点工程必须选用。

（2）卷材防水材料

防水卷材选择必须从耐老化和延伸率好加以比较。目前卷材以三元乙丙橡胶最好，SBS改性沥青卷材、APP改性沥青卷材和PVC橡胶卷材较好。从防水性能比较各有所长，主要存在问题是卷材与基层的粘结强度不高，粘结材料耐老化的性能低，当防水层受到不同情况的损伤后不能愈合，该处就出现渗水。屋面形状复杂时不好控制施工，接槎处成为薄弱面形成渗水。但卷材的施工速度快、面层厚度均匀是涂料不能相比的。

2. 处理渗漏的技术措施

任何防水材料的材质弹性再好，也不能抵御长期的变形胀缩应力，也会疲劳老化。聚氨酯防水涂料虽是推广应用性能较好的材料，其延伸率也只有360%，假如变形幅度超过允许延伸率，也会出现破损。通常情况下，混凝土的温差在30℃时，它的变形幅度为1/1000，一块6m×1.5m的屋面板变形为6mm；若两块拼板的变形宽度达12mm，如采用延伸率达350%的SDP-851防水涂料处理缝处，涂层厚度必须达4mm以上，才可满足变形需要，在经济上是不允许的。为此，应采取设计构造上的措施，将板端的缝宽加大至35～40mm，用布类油膏填堵，再在其上部刷2mm

厚防水涂料，以满足变形的需要。

设计构造上设置的沉降缝、施工缝或预制板的接缝可以用带接的方法处理，以混凝土的自防水为主，另加防水油膏类接缝预防。对大面积的整体性防水，用 SDP-851 涂层时厚度 1.5 ~ 2.0mm 即可，能适应变形缝 4 ~ 6mm 的宽度，对露在自然环境下的防水层是有效的。

现在一些公共建筑设计成上人屋面，构造上在防水层的上部再浇混凝土或铺板块，这种表层如采用粘结和延伸好的材料就不适合，因受上部刚性面层的约束限制，很难达到自由变形，容易使防水层断裂失效。对于不同用途的建筑，应采取不同的设计构造、不同的材料与施工措施，以技术条件克服材料的不足，达到防水的目的。

3. 节点处的防水做法

(1) 大型预制板或多孔板板缝

预制板的拼缝是防水的薄弱环节，灌缝必须认真仔细，所灌浆在压紧后必须低于板面 25 ~ 30mm，再用宽度 120 ~ 150mm 宽的布类用 SDP-851 涂料粘结并再上一道，在其上再做整体地面或屋面。

(2) 找平层处缝的处理

大型预制板最多 3 块的宽度为一分仓处，缝宽 40 ~ 45mm，与板缝一致。待找平层的砂浆干透后，再用宽度 150mm 的布类贴缝，纵缝及端头缝都要贴，贴缝布料平展无翘卷边，在 3h 后布面上涂 SDP-851 涂料两遍，形成均匀的涂膜。

(3) 保温层缝处的防水

需要做块状保温层屋面时，在板缝位置的保温层厚度范围内设第二道防水措施，缝处灌上防水油膏。如采用干散珍珠岩保温材料时，可不留缝处理，但必须分仓压紧保温材料，在分仓处做防水处理。

(4) 厨卫间地面的防水

在现浇的倒槽板或干净的基面上涂刷两道 SDP-851 防水涂料，表面少量撒一些中砂，以增加同面层处理时的粘结力。尤其在地漏口周围和立管的周围认真涂刷几遍，使不同材料在收缩变形时能适应。

（5）窗框周围防水

预留的洞口较窗框外形一般要大，多数情况下窗框固定后用砂浆塞填缝隙，但干缩则产生很多裂缝，就会形成渗漏。防止雨季进水的办法，是在抹好干燥的砂浆及窗框周围贴上自粘性橡胶带再饰面。

（6）管沟伸缩缝的防水

石油化工厂区内有各类管沟，如电缆、暖气等管线不宜直接埋地需砌筑管沟架设，为防止开裂，在一定长度范围留有伸缩缝。由于地下及地面水的影响，接缝处成为渗水通道。在管沟底部及沟壁所留缝宽一般在 25 ~ 30mm 之间，为节省费用，在地面以下 1m 深度以内的缝多用沥青油麻或沥青石棉绳塞堵，表面再刷沥青玛瑞脂封严，一般可以起到防水作用。如地沟下沉量大或电缆沟内不允许进水时，伸缩缝应用防水油膏塞堵，外贴防水胶带加强，防止变形开裂进水。

总之，对建筑各种缝的防水应根据建筑特点、环境条件，因地制宜地选择材料及方法，做到耐久可靠。

74. 住宅工程渗漏原因及预防措施是什么？

住宅工程相对来说，标准低于工业及公共建筑，其结构特点是面积相对小、功能多，拐角、吊壁柜、上下水、暖气、煤气等管道节点多，产生渗漏的机会也较其他建筑多。建筑行业对建筑的渗漏质量通病下大力气，从设计、施工、材料及监督监理上进行治理，取得了一定效果，新建住宅工程的屋面及厨卫间渗漏率降低了 50% 以上，但住宅工程的渗漏仍以厨卫间及屋面为主，是建筑渗漏的根本所在。由于室内渗水潮湿，给家庭生活带来诸多不便，如墙面、顶棚霉迹斑斑，家具受潮变形、关不严。根据施工和管理检查中的具体问题，下面对主要渗漏原因进行分析，并有针对性地提出预防措施。

1. 楼面及厨卫间渗漏

（1）楼地面渗漏原因

楼面板缝灌浆不严，混凝土本身存有较多透水微孔，施工抹压不密实；面层未设防水层或防水层失效；管道预留孔洞位置不准，重新移改后未做防水密封处理；防水层卷边高度不足150mm且接缝搭接不够宽度；住户自行改造破坏了原防水层，未重新补做防水层等。

（2）预防措施

预制板缝处理必须分层用微膨胀混凝土灌缝；混凝土施工配制水灰比要小，以减少蒸发通道并抹压密实；预留孔洞位置应与安装配合准确，洞外用防水密封材料封严；防水层做法必须规范，卷边高度、搭接宽度要够；装修后必须补做防水层。

（3）堵漏作法

当发生渗漏影响使用时，应拆除表面材料，露出渗水部位并清除干净，涂刷防水涂料。如“确保时”和聚氨酯涂层防水效果较好，并配以纤维材料；如较深时，在表面用防水砂浆补抹。

如有裂缝时，应对缝处增加设防层，如贴缝、填缝及贴填结合进行。若表面不需凿除处理时，可直接在其位置刮涂透明或彩色防水涂料。总之，应结合渗漏处情况区别处治。

2. 卫生洁具及穿板处管部位渗漏

（1）渗漏一般原因

细部处理措施不当、套管周围未用防水砂浆塞堵或塞堵但不严实；封塞砂浆配合比不当、小体量用料保护不力、干缩开裂；该用柔性材料封填的却用刚性材料，如暖气管热胀裂，塞填的是刚性材料；卫生洁具及管周未用弹性材料处理，或施工所用嵌缝材料粘结不牢固而被拉裂；坐便器与排水管道连接处渗水，其原因是排水管甩口高度不够，坐便器排出口插入排水管的深度太少及接口密封不严等；厕所地面基层防水层未处理好，内渗进水顺排水管外渗入下层；排水管接头及地漏周围漏水，排管周围嵌缝不严、安装排水栓或地漏时扩大了混凝土孔洞，使该处产生裂缝及补后开裂未及时处理等。

(2) 预防措施

管道细部处理必须按要求进行，隐蔽项目经验收后再覆盖；嵌缝材料及配合比要准确；安装坐便盆的排水管甩口高度必须高于地面 15mm 的洗盆的排水栓或地漏的安装，周围缝隙用微膨胀混凝土填实；表面压抹同地面一致并保护。

(3) 堵漏措施

若厨卫已发生渗漏，将该部位彻底清除，表槎干净且坚硬时再刮填弹性嵌缝或灌缝材料。也可根据裂缝情况，涂刷防水涂料并贴粘纤维材料增强该处部位。如需剔开管道周围的材料时，凿除干净后，在底部支设托板，用微膨胀砂浆或细石混凝土填捣密实，抹压平整。

3. 屋面渗漏的原因及预防治理

屋面渗漏的原因比较复杂，其设计、材料选择、施工方法及工艺条件不当均可能发生渗漏。影响屋面渗水的原因是多方面、多因素的，现就工程中较常见的设计、施工及材料方面的主要问题浅要分析：

(1) 屋面防水层的质量，设计要求是关键，合理的设计才可进行材料的选择和施工。防水屋面的设计应充分考虑使用耐久性、材料、施工的方便和将来的维修，并保证细部及节点的做法。施工图设计应特别注意的几点是：

考虑当地气候因素，合理选择设防等级；按不同设防等级，选用成熟的施工技术和可靠的防水材料；重视找平层、保温层和保护层对防水层的影响，并考虑基础下沉、结构变形对防水层拉裂造成的渗水；针对不同类型屋面，选择不同防水材料和设防层次，即使同一屋面的不同部位，因变形及气候影响，也应采用不同材料，加强该部位的变形能力。

同时，要画出细部处理详图，不应简单注明几油几毡而无具体作法。

(2) 屋面渗漏

1) 渗漏原因：

天沟同屋面板接缝、落水管及穿屋面管道与屋面接缝处发生裂缝；防水层及嵌缝材料因施工原因出现分层、起泡及脱落而渗水；因沉降冷缩原因防水层拉裂或脱开；材料耐久性差，在自然环境下老化、龟裂而失去防水作用；伸出屋面管与防水层接触部分，用刚性材料嵌填，收缩、开裂、渗漏等。

2) 预防措施：

已发生渗漏部位，应铲除旧防水层及嵌缝材料，清除干净后重新刮填嵌缝材料，在其上部再做一层加强层。泛水处渗漏铲除后，重新用细石混凝土抹泛水，其强度应在 C25 以上，泛水防水层与屋面选择材料一致。

(3) 女儿墙处渗漏

1) 渗漏原因：

刚性屋面的分格缝未做到头时，容易形成应力集中，使分格缝处开裂形成渗水；柔性屋面的防水层在女儿墙泛水处收头不严，水进入返流入涂层内；防水层延伸率差，在转角易被拉裂；接缝处嵌填材料粘不牢、脱开；防水层及嵌缝材料容易老化、龟裂等。

2) 预防措施：

当山墙处屋面高度部位出现渗漏及开裂时，应在女儿墙泛水部位铲除原防水层及嵌缝材料，沿缝开凿 30mm × 20mm 的 V 形缝。缝内清除干净晾干，刮填弹性嵌缝材料，其表面用防水涂料或改性油毡做加强层。处理好收头处的粘结及防护，屋面与泛水用分格缝分开，缝内用油膏满填。

(4) 楼梯间屋面渗漏

1) 渗漏原因:

该处屋面与矮墙接触处未做泛水，楼梯间屋面未同大面积屋面一样架空隔热处理，夏季屋面温差大、变形大，使泛水自身或泛水与矮墙间出现裂缝而从板端处渗水，详见图 74-1。

2) 治理方法:

在矮墙同屋面泛水连接处用柔性材料嵌填，设一膨胀缝以解决该处开裂及渗漏，如图 74-2。

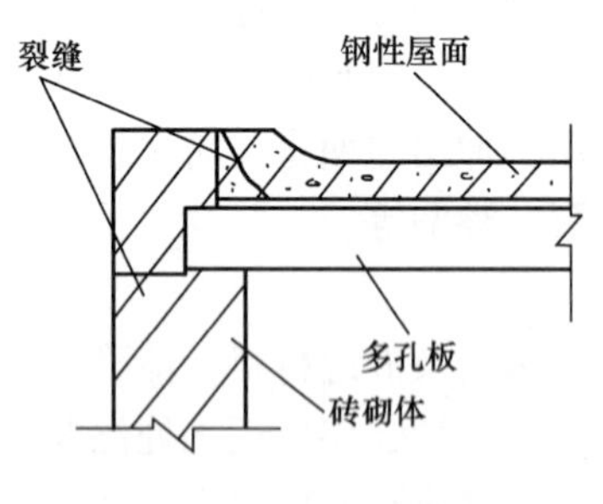

图 74-1　矮墙处渗漏

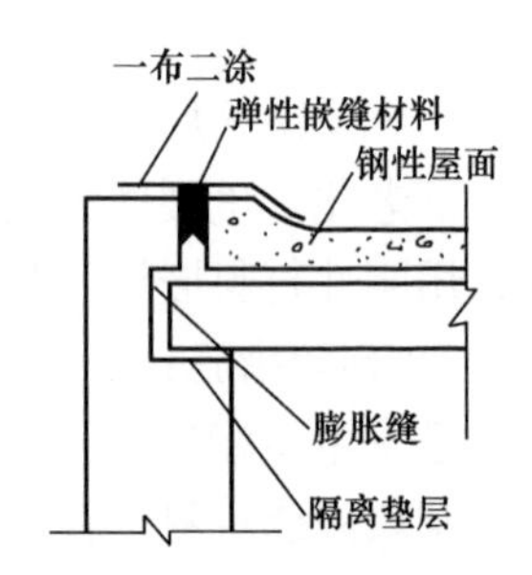

图 74-2　留设膨胀缝

(5) 烟囱与防水层处渗漏

1) 渗漏原因:

该部位容易裂缝形成渗漏，因接触处阴角砌体与烟囱混凝土构件材料存在差异，干缩失水形成开裂。烟囱位于女儿墙之间时，存在空隙较小、压抹不严及空隙处裂缝渗水。

2) 预防措施:

设计时，烟囱同砌体应选用同一材料，砌筑时密实，砂浆饱满，泛水高度、宽度应到位，周围不应有积水存在。

五、水暖门窗工程等

75. 北方地区直埋管道施工及保温应采用哪些技术措施?

北方地区一年中有几个月的冰冻时间，国内已建和待建的油气管道有多条，对于在季节性或永久性冻胀土层中敷设管道，当冻土层厚度 < 1.20m 时，管道可敷设在冻土层下面，投入使用因地层变化小，影响因素很小，一般很少考虑。而当冻土层较厚，管道敷设在冻土层时，要处理好两个主要问题：①冻胀破坏：可能引发的问题有冰椎、冻拨、雪害、水分及盐分的迁移等自然作用带来的管道失稳；②融沉破坏：由于管道的热力场扩散，可能会引发热融翻浆、斜坡地段稳定性相关的热融滑坡和冻融泥流、与地表有关的热融洼地、热融水溏等工程结构的失稳而引发的事故。可以说在北方冻土层敷设管道，除保证管材自身质量、焊接质量、防腐及保温质量外，还必须重点采取对冻胀和融沉的防治。

1. 冻土的分类特性与管道防冻的措施

冻土系指环境温度在0℃以下时产生冰结体的各种土质，其冻土层厚随着低温时间的延长而增加。土是一个由气体、液体、固体三相物质构成的复杂体，从土在低温时形成冻土的物理力学特性来看，冻土的坚硬与土颗粒的性质和含水量相关。如普通砂土在 0℃时冻结，粉质土在 -0.5℃时冻结，黏土在 -1℃时冻结。当土层内温度下降时，部分孔隙内水开始冻结，随着温度不断降低，土中未冻结的水很快减少，不论温度再低，时间再长，土中总会有未冻结水存在，而未冻结水对冻土的力学性能产生大的影响，是处理冻土融沉的重点考虑内容。

由于冰冻的胶结作用，冻土的抗压强度比未冻结土高数十倍，其强度与土的含水量和温度密切相关，见图 75-1。从图上可以看出，冻土的抗压强度随着气温的降低而提高，例如，粉土在 0℃时的抗压强度比 -10℃时的抗压强度提高近 10 倍；冻土在负温的抗压强度随着土中含水量的增加而增加，当含水量过大时，抗压强度处于某一个定值。

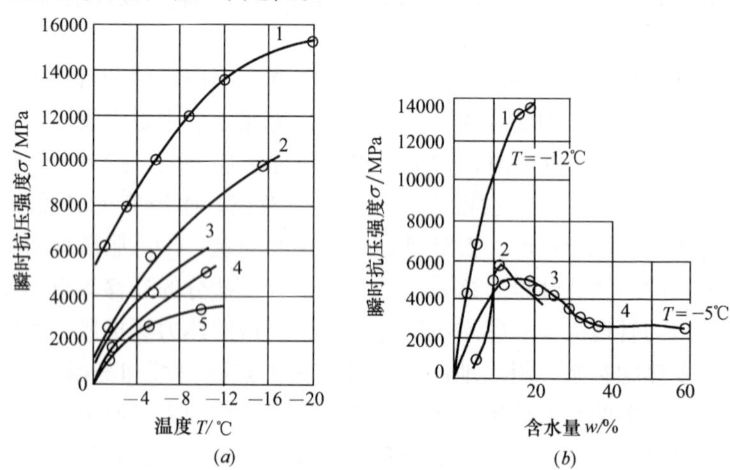

图 75-1　冻土的瞬时抗压强度与温度和含水量的关系

（a）冻土瞬时抗压强度与负温的关系；

1—砂；2、3—粉土；4、5—黏土

（b）冻土瞬时抗压强度与含水量的关系

1—砂（$T \approx -12$℃）；2—粉土；3、4—黏土（$T \approx -5$℃）

冻土的融沉性是由试验来确定的，土中的热状况、水状况及其产生的变化是影响管道敷设和引起冻害程度的主要因素。因此，在北方地区施工，治理冻害的破坏是关键，其技术措施要围绕改善水、热的影响而进行，一般防治冻害的措施是：①防融化措施：采用隔热材料、表涂面层材料、人工制冷等；②防下沉措施：采用大粒径粗材料如卵石、级配砾石垫层、聚苯乙烯隔热垫层等；③改善地下水条件：如地下水和小流向的降改措施，采用封堵、降水、改道等；④基础改造：换土改造管道基础、钢筋混凝土板基、筏基、木质和扩底桩等措施增强其抗上拔力；⑤其他：采用特殊保温措施、热管技术措施、特殊结构材料和构件等，也可采用深埋、架空、隔离等技术处理。

2. 季节性冻土层管道的敷设

冻土地区建筑物基础处理一般采用冻结法和融化法两种形式。在管道施工中，不论选择哪种方式敷设，都必须以确保管道的安全运行和方便检查维修为保证。

(1) 开挖直埋铺设方法

对穿越季节性冻土融化地区的直埋管道，应采取足够的散热隔断技术，宜采用开挖填埋铺设方法。多年的常规开挖直埋管道的断面图见图 75-2（*a*），带冷冻管道的开挖直埋管道的断面见

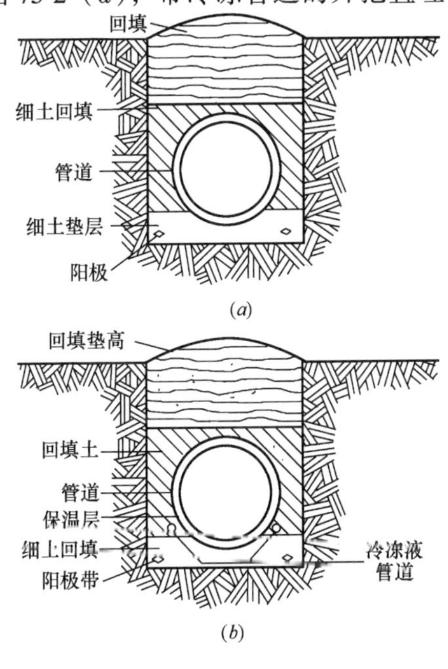

图 75-2　开挖埋设管沟示意

（*a*）常规开挖埋设方法；

（*b*）带冷冻管的开挖埋设方法

图 75-2（b）。国内一般输油管道的开挖深度 > 2m，季节性冻土层 < 1.20m 时直埋即可，但考虑到冻土层的特殊性，对管道周围的铺垫材料和回填土有不同于普通未冻土的要求。

按照管道工程施工规范规定，管道四周的回填土要经筛选，粒径小于 10mm，不得混有硬块、冰块、芦苇或其他垃圾，夯实度达 90%以上。国外对埋地管道外保温用聚氨酯泡沫，喷涂成有一定厚度的隔热层。由于聚氨酯材料价格高，吸水率高，在国内宜采用价格适中、吸水率较小的 EPS 材料，俗称土工泡沫，它是以聚苯乙烯为主的土工材料。其材料压缩强度为 0.16MPa，吸水率 0.14，热导系数约是土的 1/30。EPS 材料长期处在地下水含量高的土中，其自身含水率 < 5%，因此，应是比较好的隔热材料。回填土应在管道周围 300mm 范围内用细土，上部也不允许用粗粒径土回填，穿越公路如直埋时必须夯实，夯实密度 > 92%。其他地段堆土应高出地表面 300mm，宽度大于沟宽，其作用是土自然下沉后沟地面不低于自然地面。

（2）堤上敷设管道方法

为减少和避免管道内热介质向周围土散发，引起永久性冻土层的融化，在相应地段可采用大粒径块石或卵石堆积成长堤，由于块卵石之间有较多空隙和孔洞，容易将管道发出的热量散发出去，使管道与冻土之间起良好的隔热作用，保持冻土的物理状态，避免融沉造成的质量事故。堤上管道敷设方法如图 75-3 所示。

根据土力学保持冻土的设计方法，卵石堤高度 d 由下式确

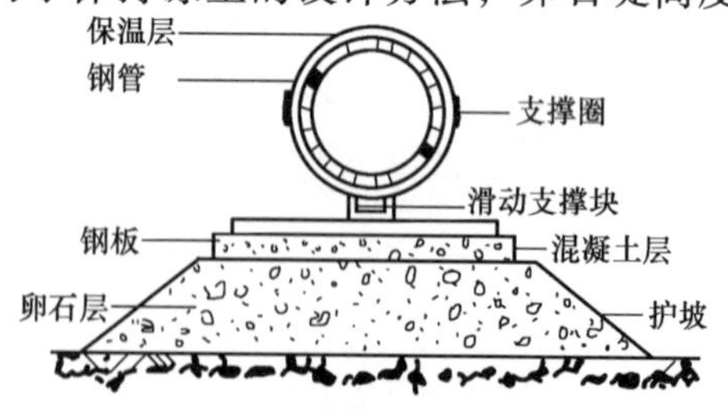

图 75-3　堤上管道敷设方法示意

定：

$$d = Z_d^m + 1$$

式中　Z_d^m——融化深度设计值；

$$Z_d^m = Z_o^m \cdot \psi^m$$

Z_o^m——实测最大融深平均值；

ψ^m——融深影响系数。

根据国内高寒地区融化深度的推算，d 值以 2～3m 为宜。如果采用高性能的隔热管托，d 的高度可以适当减小。中石油工程技术研究院开发的高效隔热管托，其导热系数仅为 0.087W/（m·K)，是岩石类材料的 1/2，抗压强度可达 4.0MPa，是一种隔热好、强度可满足需要的管件用材。

(3) 管道架空敷设方法

在季节性冻土地区直埋的各类大型管道，当不能直埋时可采用 H 形支撑架方式敷设管道，是一种防止管道热量向冻土层扩散的方法。国外采用两侧竖向支架均采用热管结构，热管内装有脱水氨，热管上部装有散热片。当环境温度高于冻土温度时，通过氨的相态转换，气态吸热转化成液态，液态放热转化成气态，如此往复不停地循环，将管中的热量不断带入大气中，保持竖架底部冻土层不会融化，如图 75-4 所示。

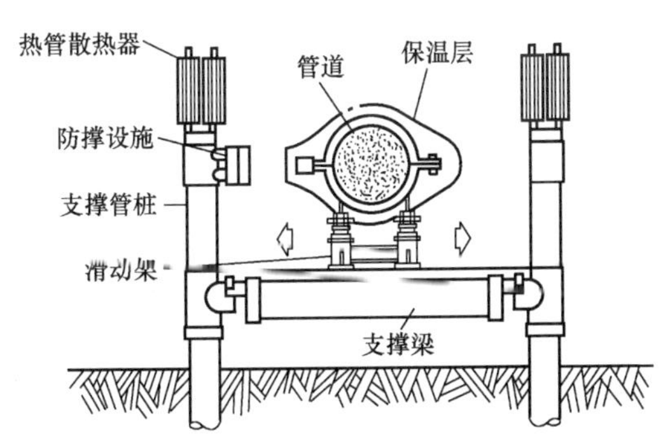

图 75-4　支撑架结构示意

据介绍，国外已建成的冻土地带管架支架中，近 80%采用了上述热管方式。以阿拉斯加 D219mm 管道为例，支撑架间距 18 ~ 24m；D457mm 的钢管桩支架埋入地表层以下 9 ~ 18m，横梁设有滑动支托，允许管道轴向活动量达 3m 以上，垂直方向活动量为 0.60m；管道距地面最小高度为 1.5m。另外，沿管道敷设方向每隔 250 ~ 500m 设置一个嵌固支架。设计时，要考虑引力和应变的不利影响，环向应力和轴向应力按现行规范的要求加以限制，应变由非弹性分析法结合实验确定限量措施。

3. 冻胀土直埋管道的保温

寒冷地区埋地管道无论采取敷设方式，管道保温材料的选择、保温结构的优化、保温层的施工对质量的控制不能有丝毫的放松。一般的要求是必须选择质轻高效的保温材料。保温层的外防护材料应具有严密、坚实的密封性能，耐久性能好；在接口处要采取简单有效的封堵措施，既能适应因温度变化引起的热胀冷缩，使封口同原保温材料裂开，又能在变形中保持密封。

（1）保温材料的应用

目前，国内直埋管道的外保温材料多采用聚氨酯泡沫结构，外护层用高密度聚乙烯夹克结构；对管道内介质温度较高的外保温材料，选择无机与有机结合或纯无机的复合保温结构，如微孔硅酸钙与聚氨酯泡沫结构、玻璃棉或岩棉与聚氨酯泡沫的复合、硬质硅酸盐复合绝热管壳与聚氨酯泡沫的复合、玻璃棉或岩棉与空气层结构的复合等，外防护层采用高密度聚乙烯夹克、玻璃钢或钢套管等。据介绍，国外如阿拉斯加油管道保温材料为聚氨酯泡沫，热导率约为 0.029W/（m·K）、密度约为 $60kg/m^3$、要求在 23℃时垂直耐压强度不小于 0.28MPa；中石油工程技术研究院开发的 WF-1 型改性聚氨酯泡沫、防水珍珠岩等具有绝热性好、吸水率低的特点，在直埋管道工程中应用较多。表 75-1 是几种常用保温材料的性能指标。

（2）组合型复合保温结构

采用玻璃棉管壳或玻璃棉与硅酸铝纤维棉复合管壳与硬质硅

酸钙管壳相间（即每隔 3m 长半硬质管壳加一段 0.5m 长的硬质硅酸钙管壳）的结构能极大提高保温管的安装速度，可使接缝处散热损失与整体管一致，防止因投入使用时重力造成保温层的变形，保温绝热效果好，降低综合成本。对保温材料的选择，要求玻璃棉和硅酸铝纤维棉密度在 $100kg/m^3$ 以上，玻璃棉管壳的密度在 $80kg/m^3$ 以上，硅酸钙管壳的密度在 $200kg/m^3$ 左右为好。在无机保温层外表面加设一层铝箔反射层，在效率相同的情况下，可减薄保温层厚度 10%左右，节省材料，降低费用。

常温条件下几种常用保温材料的性能指标　　表 75-1

材料名称	热导率 (W/(m·K))	抗压强度 (MPa)	吸水率 (%)	参考价格 (元/m^3)
无氟发泡硬质聚氨酯泡沫	0.026	≥0.20	<3	1200
聚乙烯泡沫	0.034	≥0.05	<3	500
聚苯乙烯泡沫	0.038	≥0.10	<3	350
憎水珍珠岩	0.058	≥0.50	<6	450
憎水硅酸钙	0.055	≥0.50	<8	850
泡沫玻璃	0.062	≥0.50	<5	1600
岩　棉	0.038	—	—	350
离心玻璃棉	0.036	—	—	600

采用组合型复合保温结构，综合了硬质和半硬质两种材料的优点，既发挥了硬质材料强度高、可支撑工作管荷载、防止保温层变形优点，又发挥了半硬质材料接缝少、施工速度快、透气性好、造价低的优点，达到改进性能、提高效益的目标。其保温层结构如图 75-5。

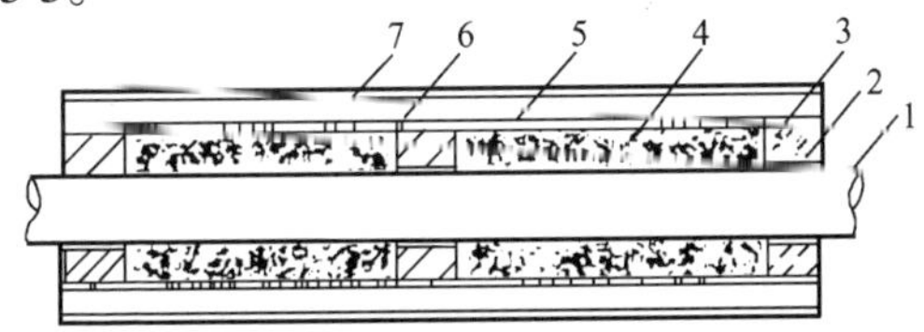

图 75-5　组合型复合保温结构示意

1—钢管；2—减阻层；3—硅酸钙支撑；4—玻璃棉管壳；
5—铝箔反射层；6—聚氨酯泡沫层；7—外护层

（3）多层隔热保温结构

硅酸盐复合绝热管壳是近年内开发的绝热效果好、耐温高、寿命长、施工方便的新型保温材料，将其设计成双层，均外贴铝箔反射层，相当于又多了两道热隔断结构。在外表面再包盖一层高效低辐射传热层，在不降低保温效果的同时，可以较大幅度地减薄保温层厚度，其减薄量可达20%左右。

采用多层热隔保温结构技术，是充分利用遮热板的隔热原理设计成直埋管保温结构。当管道发出的热辐射穿越空气层到光滑的铝箔板后，大部分被返回到管道表面并被吸收。未被吸收的部分又被反射到铝箔板，这样不断反射与吸收后，最后会被管道和铝箔吸收。因而，在绝热工程中设置高反射率遮热板能较大幅度提高绝热效果。多层热隔断结构如图75-6所示。

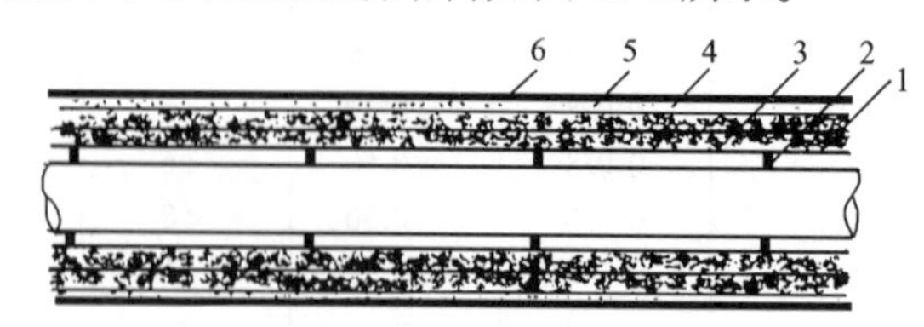

图75-6　多层热隔断高效保温结构示意

1—钢管；2—高强耐高温绝热块；3—铝板反射层；
4—双层带双反射层的硅酸盐绝热管壳；
5—高效低辐射保温层；6—外护层

（4）无机复合反射保温结构

组合型即有机与无机保温结构的不足是要控制保温层的界面温度，需要加厚内层无机保温层厚度，这样会增加材料用量，提高费用。而无机复合反射保温结构是在上述结构的基础上去掉有机保温层，采用保温性能好、耐高温的硅酸盐复合绝热管壳作主体保温层，也可用高密度玻璃棉管壳或岩棉管壳作主体保温层，将其分为两层，中间加一层铝箔反射层，外表面再包一层4～6mm厚的高效低辐射传热层，构成低辐射传热结构，来提高温效率；同样，使用间隔式结构，用硬质保温材料作支撑。硅酸盐复合绝热管壳从施工实践上看，速度快且接缝处容易处理好，在等效保温前提下，壁厚可减薄 17% 左右，节省外保温材料用量降低成本。该保温结构如图 75-7 所示。

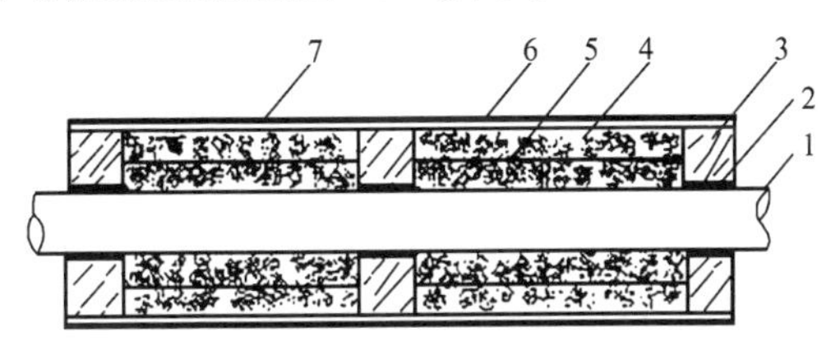

图 75-7　无机复合反射保温结构示意

1—钢管；2—减阻层；3—硬质硅酸钙支撑；4—半硬质硅酸盐复合绝热管壳；5—铝箔反射层；6—高效低辐射传热层；7—外护层

（5）外防护材料的保温结构

在高寒永久性冻土的地区，例如上面介绍的阿拉斯加管道，保温层的外防护是采用 4 块预制成型的瓦型护套，材质为硬质聚乙烯塑料。径向接缝处用聚乙烯焊条将接缝焊牢，保证保温层的严密性。中石油工程技术研究院开发的高温管道直埋外保温材料，采用意大利发泡技术和耐紫外线的聚乙烯改性夹克外防护套，现场可预制直径达 1200mm 大口径保温管道一次成型，接口用电熔焊接，补口质量可靠，已在大连、天津等地完成几十项埋地管道工程，测试热损失 $<90W/m^2$，保温管的整体抗压强度 $>0.4MPa$，是可以推广应用的直埋管道保温材料。

4. 冻土地区直埋管道保温应注意的问题

在冻土地区直埋敷设各类管道，关键技术是在于控制管道经过段不发生基础融沉和冻胀出现。实践表明，为预防基础融沉和冻胀，必须采用多项综合技术，任何单一技术无法保证冻土基础的稳定；在高寒地区打入基础的短桩，经过长期反复冻融循环的影响，短桩会出现上拔问题，对打入冻土地的桩，要有防冻上拔的锚固措施；要对隔热支架结构、隔热管托、滑动结构进行开发研究。目前，对该部位的应用技术国内缺乏量化评价的依据，需要加强模拟试验与技术评价工作；工程界对冻土地区管道的特殊性了解较浅，不同地区冻土层又有其特殊性，要借鉴国外在冻土地带管道建设和使用的成功经验，特别是美国、加拿大和俄罗斯等国，在20年中修建的阿拉斯加原油管道等所采用的各种先进经验和施工技术，确保在冻胀土地区管道的顺利建设和安全营运。

76. 土建与水暖卫工程如何处理好施工中遇到的问题？

建筑工程中都会遇到土建与水暖卫的结合问题，存在着交叉施工和互相影响的实际困难。在一个单位工程中，水暖卫只是属于一个分部工程，如果不注意与土建施工相结合，忽视工程质量，投入使用后将给用户带来许多麻烦，返修处理对建筑结构及耐久性造成一定的损失。

1. 基础土建预留洞

基础预留洞除按设计施工图及现行施工规范规定的尺寸留置外，还必须核对施工图是否按设计规范确定的管道标高。有些设计图只画到管道出户，由于管道出户点一般距离城镇管网较远，从几十米至几百米不等，存在一些管道标高，在出户处低于连接管网的标高。管道标高和土建基础预留洞，在施工图上是一致的没有错误，但却忽视了同城镇管网连接的整体考虑协调，只按照施工图留洞，管道的坡度（尤其是排水管）达不到设计使用要求，这种现象时有发生。

2. 卫生间留洞及防水

建筑工程投用后卫生间漏水也是经常发生。多年来卫生间的楼板一直都是现浇的钢筋混凝土板，它具有一定的防水功能，但是在管道根部，墙根相邻房间等部位向下渗漏水，在建成使用不久回访中发现漏水，其主要原因是：①在施工过程中预留洞位置不准确；②建设单位设计变更的不确定性造成，如卫生洁具变换型号没有在土建留洞时定下来，不同的型号留洞位置也有差异，浇筑楼板时只能按常用洁具留设，待建设单位购置卫生洁具要安装时，原留的洞不是位置不对或是洞的大小不适宜；有时，也存在安装卫生洁具数量的增加或减少情况，这就造成重新凿板打洞和无用洞补浇的情况，既破坏了原结构的整体质量，又失去了楼板的自防水功能；③施工检查不细不严，重视主体施工检查及质量验收，而忽视了卫生间的防水质量，只按常规一抹而没有采取防水处理；④卫生间的防水只注意地面渗漏而墙根部及侧面未重视，造成相邻房间墙下部渗水湿墙。

预防处理措施：①施工前认真核对土建及水暖卫图的管道走向及位置，做好施工图的会审工作，同建设单位确定好卫生洁具的型号、数量、位置及留洞大小，防止中途变更；②认真处理土建及防水的工序合理性，在土建完成后检查合格再做防水，防水材料的选择和施工措施也十分关键；③在楼板混凝土浇筑前，根据安装卫生洁具的型号、数量、位置及具体留洞大小，由技术人员安排施工，然后再联系甲方可否有变动，如确实无变化时，再浇筑混凝土；④水暖卫安装人员按设计安装检查合格后，再做防水，施工时各工种技术人员共同检查、工序验收合格，再进行下道工序。管道在地面部位的最好在周围涂抹 J91 硅质密实剂材料；墙四周侧面防水高度不小于 150mm。

3. 预埋套管设置

在水暖卫生洁具的施工中，预埋套管容易被忽略。工程竣工后，将给房屋工程质量留下不可弥补的隐患。①水平套管施工后在冬季采暖系统运行中，套管随暖气管道一同移动，将墙表面装饰层拉坏，影响了正常使用及外观。出现这种情况是预埋套管直径较小，同管道之间缝隙过小，有的管道支架位置不对，用套管作支架，管道压在套管上。为防止出现上述质量弊病，施工时，要将管道支架间距控制好，不允许用套管当支架；预埋套管的直径要规范，一般要求是套管比安装管道大两个号，这样管道安装后，同套管周围有一定的活动间隙，塞填柔性材料可使管道自由伸缩，同时防止透气、保温或进小虫。②穿楼板垂直套管竣工检查时，同样发现存在缺陷和质量问题，有的套管掉到下边半截或掉到下层而不起作用，这种情况是套管未按规定埋设、固定在板内，施工时水暖安装人员认为不重要，就把套管丢到一边，而土建施工也不管套管放的对与否，只管抹地面，就造成套管的缺少、位置不对、固定不牢等不合格现象。要确保穿楼板套管安装合格，水暖安装人员按规定将套管裁割成比楼板厚度长 20mm 的钢管，用高于楼板混凝土强度等级的细石混凝土分层浇捣密实，注意如果留洞过大板下托木板浇筑套管混凝土，特别需要强调的是，对补浇的混凝土养护是一个薄弱环节，加强养护非常需要。预埋套管固定时，上部要高出板面 20mm，待管道安装固定后，用柔性防水材料封堵，防止渗漏水。③基础下预埋的刚性套管和管道直接穿过基础。在有地下水的基础，钢管穿过地下室的墙一般要采取防水措施，施工时常使用钢性套管或钢管直接穿过基础墙，如果预留洞过小，基础出现不均匀沉降；当沉降量较大时，管道将会压裂，使管道中水流入基础及地下，破坏建筑物的地基，以致建筑物遭受破坏。为防止产生沉降造成的危害，在管道穿基础及墙的部位，一方面加设自然弯管来减少过墙时被压裂；另一方面加大预留洞，管道尽量在洞内上部穿过，下部用柔性材料填充，基础下沉则不会压裂管道。④穿梁套管，一般采暖来回水两条管道，在地面管沟内穿墙进入楼内，有时穿墙标高正好遇到地基梁，由于室外管沟在建筑物基本建成后才开始施工，标高不一致经常发生。遇到这种情况，管道是难以穿过的，有的在梁处加弯头，从梁下绕行，管底部装排水阀门放水，给管道造成永久性缺陷。为保证管道安装不出现质量问题，保证工程的正常运行，必须在图纸到手后及时核对标高，发现问题及时联系设计人员，综合进行处理。若预埋套管直径较大而穿越较薄的基础（240mm 厚）圈梁时，圈梁在洞口部位局部加大钢筋和加大混凝土截面，以免造成结构不必要的损失。

4. 正确预留汽包位置

施工规范要求汽包散热器总长度再加 500mm，一般情况下如是砖砌体时只加 450mm 左右即可，散热器支管乙字形弯不好安装，有时还需安装弯头代替乙字弯管。留置汽包窝时，一定要计算抹灰面的尺寸，以预留散热器总长度再加 650mm 为宜。当汽包窝不够长时，应用时最好采用比上层散热器高的散热器，虽从长度上减少，从高度上却增加了，来确保散热器的散热面积不减少。在条件允许的情况下，尽可能提高底层窗台的高度，来确保汽包窝在窗台下的正常安装和使用。

77. 建筑住宅室内健康的标准如何评定?

住宅建设室内环境要确保居住者的人身健康，包括生理和心理、社会和人文、近期和远期、多层次的广泛意义上的健康。人们期望健康住宅的目的，是在满足住宅基本要素的前提下，提升健康质量，以可持续发展的理念保证居住者从生理、心理和社会等多层次的健康需求，进一步完善和提高住宅质量及生活质量，营造舒适、安全、卫生、健康的居住环境。

据统计，在一座城市的建筑工程中，住宅建筑约占总建筑量的 70% ~ 80%，这是一个比例庞大的数字，可见居住建筑在国内建筑业占有重要的位置。伴随着城市化进程的快速发展，住宅需求面临广阔的发展机遇，同时也对生态环境产生着较大影响。以下着重就健康住宅的实用技术标准问题、思路和实施对策，从几个方面进行分析论述。

1. 健康住宅体的支撑技术

健康住宅体系的应用技术是健康住宅的支撑体，健康住宅建设（2004 年修订版）技术要点中明确提出了要建立三大体系：

即建立健康住宅评估体系、健康住宅技术体系和健康住宅建筑体系。这三个体系之间的相互关系，第一个体系是健康住宅评估体系，力求做到指标明确可操作性强，使居住者的健康能够免受不利影响，把已经知道的或者可能产生对居住者健康不利的影响降到最低点；第二个体系是健康住宅的技术体系，对这个体系要求充分利用已有的技术，研制开发新的技术，保证健康住宅的实施和已有指标的实施；第三个体系是健康住宅的建筑体系，这涉及建设居住工程的全过程中。通过上述对健康住宅应用技术加以集成和整合、形成健康住宅，建设方案以最优低造价提供优质的住宅为目标。从而可以说三个体系是一个完整的系统工程，由一系列应用系统工程所组成的健康住宅应用技术形成的支撑体；否则，落实健康住宅性能指标就无法保证，也不可能整合健康有效的实施建设方案。从这个意义上讲，健康住宅的应用技术是其支撑体系。

如何能有效地建立健康住宅的技术体系，目前应以更加开放的理念、创新的精神、共同努力建立健康住宅技术体系。要在实践的基础上加强科研，开展跨学科联合不同学科的专家学者，如建筑、心理、医学、公共卫生、城市社会、环境科学、生活行为等学科，既重视硬件的研究，又强调软件的应用总结，使开发应用技术不断完善提升。硬件开发部门要同规划设计、开发部门、施工企业、材料供应、物业管理、监测单位共同联手，通过实践总结、充实和调整健康住宅的技术体系，不断完备已建立健康住宅体系，使其有大的提高，加速体系的发展进程。

2. 健康住宅的检验标准

健康住宅应用技术的发布实施，标志着技术体系建立工作的正式启动。而应用技术能用什么标准来评定，是采用综合应用技术的基本原则来衡量。而评定的主要标准应体现在它的先进性、有效性、适用性和成套性，应根据这些特性综合考虑建立健康住宅的基础。

（1）先进性：是在符合可持续发展的前提下，依据已有的技术性能确定技术的改进和提升。

（2）有效性：从提高健康要素的角度出发，确认实施技术所取得的经济效益、环境效益和社会效益的程度。从室内技术方面考虑应用技术是多方面的，只作为健康住宅的应用技术就是检验有效性的标准。

（3）适用性：根据不同地区的气候持点和社会、经济、技术发展水平来确认已采用技术的适用程度。技术的先进和当地经济发展关系密切，要检验在该地区的适应性是否适当，结合地区特点选择，其他地区的不一定适用。

（4）成套性：要求选择应用技术的材料、部件都是按标准进行，要求关键设备和辅助材料配套、相关的设计、施工、质量监督都按程序进行，只有严格按程序进行，己确定的技术方案才能落实和推广普及。根据实际，应从上述几个方面检验健康住宅的应用技术。

2004年修订的住宅建设应用技术标志着国内建立健康住宅技术体系的正式启动，这项关系重大的工程重点放在广大居住者反映强烈的住宅健康影响因素上，健康住宅技术体系现在己初步选择了70余项应用技术，下面就健康住宅应用新技术内容作简要介绍，作为检验的依据标准。

3．健康住宅体系的实用技术标准

（1）住宅区环境风的优化

通过实际应用技术提供住宅区规划设计的更科学性。这项实用技术是利用流体力学的模拟计算模式，提供可以直观的模拟结果，保证住宅区风环境的质量，改善和提高区域的空气质量。

提高住宅区空气质量的基本对策是：强调通风换气。住宅的规划布局应以该地区主导风向相符合，形成气流通道畅顺，充分利用自然风减少旋流；控制污染源。对住宅区域的集中污染源进行彻底治理，消除或减少污染物的排放：对分散污染源则要求排放在允许范围内，不造成对居民的健康影响；居住区空气质量标准应符合表 77-1 的指标，达到住宅区环境空气通风畅顺优良。

住宅区空气质量标准　mg/m^2　　表 77-1

参　　数	标 准 值	备　　注
一氧化碳	<4.00	日平均值
二氧化硫	<0.05	日平均值
二氧化氮	<0.08	日平均值
臭氧	<0.12	1h 平均值
总悬浮颗粒物	<0.12	日平均值
可吸入颗粒物	<0.05	日平均值

（2）室内空气质量检测

室内环境空气质量对居住者的身心健康极为重要，人的一生中有近 2/3 的时间是在室内度过的，如果室内空气污染质量很差，不能通风换气补充新鲜空气，就会引起人体的多种疾病复发，严重的会使人死亡。实践表明，室内空气质量标准应符合表 77-2 的相应规定，预防因室内空气受到污染对居住者造成身心健康的损害。

室内空气质量标准　　表 77-2

参数	单位	标准值	备注
二氧化硫	mg/m^3	≤0.50	1h 平均值
二氧化氮	mg/m^3	≤0.24	1h 平均值
一氧化碳	mg/m^3	≤10	1h 平均值
二氧化碳	%	≤0.10	日平均值
氨	mg/m^3	≤0.20	1h 平均值
臭氧	mg/m^3	≤0.16	1h 平均值
甲醛	mg/m^3	≤0.10	1h 平均值
苯	mg/m^3	≤0.11	1h 平均值
甲苯	mg/m^3	≤0.20	1h 平均值
二甲苯	mg/m^3	≤0.20	1h 平均值
苯并［a］芘	ng/m^3	≤1.0	日平均值
可吸入颗粒物	mg/m^3	≤0.15	日平均值
总挥发性有机物	mg/m^3	≤0.60	8h 平均值
氡	Bq/m^3	≤400	年平均值

国内首先通过正式验收的健康住宅试点项目是北京奥林匹克花园一期工程，由中国疾病预防控制中心、中国建筑科学研究院住宅实验室对室内空气质量进行检测，各项指标均达到控制要求。中国建筑科学研究院住宅实验室通过对测试结果的分析认为，所测试各项指标均合格主要是装修后空置的时间较长，有害物质自然散发的结果。在冬季室内封闭不通风的环境下，采用独立式燃气热水炉连续供热，室内 CO、CO_2、SO_2 的实际检测值也较低，表明热水炉的密封及操作性能较好，没有向室内泄漏、燃烧废气，使室内环境合格。

(3) 住宅室内通风换气控制系统

住宅室内通风换气以自然的条件改善空气质量是最基本有效的方法之一。对建筑设计提出相应的技术措施要求。应积极利用迎风面和背风面的压力风差实现自然通风。设计必须首先要求在平面布置上有较好的外部通风环境；其次，建筑应面向夏季主导风向，布局优先考虑错列式或斜列式布置，连排式住宅的主导风向投射角宜小于 45°；建筑进深一般不超过 14m，宜于形成穿堂风，房间的自然进风应考虑使窗扇的开启朝向和方式有利于向房间导入室外风。房间的自然排风设计应能保证常开的入户门、室门、外窗和专用通风口等，直接或间接的向室外能顺畅排出风。在冬季采暖和夏季炎热制冷期间，由于对外门窗和孔洞密封，推广无动力和有动力的窗用自然通风器。国家住宅中心和换气设备制造部门共建“住宅室内换气系统研发实验基地”，开发旋转式热回收换气系统。其特点是双向换气，能排出室内浊气，进入经净化后的室外新鲜空气，并防止室外潮气进入；节能效果明显、室温稳定、清洗方便、维护简单。

在什么环境下居住空间最起码的应能自然通风，尤其重视在凹部位的通风防潮问题。采暖制冷期间，外窗密封的条件下宜有可调节的换气装置，补充新鲜空气，预防和控制有害物质的污染。居住室内新风量应每个人小时 > 30m^3、换气次数每小时至少 1 次为宜。

（4）厨房卫生间（厨卫间）通风换气应达到的标准

厨房卫生间的空气状况最差，但室内这两个使用频率最高的房间通风换气的控制远远不够，要加大研发力度，制定出通风换气组织形式和评价标准。厨卫间共同排风道的功能是排放混浊空气。从目前的建筑结构和思维分析，公共排风道的设置尚存在一些具体技术问题。是采用单独风道还是双联式风道，其设计原理均以热压通风为基础，风道内呈负压状态。由于厨房排油烟机或排风扇多数由用户自行装设，从使用开始即改变风道的空气动力性质，由负压状态改变为正压状态，导致室内的空气状态是：当同时使用时，离屋面出风口较远的厨卫间排风不畅；单独使用时，排风会通过公共排风道进入未开排风扇的厨卫间；若少数厨卫间未装设排风扇时，出现串风的情况更严重。为此要通过出屋面排风装置使公共排风道内能有效保持负压状态，防止因串风带来的污浊空气。对于厨房内污浊空气的排放，注意排风口不能靠近居室外窗，与室外地面保持一定高度，防止排出浊气，倒灌室内。

厨房卫生间应具有良好的通风换气条件，减少有害气体的存在时间。协调好进、出风口及房间内的气流走向，采用局部换气设施，预防公共排风道烟气倒灌、串气重复造成污染。公共排风道出口处应设置排风设备。设置在建筑物凹部位的厨卫间外窗，凹部位应处于负压区以使通风畅顺向外扩散。实践表明住宅中厨房内空气污染是最集中的重灾区，其防治措施要制定出换气的次数指标，特别是对排烟风道提出具体技术要求。同样对卫生间的通风换气次数制定出具体技术要求，有利于改善相应的通风换气质量。

（5）住宅日照的技术要求

建筑住宅室内的日照标准是检验住宅区环境质量水平的重要指标之一。住宅获得充足的日光利于居住者，尤其是行动不便的老、弱、病、残及婴儿的身心健康，保证室内卫生消毒杀菌，改善居室小气候和提高舒适度。表 77-3 所规定的住宅日照标准指标是保证居住者能享受到最低限度的日光照。要求每套住宅至少应有一间居室达到，户型在4居室以上至少应有2间居室达到日照标准。指标中已考虑人多地少国情的实际，切不可因为追求眼前利益而牺牲居住者的长期环境质量。健康住宅建设试点工程重庆阳光华庭（3~5期）利用日照分析软件，进行模拟分析，既丰富了空间环境又科学证明达到了日照标准。应用日照分析技术，改变日常采用日照间距，只考虑太阳的高度角而忽略方位角的做法，通过这种先进技术直观图表，保证日照能达到标准的前提下，能更加科学合理地规划设计住宅布局。

住宅日照标准 **表77-3**

建筑气候区号和城市类型	Ⅰ、Ⅱ、Ⅲ、Ⅶ气候区		Ⅳ气候区		Ⅴ与Ⅵ气候区
	大城市	中小城市	大城市	中小城市	
日照标准日	大寒日				冬至日
日照时数/h	≥2	≥3			≥1
有效日照时间带/h	8~16				9~15
计算起点	住宅底层窗台面				

（6）装饰装修污染的控制

居住者对室内的装饰装修所造成的污染是普遍存在的社会现象，近些年反映强烈，已引起各方面的重视，现在住宅装修一次到位没有开始实施，用户自由二次装修普遍进行的实际，推广住宅装修一次到位，控制装修造成的污染十分必要。室内装修装饰材料有害物质限量指标规定见表77-4。而室内装饰涂料安全性评价标准规定见表77-5。对室内装修装饰材料及涂料控制其污染，一般采取的技术措施是：建立建材行业的专门信息，了解所需材料的污染特性，拒绝采用可污染环境和危害人体健康的装饰材料；实施住宅装饰施工的工程监理制，由开发商委托有相应资质的监理单位对全过程的监理，从设计、材料选择、施工过程进行监控，最后对装饰结果进行评定，出具室内环境空气质量和工程质量的检验评定报告；总结推广住宅装修一次到位的试点，实行建安施工一体化，由开发商提供成品用房。这样可杜绝建筑的多次重复装修，控制其污染环境，提高装修工业化进程。

室内装修材料有害物指标限量　　表 77-4

材　料	指　标　限　量		
无机非金属		A类	B类
装修材料	内照射指数（I_{Ra}） 外照射指数（I_r）	≤1.0 ≤1.3E_1	≤1.3 ≤1.9E_2
人造木板、饰面人造板	游离甲醛含量（mg/100g） 游离甲醛释放量（mg/L）	≤9.0 ≤1.5	>9.0，≤30.0 >1.5，≤5.0
涂料	 总挥发性有机化合物（g/L） 游离甲醛（g/kg） 苯（g/kg）	溶剂型 ≤270～750 ≤5	水基型 ≤200 ≤0.1 不得检出
胶粘剂	 总挥发性有机化合物（g/L） 游离甲醛（g/kg） 苯（g/kg）	溶剂型 ≤750 ≤5	水基型 ≤50 ≤1.0

注：1. 室内溶剂型涂料中总挥发性有机化合物指标限量（g/L）：醇酸漆≤550，硝基清漆≤750，聚氨酯漆≤700，酚醛清漆≤500，酚醛磁漆≤380，酚醛防锈漆≤270，其他溶剂型涂料≤600。

2. 溶剂型涂料不准用苯作为涂料溶剂。

3. 聚氨酯漆和聚氨酯胶粘剂都含有毒性较大的甲苯二异氰酸酯，前者不应大于 7g/kg，后者不应大于 10g/kg。

室内装饰涂料安全性评价指标　　表 77-5

项　　目	安全性指标
急性吸入毒性	实际无毒
急性皮肤刺激	无刺激
急性眼结膜刺激	无刺激
致突变性（Ames 试验、睾丸染色体试验）	阴性

（7）住宅控制噪声标准控制

居室的安静极为重要，其声环境质量在很大程度上取决于室外声环境质量。住宅区规划设计时要考虑防噪声影响，充分利用声音掩蔽效应。通风换气要常开外窗，在开窗时，室内外噪声应小于 10dB。居室噪声允许值若室内是 45dB 时，室外允许值不大于55dB。室内的声环境质量在很大程度上取决于室外声环境质量。一般原理是：如当两个分贝数相同声音相叠加时，声级差为0，合成后的声音等于一个声音的分贝数加3dB。当两个分贝数相差在10dB以上的声音叠加时，其合成的声级仅为较强声级值再增加只有0.5dB，即一个强的声音和一个弱的声音混合时，弱音可以忽略不计。由此可见，经过合理布局，就可以解决多方面的声音源，既经济又便于改善住宅区声环境，提高居住者的声环境质量。

对已在居住区集中布置的噪声源，规划时采用公共缓冲地带，或用林带绿化作隔声带，减少机动车辆进入住宅区内停留穿越。住宅区内室外环境噪声在夜间应小于45dB、白天应小于55dB；道路两侧住宅白天应小于70dB、夜间应小于55dB，必须控制不能超过这个噪声指标。同时，应以减噪创造较安静的居住环境，选用有隔声窗和隔声通风器的实用技术，解决临街住宅交通噪声产生的严重干扰；采用楼层上下楼板隔声技术、分户墙的隔声技术，改变了过去虽有技术要求但不能严格执行的情况，对居室噪声降低有极大提高。

78. 铝合金窗质量问题存在的主要原因有哪些？

外窗是各类建筑不可缺少的重要组成部分，在建筑工程中不仅承受自然环境如风力、雨雪的侵蚀及自重影响，同时还要更多的承受使用者经常开关振动的影响。在这些影响因素中，大风使窗的框扇（横杆、竖梃、窗棂）产生弯曲变形，严重者则损坏无法使用。铝合金窗因其重量轻、外观感好而被广泛使用，其检验指标主要是：抗风压、空气渗透及雨水渗漏三项物理性能，这是建筑工程中必须达到的条件。窗的安全使用主要是看其能承受风压的强度和耐久性，检验的方法是以单位面积所承受的压力（Pa）来衡量。在工程中使用的铝合金窗有相当部分采用的材质及制作加工，满足不了标准的要求，这些质量问题直接影响到铝合金窗的安全正常使用和耐久性能。

1. 铝合金窗的制作质量控制重点

（1）型材的质量控制：铝型材的壁厚、强度和刚度具有重要的因果关系，对采用的材料现场监理人员必须按所检指标认真核对。对铝型材的硬度用携带式硬度计进行测试，其硬度 HV > 58；窗的受力杆件包括边框、窗扇框及横梃，受力杆件的壁厚不应小于 1.2mm，型材壁厚度用游标卡尺丈量即可。

（2）构件的制作连接：铝合金窗的构件制作连接是安全使用和影响耐久性的关键问题。使用和质量控制要求构件安装必须牢固、接口密闭、刚度好、防水及配件齐全。检查必须对照采用的标准制作图，检查接缝的裁口角度，连接固定螺钉、加强件规格，并用手拉窗框（扇）是否有松动、扭曲等质量问题。

（3）窗扇的启闭：窗扇的开启和关闭必须灵活自如，是关系到安全使用的重点检查项目。铝合金窗的结构、密封件、开启窗的卡具及执手，推拉窗的滑轮质量和安装是准确判定的。因此，检测窗扇的启闭力是检查窗制作质量的一项重要指标。检验时，按窗的使用状态安装在试验装置上，扇呈关闭状态，用量程为 150N 的弹簧秤于窗动扇边梃的部位，沿与边梃垂直方向施力，使扇开启关闭，读取扇在活动时的数值。

（4）附配件的质量及安装：附件包括玻璃、橡胶条、塑料垫、五金件、密封胶等，均应符合相应的质量标准和出厂合格证。金属配件宜采用不锈钢材料，检查时观察配件的外观。金属表层应完整、光洁、无坑损伤或腐蚀；橡胶条应均匀柔软有弹性、无老化龟裂；毛条要用硅化和多束的，毛应整齐、密实。附件的安装影响到窗的整体抗风压强度、空气渗透性及水密性能。附配件的安装必须是位置准确、数量齐全、结合紧密牢固。检查采用目观和手动结合进行，察看执手、锁销、滑轮、密封胶条、垫块、毛条等附配件是否齐全。安装固定的位置是否正确、牢固，有无松动、脱落现象，平整度强度好，开启灵活，无噪声。

(5) 搭接装配质量控制：窗扇及窗框的搭接宽度是其严密性的关键，检验时将试件立放并关闭窗扇，在扇的高宽中心处用铅笔在推拉扇边框上，或平开扇的框上标出搭接处的标记，将扇取下或打开用深度尺量搭接值，与设计图搭接尺寸比较，求出偏差值。窗相邻两配件的安装间隙宽度，既影响美观又关系到空气和水的渗透性能。检查采用塞尺量室内及室外两构件连接处缝隙宽度，取最大数值。

2. 铝合金窗质量原因及预防处理

(1) 型材壁厚不够强度底、抗风压能力差

产生的主要原因是：铝合金窗型材的选择不符合质量要求，断面偏小、刚度低、壁厚达不到使用厚度；组装时，角处搭接及裁口不规范；这种材料制作的窗变形量大，开关不顺畅，抗风压达不到使用要求。

预防的一般措施：型材的选择必须根据设计及制作大样图进行，按照窗的框及扇对壁厚及外形不同的标准选材。一般情况是框料要大于扇料，其壁厚不应小于1.2mm；同时，对材质也要进行检验，抽样由有检测资质的部门进行。

(2) 平开窗扇制作及配件质量差安装不牢固

产生的主要原因是：平开窗锁钩片太薄，在试验时负压状态窗扇所承受风压集中在锁钩上，强度不足发生变形脱开；固定锁钩螺钉抗拉承载力低，在大风压下脱落，达不到抗风压指标。

预防的一般措施：窗扇制作必须规范，选择相匹配的锁及锁钩片，钩片厚度保证不小于2.5mm；尤其是平开扇，经常要承受较多风压，其配件选择抗拉承载力强的铆钉连接。

(3) 推拉窗细部粗糙精度差、空隙大不密封

产生的主要原因：铝合金型材下料长度控制误差偏大，窗扇与窗框间隙大存在空气渗透通道，空气渗透量大超标。同时，由于窗扇顶部的限位器安装不到位或偏小，不能将上轨道内有效封闭；上轨道中间分隔带空间未作处理，形成渗风通道。

预防的一般措施：窗扇型材下料长度必须严格控制，这是保证扇与框之间缝隙大小的关键。窗扇顶部的限位器的作用除防止推拉时扇出轨外，还影响到空气的渗透性能。采用限位器的宽度和窗扇的宽度相一致，安装高度距上轨顶部2.5mm左右；上轨中部分隔带，在两扇窗交接部位30mm长一段，用橡胶垫块或密封胶封闭，阻拦空气由此进入。

（4）窗扇窗框接缝及组合窗缝隙未处理渗漏

产生的主要原因：窗扇及窗框四周不严密，接缝未用防水密封胶封闭，组合窗拼接处缝隙未密封处理造成渗水；窗轨下部泄水孔洞留置不当积水，孔处窗底毛刷松动脱落或短头不到位，形成雨水飞溅；下轨道内未留置泄水孔或孔小，积水多，排水不顺畅。

预防的一般措施：严格控制铝材的下料长度是保证缝宽的基础；窗扇、窗框四周接缝及组合窗接点处宜先填入防水密封胶，待窗全部组装后对所有接缝处外侧再打挤一次防水密封胶；毛刷条的作用是填充窗扇与框之间的空隙，防止空气渗透并阻挡雨水飞溅，因此，毛刷条的选择要用优质品安装固定到位；推拉窗框下轨道内排水孔以5mm×40mm为好，在下轨道两端为宜。

3. 简要小结

铝合金窗的应用较为普及，但存在三项物理性能达不到技术指标的问题，这是由于前期对原材料控制不严，型材选择不当、壁厚不足、强度低、五金及配件质量差、细部结构不规范、制作人员素质低造成窗的精度低、误差超标等原因。造成这些质量问题并不是单一的，大多是由许多因素综合的结果，为此，采取有针对性的综合处理措施才能有效解决。有效的措施应在材料选择、设计选型、施工过程、监理控制、正确使用诸多方面加强治理，使铝合金窗三项影响正常使用功能的质量通病及早消除，使铝合金窗满足安全耐久的功能需求。

79. 塑钢门窗安装质量如何控制?

塑钢门窗是以 PVC 为主要原材料制成的空腹多腔异型材，经热焊接加工制成。它具有传热系数低和耐酸碱性能好的优点，并且外型美观、抗老化、耐腐蚀；具有良好的气密性、水密性和隔声、隔热及保温节能的优点，现在广泛地应用于各种建筑工程的门窗中。但是，如果施工安装不当，容易产生变形、松动、漏水、漏风等质量问题，降低其性能，影响其正常使用。

1. 产生质量问题的原因及预防措施

(1) 原因分析

塑钢门窗选材及制作质量控制不严，产品不合格；砌体的预留洞口尺寸偏差过大、不规范；塑钢门窗固定件设置数量不够、位置不准；安装方法不正确、排水孔不通等。

(2) 预防控制措施

1) 施工图设计选用的塑钢门窗型材应符合《门窗用未增塑聚氯乙烯（PVC）型材》GB/T 8814 的要求；同时，还要根据本地区的气候及风压值选择合宜形状的型钢作为中竖框，中竖框主要受力杆件中的增强型钢，要能保证窗框在风季所必须的强度和刚度。

2) 墙体砌筑时预留的门窗洞口宽度和高度尺寸，必须按图纸要求和施工规范规定留设。注意多层建筑的外窗一定要上下垂直，洞口高度横平竖直；预埋固定件位置准确，数量不能少；进场未安装的门窗要妥善保管，防止挤压变形和损坏。

(3) 施工质量控制

1) 找中线：先将各楼层外窗洞口中心线弹出，上下中心线对正，然后将窗框中心位置划好。

2) 装固定片：固定片应采用厚度大于 1.5mm、宽度大于 15mm 的 Q235—A 冷轧钢板，并在背面做防腐处理。安装固定片时，先用直径 3.2mm 钻头钻孔，再用 M4×20 的自攻螺钉拧入框外侧，不允许直接砸入，以防止塑钢门窗框出现局部凹陷、断裂和螺纹松脱；固定片的位置应距离窗框角、中竖框、中横框 200mm 左右，固定片间距应小于或等于 600mm。

3）窗框安装：把窗框中心线对准洞口中心线后，用木楔将框做临时固定，调整至横平竖直、高低平齐。在窗与墙体连接时，先固定上边框，可用射钉直接将固定片与窗过梁固定；然后，再用尼龙胀管螺栓，将固定片与砖墙固定。

4）填充弹性材料：框与洞口间隙用泡沫塑料条或柔性卷材填塞，缝隙塞填严密后再撤出临时固定用木楔或垫块，其空隙也及时修补填充。

5）洞边框抹灰及嵌缝：在窗框抹灰时，应在抹灰层与窗框之间留置 5mm 的缝隙，抹灰面应超出窗框，待其砂浆硬化后，在抹灰层与窗框四角之间挤入嵌缝膏密封，以防止塑钢门窗气温变化缩胀产生裂缝而影响其严密性。必须禁止抹灰和贴面砖压框及缝全抹灰的刚性接触。

2. 材料的质量控制

(1) 塑钢门窗由于异型材和腔内衬材的质量差异及加工制作质量控制不同，其质量水平存在较大差别。现行的塑钢门窗质量标准，是材料质量控制的重要依据。按设计门窗标准进行订货，货比三家，对制作窗框材料实行抽检，将真正符合质量标准的塑钢门窗用于工程。

(2) 对采购进场的塑钢门窗的抽检内容，主要是：钢衬里装置、五金件安装、外形尺寸、窗扇对角长度、窗框、扇间隙、密封条和玻璃压条等外观质量的检查。塑钢门窗安装固定用铁角的厚度应大于 2mm，宽度应大于 28mm，铁角钢板要做镀锌处理，铁角安装数量由门窗洞口的具体尺寸确定，但每一侧面不能少于 2 个。塑钢门窗安装，单层玻璃的厚度应为 4mm，双层玻璃的外层为 5mm，内层不少于 4mm；双层玻璃或中空玻璃的总厚度应为

18～20mm。

3. 安装质量的控制

（1）门窗安装时的环境气温应在5℃以上，玻璃安装时的环境气温必须在10℃以上为好。对于安装门窗框的固定铁脚、型钢衬里、柔性填充料和玻璃同框之间的垫块等，凡是属于隐蔽内容的项目必须经过验收；另外，门窗表面应干净，无气泡和裂缝，颜色均匀一致，表面不应有损伤等。门窗安装的允许偏差是：水平度小于等于2mm；垂直度小于等于2mm；下横框标高小于等于5mm；竖向偏中心小于等于5mm；双框中心距小于等于4mm；窗框对角差小于等于3mm。

（2）外墙上的推拉窗应有排水设施

雨会顺玻璃流入下框进入室内，因此外墙安装的推拉窗的排水不容忽视。排水孔一般设在下框沟槽内的最低位置，朝向外侧。排水孔宽度为8mm，横向长25～35mm；横向距边框和中竖框为120mm；其中心距为500mm。排水孔加工时，应特别防止损坏框底部塑料型材，避免雨水进入腐蚀钢衬里，而使水从窗台进入室内。

（3）窗扇玻璃安装质量控制

塑钢门窗的玻璃安装，必须在玻璃四周加设垫块。垫块间距不大于400mm，且每一侧不少于两块。垫块选择用硬橡胶或塑料；不能使用硫化再生橡胶，木块或其他吸水性材料垫块长度为100mm，宽度为18mm，厚度由框扇与玻璃的距离确定，但不应少于3mm；垫块采用聚氯乙烯胶粘结，玻璃装配尺寸按框采光边的搭接量为12mm；玻璃嵌缝条安装后，四角应用JN—10氯丁腻子粘贴。

4. 检查验收

门窗安装前，必须要进行材料进场检查验收和抽样试验的工作。确保所用门窗质量符合标准，证件齐全，抽样合格。安装过程中，对临时固定铁脚安装以及空隙、柔性材料填充等进行隐蔽验收。门窗安装结束后，在施工单位自检合格的前提下，进行塑钢门窗安装分部工程的验收。认真查验排水孔是否畅通或清理干净、嵌缝密封条质量和严密性。根据施工图和验收规范的评定标准，结合平时抽检记录，对门窗安装质量做出评定。

80. 门窗分部工程施工应注意哪些问题？

设置门窗不但为人们进出提供便利，还具有通风、采光、防寒、隔热、隔声等作用，故要求有较好的严密性。在一个单位工程中，门窗作为一个分部工程来参与验评，它的质量直接影响着单位工程的使用功能。

目前，制作门窗的材料已由单一的木制品发展为钢制、铝合金、彩钢板和塑钢等。由于门窗生产厂家的材料、制作、五金配备及施工安装诸方面原因，使门窗工程质量低劣，一直达不到规定标准。

1. 砌体留置洞口要准确

门窗规格在设计图中已清楚标明，在主体砌筑时留洞，宽、高往往不能达到门窗安装和抹灰的需要。有的洞口过宽，门窗框装进两边空隙太大，砂浆层太厚；也有的太窄，框不易装进，就是勉强装进也不能抹灰和装饰，抹后压框多使框窄小；多层建筑的各层门窗竖向不垂直，横向不水平；同层窗的上下口不在一条水平灰缝上；木制门窗上下有冒头的墙上未留一缺口，也有的未埋设固定件。

符合质量的做法是：排砖第一层开始核准门洞框外口尺寸，待留窗洞高度时，排好窗外框位置，向上用线垂吊竖向位置，水平位拉水平线控制，门窗顶高度用皮数杆控制安放过梁，按不同材料制作门窗预埋固定件且不得漏埋。

2. 木制门窗质量问题

(1) 木制门窗在一些工程中依然使用，尤其一些高档房间用木制门装饰的较多。但对一般建筑工程的木门窗用材，是在取得工程项目施工权后，土建施工开始才进木材，统配木材杂乱，品种多，死节、虫眼和节疤多，含水率高开裂的也多，真正可做门窗的合格料比例太少，又多无烘烤设备，所做门窗的扭曲变形难以克服。

符合质量标准的做法：门窗木料要风干或烘干，含水率低于16%时才加工，对节疤、裂缝、虫蛀的弃用，以防止变形，并将门窗框做防腐处理。

(2) 现在制作门窗，几乎全用机械刨平和打眼再拼装，不再细刨，表面刨痕多；外框和扇的方角不按大样图要求截割，截口起线不直，榫接合不严密；尤其门窗拼板缝大，干缩开裂3~5mm的都有；胶合板不耐潮湿，受潮易脱胶、翘曲，框料同洞口结合面未刷防腐剂等。

符合质量要求的做法是：对成品门窗框扇，均应用细刨手工刨光；框料的裁口深度、宽度必须与扇的厚度相匹配；框梃和冒头的连接割口要规矩；门芯板拼板应做成高低缝或企口缝，拼接紧密；框与洞口接触处必须做防腐处理。

(3) 门窗框同砌体结合处常出现松动现象，门窗扇安装留缝大小不一，扇开启不灵活，还有出现反弹、倒翘、门扇扫地、阴天受潮关不上、干燥气候缝隙宽、五金不配套等现象。

符合质量要求的做法是：先装框后装扇时，先检查框的质量、型号、规格和开启方向是否正确；有翘曲或偏差的整修好再装扇；同粉刷层相平行的框应看出涂刷厚度，拉好垂直和水平线，校正框位后将框再固定在预埋件上；缝用水泥砂浆抹平嵌牢；安装扇时，铰链上窗扇高的1/11~1/10先拧一螺钉，开关合适后，再调整安装螺丝上紧。

3. 钢门窗制作安装问题

（1）常见的质量问题主要是：制作几何尺寸不准、焊疤未磨掉、扭曲，有的窗扇不方正，裁好的玻璃一边多一边缺，浪费材料和人工。

符合质量要求的做法是：采购钢门窗应按图纸要求规格进货，安装时丈量外形尺寸，且看是否平整，对翘曲、变形和脱焊、偏差尺寸大的弃用；否则，透气，开启不灵活，不保温。

（2）安装质量也存在诸多问题。框与墙固定不牢，不是用埋件上螺丝，而是用木楔卡住；钢门窗出厂前均刷防锈底漆，待使用单位安装后根据需要再刷面漆。但一些小厂对出厂门窗未酸洗磷化，使用前已生锈。

符合要求的做法是：安装门窗时，先将框立放在预留洞位，先上顶框铁脚，和过梁底埋件焊上，上部最少焊三处。再将两侧铁脚固牢，用1∶3水泥砂浆嵌缝，如双层窗框时，将中间位置抹平。对所采购钢门窗，要检查制作材料和外观，未进行酸洗磷化的不宜选用，对已锈蚀的除锈后重新刷防腐面漆。

4. 铝合金门窗的质量问题

（1）多数情况下的门窗是使用前定做的，目前市场经济下生产厂家较乱，造成铝合金门窗的几何尺寸偏差大、拼缝不严、抗风强度值低、气密性和水密性差等。

符合要求的做法是：对生产厂货比三家选择，看门窗产品外观质量，量几何尺寸及型材厚度，窗料不小于1.6mm，门料不小于2mm；氧化膜色泽一致、横竖框接缝严密并有防水密封胶，框与扇的开启缝隙密封要好；否则，不予采购。

（2）施工问题较多，留设的洞口与框体缝不匀，无法同墙体进行标准嵌缝，在抹灰时污染框体，连接不按柔性而采用刚性，使接缝透水等等。

符合要求的做法是：主体施工时，必须按窗框外部留洞，如采用水泥砂浆饰面，其框与洞间隙 20～25mm，密封间隙 5～8mm，贴面间隙 25～30mm，密封厚 5～8mm；铝合金框体不允许同水泥面接触，必须接触时，刷一层沥青防腐漆或贴一层 1mm 厚橡胶；校正固定位置后，用 1:2 水泥砂浆分层嵌填满，外装饰面与框体边缘留 5～8mm 深槽口，填满密封材料。

5. 塑钢门窗的质量问题

塑钢门窗是建设部推广使用的产品，近年应用广泛，有很大的应用前景。但目前的生产厂家大都规模小、机械化程度低，质量问题较多，例如裁口不规范、接缝不严密、外形尺寸差、刚度低、五金不配套等。

符合要求的做法是：检查出厂合格证、外观感及几何尺寸、开关、接缝、气密性及五金，不合格的坚决不用。

在安装方面存在的问题是：门窗框不正、框与洞口侧面连接间距大于 600mm，使刚度很差。应采用 ϕ18 尼龙膨胀管，$\phi5\times30$mm 自攻螺钉固定连接，一个连接件不少于 2 个螺钉；如预埋了木砖，也可用 2 个螺钉连上；框与墙体空隙要填泡沫塑料或矿棉等柔性材料，再用砂浆抹面，外侧留 5～8mm 宽缝隙，用密封材料嵌填密实。

6. 重视外门窗的密封性能

各类外门窗均一侧在外，它的热损失由透风和窗樘传热两个部分造成，要减少冷风透入和传热，必须对制作和施工的严密性加以重视。密封门窗比同类不密封门窗性能高出一倍，现在寒地外窗多选用双层窗，对节能较好，施工维修也方便。

81. 选用建筑外窗要满足哪些功能需要？

目前使用的外窗种类繁多，包括最早的木制窗、钢窗、改制彩板窗、塑钢窗、铝合金窗及节能产品塑料窗等。这些不同材质的窗都具有不同的使用特点和适用范围，仍在不同地区和结构中使用，难以肯定或否定哪一类产品，因为即使同一种产品，不同厂家加工制作的质量也有较大差异。使用时，人们往往会想到较高档次的产品，但经济上又达不到。选择中档产品，做到物尽其用才是现实的。现结合北方地区的环境气候条件，从外窗适应环境性能等方面简要说明外窗的选择要求和适用条件。

外窗的适用性主要从抗风压、渗透性、保温性和隔声性几方面考虑。

环境因素是考虑的主要条件。北方春夏季干旱、炎热、多风，冬期寒冷，渗透性大，市镇区域车辆较多，有一定噪声影响，所以，应主要从抗风、气密性和保温性方面加以考虑。

1. 抗风压要求

北方干旱多风，对建筑外窗主要承受的风荷载计算要切合实际。按照《建筑结构荷载规范》（GB 50009）有关内容规定，垂直于建筑物表面上风荷载标准值的计算公式：

$$\omega_k = \beta_z \cdot \mu_s \cdot \mu_z \omega_0 \tag{1}$$

式中 ω_k——风荷载标准值（kN/m^2）；

β_z——z 高度风振系数；

μ_s——风荷载体型系数；

μ_z——风压高度变化系数；

ω_0——基本风压（kN/m^2）。

高层建筑基本风压可按《全国基本风压分布图》规定的风压值乘以 1.1 的系数再计算。

例如：某建筑为混凝土框架（剪力墙）结构，$H/B=3$（H 为建筑物总高度、B 为迎风面宽度），计算其风压值。

从规范 GB 50009 中查表可知：$\beta_z=1.36$，$\mu_s=0.9$，$\mu_z=2.09$，$\omega_0=0.35\times1.1$kN/m^2。

则：$\omega_k=1.36\times0.9\times2.09\times0.35\times1.1=0.985$kN/m^2

$$\approx 1\mathrm{kN/m^2} = 1\mathrm{kPa}$$

《PVC 塑料窗规范》（JG/T 3018—94）规定，建筑外窗抗风压性能取值为建筑荷载规范中设计荷载值的 2.25 倍，为安全起见，取设计荷载 1.1 倍的风荷载标准值 ω_k，其式如（2）所示：

$$W_G \geqslant 2.25 \times 1.1\omega_k = 2.25 \times 1.1 \times 1 \approx 2.5\mathrm{kPa} \tag{2}$$

该建筑外窗的抗风压性能 W_G 必须大于或等于 2.5kPa，才可达到住宅安全性需要。

2. 气密性需求

空气渗透指空气在关闭外窗时的密闭程度，主要应按照环境气候条件确定。一般来说，风沙、气候寒冷及干旱炎热地区都应取较小的空气渗透性指标；在我国北方及沙漠地带、南方地区，应取 $q_0 \leqslant 1.5\mathrm{m^3/(m \cdot h)}$；其他环境较好地区，取 $q_0 = 2.0 \sim 3.0\mathrm{m^3/(m \cdot h)}$ 就可满足要求。目前，PVC 塑料窗和彩板窗容易达到空气的渗透要求，而木制窗、空实腹钢窗及铝合金窗均不易达到，但外窗取值 $q_0 \leqslant 2.0\ \mathrm{m^3/(m \cdot h)}$。

3. 保温性要求

保温性在寒冷地区极其重要，当外窗两侧存在温差时，外窗抵抗高温向低温一侧传热。根据《建筑外窗保温性能分级及其检测方法》GB 8484 的规定，它只与外窗的传热系数有关，但同外窗的密闭程度关系不大。因此，对寒冷和炎热地区及有恒温要求的建筑，不但要求外窗有较好的保温性，还要求具有良好的空气渗透性，这样才能起到节约能源的作用。

4. 隔声性要求

在车流频繁的闹市区或主干道两侧的建筑，要求隔声效果良好，隔声是阻止外窗声波垂直传播能力的指标，与窗的材质和密闭性有关。目前，对隔声性一般是通过材料品质和空气渗透性指标反映的；据一些资料介绍，目前外窗以 PVC 塑料窗的隔声性较好，而且质量也较其他产品易保证。

5. 雨水渗透性

北方雨量较南方少，但有时也会雨量较大且多，伴随风向外窗进水机会很多。规范中对雨水渗透性取值主要受在下雨时的风力和建筑物高度的影响。《PVC 塑料窗试验方法》（GB 117933—79）是以 7 级风力中值作为试验荷载的，本书也以 7 级风力中值作为检验外窗是否可阻止雨水渗漏的标准，同时还应考虑建筑层高的影响，计算如式（3）所示：

$$\Delta P \geqslant \omega_x \cdot \mu_z \tag{3}$$

式中　ΔP——外窗的雨水渗漏性检验结果（Pa）；

ω_x——7 级风力时相当风压中值（N/m^2）；

μ_z——风压高度变化系数。

核查蒲福风力等级表后，得 $\omega_x = (121 + 183)/2 = 152N/m^2$，由此可得 $\omega_x\mu_z = 152 \times 2.09 = 317.7N/m^2$。就可认为该建筑外窗的雨水渗透性指标 ΔP 必须大于或等于 318Pa，才可达到该住宅外窗阻止雨水渗透的要求。在具体应用中，有时风力将大于 7 级，对较高档次及多雨地区的 ΔP 值，还应选大些为好。

根据上述简要计算分析，在气候环境不恶劣地区的建筑，采用外窗时应达到的物理性能是：抗风压 $W_G \geqslant 2.25kPa$；空气渗透 $q_0 \geqslant 2.0 \sim 2.5m^3/(m \cdot h)$；保温性和隔声宜选用性能稳定的 PVC 塑料窗；而雨水渗透 $\Delta P \geqslant 318Pa$，基本可以满足或达到使用需求。使用单位一般无检测手段测试，但选用外窗时，其产品合格证及说明书中应有性能试验数值供参考选用。

选用时，抗风压及雨气渗透性两项指标与住户关系密切，应特别注意，但其他性能也应同时达到。

82. 实施工程量清单计价如何进行招标?

1. 工程量清单在招标中的作用

工程建设进入施工招标阶段，实行工程量清单计价的作法，是国际上通用的招标方式。在上百年的实施中修改完善，具有广泛的适应性，也是科学合理的。现阶段国际上通行的工程合同文本、工程管理模式、工程量清单招标都是相互配套的。如何借鉴国外招标按工程量清单计价的成功经验，完善和规范招标模式，使计价方法统一规范，参与招标的各方必须遵循工程量清单的计价原则，保证按清单计价方式的正确实施。工程量清单实际是指招标的工程量表，通常是按分部工程和分项工程划分的，划分单位和次序与现行的技术规范、工程量计算规则相一致。工程量清单的细致程度、准确性，主要取决于图纸的设计深度和计算人员对图纸的理解，并要符合合同的需要形式。

工程量清单的真正作用，首先，是供招标时报价使用，为招标者提供一个共同竞争性投（评）标的基础（最重要的价格基础）；其次，工程量清单中的价格是在施工实施过程中支付工程进度款的依据；另外，当出现工程量变更时，工程量清单中的单价也是合同价格调整或索赔的重要依据。因此，工程量清单对投标者来讲是极其重要的，从本质上来说，确定好单价和总价的工程量清单，是投标书中最重要的组成部分之一。

以前，国内各种建设工程的招投标所采用的工程造价模式是以定额计价为主的计划经济模式。定额包罗面很广但不可能涉及每一个角落，因为当今世界的科技发展很快，新材料、新工艺、新技术、设备层出不尽，定额计价远远满足不了计价需要，何况定额的修订几年才进行一次。因此，时间上的滞后和内容的欠缺常常会使人在使用定额时无法确定参考价格，所做标价的准确性在竞争中会失利。

用于建筑工程招标投标过程中的工程量清单，彻底放弃套定额基价的死板模式，除必须遵守统一的工程量计算规则外，工程价格的确定更多的则是与工程内容、质量等级要求结合一致，并以此为补充灵活掌握，切合工程变化的实际。由于招标时的工程造价与施工过程的具体设计要求、质量要求、工程所处的空间环境密切相关，而采用的定额是无法反映这些具体、细致的变化的。造价本来就不应该通过定额与施工图纸简单计算出价格的。所以，采用工程量清单招标的方法有利于使报价更真实地反映出工程的实际造价。

2. 工程量清单招标的优越性

《建设工程工程量清单计价规范》（GB 50500—2003）自实行以来，各地在规范招投标工作中对工程的计价计算有了统一的计算规则，这同过去施行了多年的定额计价有很大的不同。工程量清单招标与定额计价招相比的主要不同是：采用定额计价的常规做法是先计算工程量，套相应的定额求出直接费，然后以费率形式计算间接费，最后再确定其他费用（优惠幅度）后才得出最终报价，这其中的优惠幅度没有什么科学根据，只是凭主观意志确定的。而采用工程量清单计价则可以将各种经济、技术、质量、进度及其他多方面因素进行量化，综合考虑到确定单价上，并以灵活单价的形式出现，依此可以做到准确、科学地反映出真实情况，从根本上防止了依据定额定价的呆板。工程量清单是从大的方面入手，扩大计算单位（范围），落实到质量等级的要求上，较客观公正地反映工程实际，将定价的自主权交给了投标施工企业有了更大的可能。在工程进行投标招标过程中，投标企业在投标报价时，必须考虑工程本身的项目内容、范围、施工难度、技术特点要求及招标文件的相关规定、工程现场情况，如施工用电、用水、运距的因素；同时，还必须考虑到施工过程中的工程总进度计划、施工技术方案、独立项目分包、资源安排、对业主的承诺等。这些众多因素对投标报价有着直接重要的影响，而且对每一项具体工程招标来说，都具有其特别的一面，所以应该允许投标企业针对这些影响造价的因素调整报价，使报价能够比较准确地与工程实际相接近。只有这样做，才能把投标定价的自主权交还给投标单位，投标单位才会对自报价承担相应的风险和责任，从而建立起真正的风险制约和竞争机制，避免合同实施过程中出现的推诿、扯皮现象，为工程的顺利实施创造条件。

与过去的招标方法相比较，采用工程量清单招标方法有如下几点好处：

(1) 采用工程量清单招标符合我国当前工程造价体制改革“控制量、指导价、竞争费”的原则前提，改革的原则本身就说明必须把价格的决定权逐步归还给施工企业，交给建筑市场，直至全面放开，最终通过市场来配制资源，决定工程造价。

(2) 工程量清单招标，有利于将工程的“质”与“量”更好地结合起来，质量、造价、工期之间存在着一定的必然联系，报价时必须充分考虑到工期和质量的影响因素，这是不以人们意志为转移的客观规律。采用工程量清单招标，有利于投标企业通过报价的调整来反映质量、工期、成本之间的关系。

(3) 工程量清单招标有利于实现风险的合理分担。建筑工程本身内容复杂、施工期长、材料量大、品种多、工程变更多，因而建设过程中的风险相应较大。当采用工程量清单报价方式后，投标企业只对自己所报的成本、单价负责，而对工程量出现的变更或计算产生的错误不负责任，相应地对于这部分风险则应由业主来承担，这种做法符合风险合理分担与责权利关系对等的原则。

(4) 工程量清单招标有利于节省时间，减少不必要的重复劳动。工程项目的招投标工作具有特殊性，即不管有多少投标企业，最后中标的只是一个，未中标单位多日的劳动成果付之东流，没有机会得到部分补偿。在实际的招投标操作中，给投标企业投标报价的时间一般都十分紧迫，工程量的计算时间也相当有限，没有时间进行核对，存在着错误也难以避免。这样在投标报价时，如果不依据工程量清单中的工程量和单价这两个可变因素，都是由投标企业自己来确定，所有被邀请投标单位都要计算工程量，这不仅是多人在重复劳动，而且浪费了大量的人力和时间。事实上计算工程量所依据的是相同的图纸和同样的工程量计算规则，但仍然会出现大的不同，有时偏差是很大的。采用工程量清单招标可以简化投标报价的计算过程，缩短投标企业投标报价时间，有利于投标工作能公开公平、科学合理，并节省时间，减少社会资源的浪费。

（5）工程量清单招标有利于对标底的监督管理。在过去的招投标工作中，标底是一个最关键的因素，标底的计算正确与否、保密程度，是参与投标企业最关注的核心所在。当采用工程量清单招标时，工程量是公开的，是招标文件内容的一个部分，标底仅起到相应的控制作用，也就是控制报价不突破工程概算的约束，与评标过程没有关系，并在适当的时候（或某些工程）可以不编制标底。这样做就从根本上消除了标底在招标中的关键作用，标底的准确与泄漏不会带来大的影响。

3. 工程量清单招标的正确实施

在进入招投标的准备阶段，正确的程序是招标单位首先要聘请估价人员编制工程量清单，工程经济估价人员要根据工程的特点及招标文件的具体规定要求，依据工程图纸和工程量计算规则，计算出工程量并提出具体的质量要求。工程量的计算内容可以依据（供施工用）的设计图纸、重要部位的质量要求及便于计量的原则进行编制。如果施工图纸比较详细齐全，可以按照现在的计算模式计算工程量，只是不用再套单价定额了。需要说明的是，不同项目的工程量清单对分部工程的划分及各分部分项工程所包含的内容肯定是不相同的，所以在对每一分部分项工程计算时，要特别注意详细说明该分项所包含的项目内容，包括相应的质量等级要求，只有逐项进行才能避免漏算或重复计算；同时，也有利于投标单位对各分部分项工程做出较准确的报价。

工程量清单由招标单位自行编制后，作为招标文件的一部分内容，随招标文件分发给各邀请的投标单位。投标单位接到招标文件后，都会对工程量进行复核，如果没有较大的出入，即可全面考虑与工程有关的诸多有利或不利因素综合衡量报价：如果投标单位发现工程量清单中工程量的误差较大，可以要求招标单位进行复核澄清，但投标单位不能擅自变动、修改工程量。

工程造价是在当地政府宏观调控下进行，由市场竞争逐渐形成并完善。工程量清单招投标的工作应在这一原则指导下，投标人的报价是在满足招标文件要求的前提下，由人工、材料、机械消耗量来定，价格费用自定，全面进入竞争、自主报价的方式，来获取工程项目的最后中标施工权。

六、冬期施工工程质量控制

83. 混凝土冬期施工工程现状如何？如何改进？

目前，对于混凝土冬期施工方法的研究，多侧重于对高层大模板、框架等承重结构，所采取的方法措施也是针对这些主要部位采取的。在砖混结构中的混凝土工程，尤其在寒冷地区、抗震设防等级在7度的设防区，结构都设置有混凝土构造柱、圈梁、钢筋带或预制板缝中加设筋、女儿墙设构造柱、混凝土整体现浇压顶等构造。这些零星小部位、小截面的零星项目，与大部位、大截面的承重结构相比较，从施工角度来看，既有共性又有各自的特性。从共性看都是混凝土，具有混凝土本身的特点，但在结构中的作用及构件截面、冬期施工条件、养护措施都方面存在较大差别。对混合结构中混凝土冬期施工的某些特性进行深入探索，将更有利于确保这些小部位的施工质量，并且节省费用。

在一些冬期施工工程的应用中发现，掺有外加剂和一定入模温度下，控制临界强度方面存在着一些具体问题，尤其是在混凝土温度降至冰点时，在很多工程中都达不到临界要求的强度。R_{28}和R_{28+28}的实际后期强度的增长，存在着试件养护环境的差异。假如只有一组试件，不宜同时反映和做出像构造柱、圈梁及小构件在不同部位施工后的实际强度。取试件时，某一构件同时施工的强度也存在着差异，但事实上这种抽查方法仍在许多工程中使用着。

下面对混合结构中混凝土的冬期施工方法，剖析仍至现今实际存在的问题，就冬期施工措施进行改进的合理性浅要分析探讨。

1. 砖混结构中混凝土构件的冬期施工特征

目前，全国许多季节性寒地冬期施工多采用综合蓄热法施工，由于各种混凝土构件情况不同，例如构造柱、圈梁和零星小部位的混凝土冬期施工，就其组合材料自身而言，同其他混凝土相似，问题在于客观环境因素影响到混凝土按一定规律出现不同的强度变化，强度的提高随着各种条件和影响因素的不同，差异较明显。就混凝土强度而言，砖混结构现浇混凝土的冬期施工特征主要表现在：

（1）混凝土施工量少，浇筑部位分散，运输线路不定，倒运次数多，浇筑速度慢，浇灌前期和入模后的热损失量大。从实际施工中观察证明，许多结构部位处实际浇灌入模温度达不到规范所要求的温度，是由这些实际因素所影响。

（2）保温困难，对这些零散小部位、小体积构件理应加强保温，但实际上却普遍达不到对大部位、大截面混凝土的冬期施工保温力度。造成保温困难的原因是：①工序原因所造成，如小柱、板缝及圈梁，施工完接着要进行下道工序放线，如保温材料覆盖受影响，穿插进行中不能有效养护。②混凝土所处部位和形状不易保温，圈梁有插筋，板缝数量多且窄小，构造柱在主体交角处都不易有效保温。

（3）构件小但表面系数大，构造柱 $M=15\sim16.6$、圈梁 $M=23\sim26$、板缝细石混凝土灌缝 $M=65$、卫生间倒槽板现浇 $M=53.4$ 等。表面系数大，环境温度低，冷却速度快，自身散发不出热量。尤其接触部位都是冷的，不可能预热保温，使拌合料入模初期热损失耗尽。

（4）正温蓄热养护龄期太短，在未达到早期强度时即已低于凝结所需的温度而进入负温；对后期强度的增长，无跟踪确认的手段。

（5）从砖混工程施工的实际状况看，单位工程中对体量大结构冬期施工情况要好，而对分散的、体量小的、零星浇筑时的设备和操作人员的监督管理很差，只要做完就了事，这些部位上存在的问题相对较多且引不起重视。

（6）砖混结构中混凝浇筑由模板定型并支撑，早期强度不直接承受荷载，因此，对模板、支撑和保温材料的拆除不同于承重构件。

2. 施工技术措施现状分析

（1）在独立的小区建设住宅都会考虑冬期供热问题，利用原有系统加热原材料和用水是有条件的。但对独立的分散栋号施工则条件差别很大，对大的重要单体工程可设锅炉，中小项目多采用铁锅烧水加温，用大铁板预热砂石料。这样，砂石料温度冷热不均、偏低，变化大。

（2）对选用适合的外加剂用在混合工程中经验少，特点不明确。例如细小部位、小截面零星的混凝土入模温度普遍偏低、热损失快、早期可能受冻、临界时的强度难以控制，选择什么牌号的外加剂更有效，认识经验不一致。

（3）运输工具简单。自身及途中加热量的损失。当前，浇筑这些小构件的工艺是：出罐→水平运送→倒入吊斗→起吊→操作点卸料→装料入模→捣实等过程。这些环节降温很快，出罐至捣实过程中耗时最快，20min 左右。

（4）保温问题。现在施工用模板小构件多以钢木混合组成。边远地带保温材料为麻袋，需用草袋但价高不用，麻袋盖上，蓄热很差。实际施工后的保温现状是：构造柱简单防护，圈梁等刚施工完，督促保温但材料尚未覆盖上去又因放线等下道急需进行工序又放在一边了。

（5）施工现场抽查试块的同条件养护的具体作法规定不明确，成型试块放在什么位置的都有，同条件的衡量标准如何办也不清楚，对标养试块的送养时间也不及时，事实上许多施工企业无标养室，几乎是同条件的养护评定强度。

3. 几点改进问题探讨

冬期施工中存在的问题有以下几个方面：

(1) 入模混凝土温度偏低，达不到施工规范要求的温度相当普遍，保温性好的综合蓄热法确定的临界强度值所必须的养护温度满足不了。

(2) 能保持正温的时间太短，绝大多数入模后受冻前达不到临界强度，综合蓄热法的效果在这些构件的实际中失去作用。

(3) 小构件零星混凝土的真实强度得不到如实反映。对这些小部位试块的所谓同条件养护代表性不充分，掩盖了强度存在的问题。

(4) 防火作为安全的重要内容被提出来强行检查，如真正采用综合蓄热，不使用性能较好的草袋，尚没有替代的好材料，对于砖混结构中的小部位混凝土的保温措施尚需认真调研，妥善解决才能保证冬期施工质量。

(5) 目前对强度多采用成熟度估算强度，但许多现场施工及管理人员并不了解成熟度的概念和估算方法。如采用对这些小部位零星混凝土的表面系数、传热系数，应用综合蓄热法的规程时，计算将有许多难度。

上述问题很多是忽视了而被掩饰过去，其实在技术上并不难克服。如采用综合蓄热构件表面系数大的混凝土，可采用负温下冬期施工方法解决。现在尚缺少冬期施工负温施工的规程，而这些零星部位推行综合蓄热法时，很多条件下达不到要求。

砖混结构冬期施工中出现的主要问题，首先是自上至下几乎对小部位零星构件的冬期施工不重视，马虎、放任自由，要解决的问题是必须针对砖混结构，有较好经济性、方便适用性、易被施工人员接受的冬期施工方法。对零星小部位，施工质量难以控制，注意不够而忽视它的特性，使混凝土存在一定质量问题。

西北广大地区进入冬期时，气温多处于正负交替的变化中，至 12 月份寒流浸入时逐渐下降变冷，以后很少进入正温。在早期温度不太低时，可采用负温早强型外加剂，施工时实测入模温度，不过分要求保温；强调后期强度增长，不苛求冰点前临界强度的控制。如能处理好这些问题，将大大方便施工。这样设想是由于砖混结构冬期施工的保温效果和临界强度执行中难度大。而最终目的是保证零星混凝土的后期强度和耐久性不受影响，舍去一些要求而从另——方面达到强度要求。

84. 浅埋基础在季节性冻胀土地区施工需解决哪些问题?

由于季节性冻土地区的建筑“深基础”不受地基承载力而受当地地基土冻结深度所控制，大量建筑材料被毫无价值地埋入地下，还增加了土方工程量，延误了工期。国内外曾进行了大量的研究，取得了显著成果，浅基础在理论和实践上得到了应用和发展。

1. 冻胀土地基浅埋理论要求

由于土冻结后其物理力学特性发生了变化，变形模量增大(与未冻土相比，差 1～2 个数量级)，各种强度也都增长。根据这种情况，把已冻结了的地基看作是均质介质就与实际不相符，实际上已成了非均质的土、上硬下软的双层地基，计算简图如图 84-1 所示。

其中冻土的变形模量 E_1 根据资料介绍可看作是竖向坐标 Z 的函数：

$$E_1 = E_0 + KT^{\alpha} = E_0 + \beta(h - 2)^{\alpha}$$

式中 E_0——冻土在 0°时的变形模量；

h——冻土层厚度；

α、β——试验系数。

地基土的冻胀应力以图 84-2 来表示，上下两层地基体系中，上层基础被冻结锚固不动，当冻深发展到 H 时，由于土的冻结产生冻胀力以及其在冻结界面上的分布，冻土层的刚度比未冻土大若干倍，加之有一定的冻土厚度 H，则产生较大的应力集中，基础底面的接触压力 P（P 为基底法向冻胀力）。再从另一个角度分析：将基础冻胀产生法向胀力 P 的反作用力 F 看作是该基础上的附加压力，如图 84-2（a）所示，再按上硬下软的双层地基考虑，会产生明显的应力扩散，冻结界面上基础中心轴下的最大附加应力 f_0 及其沿平面的分布是可以计算的，根据作用与反作用定律，它们的大小相等，方向相反。

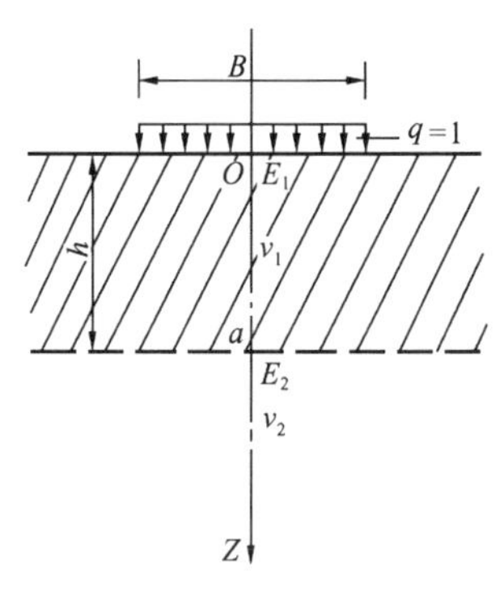

图 84-1　双层地基计算简图

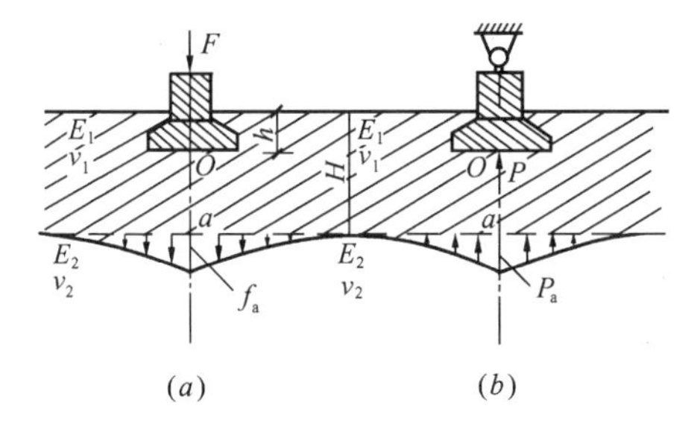

图 84-2　地基土的冻胀应力示意图

（a）由附加荷载作用在冻土地基上；（b）由冻胀应力作用在基础上

实践表明，任何基础只要在冻结界面处的冻胀应力不大于由上部荷载传下的附加应力，不论基础埋置多浅、冻胀性多强，基础都将是安全的。由此分析可知，上部结构传下的附加荷重越大或地基土的冻胀应力越小，则基础浅埋的程度越明显。

北方冻胀土地区室内均采取采暖过冬，基础室内侧的土不会产生冻结，即使轻微受冻，也是消耗基础外侧冷量的结果。因此，在考虑计算裸露场地冻胀力的基础上增加两个修正系数：一个为 ψ_h、另一个是 ψ_v；其中，ψ_h 是由于建筑物采暖在基础周围

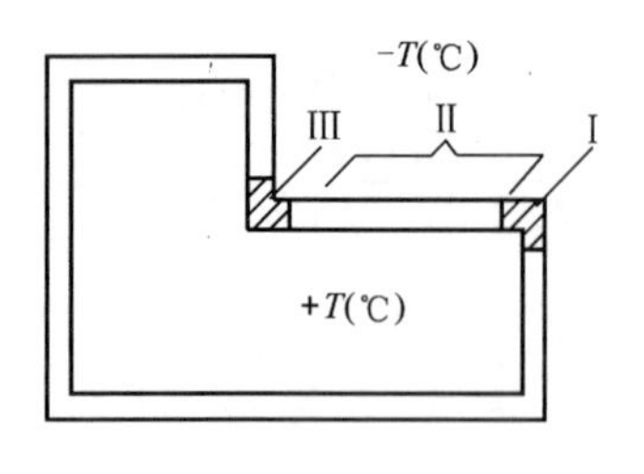

图 84-3　ψ_h 位置图

Ⅰ—阳墙角；Ⅱ—直墙段；Ⅲ—阴墙角

冻土分布对冻胀力的影响系数，如图 84-3 所示。$\psi_{h\mathrm{I}} = 0.75$；$\psi_{h\mathrm{II}} = 0.50$；$\psi_{h\mathrm{III}} = 0.25$。其中，$\psi_v$ 是由于建筑物采暖后基底之下冻土层厚度改变对冻胀力的影响系数，如图 84-4 所示及表示式：

$$\psi_v = \frac{\frac{\psi_t + 1}{2}x - d_{min}}{Z_d - d_{min}}$$

式中　ψ_t——采暖对冻深的影响系数；

Z_d——设计冻深；

d_{min}——基础的最小埋深。

2. 对切向冻胀力应采取措施

对法向冻胀力的计算，应用到实际工程中才是解决问题的根本。许多资料中介绍，行之有效的措施之一是在基础侧面用宽度不小于 200mm 的中粗砂或炉渣回填，在大型混凝土水池外侧应用较多，是因为砂及炉渣类土的抗剪强度与正压力呈正比，而正压力为基侧回填土的静止土压力，由于基础浅埋中的基侧静止土压力很小；同时，又因已冻土在负温下产生冻缩形成较大的冻缩胀力，进一步影响土的抗剪强度，所以抗剪强度较小，使传递的切向冻胀力有限，以在施工中考虑不再有切向应力的影响，可从图 84-5 中了解到。但这一措施只适用于地下水

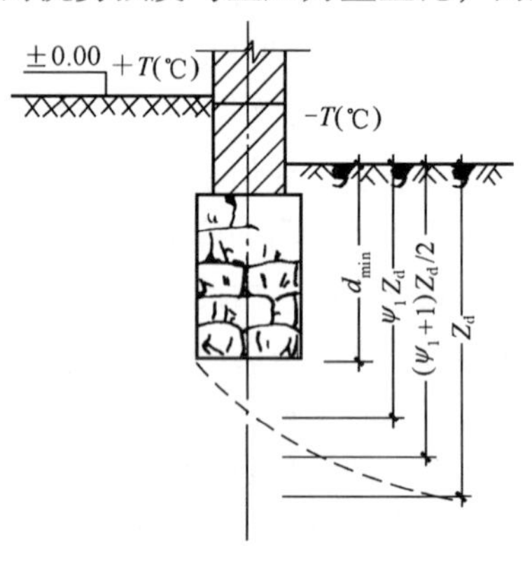

图 84-4　基础埋深图

位以上的土中，否则无效果。

另外，可将基础砌成正梯形断面的斜面基础。由于与同基础土冻结在一起，接触面上的抗压强度相对抗压要弱得多；下层土在冻结膨胀时间上顶压已冻土，使其产生向上的位移，即鼓包隆起开裂，这时，在基础倾面上出现一个法向拉力；另一方面，当气温不断下降时，上层已冻土由冻胀转向冻缩，即出现拉应力，两种拉应力叠加至一定程度值（即超过土与基础接触面上的冻结抗拉强度）时，就会产生裂缝并不断扩大，裂缝从出现开始就可认为切向冻胀力的消失。这种情况可以在水位之上或水位之下的土中产生同样效果，只要施工认真处理就会达到预期效果。

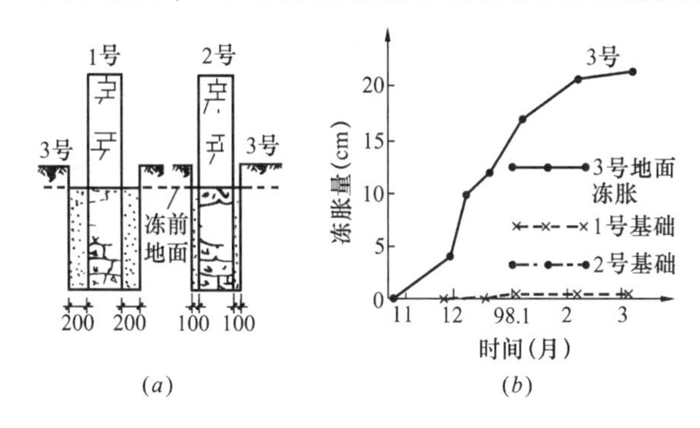

图 84-5　基础构造简图与基础侧填砂冻胀变形曲线

（*a*）基础构造简图；（*b*）基础侧填砂冻胀变形观测曲线

3. 浅埋基础需解决的问题

浅埋基础的优越性及经济技术可行性已被许多工程设计施工所证实，但在具体施工应用时，会遇到以下几个方面问题，应正确解决：

（1）深坑、地道及杂填土

有的建筑基础会布置在有深坑、地道等地下孔洞的上部，如地道局部顺（即平行）基础、横基础或斜穿的，由于人防洞有砌筑防护或土洞的，必须认真处理；对个别顺基础土洞，需从上至下挖开，清除松土并夯填不膨胀土至建筑底面，使其建筑基础底面土质相同，达到要求的承载力；对于砖砌横跨或斜跨基础底的地道，可采用在建筑基础下加过梁的措施；当有大坑或杂填处也应以同样办法处理，对回填土必须分层夯实，达到允许的密度。在工程量较小时，换土施工简单、就地取材、工期短；如工程量较大时，采用桩基处理效果更好。

（2）考虑地震和风的影响

浅埋基础的建筑一般体量较小，高度和进深不会太大，在设计施工时，必须考虑该地区的抗震设防要求和最大风载的影响；要在浅埋的基础上考虑防震要求，并做抗风的稳定计算，可采取加大进深、降低楼体重心来增强抗震、抗倾覆能力。

（3）基础圈梁同暖气管沟处理

习惯的作法是基础圈梁高度设在自然地面的位置，这样就使基础梁处在采暖地沟的中间、基础放大收台未收完的部位，这时内墙基础圈梁影响暖气管沟的通过，圈梁截断又不合适。对这个部位的处理方法是：把基础圈梁设置在 ±0.00 与防潮层下，使圈梁上皮与防潮层下皮平，地沟进入高度在圈梁下，不受影响。

（4）给排水管道进出

以克拉玛依地区为例，冻土层最大冻深为 1.84m，给排水管道要从浅基础的一定高度或基下穿过；穿管道处基础砌体必须留置预留下沉洞；进新水线应在基础面以下，为防止扰动基土，可在上水线位加深基础防护。排水管浅埋，经多年实践埋深在地面 -0.6m以下可正常使用，该地区广泛应用已经实践了这一点。

（5）做好排水，防止水进入基础

浅埋基础的施工要做好排水，一些地区干旱地下水位低，要防止水浸入地基降低承载力，增大地基土的冻胀力。基础施工季节多在春季，降水较少，大量开挖时，在底部保留 100mm 原土，砌筑时再清除。如遇雨季应做好排水准备，抓紧地下部分施工，砌至地面及时回填，并防止外部水灌入，并在基础外侧回填 200 ~300mm 砂或炉渣，预防切向冻胀力使基础开裂。

(6) 跨年基础防冻

现在多数工程当年开工并交付使用的比例很大，但也有少量工业及民用建筑需跨年才能完成。为了加快工期，防止冬期施工，避免早春未解冻施工，跨年项目有些需要在结冻前挖好基础，最好是入冬前砌好基础。预防冻害的一般做法是：对冻前已挖好基槽而来不及砌筑的，用松散保温材料覆盖或回填松土减轻冻害，再施工前清理干净即可；对上冻前已砌筑完的基础，应及时回填并按要求在外侧用粗材料处理；对冻胀力大的地区，在已回填基础表面再覆盖保温材料，防止冻胀局部损坏基础；对已封顶但未交付使用的工程，应封闭门窗，填砌好入室的各种洞口；对室外贴近基础的管沟、井，也应采取防护措施。

只要严格按已有规范要求组织施工，结合工程实际，科学、大胆地采用有效防护措施，浅埋基础工程存在的问题就会得到有效解决。

85. 冬期混凝土施工有哪些防护措施?

北方广大地区有较长的寒冷季节，这些地区混凝土的冬期施工是必不可少的。从多年的施工实践及研究的结果认识到，当环境温度降至5℃再不回升连续5d以上时，只要采取适当的施工方法，避免新施工的混凝土不早期受冻，使施工后的外露混凝土降至0℃以下，就会使工程有同其他季节一样，有好的效果。

1. 冬期混凝土施工受冻问题分析

混凝土搗拌浇灌后之所以能逐渐凝结和有高的强度，是由本身水化作用的结果。而水泥水化作用的速度，除与混凝土组合材料和配合比有关外，主要是随着温度的高低而变化。当温度升高时，水化作用加快，强度增长也快；而当温度降至0℃时，存在于混凝土中的游离水有一部分开始结冰，逐渐由液相变为固相，这时水泥水化作用基本停止，强度也不再上升。温度继续下降，当混凝土中的水全部结成冰，由液相变为固相时，体积膨胀约9%，同时产生大约20kN/m^{2}的侧压力。这个应力值一般大于混凝土浇筑后内部形成的初期强度值，致使混凝土受到程度不同的早期破坏而降低强度。此外，当水结成冰以后，会在骨料和钢筋表面产生颗粒较大的冰凌，这种冰凌会减弱水泥浆与骨料同钢筋的粘结力，也会影响混凝土的抗压强度。当气温回升冰融化后，又会在混凝土内部留下众多的空隙和孔洞，降低混凝土的密实性和耐久性。

由此可见，在冬期混凝土施工中，水的形态变化是影响混凝土强度增长的关键因素。分析国内外关于水在混凝土中形态的一些资料可以看出：新浇灌的混凝土立刻冻结时，有80%以上的水变成冰，液相不足20%，水化反应极其微弱了；当混凝土经过24h标准养护后再冻结，只有60%的水变成冰；当混凝土强度达到设计标准的50%以上时，即使温度降至-40℃以下，而含冰量也维持在60%以下，还有40%的水未转变为固相，水化作用也能继续进行。可以得出这样一个结论：混凝土在浇灌后有一段养护期，对加速水化作用极为重要，因而应预防早期冻害。混凝土在受冻前只有1h的养护期，强度损失会超过50%；在受冻前得到6h的养护期，强度损失不超过20%。

混凝土在正温气候条件下继续养护，其强度增长幅度是不相同的。对于预养期长，初期强度达到R_{28}的28%~35%的混凝土受冻后，后期强度基本不受影响；而对于预养期较短，强度达到R_{28}的15%~17%时的混凝土受冻后，后期强度会受到一定影响，只能达到设计强度的85%~90%。

只要混凝土在正温下养护一定时间，使混凝土有一段水化时间，就不怕冻害的影响。混凝土不致受冻害的最低临界强度，国内外有许多研究成果，受冻临界强度与水泥品种和后期增长有一定关系。

2. 混凝土冬期施工方法措施

从以上浅析中认识到，在冬期混凝土施工中，一般要解决和处理好以下几个问题：一是如何确定混凝土最短最佳的养护龄期，二是如何防止混凝土早期受冻，三是如何使冻后混凝土的后期强度能达到设计所需要。在实际施工中，要根据施工现场气温变化、工程结构部位和数量、工期要求期限，水泥品种、外加剂、保温材料性能和现场条件、供热来源等情况，采取合适的施工方法和组织措施。一般情况下，同样一个工程可以有多种方法和措施来保证工期和质量，但最佳方案必须工期短、造价低且质量有保证。

在目前条件下冬期施工采取的施工措施是：

（1）调整最佳配合比

在气温0℃左右时施工，应选用普通硅酸盐水泥，其硅酸三钙含量不低于50%，细度达到4900/cm^2，细目筛余量<15%。这种水泥水化热反应早，早期强度提高快，一般3d的强度大约等于普通硅酸盐水泥7d的强度，效果较明显；尽量降低水灰比，实际上是减少游离水，增加水泥用量，增加幅度在50kgf/m^3左右较合适，从而增加水化热量，减短龄期使，度增长快；掺入早强剂和减水剂，提高早期强度，但掺量必须经过试验确定，计量以水泥重量为依据，一般不超过水泥用量的5%。少掺既无效果又浪费，多掺反而会降低强度，另外增加含气量，混凝土中加入4%~6%的空气含量，可以截断渗水通道，使孔隙互相封闭，形不成连贯毛细孔，从而提高混凝土内密实性和耐久性。

（2）采用蓄热法

主要适用于气温不低于-15℃且结构较厚大的现浇混凝土工程。对原材料砂石和水进行加热，使混凝土在搅拌、运输和浇筑完成后，还储备有相当的热量，以使水化放热加快，并加强对混凝土的保温，以保持在温度降至0℃以前具有一定的抗冻能力。使用蓄热法应是结构体积厚大，外露面积越小，通过表面散热损失也会少，蓄有热量则较多。因此，要注意内部少量降温，且应注意保护外露及角边以防受冻。此法工艺简单，费用少，可以有足够的养护期限。

(3) 外加热法

适用于气温在-15℃以下环境施工，而构件并不厚大的工程。通过加热施工现场周围的空气，保持混凝土的环境温度，或者直接对构件加热，使混凝土处在正温下正常硬化。使用热源有火炉、蒸汽、暖棚、电及红外线等工艺。

火炉加热在较小的工地上应用。方法简单但室温不会很高且较干燥，特别是炉子里明火和聚集烟放出的二氧化碳会使新浇混凝土表面易碳化，影响表面光洁，是一种较原始的方法。

蒸汽加热是采用蒸汽的温度和湿度养护混凝土。此法比较简单且易控制，使得温度均匀，广泛应用在大型预制构件厂，一般小型工地施工不易办到。但需要专门锅炉设备和场地，热损失大，费用高，工作环境也差。

暖棚法即在现场搭设工棚，使构件或基础在棚内正常温度下施工。费用较高，因需建棚和加温，常用于一些重点项目。

电加热是将钢筋作为电极，或将电热器贴在混凝土表面，使电能变为热能，以提高混凝土温度。这种方法简单方便，热损失较少也容易控制。当构件较远时，电加热比蒸汽加热要方便灵活，但耗电量大、费用高。

远红外线加热就是波长为2.5~1000μm的电磁波，远红外线养护混凝土。将涂有远红外线辐射材料的辐射器，安装于混凝土表面或模板下，通电后利用电能通过高温电热远红外线辐射器发出的远红外线电磁波直接对混凝土辐射传热或隔模传热。因远红外线电磁波在穿透空气时以30万km/s的速度传热，几乎没有热能损失。当混凝土内部接收高温辐射后，很快将其吸收，消除了自身水化过程中产生的温度梯度，使水分均匀分散在混凝土内部，从而保证湿润的养护条件。因模板和介质也能吸收能量，并以对流和传导方式传给混凝土，使其内部进一步升温，加速水化，促使制品早强。这种方法对寒冷地区冬期施工混凝土保养有较高价值，应加以应用。

电加热法除远红外线加热外，还有电极加热、电热器法和电磁感应等方法可供选择。

(4) 防冻法

目前生产的防冻剂可应用在-40℃及其以下气温中施工。它采用降低冰点，使混凝土中的水在负温下仍处于液相状态，使水化作用能继续进行，从而改善孔结构等效应，达到强度增长不受影响的目的。防冻法分为早强、负温防冻和结冻法等，常用的防冻剂是亚硝酸钠，它不但可以降低冰点，而且是极好的防锈剂，费用低，大小工地皆可使用。

(5) 综合法

是同时采用任意两种以上保温及防冻措施进行施工。应根据结构类型特点、施工队伍素质和当地能源状况来确定方案，有以蓄热为主、辅以早强防冻的蓄热综合法，有以加热为主辅以防冻，也有以防冻为主辅以蓄热等。

上述几种冬期施工措施都有一定的不足之处，其适用范围都受一定条件和环境的制约，因此，要根据具体情况具体分析，采取不同的冬期施工措施，保证冬期施工质量而不浪费20%～40%的施工季节，为工业和民用建筑量有所提高，质量事故下降。

86. 寒冷地区室内防潮技术措施有哪些?

室内地面受潮的现象在南北地区均会发生，主要因室外气候条件的影响和地下水分因毛细作用上升至地外表面而造成。在北方一些地区地下水位高，初冬时室外逐渐冻胀，室内空气相对湿度上升，则出现结露现象，俗称泛潮，一般出现在单层房屋地面或多层房屋的底层地面。在下列情况下发生较严重：(1) 刚进入冬期，北方室内即开始采暖，而室外土逐渐冻结，形成室内外温差较大，由于存在着地下水的补充，当室内地面与室外地坪高差小于200mm时，光滑的地面不吸收水分则在表面形成凝结水。这是由于地下水位高、湿度大、室内外温差大而形成。(2) 寒地初春气温逐渐进入正常时，地表温度升高冻土层开始融化时发生较严重。由于基层下基土中的水分在无数毛细作用下上升及气态水的向上渗透，使地面墙根部泛碱潮湿，降低了结构材料的质量和耐久性，有碍居住卫生和人体健康，影响室内用具物品的正常使用。这种返潮现象在一年中持续较长时间，一般不易根治，处在季节性冻胀土高水位地区预防地面泛潮，应从设计和施工妥善、经济地处理好。

1. 防潮地面的结构形式

根据不同的室内使用要求选择不同的防潮地面类型：

(1) 多数地面按使用要求采用混凝土或水磨石地面、板块铺设地面。当混凝土具有一定的厚度和密实度时，其自身具有一定的防潮性能，这种地面的构造形式是：素土夯实、砂垫层或炉渣找平压实、混凝土面层随打随抹光。这种结构形式是最常见、最基本的地面做法。

(2) 当实践表明常用的混凝土地坪不能满足寒地和防潮的需要时，要在面层下增设防潮层。应用最广泛的防潮层有沥青油毡、塑料薄膜和沥青砂浆等防隔潮材料，其构造形式是：素土夯实、砂石或炉渣拍实、干铺油毡或塑料薄膜一层、混凝土基层、1:2水泥砂浆面层（图86-1)。

(3) 沥青砂浆和沥青混凝土地面。这种地面适用于对防潮有较高要求的地面，其特点是将面层与防潮层功能结合起来，减少施工程序。如环境较差的仪表室，化验室、计算机房及卫生条件要求高的地面，用沥青砂作为防潮层，在其上另设面层。其构造形式：原状土夯实、砂砾或炉渣垫层，混凝土找平层、冷底子油、沥青砂浆层、板块面层或整体地面。

(4) 架空式防胀防潮地面。措施是将地面与基土用空间隔

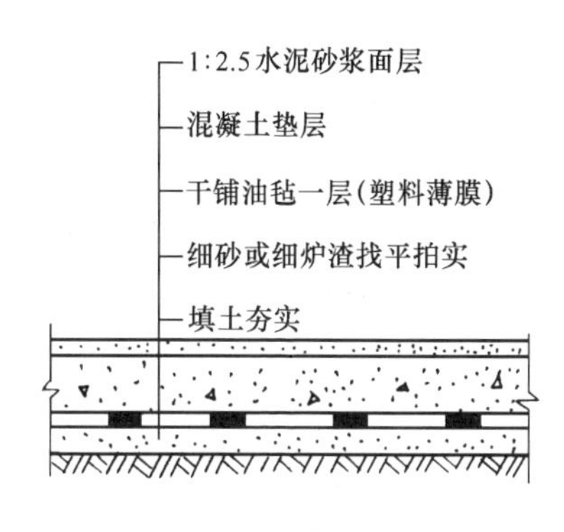

图 86-1　防潮混凝土地面

开，面层铺设在地陇或砖墩上。图 86-2 所示是三种架空防潮地面的构造，由于地板的上下两个面同时接触空气，使表面温度易于增高，缩小了空气与表面之间温度差，从而可最大限度地减弱地温对面层的影响。

2. 防潮层的设置

(1) 材料选择

采用具有吸湿作用的面层材料，尽快吸收地面凝结水是简便有效的方法。干燥且表面存有微孔的耐磨材料如陶土砖，较粗糙的素混凝土表面有一定的吸潮作用，可将潮气吸入面层贮存，当气温上升空气干燥时，又将水分蒸发，达到“潮而不湿”的目的。一些试验表明：水泥地面、水磨石地面和瓷砖地面的表面温度一般比空气温度低 1.5～2℃，当空气为 26～28℃、相对湿度为 85%～90%时，就会产生结露，因这些地面温度较空气低，在环境温度 24～26℃、相对湿度 90%～95%时则产生凝结，但由于其面层材料的吸湿性较好，表面较少有泛潮现象。

传统使用的三合土、灰土和木地板材料，其表面温度随气温变化相差 1℃左右，在潮霉季节一般少有结露现象，比较干燥。其主要原因是这些材料的蓄热系数较小，例如多数木材的蓄热系数只是普通混凝土的 1/7～1/5，可以利用其蓄存的热量调节温度，减少出现周期性冷凝，能迅速提高室内地面温度，减少地表温度与气温间的差值，防止泛碱（潮）的产生。

(2) 防潮层的设置

阻止土中毛细作用的上升是防潮的关键，所以必须在结构层中设置防潮层。防潮层的作法一般有刚性和柔性两种。柔性防潮层的价格较高但防潮性能较好，应用较广泛，如图 86-1 所示。

对混凝土类地坪有防潮要求时，可在垫层上刷冷底子油一道、热沥青两道，并撒热粗砂一层，以便与上层土结合。

(3) 门窗通风需重视设置易调节和开启的门窗以便于间歇性通风。门窗上部均应有通风窗扇；民居多设置半截腰门和门槛，易将进入室内的热湿空气隔开，使它浮在室内上部，不与温度较低的地面即刻接触，地面受潮有一定的抑制作用。当进入雨季或初冬、冻胀融化季节时，对室内采取间歇性通风，减少湿气进入。通风时，门窗洞口悬以布质帘也可起隔潮作用，但不能常开门窗；否则，会增加室内潮气。当室内干燥时，进行通风换气效果最好，并减少用湿布拖地、吊挂湿衣物等。

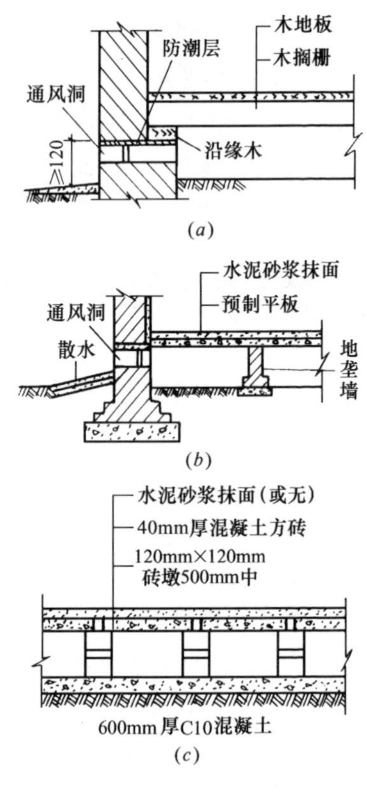

图 86-2　架空防潮地面

(a) 架空木地板；(b) 地垄墙上搁平板；(c) 砖墩上搁方砖

3. 防潮地面的施工要求

(1) 加强回填土质量

回填土是防潮的基础防线，在一定程度上可阻止地下水上升。回填用土宜采用黄土或轻亚黏土并分层夯实，其分层厚度 <250mm。切勿将建筑垃圾回填或采用水冲法回填土，这样十分有害。

（2）防潮层的施工质量控制

夯实密度达到 1.7t/m^3 的黄土有良好的隔水性，但不能隔绝和切断所有毛细孔的作用，而正是由于毛细作用，才使地面泛潮、泛碱。毛细作用在不同土中上升高度有所不同，一般高度是：中粗砂约300mm，细砂是 500mm，亚砂土是 800mm，亚黏土是 1300mm，黏土是 1800mm。设置防潮层的作用是切断或阻止毛细水汽的渗透上升。针对不同地面的防潮，根据需要和结构特点，最常采用的几种施工做法是：

1）砂碎石垫层

砂碎石属于多孔性材料，毛细上升最大高度仅 300mm，垫层厚度越大防潮防冻胀效果越好。因取材方便、施工简单且造价低而较广泛使用。同时，民居中用炉渣等粗材料作防潮层效果也好，这类材料应用时，应在干燥状态下进行，且自身含水率越小越好。

2）油毡卷材防潮层

油毡卷材防潮层有两种作法：一是干铺法，是将油毡干铺在夯实平整的垫层上，在其上再做面层；另一种是用热沥青把油毡粘贴在混凝土垫层上，多采用二油一毡施工。

卷材防潮层隔离毛细上升、防止水汽渗透效果最好，但热铺法造价高，施工难度大。如采用塑料薄膜作防潮层其效果相同，使用时一般应铺两层。卷材防潮层存在耐久性问题，施工时卷材不得破损。

3）沥青砂浆或沥青混凝土垫层

这类垫层是将沥青加热至 280℃，与干净青砂拌合成浆，经碾压紧密成为防潮层，适用于有较高要求的防潮地面。虽价高施工复杂，但效果和耐久性好。厚度一般为 40mm，施工时加强接槎处质量和防止脱层。

4）沥青涂层防潮层

用热沥青涂刷在垫层表面，一般涂刷两次，厚度 $>$ 3mm。这类防潮层能有效堵塞毛细孔，切断下部水汽上升，适用于一般防潮。

5）混凝土地面施工的质量控制

防潮混凝土地面目前无施工控制的定量标准，但密实、少空隙是根本的要求。其施工强度等级不低于C20，厚度>80mm，水灰比<0.55，坍落度10~30mm，水泥用量300kgf/m^3，砂率为38%。一个地坪应连续不间断施工且不留缝，并三次压抹成活儿，及早养护，并对成品进行有效保护。

6）架空地面施工

多用于防潮防静电的高级操作用地面，其施工必须注意的是：

原状土必须夯至要求的标准，减少水汽对板下的浸蚀。板下应有足够高的空间和良好的通风条件，净高应>400mm，基土虽经夯实，但湿气仍会上渗，设置通风口排气，可以保持板下干燥。板缝拼接要严；否则，会降低防潮效果。板块之间应有一定空隙，用柔性材料嵌实。各种地面铺设板块的底面应刷沥青防腐，堵塞毛孔，以延长板块的使用寿命。对搁置架空板的地垅，和墙基防潮部位一并刷沥青一道，以隔绝渗入通道，阻止外部水汽渗入内部。

一些对墙基防潮层的设置多在地面下一皮砖，防潮地面应设在室内地面垫层下，并把墙基和地面隔潮层连在一起。

对地下水位高季节性冻胀地区的建筑物±0.00的设置，室内必须高于室外300mm以上，散水宽度>800mm，雨雪水不得倒灌基础。

加强室内的通风换气，这样既增加空气与地面的接触，也会减少地面泛潮，同时居户的正确使用也是不可缺少的。

87. 冬期施工混凝土的临界强度与拆模条件是什么？

我国北方冬期对混凝土工程的施工，经过40多年的不断总结和完善，大多数已采用综合蓄热法保温，一般都能达到较好的效果。在工程实践中，人们会自然想到这样一个问题，即所施工工程已达到或超过了临界强度为什么还不能拆除模板？什么时候拆除较好？另外，也有个别工程由于拆模过早而发生了质量事故。

1. 混凝土临界强度问题

大量文献资料和工程实例表明，混凝土早期受冻后其强度会降低且耐久性也会受较大影响。但是如果混凝土在早期能达到一定强度后再受冻，则最终强度和耐久性均不受影响或影响极小。人们把混凝土初期获得一定强度后，在继续增长期间受冻但性能不再受到影响的这种早期强度，统一称为临界强度。应当着重说明的是，这个临界强度值是指混凝土在降至规定温度以下时或受到冻结以前，必须达到的最低强度。只有在达到这个最低强度以后，混凝土受冻后才不致降低其最终强度和损害耐久性。

2. 构件拆模的条件

冬期施工混凝土结构的拆模时间，主要取决于不同结构构件对强度、变形与裂缝诸方面的要求，必须通过计算来确定。

（1）拆模强度的要求

混凝土结构的拆模强度必须根据拆模时构件所承受的自重及荷载、配筋及当时的实际强度，考虑必备的安全储备来确定。拆模时所承受的荷重应包括自身及施工荷载，施工时过大的荷载不能单靠结构构件本身来承担，而应有附属设施来一同解决。不同构件的设计强度应按现行的《混凝土结构设计规范》（GB 50010）中值取用，而规范中仅包括 C10 以上混凝土的各项指标值，而拆模时可能出现的更低强度的值未列出。对较低强度的混凝土可考虑用下列方法取值。

钢筋混凝土构件的计算是以混凝土必须具备一定的强度为依据，如设计规范要求钢筋混凝土的强度不低于 C15。严格地说，用 C15 强度来计算拆模时的承载力是欠妥的。由于冬期施工工程拆模时可能出现更低的强度，但其构件承载力的研究尚不很深入和充分，所以仍应以现行的设计规范为依据来计算构件拆模时的承载能力，防止误差过大。

同时，在按现行设计规范计算构件的承载力时还应考虑对安全系数 K 的取值。在理论上讲，安全系数的选取应考虑在拆模时该构件可能会出现短时超载或强度比规范取值更低的可能性和受力的不利因素。目前要全面考虑这些不利因素，很难准确地确定安全系数 K 值。按现行规范关于预制构件在制作吊装时的承载力验算时安全系数取值要求，可考虑拆模时的强度安全系数的 0.85～0.90 倍。

对非承重构件，砖混结构的圈梁等，如施工后不再承受其他荷载，满足临界强度时，可降低拆模强度。

（2）拆模时对挠度的要求

冬期施工混凝土结构拆模时的状态有其本身的特点。首先是早期受荷，其次是应力水平高。虽然拆模时强度低于设计强度，但所承受的前期荷载不会减少很多，所以要求相应的应力水平不能低于设计要求。同时，冬期施工结构不能进行浇水养护，造成构件的早期失水会较多。这些不利因素将使结构件在荷载作用下的变形增大，在结构拆模计算时应加以考虑，但规范较少提及这些。

按照我国现行设计规范来进行受弯构件挠度计算时，首先要分开裂与不开裂的两种情况确定短期刚度，对于受长期荷载作用的构件，长期作用的那一部分刚度尚应乘以不同的刚度降低系数，计算时的参数多过程复杂，再加上还要考虑上述影响，计算变得很复杂。为此，目前阶段应以现行的设计规范为依据，进行修正和简化计算。

对于按计算不开裂的构件，其短期刚度取值 = 0.85 ~ 0.90；对计算开裂构件，其短期刚度取值 = 0.65 ~ 0.70；长期荷载部分的刚度降低系数，统一取值 = 1.8 ~ 2.0；考虑到冬期施工因徐变引起的变形量加大，取一附加挠度系数 = 1.3 ~ 1.5。

考虑到某些构件受荷载特别早，如浇筑后3d时，要求应力水平相当高和失水较严重的构件，挠度增大系数取较大值。从一些混凝土徐变的理论资料中可知，当长期荷载的应力达到一定水平如$\sigma_n > (0.4 \sim 0.5) R_a$时，混凝土的徐变变形将呈现非线性，这对一般结构来说是不利的。因此，从变形方面考虑，各类冬期施工构件的拆模强度如取值过低，将使构件应力水平过高，是不恰当的。

（3）拆模时的抗裂要求

冬期施工混凝土工程产生裂缝的原因是多方面的。首先是强度增长慢而低，不是以承受由荷载或由温度变化而产生的拉应力，构件表面过早失水使收缩增大，产生裂缝的机理较复杂。如过早受荷使构件产生裂缝，在计算时要涉及不同情况下混凝土抗拉强度的取值，裂缝的随意性与长期性较难用一般方法来确定。又如温度变化对结构影响的分析，不同水泥水化热和原材料性能的结合、不同养护或加热情况热量的传递与散发等复杂问题。另外，早期失水能加速构件裂缝的形成和发展、又涉及低温下混凝土中水分的迁移、引起的收缩增大随时间变化而出现的其他问题。在现阶段要彻底解决理论上的量化因素对构件裂缝的影响是极困难的。为有效控制冬期施工混凝土构件早期产生的各类裂缝，一般采取的措施是：

①为避免构件因早期强度太低，在荷载作用下可能出现的裂缝，应按低强度混凝土的抗拉强度及可能发生的施工荷载和自重，按现行规范的方法进行抗裂度验算，这种计算在施工现场是可以进行的。

②为避免构件在低温环境下水化过程中的表面失水过多和从内部迁移水分的情况，冬期施工构件应该采用隔气性材料覆盖裸露的表面，这种方法在工程应用中表明是简单的。

③可通过热工计算来采取防护措施，将冬期施工构件在养护过程中和拆模时的不同部位，包括中心与表面及周围环境之间的实际温差，控制在25℃以内。这样对减少因体积较大或一般构

件的温差裂缝是有效的。

3. 控制好拆模时间

(1) 必须的条件

冬期施工混凝土各种构件在未达到其临界强度以前是不能拆除模板的。对于承重构件，应按照不同的受力情况，需对拆模时的承载力进行计算。当拆模时的验算实际强度可以满足施工时实际荷载要求时，可拆除该构件的模板与支撑。对于蓄热或外加热养护的构件，还要核算拆模后可能出现的温度裂缝，对于一些较重要的承重件，还必须考虑构件早期承重引起的挠度增大。

(2) 冬期施工方案优良可早拆模

冬期施工工程较早拆模会降低一定的费用。从克拉玛依地区看，冬期施工一般从 11 月上旬到次年 3 月底，极端最低气温为 -39.2℃，持续时间断续 10 余天，一般在 -20 ~ -30℃。多数不采取冬期施工，个别冬期施工也在进入 12 月份即进入室内。略采取保温，对承重件或一般构件经 5 ~ 7d 养护，可以达到拆模的最低要求。

(3) 认真执行制定的冬期施工方案中的技术措施

冬期施工工程的成败关键是措施的得当和有效的管理。从施工方案的判定到准备工作的落实，直至施工、保温的各环节都不可大意。只要认真监督管理、工序合理紧凑，养护期不出现意外情况，是会达到预期效果的。

88. 寒冷地区建筑平屋顶改坡技术如何应用？

平屋顶改为坡屋顶是在建筑结构许可的条件下，将现有的低层或多层平屋顶房屋改建成坡形屋面，并对外立面进行重新装修，提高建筑防水及使用功能，是对建筑物外观视觉的修缮建设。

1. 寒冷地区平屋顶建筑存在的问题

北方城市大多位于国内经济欠发达地区，城市建设同发达地区相比速度缓慢，大多数工业及民用建筑，尤其是居民居住的房屋多数建于20世纪80年代以后，这个时期以至以后，由于钢筋混凝土预制构件和现代化城市进程的加快，绝大多数屋顶采用平屋顶建筑，防水层的构造做法多数采用柔性卷材防水处理，也有少量屋面采用刚性防水。平屋顶屋面坡度一般为2%～3%，由于坡度小，排水缓慢，且容易积水。再由于1996年以前建筑的房屋，屋面板几乎全是预制空心板，整体性差屋顶结构本身就存在渗漏隐患。再者，由于北方冬季时间较长，冻胀、冬夏温差和住宅建筑室内外温差均很大，使作为外维护结构的屋顶构件材料变形加大，刚性防水屋面极容易产生裂缝，影响防水及耐久性。北方早期多层建筑的平顶刚性屋面，后来多数也改为柔性防水屋面，还有一些经过补漏处理的刚性屋面，仍然存在渗漏的隐患。另外，多数住宅建筑平屋顶与坡屋顶比较在一些特殊部位，如挑檐、女儿墙、排水口、烟囱、风道出屋面部位，由于构造设计、材料选择、施工质量控制等原因，也很容易产生裂缝渗漏。北方地区早期多层住宅屋面防水，采用三毡四油或二毡三油的结构处理，由于夏冬季节的长期相互作用，极易老化、龟裂、空鼓，防水层寿命一般在10～15年以内，很难达到设计规定的使用年限，这些已成为必须认真对待的现实问题。

随着社会经济的发展，城市化进程的大大加快，高层建筑的大量增加，多层住宅的屋顶就成为城市建设的另一（第5）立面。平屋顶年久积灰尘，外观简陋，脏、乱、差问题一下子暴露出来，严重影响城市容貌。多层住宅楼大多数都是“火柴盒”式的造型，形式单一、呆板，从观感上看很不美观，影响城市形象。由屋顶组成的城市天际线是城市竖向度的空间形态，也是一座城市风貌代表的特征，是城市文明的缩影。

为了适应城市的发展和提高建筑质量完善使用功能，特别是改变顶层居民的居住环境，对现有住宅建筑的平屋顶进行“平改坡”的改造，是一项造福居民住宅质量的实实在在的大事。

2. 寒冷地区建筑平屋顶改坡屋顶的必然性

原有建筑经改坡屋顶后，屋面防水以“导”为主、以“堵”为辅，防水能力大大提高，因雨水渗漏导致屋面板钢筋锈蚀的问题得到解决，延长了建筑物使用寿命。原来平屋顶的垃圾干净了，观感清爽了。根据已试改后对屋顶的检验测试，坡屋顶不仅防水效果好，而且由于架高了一定空间，等于给顶层居民增加了空气隔热层，冬季和夏季环境更适应。改造后，冬季顶层室内温度比未改造前高 3～4℃，夏季可以降低 4℃左右；同时，观感质量也有大的改进。

常说“建筑是城市的名片”，不仅是说建筑具有标识性，还说明建筑有地域特点和个性。例如北京老建筑的大屋顶、新疆民族特色的坡屋顶等。同时，建筑应体现出一个城市的“文脉”，文脉从广义上看是介于各种元素之间对话的内在联系，表现为一种文化因素或一组建筑。在城市方面，重视城市文脉；从人文、历史角度，与环境整体和谐对话关系，人文与自然协调关系。

3. 平屋顶改坡屋顶的对策

（1）平屋顶改坡屋顶的方案对比

“平改坡”的建筑性质属旧房屋的改造，原有建筑的改造会受条件的限制，因此远比新建筑要复杂得多，多层住宅也同样如此。其他问题不说，单从建筑结构技术和施工因素也会影响到“平改坡”，所以，屋面改造决不是一种标准化方案就能解决的，应该有多种解决方法。下面举例几种可行方案：

1）在原保温屋顶上再加坡屋顶。保温由原平屋顶承担，新坡屋顶只解决防水问题，并由新坡顶、新材料、新外貌带来建筑新色彩，这种方案实施相对简单容易，对下层住宅影响很小。

2）拆除原有平屋顶换成坡屋顶。此方案实施起来难度较大，对下层住宅影响也大，在条件不具备时不要急于开工。

3）原平屋顶改成楼板，利用新坡顶的三角空间作成阁楼，这个方案实际上是借平改坡的改造，比上述方案增加一些面积，但费用也增大了。如果阁楼中最低点能保持2.20m高，甚至增加一层建筑面积、这应是具备条件的多层住宅“平改坡”首选的一种较好的方案。

（2）平屋顶改坡屋顶的技术措施

1）改造的技术原则：首先，是平改坡建筑技术要与结构方案有机的结合，无论采取哪种改造方案，都必须保证房屋建筑的整体性；其次，新建坡屋顶在选材构造上既要满足防水、防渗、防火及保温性，也要减轻建筑物的荷载；再次，平改坡的技术方案上应做到标准化、装配化，为减少湿作业，缩短施工周期和提高工程质量而努力；最后，有条件的平改坡建设项目，应把平改坡与建筑的其他部分改造结合起来，做到社会、环境、修缮效益的统一性。

2）构件材料的选用

新建坡屋顶结构应采用轻型钢结构体系较好，屋面保温和防水宜采用带保温的轻型彩色压型钢板；也可采用不带保温的轻型彩色压型钢板和其他新型屋面材料；平改坡新增加的外纵墙及山墙，宜采用轻质保温性能好的材料，如陶粒混凝土或加气混凝土砌块等；对新增阁楼的采光，可通过设天窗或老虎窗的办法来处理。

（3）坡屋面及防水构造措施

1）例如彩色压型钢板的做法为彩色压型钢板（颜色可根据周围环境定），型钢或槽钢，原屋面。其特点是质轻高强，抗震防风、施工方便、美观耐久、使用寿命长；在基础承载力允许情况下，把每道隔墙砌至所需要的高度，然后把成品槽钢或型钢和圈梁固定，再将彩色钢板用螺栓固定在型钢上即成，其造价较低。该方案适用于坡度不大的屋面，因为坡度太大，下雪时原屋面积雪，容易滑落出事。

2）木檩条瓦块屋面做法为瓦块 25×25@280 挂瓦条，8×25@400 顺水条，柔性防水卷材一层，厚松木屋面板，14mm@1000 松木檩条，施工简单，造价低，较适合。

3）聚苯夹芯复合板屋面做法为聚苯夹芯复合板，采用 0.5mm 厚彩钢板，聚苯密度为 160kg/m^3、厚度为 120mm，型钢或槽钢檩条。特点是质轻高强，保温隔热及防水效果好，适合加层阁楼方案。

4）油毡瓦屋面做法为油毡瓦，空铺防水卷材垫毡一层，C20 细石混凝土找平层，配置 8mm@300×300 钢筋网，保温层，钢筋混凝土现浇屋面板。该方法的优点是油毡瓦形状多样，色泽丰富，突出屋顶的个性。另外，结构整体刚度好，适于平改坡的加层屋面用。

4. 平屋顶改坡屋面的具体实施

（1）政策上的支持

住宅建筑“平改坡”的改造是节省能源、美化环境，解决原有建筑能耗消耗大、屋顶渗漏水、居住环境差的民心工程，是政府行为，必须统筹规划、设计和组织管理。为便于平屋顶改坡屋顶工程的顺利进行，必须制定相应的政策。全国许多城市都制定了相关的优惠政策予以扶持。

（2）市场化运作明确管理

“平改坡”项目的实施增加了原有建筑的使用面积，主要是增加阁楼的面积。对增加面积的产权要明确，防止产生纠纷，对于增加阁楼面积可以相应处理；平改坡屋顶的管理和维修由物业公司承担。

由于房屋的改造工程是一项非盈利工程，应有多元化概念，从多途径筹措资金。上海市成功推出：“国家贷一点、实施单位垫一点、居民出一点”的模式，成功地解决了改造用资金问题。

（3）配套要齐全

对改造房屋实地考察，进行鉴定，弄清第一手资料。主要是对地基基础承载力进行验算，承载力不足，采取相应的加固处理。另外，要做好配套：有相应资质、专门的设计单位进行建筑设计；建立一支专业化的施工队伍。为了体现建筑工业化要求，“平改坡”工程除了有专门的设计研究院和专业施工队伍外，还要有专门的预制构件场提供标准化建筑构件，配套齐全才会有好的产品和效益。

参考文献

1.《建筑施工手册》编写组．建筑施工手册（第 4 版）．北京：中国建筑工业出版社，2003

2．冯乃谦．高性能混凝土．北京：中国建筑工业出版社，1997

3．王铁梦．工程结构裂缝控制．北京：中国建筑工业出版社，2002

4．王宗昌．建筑工程施工质量问答．北京：中国建筑工业出版社，2000

5．王宗昌．建筑工程质量百问（第二版）．北京：中国建筑工业出版社，2005

6．王宗昌，方德鑫，王晓菊．建筑工程质量控制实例．北京：科学出版社，2004

7．王宗昌，王晓菊．实用建筑施工技术（第二版）．北京：中国计划出版社，2004

8．王宗昌．建筑施工细部操作技术．北京：中国建材工业出版社，2001

9．陈建奎．混凝土外加剂的原理与应用．北京：中国计划出版社，1997

10．现行建筑施工及质量验收规范大全．北京：中国建筑工业出版社，2002

11．现行建筑设计规范大全．北京：中国建筑工业出版社，2001

12.《工业建筑》(月刊)，2003 年至 2005 年（合订本）

13.《低温建筑技术》(双月刊)，2002 年至 2005 年（合订本）

14.《混凝土》(月刊)，2002 年至 2005 年（合订本）

15.《石油工程建设》(双月刊)，2000 年至 2005 年

16．江见鲸，王元清等．建筑工程事故分析与处理．北京：中国建筑工业出版社，2003

17．杨静，冯乃谦．21 世纪的混凝土材料—环保型混凝土．混凝土与水泥制品，1999（2）

18．江正荣．简明施工计算手册．北京：中国建筑工业出版社，1999

19．徐有邻，程志军．混凝土结构的实体检验．工程质量，2003（10）

20．王武祥．透水性混凝土路面砖的种类和性能．建筑砌块与砌块建筑 2003（1）

21. 赵国藩等. 水泥混凝土裂缝产生的原因分析. 北京：海洋出版社，1991
22. 徐荣年，徐欣磊等. 工程结构裂缝控制——“王铁梦法”应用实例集. 北京：中国建筑工业出版社，2005
23. 中国建筑标准设计研究所. 坡屋面建筑构造（一）. 北京：中国建筑标准研究所，2002